天文数据处理方法

Methods in Astronomical Data Reduction

万晓生　丁月蓉　编著

南京大学出版社

图书在版编目(CIP)数据

天文数据处理方法 / 万晓生，丁月蓉编著. -- 南京：南京大学出版社，2024.2

ISBN 978-7-305-27474-9

Ⅰ. ①天… Ⅱ. ①万… ②丁… Ⅲ. ①天文观测—数据处理 Ⅳ. ①P12

中国国家版本馆 CIP 数据核字(2024)第 002971 号

出版发行 南京大学出版社
社　　址 南京市汉口路 22 号　　　邮　　编 210093

书　　名 天文数据处理方法
TIANWEN SHUJU CHULI FANGFA
编　　著 万晓生 丁月蓉
责任编辑 王南雁　　　编辑热线 025-83595840

照　　排 南京开卷文化传媒有限公司
印　　刷 南京鸿图印务有限公司
开　　本 787 mm×1092 mm 1/16 印张 16.5 字数 423 千
版　　次 2024 年 2 月第 1 版 2024 年 2 月第 1 次印刷
ISBN 978-7-305-27474-9

定　　价 80.00 元
网　　址:http://www.njupco.com
官方微博:http://weibo.com/njupco
微信服务号:njuyuexue
销售咨询热线:(025)83594756

目　录

第一章 概率统计基础

天文学是研究空间天体的学科，其主要研究手段是对各种天体进行观测。随着科学技术的迅速发展和观测设备的不断增多，天文观测数据呈爆炸性增长。“统计”不再仅仅用于计算数据的某些统计指标，而且可以对这些海量数据进行进一步的处理和分析。这表明概率统计是进行数据处理的前提和基础。因此，在学习数据处理方法之前，必须对概率统计的基础知识具有一定的了解。

1.1 随机事件与概率

为了研究某些现象内在的规律性，会在一定条件下对研究对象进行观测，这类观测被称为试验。在每次的试验中，某一现象 A 可能发生，也可能不发生，并且只有发生或不发生这两种可能性。我们将发生了的现象或试验结果 A 称为事件(event)，并简记为事件 A。

有些事件在每次试验中必然会发生，称作**必然事件**(certain event)；而有些事件在每次试验中都不可能发生，称作**不可能事件**(impossible event)。必然事件和不可能事件都是具有确定性的试验结果。但有一些试验，其结果存在多种可能性，不能明确会出现哪种结果。此类试验称为随机试验，其结果称为**随机事件**(random event)，通常用 $A,B,C,\cdots$表示。必然事件和不可能事件可以视为随机事件的两种特例。有的随机试验只有两种不同的可能结果。例如抛一枚硬币，只有出现字面或徽面两种不同的可能结果。有的随机试验有多种不同的可能结果。如果这些结果是不能再分的，则称它们为**基本事件**(elementary event)。例如掷一颗骰子，可出现 1,2,3,4,5,6 各种点数，每一种点数都是一个基本事件。若干个基本事件可以组合成**复合事件**(compound event)。一个随机试验的全部基本事件的集合称为**基本事件空间**(space of elementary event)，简称基本空间，以Ω表示。

随机事件是基本空间的子集，所以事件之间的关系及运算与集合之间的关系及运算相一致。下面给出概率论中事件的关系与运算。

如果事件 A 出现必然导致事件 B 出现，则称事件 B **包含**(contain)事件 A，记为 $B\supset A$。

如果事件 B 包含事件 A，且事件 A 也包含事件 B，则称事件 A 与事件 B **相等**(equivalent)，记为 $A=B$。

如果事件 A 与事件 B 不能同时发生，则称事件 A 与事件 B 为**互不相容**(exclusive)的，或互斥的，可记为 $A\cap B=\varnothing$($\varnothing$为空集)。基本事件是两两互不相容的。

若在一次试验中，事件 A,B 有且仅有一个发生，则称 A 与 B 为对立事件(complementary events)或**互逆**事件。A 的对立事件记为$\overline{A}$。

设 $A_1,A_2,\cdots,A_n$ 为Ω中的 n 个事件，若其中任意两个事件都互不相容，但每次试验能且只能出现其中之一，则称 $A_1,A_2,\cdots,A_n$ 为一互不相容**事件完备群**(complete events group)，简称完备群。任意事件与它的对立事件构成一个最简单的完备群。另外，基本空间本身就是事件的完备群。

事件的运算有下列几种。

1) 事件之和：设 A,B 为Ω中的两个事件，则 A、B 中至少出现一个构成的事件称为事件之和(union)，记为 $A+B$ 或 $A\cup B$。事件之和的运算可推广到有限个事件的情况。$\bigcup_{i=1}^{n} A_i$ 表示事件 $A_1,A_2,\cdots,A_n$ 至少有一个发生。

2) 事件之积：事件 A 与事件 B 同时发生构成的事件称为事件 A 与事件 B 的**积**(intersection)，记为 AB 或 $A\cap B$。同样，$\bigcap_{i=1}^{n} A_i$ 表示事件 $A_1,A_2,\cdots,A_n$ 同时发生。

3) 事件之差：设 A,B 为Ω中的两个事件，由 A 发生而 B 不发生构成的事件，称为事件 A 与 B 的**差**(difference)，记为 $A-B$。如晴夜不超过 10 天与晴夜不超过 8 天的差是晴夜为 9 天或 10 天。

试验中随机事件的发生是不确定的，但随机事件发生的可能性是有大小之分的，这就需要定量地描述随机事件发生的可能性。为了度量事件出现的可能性大小，我们引入一个数量指标“概率”，它描述了随机事件出现的频繁程度。我们知道，必然事件在试验条件下必然会出现，因此它出现的可能性最大，可令其概率为 1；不可能事件在试验条件下一定不会出现，因为它出现的可能性最小，可令其概率为 0；而随机事件在试验条件下可能出现也可能不出现，它出现的概率在 0 与 1 之间变化。这样规定概率的取值域不仅在逻辑上是合理的，而且也是有其客观基础的。通常把事件 A 在试验条件下出现的**概率**(probability)记为 $P(A)$。

尽管概率的意义是简单而明确的，但要回答某一事件出现的概率是多大，却不是很容易的。下面我们给出常见的两种概率的定义。

1) 古典概率：若一个随机试验只有有限种可能的结果，则称这一试验为古典型的。如果一古典型试验共有 n 种结果，其中 k 种结果是有利于事件 A 的，则事件 A 发生的概率为

$$P(A)=\frac{k}{n} \tag{1.1}$$

这就是**古典概率**(classical probability)的定义。

下面通过一个例子说明古典型试验的概率计算。

例 1.1：在 1,2,…,9 这 9 个自然数中，求任取一个是奇数的概率。

解：设以 A 表示抽到的数为奇数的事件，有利于 A 的结果是 5，总的事件数是 9，则

$$P(A)=\frac{5}{9}$$

在计算古典型试验的概率时，最重要的是要正确分析所有可能的结果及有利于事件 A 的可能结果，为此常需要利用排列组合理论。

古典概率只适用于具有有限个等可能结果的随机试验。但就大多数实际随机现象来说，其可能的试验结果往往不是有限的，而且实际上也无法判断各种结果是不是等可能的，因而就不能用古典概率的方法来计算概率，故而引入统计概率的定义。

2) 统计概率：在相同条件下进行了 n 次试验，其中现象 A 发生了 m 次，则记事件 A 出现的频率为 m/n。随着试验次数 n 的增加，事件 A 出现的频率将趋于稳定，所稳定的常数叫做理论频率。这个理论频率就作为在给定条件下事件 A 的概率的近似值，这就是**统计概率**(statistical probability)的定义。理论频率要求 n 充分大，而实际上 n 总是有限的，所以更

确切地说概率是频率的极限，即

$$P(A)=\lim_{n\to\infty}\frac{m}{n} \tag{1.2}$$

下面我们讨论概率的运算。概率的运算是指由简单事件的概率计算较复杂事件的概率，包括概率的加法、减法与乘法。

1）概率加法定理：若 A，B 为互不相容事件，则

$$P(A+B)=P(A)+P(B) \tag{1.3}$$

这个定理表达了概率的重要特性，即可加性。它从大量的实践中概括出来，又成了我们研究概率的基础。从概率的定义出发，这个定理的证明是很容易的，这里从略。对此定理进行推广则有，若事件 $A_1, A_2, \cdots, A_n$ 互不相容，则

$$P(\sum_{i=1}^{n}A_i)=\sum_{i=1}^{n}P(A_i) \tag{1.4}$$

必须强调，上面的概率加法定理仅适用于互不相容事件。对于一般的事件，则有

$$P(A+B)=P(A)+P(B)-P(AB) \tag{1.5}$$

下面我们加以具体证明：

由于 $A+B=A+B\overline{A}$，A 与 $B\overline{A}$ 为互不相容事件，所以

$$P(A+B)=P(A)+P(B\overline{A})$$

又因为 $B=BA+B\overline{A}$，BA 与 $B\overline{A}$ 也为互不相容事件，故

$$P(B)=P(BA)+P(B\overline{A})$$

$$P(A+B)=P(A)+P(B)-P(AB)$$

(1.5)式也可推广到有限多个事件的情形。若 $A_1, A_2, \cdots, A_n$ 为某试验中的 n 个事件，则

$$\begin{aligned}P(\sum_{i=1}^{n}A_i)=\sum_{i=1}^{n}P(A_i)-\sum_{1\leqslant i\leqslant j\leqslant n}P(A_iA_j)+\\ \sum_{1\leqslant i\leqslant j\leqslant k\leqslant n}P(A_iA_jA_k)-\cdots+(-1)^{n-1}P(A_iA_j\cdots A_n)\end{aligned} \tag{1.6}$$

若各事件互不相容，则(1.6)式退化为(1.4)式。

例 1.2：箱内有 10 个灯泡，其中 3 个是废品，7 个是正品。从中任取 4 个，求全是正品或只有一个废品的概率。

解：以 A 表示全是正品的事件，B 表示只有一个废品的事件，显然 A 与 B 互不相容，而 4 个全是正品或只有一个废品的事件为 $A+B$。由(1.3)式有

$$P(A+B)=P(A)+P(B)=\frac{C_3^0\times C_7^4}{C_{10}^4}+\frac{C_3^1\times C_7^3}{C_{10}^4}\approx 0.677$$

下面介绍一下利用对立事件计算概率的方法。因为 A 与 $\overline{A}$ 构成互不相容事件完备群，因此，$A+\overline{A}=U$。故有

$$P(A+\overline{A})=P(A)+P(\overline{A})=1$$

于是得到

$$P(\overline{A})=1-P(A)$$

许多情况下 $P(\overline{A})$ 比 $P(A)$ 容易计算，这时利用这一关系就比较方便。

2）概率减法定理：若事件 A 包含事件 B，则

$$P(A-B)=P(A)-P(B) \tag{1.7}$$

推广到任意两个事件 A、B，则(1.7)式变为

$$P(A-B)=P(A)-P(AB) \tag{1.8}$$

在(1.5)式和(1.8)式中，都含有事件 A、B 之积的概率 $P(AB)$，这就涉及概率的乘法。在讨论概率乘法定理之前，先介绍条件概率的概念。

在事件 B 发生的条件下，事件 A 发生的概率，称作事件 A 对于事件 B 的**条件概率**(conditional probability)，记作 $P(A|B)$。下面通过一个例子说明条件概率与一般概率的区别。

例 1.3：箱内有 3 个白球，2 个红球，甲乙两人依次从中取一球，甲先取。如已知甲取得(a)白球，(b)红球，分别在甲取后放还和不放还两种情况下，试求乙取得红球的概率。

解：以 A 表示乙取得红球的事件，B_1 表示甲取得白球的事件，B_2 表示甲取得红球的事件。在甲取后放还的情况下，不管甲取的是红球还是白球，在乙取球时，箱内球的成分没有变化。因此，乙取到红球的概率 $P(A)=2/5$。

若甲取后不放回，当甲取的是白球时，箱中还有 2 个白球，2 个红球。因此，乙取到红球的概率是 $P(A|B_1)=2/4$；但若甲取的是红球，则在乙取球时，箱中有 3 个白球，1 个红球，于是他取得红球的概率是 $P(A|B_2)=1/4$。

应该注意，不管什么事件的概率，总是与“一定条件”相联系的。从这个意义上说，凡是概率都是有条件的。这里所说的条件概率，指的是在一般条件之外，另外附加的条件下的概率。

有了条件概率的基础，下面讨论概率的乘法定理。

如果在 n 次试验中，事件 B 发生 n_B 次，事件 A、事件 B 同时发生 n_{AB} 次，则有

$$P(A|B)=\lim_{n\to\infty}\frac{n_{AB}}{n_B}$$

而

$$\frac{n_{AB}}{n_B}=\frac{n_{AB}/n}{n_B/n}\underset{n\to\infty}{\rightarrow}\frac{P(AB)}{P(B)}$$

所以

$$P(A|B)=\frac{P(AB)}{P(B)} \tag{1.9}$$

并称它为事件 B 发生的条件下事件 A 发生的条件概率。由此可以得到概率的乘法公式。

3）概率乘法定理：若 $P(A)>0$，则有

$$P(AB)=P(B)P(A|B) \tag{1.10}$$

同理可以推得

$$P(AB)=P(A)P(B|A) \tag{1.11}$$

概率的乘法公式可以推广到多个事件 $A_1,A_2,\cdots,A_n$ 的积的概率

$$P(A_1A_2\cdots A_n)=P(A_1)P(A_2|A_1)P(A_3|A_1A_2)\cdots P(A_n|A_1A_2\cdots A_{n-1}) \tag{1.12}$$

如果事件 A 的发生并不受事件 B 是否发生的影响，即

$$P(A|B)=P(A) \tag{1.13}$$

则称事件 A 与事件 B **相互独立**(mutually independent)。

对于互相独立的事件 A 和 B，概率的乘法定义为

$$P(AB)=P(A)P(B) \tag{1.14}$$

反之，如果事件 A 和事件 B 的概率满足(1.13)式和(1.14)式中的任意一个，则事件 A 和 B 就是互相独立的事件。

若事件 A 与事件 B 相互独立，不难证明 A 与 $\overline{B}$，$\overline{A}$ 与 B 及 $\overline{A}$ 与 $\overline{B}$ 都是相互独立的。

对于任意有限多个事件，存在下面两点结论：

(1) 若 n 个事件 $A_1,A_2,\cdots,A_n$ 中任意两个事件都满足(1.14)式，则称它们是两两独立的。

(2) 若 n 个事件 $A_1,A_2,\cdots,A_n$ 相互独立，则有

$$P(A_1A_2\cdots A_n)=\prod_{i=1}^{n}P(A_i) \tag{1.15}$$

例 1.4：A,B,C 三个天文台同时独立预报太阳活动。A 台报对的概率 $P(A)=0.8$，B 台报对的概率 $P(B)=0.7$，C 台报对的概率 $P(C)=0.6$。求在一次太阳活动预报中，至少有一台报对的概率。

解：至少有一个台报对的事件为 $A+B+C$，因为它们是可以同时报对的，因此由(1.6)式

$$\begin{aligned}P(A+B+C)=&P(A)+P(B)+P(C)-\\&P(AB)-P(BC)-P(AC)+P(ABC)\end{aligned}$$

而各天文台的预报是相互独立的，因此有 $P(AB)=P(A)P(B)$，$P(BC)=P(B)P(C)$，$P(AC)=P(A)P(C)$，$P(ABC)=P(A)P(B)P(C)$，于是

$$P(A+B+C)=0.976$$

此题也可以利用对立事件的概率来求解，有兴趣的读者可自行完成。

全概率公式：若事件 A 能且只能与互不相容事件完备群 $B_1,B_2,\cdots,B_n$ 之一同时发生，则有

$$P(A)=\sum_{i=1}^{n}P(B_i)P(A|B_i) \tag{1.16}$$

这就是任一随机事件 A 的**全概率公式**(total probability formula)。

证明：由于 $B_1,B_2,\cdots,B_n$ 是事件的完备群，A 总是伴随其中的一个同时发生。所以，事件 A 可以表示成下列互不相容事件 $AB_1,AB_2,\cdots,AB_n$ 之和。由概率加法定理和乘法定理可得

$$P(A)=\sum_{i=1}^{n}P(AB_i)$$
$$=\sum_{i=1}^{n}P(B_i)P(A|B_i) \tag{1.17}$$

贝叶斯定理：若事件 A 只能与互不相容事件完备群 $B_1,B_2,\cdots,B_n$ 之一同时发生，则在 A 发生的条件下，事件 B_i 发生的概率为

$$P(B_i|A)=\frac{P(B_i)P(A|B_i)}{\sum_{i=1}^{n}P(B_i)P(A|B_i)} \tag{1.18}$$

证明：由条件概率的定义有

$$P(B_i|A)=\frac{P(B_iA)}{P(A)}=\frac{P(A|B_i)P(B_i)}{P(A)}$$

再利用全概率公式(1.17)，便可得(1.18)。该公式也称为贝叶斯公式(Bayes formula)。

例 1.5：对以往观测数据分析的结果表明，当仪器调整良好时，观测数据正常的概率为 0.9；而当仪器发生某一故障时，数据正常的概率为 0.3；每晚仪器开启时，仪器调整良好的概率为 0.85。试求某日晚上第一个数据正常时，仪器调整良好的概率是多少？

解：设 A 为事件"数据正常"，B 为事件"仪器调整良好"。已知 $P(A|B)=0.9$，$P(A|\overline{B})=0.3$，$P(B)=0.85$，$P(\overline{B})=0.15$，需求的概率为 $P(B|A)$。由贝叶斯公式

$$P(B|A)=\frac{P(A|B)P(B)}{P(A|B)P(B)+P(A|\overline{B})P(\overline{B})}$$
$$=\frac{0.9\times0.85}{0.9\times0.85+0.3\times0.15}\approx0.944$$

例中，概率 0.85 是根据以往数据分析得到的，叫做先验概率；而在得到信息以后再重新加以修正的概率(0.944)叫做后验概率。有了后验概率就可对仪器的运行情况有更进一步的了解。

1.2 随机变量及其分布

1.2.1 随机变量

有些随机试验的结果可以直接用数字来表示，如投骰子试验，结果可能出现的量是 1，2，3，…，6；而有些则不能。从方便研究的角度出发，我们需要对随机试验的结果进行数量化，即用一个数值来表示随机试验的结果。但这个数值在试验之前是不能确定的，它只由试验的结果决定。比如抛硬币试验中，可以把出现字面记为 1，出现徽面记为 0。这样，我们就可以将随机试验的结果与实数对应起来，从而引进了**随机变量**(random variable)概念。

随机变量的引入，极大地方便了对随机事件的描述，并且使我们可以利用数学的方法对随机试验的结果进行深入的研究和分析。

在各种随机变量中，有些只能取有限个或可列个离散值，这种随机变量称为**离散型随机**

变量(discrete random variable)。例如掷一个质量均匀的骰子,如果设可能出现的数为 X 的话,那么 X 为一离散型随机变量,它可能取的值为 1,2,…,6。

还有一类随机变量,它们可能取的值不能一一列举出来,而是连续地充满一个区间,这种随机变量称为**连续型随机变量**(continuous random variable)。例如,一个射击手瞄准靶心射击,设命中点到靶心的距离为 X,它可能取的值为 $0\leqslant X<\infty$,则 X 为一连续型随机变量。

在以后的叙述中,我们用大写的英文字母 $X,Y,Z,\cdots$ 表示随机变量,而用小写的英文字母 $x,y,z,\cdots$ 表示它们所取的值。

1.2.2 分布函数

为了掌握随机变量的统计规律,需要了解随机变量与相应取值的概率。和事件与概率的关系一样,我们用随机变量与其取值的概率之间的关系来描述随机变量的概率规律。如果一个随机变量每一个可能取的值以及取这些值的概率都能确定的话,那么这个随机变量的分布也就确定了。这里所说的分布是指**分布函数**(distribution function)。

设 X 是一随机变量,x 是任意实数,则定义 X 取值小于或等于 x 这一事件的概率为随机变量 X 的分布函数 $F(x)$,即

$$F(x)=P(X\leqslant x)$$

常见的随机变量一般可分离散型和连续型两类,下面我们分两种情况介绍。

离散型随机变量:设 $x_1,x_2,\cdots,x_n$ 是离散型随机变量 X 的可能取值,而 $p_1,p_2,\cdots,p_n$ 为 X 取上述这些值时的概率,则称

$$P(X=x_i)=p_i\quad(i=1,2,\cdots,n)\tag{1.19}$$

为 X 的**概率分布律**(distribution law),也可表示为下面表格的形式:

X	x_1	x_2	…	x_i	…
P	p_1	p_2	…	p_i	…

如果用图形来表示(1.19)式,则称它为 X 的分布图(见图 1.1)。

根据概率的性质,易知 $p_i(i=1,2,\cdots)$ 具有性质:

(1) $p_i\geqslant 0$,

(2) $\sum\limits_i p_i=1$。

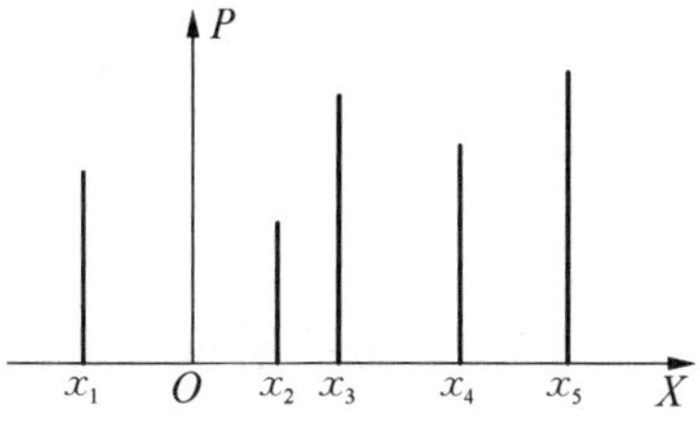

图 1.1 概率分布律

根据分布函数的一般定义,离散型随机变量的分布函数为

$$F(x)=P(X\leqslant x)=\sum_{x_i\leqslant x}P(X=x_i)=\sum_{x_i\leqslant x}p_i\tag{1.20}$$

式中 $\sum\limits_{x_i\leqslant x}$ 表示对小于等于 x 的所有 x_i 求和。(1.20)式可以写成更明了的表达式:

$$F(x)=\begin{cases}0 & x<x_1\\ p_1 & x_1\leqslant x<x_2\\ p_1+p_2 & x_2\leqslant x<x_3\\ \cdots & \cdots\end{cases}\tag{1.21}$$

由这个式子我们可以看到，离散型随机变量的分布函数是一阶梯函数。当 x 等于 X 的每一可能值时，函数 $F(x)$ 在该处发生跳跃，其跃度等于 X 取该值时的概率。通常称 X 的每一可能值 x_i 为分布函数 $F(x)$ 的跳跃点。

连续型随机变量：如果我们把 X 的取值比作随机地向直线上投点，则 $P(X\leqslant x)$ 表示随机点落在直线上坐标为 x 的“固定点”左边的事件的概率。显然，当“固定点”的位置在直线上变动时，这个概率也可能变化，由此可见，函数 $P(X\leqslant x)$ 的自变量是 x 而不是 X，所以分布函数 $F(x)$ 是普通变量 x 的函数。

对于任意的 $x_1<x_2$，事件 $X\leqslant x_1$ 与事件 $x_1<X\leqslant x_2$ 是互不相容的，因此有

$$P(X\leqslant x_2)=P(X\leqslant x_1)+P(x_1<X\leqslant x_2)$$

于是 X 在区间 $(x_1, x_2]$ 上取值的概率为

$$\begin{aligned}P(x_1<X\leqslant x_2)&=P(X\leqslant x_2)-P(X\leqslant x_1)\\&=F(x_2)-F(x_1)\end{aligned}\tag{1.22}$$

可见，只要知道了随机变量 X 的分布函数，这个随机变量的概率性质就完全确定了。

分布函数具有下列几个性质：

(1) $F(x)$ 为非降函数，即对任意的 $x_1<x_2$，有 $F(x_2)\geqslant F(x_1)$。这一性质由(1.22)式可以证明。

(2) $0\leqslant F(x)\leqslant 1$，而且任何一个分布函数都必须满足

$$F(-\infty)=0\quad F(\infty)=1\tag{1.23}$$

分布函数的图形在图 1.2 中示出，从图中可以看出，连续随机变量的分布函数曲线是一条单调上升到 1 的曲线，

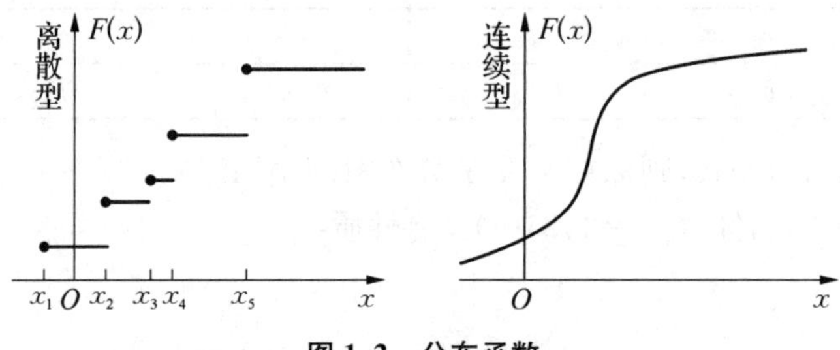

图 1.2　分布函数

1.2.3　分布密度函数

若连续随机变量 X 的分布函数连续、可导。则定义

$$f(x)=\frac{\mathrm{d}F(x)}{\mathrm{d}x}\tag{1.24}$$

为 X 的**分布密度函数或概率密度函数**(probability density function)。下面我们来看分布密度函数的意义。由定义，在 $f(x)$ 的连续点 x 处有

$$f(x)=\lim_{\Delta x\to 0}\frac{F(x+\Delta x)-F(x)}{\Delta x}=\lim_{\Delta x\to 0}\frac{P(x<\xi\leqslant x+\Delta x)}{\Delta x}\tag{1.25}$$

若不计高阶无穷小，有

$$P(x<\xi\leqslant x+\mathrm{d}x)=f(x)\mathrm{d}x \tag{1.26}$$

这表明 X 落在小区间 $[x,x+\mathrm{d}x)$ 上的概率近似地等于 $f(x)\mathrm{d}x$。或者说随机变量落入点 x 附近一个无限小区域内的概率等于该点的概率密度和区间长度的乘积。

分布密度具有以下性质：

(1) $f(x)\geqslant 0$。因为 $F(x)$ 是单调增函数，所以 $f(x)$ 非负。

(2) $\int_{-\infty}^{\infty}f(x)\mathrm{d}x=1$。这个性质叫做**归一化条件**，任何概率密度函数都必须满足归一化条件。

(3) $P(x_1<\xi\leqslant x_2)=F(x_2)-F(x_1)=\int_{x_1}^{x_2}f(x)\mathrm{d}x$ (1.27)

随机变量 X 的值落入某一区间 $(x_1,\ x_2]$ 内的概率 $P(x_1<\xi\leqslant x_2)$ 叫做随机变量 X 在区间 $(x_1,\ x_2]$ 内的概率含量。它是 $(x_1,\ x_2]$ 区间内概率密度曲线下的面积。

在(1.27)式中令 $x_1\to-\infty$，并把 x_2 改为 x，则得到

$$F(x)=P(\xi\leqslant x)=\int_{-\infty}^{x}f(x)\mathrm{d}x \tag{1.28}$$

这表明，连续型随机变量的分布函数可以用概率密度函数表示。因此，对连续型随机变量来说，分布密度函数和分布函数一样能够完全地刻画出随机变量的概率性质。它们之间的关系((1.28)式)由图 1.3 示出。由性质(2)，图中分布密度曲线下的总面积为 1。性质(1)和(2)是概率密度函数的两个重要性质。如果一个函数满足这两个性质，它就可以是一个连续型随机变量的概率密度函数。

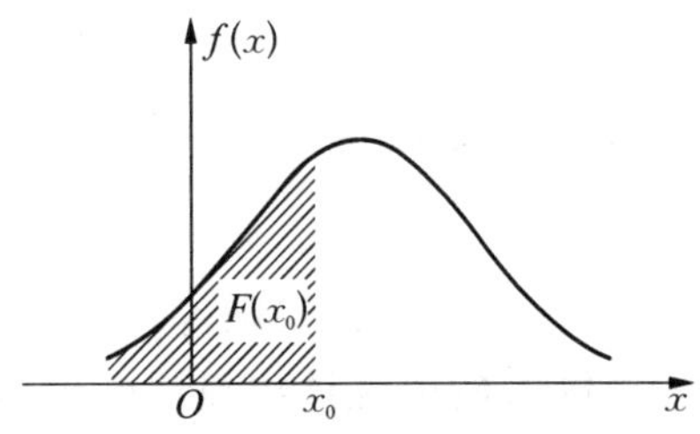

图 1.3　概率密度曲线

1.2.4　随机变量函数的分布

在许多实际问题中，研究的对象并不能够被直接观测，它往往是另一个随机变量的函数。因此，我们需要根据可直接观测的随机变量的概率性质，来研究其函数的概率性质。一般说来，随机变量的函数也是随机变量。例如，若分子的运动速度 v 是随机变量，则动能 $\frac{1}{2}mv^2$ 仍然是一个随机变量，随机变量函数的概率分布可以通过作为自变量的随机变量的分布求得。

设随机变量 X 的概率密度为 $f(x)$，$Y=\varphi(X)$ 是 X 的单值连续函数，且处处可导，则 Y 的概率密度函数 $g(y)$ 为

$$g(y)=f[\psi(y)]\,|\psi'(y)| \tag{1.29}$$

其中 $\psi(y)$ 是 $\varphi(x)$ 的反函数，$\psi'(y)$ 是 $\psi(y)$ 的导数。

证明：设 $\varphi(x)$ 单调增加，如图 1.4(a)，事件 $(Y<y)$ 与事件 $(X<x)$ 等价。因此，Y 的分布函数为

$$G(y)=P(Y<y)=P[\varphi(x)<y]$$
$$=P(X<x)=\int_{-\infty}^{x}f(x)\mathrm{d}x$$

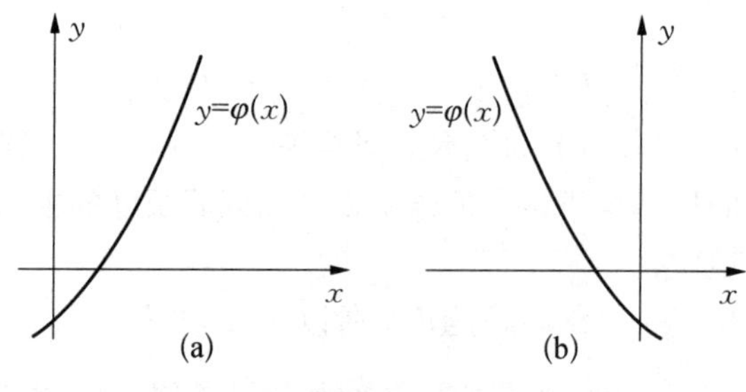

图 1.4　$y=\varphi(x)$

由于 $y=\varphi(x)$的单值性，所以有唯一的反函数 $\psi(y)$。因此，

$$G(y)=\int_{-\infty}^{\psi(y)} f(x)\mathrm{d}x$$

对 y 求导得到 Y 的概率密度为

$$g(y)=G'(y)=f[\psi(y)]\psi'(y) \quad \psi'(y)>0 \tag{1.30}$$

当 $y=\varphi(x)$是减函数时，如图 1.4(b)，事件$(Y<y)$与事件$(X>x)$等价。Y 的分布函数为

$$G(y)=P(Y<y)=P(X>x)=\int_{\psi(y)}^{\infty} f(x)\mathrm{d}x$$

对 y 求导后得

$$g(y)=-f[\psi(y)]\psi'(y) \quad \psi'(y)<0 \tag{1.31}$$

合并(1.30)和(1.31)则得(1.29)式。

例 1.6：由统计物理学可知，分子运动速度的绝对值 X 服从麦克斯韦分布，其概率密度为

$$f(x)=\begin{cases} \dfrac{4x^2}{a^3\sqrt{\pi}}\mathrm{e}^{-\frac{x^2}{a^2}} & x>0 \\ 0 & x\leqslant 0 \end{cases}$$

其中 $a>0$ 为常数，求分子动能 $Y=\dfrac{1}{2}mX^2$（m 为分子的质量）的概率密度。

解：由 $y=\varphi(x)=\dfrac{1}{2}mx^2$，得 $\psi(y)=\sqrt{2y/m}$，$\psi'(y)=\sqrt{1/2ym}$，由(1.29)式得

$$g(y)=f[\psi(y)]\,|\psi'(y)|=\begin{cases} \dfrac{4\sqrt{2y}}{m^{3/2}a^3\sqrt{\pi}}\mathrm{e}^{-\frac{2y}{a^2m}} & y>0 \\ 0 & y\leqslant 0 \end{cases}$$

1.3　多维随机变量及其分布

如果在一个随机试验中，需要考虑两个或两个以上的随机变量，那么这几个随机变量就组合成一个多维随机变量。这种多维随机变量的概率性质，不仅与其中每一个分量的概率

性质有关，还依赖于各分量之间的相互关系。

正如把一维随机变量比作数轴上的随机点一样，为了直观地解释多维随机变量的分布，我们可以把多维随机变量比作多维空间中的随机点。例如把二维随机变量(X,Y)视作平面上的点。当然，也可以把多维随机变量看作多维空间中的向量。因此，也称多维随机变量为随机向量。

1.3.1　二维随机变量及其分布

设(X,Y)为二维随机变量(bivariate random variable)，其分布函数定义为

$$F(x,y)=P(X\leqslant x,Y\leqslant y) \tag{1.32}$$

并称其为二维联合分布函数。

若将二维随机变量(X,Y)比作平面上点的坐标，则二维联合分布函数$F(x,y)$就是随机点落在图1.5中阴影部分的概率。

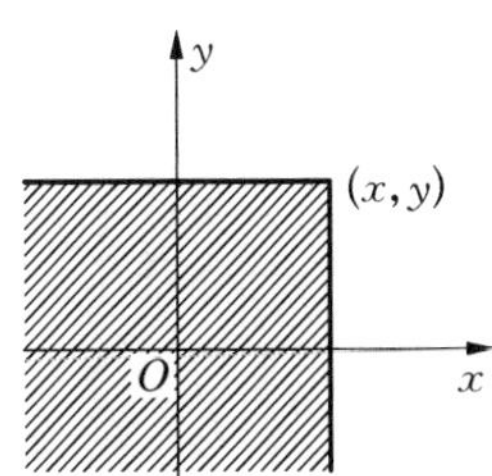

图1.5　二维分布函数

分布函数$F(x,y)$具有如下的基本性质：

(1) $F(x,y)$是x,y的非降函数，即对于任意固定的y，当$x_2>x_1$时，$F(x_2,y)\geqslant F(x_1,y)$；对于任意固定的$x$，当$y_2>y_1$时，$F(x,y_2)\geqslant F(x,y_1)$。

(2) $0\leqslant F(x,y)\leqslant 1$，且对于任意固定的$y$，$F(-\infty,y)=0$，对于任意固定的$x$，$F(x,-\infty)=0$。并且有$F(-\infty,-\infty)=0$，$F(+\infty,+\infty)=1$。

若二维随机变量(X,Y)可取二维空间中某区域中的一切值，而分布函数$F(x,y)$连续，且有连续的二阶混合偏导数

$$\begin{aligned} f(x,y)&=\frac{\partial^2 F(x,y)}{\partial x\partial y} \\ &=\lim_{\substack{\Delta x\to 0\\ \Delta y\to 0}}\frac{P(x<\xi\leqslant x+\Delta x,y<\eta\leqslant y+\Delta y)}{\Delta x\Delta y} \end{aligned} \tag{1.33}$$

则称$f(x,y)$为(X,Y)的**联合概率密度函数**(joint probability density)。

和一维随机变量一样，分布函数$F(x,y)$也可用概率密度函数$f(x,y)$来表示，即

$$F(x,y)=\int_{-\infty}^{x}\int_{-\infty}^{y}f(x,y)\mathrm{d}x\mathrm{d}y \tag{1.34}$$

根据定义，概率密度$f(x,y)$具有以下性质：

(1) $f(x,y)\geqslant 0$；

(2) $\int_{-\infty}^{\infty}\int_{-\infty}^{\infty}f(x,y)\mathrm{d}x\mathrm{d}y=1$；

(3) 设G为xoy平面上的一个区域，点(X,Y)落在G内的概率为

$$P\{(X,Y)\in G\}=\iint_G f(x,y)\mathrm{d}x\mathrm{d}y \tag{1.35}$$

在几何上，$f(x,y)$表示空间的一个曲面，称它为分布曲面。由性质(2)，介于分布曲面和xoy平面之间的空间区域的全部体积等于1；由性质(3)，随机向量(X,Y)在xoy平面上任意区域G内取值的概率等于以G为底，以曲面$f(x,y)$为顶面的柱体体积。

二维随机变量(X,Y)作为一个整体，它具有分布函数$F(x,y)$。而X,Y本身又都是随机变量，也有各自的分布函数，分别记为$F_X(x)$，$F_Y(y)$，并依次称它们为二维随机变量关于X和关于Y的**边缘分布函数**(marginal distribution function)，它们可以由(X,Y)的分布函数$F(x,y)$来确定，即

$$\begin{aligned}F_X(x)&=P(X\leqslant x)=P(X\leqslant x,Y<\infty)\\&=F(x,+\infty)\end{aligned}\tag{1.36}$$

就是说，只要在函数$F(x,y)$中令$y\to+\infty$，就能得到$F_X(x)$。同理

$$F_Y(y)=F(+\infty,y)\tag{1.37}$$

由(1.34)式，边缘分布函数又可表示为

$$\begin{aligned}F_X(x)&=\int_{-\infty}^{x}\int_{-\infty}^{\infty}f(x,y)\mathrm{d}x\mathrm{d}y\\&=\int_{-\infty}^{x}f_X(x)\mathrm{d}x\end{aligned}\tag{1.38}$$

式中

$$f_X(x)=\int_{-\infty}^{\infty}f(x,y)\mathrm{d}y\tag{1.39}$$

为X的**边缘密度**(marginal distribution density)。同理有

$$F_Y(y)=\int_{-\infty}^{y}f_Y(y)\mathrm{d}y\tag{1.40}$$

$$f_Y(y)=\int_{-\infty}^{\infty}f(x,y)\mathrm{d}x\tag{1.41}$$

如果二维随机变量(X,Y)的所有可能取的值是有限对或可列无限多对，则称(X,Y)是二维离散型随机变量。

设二维离散型随机变量(X,Y)所有可能取的值为$(x_i,y_j)(i,j=1,2,\cdots)$，则称

$$P(X=x_i,Y=y_j)=p_{ij}\quad i,j=1,2,\cdots\tag{1.42}$$

为二维离散型随机变量(X,Y)的概率分布或分布律，或之称为随机变量X和Y的**联合分布律**(joint distribution law)。而X和Y的联合分布函数为

$$F(x,y)=\sum_{\substack{x_i\leqslant x\\y_j\leqslant y}}p_{ij}\tag{1.43}$$

其中和式是对一切满足$x_i\leqslant x,y_j\leqslant y$的$i$，$j$来求和的。$(X,Y)$关于$X$和关于$Y$的边缘分布律分别为

$$p_i=P(X=x_i)=\sum_{j}P_{ij}\quad i=1,2,3,\cdots\tag{1.44}$$

$$p_j=P(Y=y_j)=\sum_{i}P_{ij}\quad j=1,2,3,\cdots\tag{1.45}$$

下面我们利用二维随机变量的分布函数及边缘分布函数的概念引出两个随机变量相互独立的概念。

设 $F(x,y)$ 及 $F_X(x)$，$F_Y(y)$ 是二维随机变量 (X,Y) 的分布函数及边缘分布函数。若对于所有的 x 和 y 有

$$F(x,y)=F_X(x)\cdot F_Y(y) \tag{1.46}$$

则称随机变量 X 和 Y 是**相互独立**的(mutually independent)。由分布函数和概率密度之间的关系，独立性条件也可用概率密度来表示，即

$$f(x,y)=f_X(x)\cdot f_Y(y) \tag{1.47}$$

由随机事件的条件概率公式(1.9)可以得到随机变量 Y 对于 X 的**条件概率密度**公式(conditional probability density function)

$$f_{Y|X}(y|x)=\frac{f(x,y)}{f_X(x)} \tag{1.48}$$

同理有

$$f_{X|Y}(x|y)=\frac{f(x,y)}{f_Y(y)} \tag{1.49}$$

比较(1.48)式(或(1.49)式)与(1.47)式可知，X 和 Y 相互独立的条件亦可表示为

$$f_{X|Y}(x|y)=f_X(x) \tag{1.50}$$

$$f_{Y|X}(y|x)=f_Y(y) \tag{1.51}$$

或

$$F(x|y)=F_X(x) \tag{1.52}$$

$$F(y|x)=F_Y(y) \tag{1.53}$$

若两个随机变量 X,Y 的分布不满足(1.46)至(1.53)各式，则它们是不独立的。

可以证明，若 X 和 Y 是相互独立的随机变量，则 X 的函数 $\varphi(x)$ 和 Y 的函数 $\psi(y)$ 也是相互独立的(只要利用(1.29)式和(1.47)式即可证)。

1.3.2 多维随机变量及其分布

假设一个随机试验的结果需用 $X_1,X_2,\cdots,X_n$ 这 n 个随机变量来表示，则此多维随机变量可记成向量 $\boldsymbol{X}=(X_1,X_2,\cdots,X_n)$，并称 X_i 为第 i 个分量。n 维随机变量的分布函数(或称 n 个随机变量的联合分布函数)定义为

$$F(x_1,x_2,\cdots,x_n)=P(X_1<x_1,X_2<x_2,\cdots,X_n<x_n) \tag{1.54}$$

其中 $x_1,x_2,\cdots,x_n$ 为任意实数。

任意一个分量 X_i 的边缘分布函数为

$$\begin{aligned}F_{X_i}(x_i)&=F(+\infty,+\infty,\cdots,x_i,\cdots,+\infty)\\&=P(X_1<\infty,X_2<\infty,\cdots,X_i<x_i,\cdots,X_n<\infty)\end{aligned} \tag{1.55}$$

$$i=1,\cdots,n$$

若 $\boldsymbol{X}=(X_1,X_2,\cdots,X_n)$ 可取 n 维空间中某区域上的一切值，且分布函数连续并有连续

的 n 阶混合偏导数

$$f(x_1,x_2,\cdots,x_n)=\frac{\partial F(x_1,x_2,\cdots,x_n)}{\partial x_1\partial x_2\cdots\partial x_n} \tag{1.56}$$

则称 $f(x_1,x_2,\cdots,x_n)$ 为 n 维随机变量的联合分布密度。

前面关于二维随机变量的所有公式都可以推广到 n 维随机变量的情况中。例如,若 n 维随机变量的联合分布函数可表为各分量 X_i 的边缘分布函数 $F_{X_i}(x_i)$ 的乘积,即

$$F(x_1,x_2,\cdots,x_n)=\prod_{i=1}^{n}F_{X_i}(x_i) \tag{1.57}$$

则称 n 个随机变量 $X_1,X_2,\cdots,X_n$ 是相互独立的。

下面我们再以 $Z=X+Y$ 为例,讨论一下两个随机变量的函数的分布。

设二维随机变量(X,Y)的联合概率密度为 $f(x,y)$,我们来求 $Z=X+Y$ 的概率密度 $g(z)$。

因为事件$(Z<z)$等价于事件$(-\infty<X<\infty,-\infty<Y<z-x)$,因此 Z 的分布函数为

$$\begin{aligned}G(z)&=P(Z<z)=P(-\infty<X<\infty,-\infty<Y<z-x)\\&=\int_{-\infty}^{\infty}\int_{-\infty}^{z-x}f(x,y)\mathrm{d}x\mathrm{d}y\end{aligned}$$

对 z 微分得 Z 的概率密度

$$g(z)=\frac{\partial G(z)}{\partial z}=\int_{-\infty}^{\infty}f(x,z-x)\mathrm{d}x \tag{1.58}$$

由 x 和 y 的对称性有

$$g(z)=\int_{-\infty}^{\infty}f(z-y,y)\mathrm{d}y$$

当 X 和 Y 独立时,因为 $f(x,y)=f_X(x)\cdot f_Y(y)$,故有

$$g(z)=\int_{-\infty}^{\infty}f_X(x)f_Y(z-x)\mathrm{d}x=\int_{-\infty}^{\infty}f_X(z-y)f_Y(y)\mathrm{d}y$$

1.4 随机变量的数字特征

随机变量的分布函数或概率密度函数不仅反映了随机变量可能取的值,而且描述了随机变量以多大的概率取这些值。因此,它们完全描述了随机变量的概率性质。许多随机变量的分布函数中都含有某些特定参数,一旦这些参数确定之后,分布就确定了。在天文数据处理中,分布的参数常常是需要研究的天文量,并且很多随机变量的分布函数往往是未知的。而在许多实际问题中,又不需要完全了解随机变量的分布规律,只需要了解某些特征数。例如,随机变量的取值是随机的,但它可能取的值的平均数是什么,取值的分散程度如何等等。因此,对各种各样的分布,可以采用一些有共同定义的数量指标用来描述随机变量概率分布的主要特征。而这些数量指标本身或它们的函数就是概率分布中的参数,我们把这些数量指标称为随机变量的数字特征。在实际应用中,数字特征用数理统计方法也比较容易估计。因此,随机变量的数字特征在理论研究和实际应用中都有很重要的意义。

在这一节里，我们将介绍几种经常用到的数字特征：数学期望、方差和协方差。

1.4.1 数学期望

设离散型随机变量 X 可能取的值为 $x_1, x_2, \cdots, x_n, \cdots$。取这些值的概率分别为 p_1，$p_2, \cdots, p_n, \cdots$，若 $\sum_{i=1}^{n} x_i p_i < \infty$，则称

$$E(X) = \sum_{i=1}^{\infty} x_i p_i \tag{1.59}$$

为随机变量 X 的**数学期望**（expectation）。这里 E 是一个算符。

对于连续型随机变量，可有类似的定义，设 X 是概率密度为 $f(x)$ 的连续型随机变量。若积分 $\int_{-\infty}^{\infty} x f(x) \mathrm{d}x < \infty$，则称

$$E(X) = \int_{-\infty}^{\infty} x f(x) \mathrm{d}x \tag{1.60}$$

为 X 的数学期望。

数学期望是随机变量的固有属性，它是随机变量全部可能值的总平均值，是概率密度曲线中心的位置。随机变量围绕着期望值取值。之后我们还将证明，随机变量的大量试验结果的平均值可作为数学期望的近似值。因此也称数学期望为**均值**（mean）。

关于数学期望的运算，有如下运算法则：

(1) $E(c)=c$，即常数的数学期望就是它本身；

(2) 若干个随机变量的线性组合的数学期望等于各随机变量的数学期望的线性组合，即对任意常数 $a_i (i=1,2,\cdots,n)$ 有

$$E\left(\sum_{i=1}^{n} a_i X_i\right) = \sum_{i=1}^{n} a_i E(X_i) \tag{1.61}$$

利用求随机变量函数的概率密度公式(1.29)，很容易便能得到计算函数 $Y=\varphi(X)$ 的数学期望的公式

$$E(Y) = E[\varphi(X)] = \int_{-\infty}^{\infty} \varphi(x) f(x) \mathrm{d}x \tag{1.62}$$

这个公式的意义在于，在求随机变量的函数的期望时，不必先导出函数的分布，而只需知道 X 的分布就可以了。

对于联合概率密度为 $f(x_1, x_2, \cdots, x_n)$ 的 n 维随机变量 $X_1, X_2, \cdots, X_n$，可以计算其中任意一个随机变量 X_i 的期望值

$$E(X_i) = \int \cdots \int x_i f(x_1, x_2, \cdots, x_n) \mathrm{d}x_1 \mathrm{d}x_2 \cdots \mathrm{d}x_n \tag{1.63}$$

由各分量的数学期望构成的向量

$$E(\boldsymbol{X}) = (E(X_1), E(X_2), \cdots, E(X_n)) \tag{1.64}$$

称为 n 维随机变量的数学期望，它是 n 维空间中的一个点，随机变量 $(X_1, X_2, \cdots, X_n)$ 围绕着它分布。

我们曾经讲过，对于多维随机变量，不仅要研究它们的联合分布，还要研究各种条件分布，为了描述条件分布的数字特征，这里引进**条件期望**(conditional expectation)的概念。

条件期望就是条件分布的数学期望。

若 n 维随机变量中 X_i 的条件分布密度为 $f(x_i|x_1,x_2,\cdots,x_{i-1},x_{i+1},\cdots,x_n)$，则其条件期望为

$$\begin{aligned}&E(X_i|X_1=x_1,X_2=x_2,\cdots,X_j=x_j,\cdots,X_n=x_n)\\&=\int_{-\infty}^{\infty}x_i f(x_i|x_1,x_2,\cdots,x_j,\cdots,x_n)\mathrm{d}x_i,(i\neq j)\end{aligned} \tag{1.65}$$

当 $n=2$ 时，有

$$E(Y|X=x)=\int_{-\infty}^{\infty}yf(y|x)\mathrm{d}y=m_Y(x) \tag{1.66}$$

$$E(X|Y=y)=\int_{-\infty}^{\infty}xf(x|y)\mathrm{d}x=m_X(y) \tag{1.67}$$

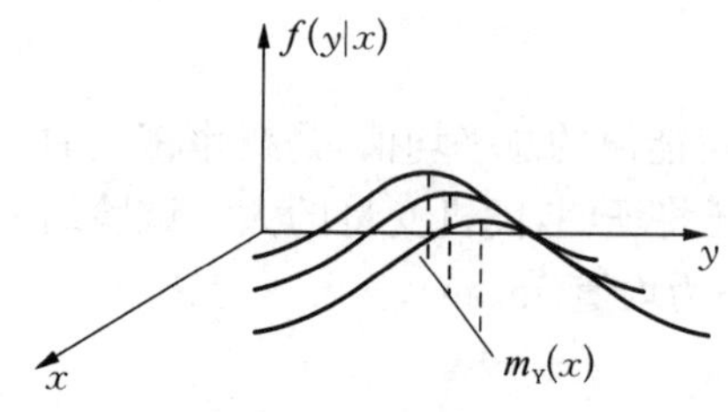

图 1.6　条件数学期望 $m_Y(x)$

图 1.6 为 $m_Y(x)$ 的图形，它就是 x 取不同值时 Y 的条件期望的轨迹。$m_X(y)$ 可用类似方法给出。

两个随机变量的独立性也可以用条件期望来表示，将两个随机变量独立时的关系式(1.50)和(1.51)代入(1.66)和(1.67)可得

$$E(Y|X=x)=E(Y)$$
$$E(X|Y=y)=E(X)$$

即当随机变量相互独立时，其条件期望等于无条件期望。

1.4.2　方差

若随机变量 X 对其数学期望偏差平方的数学期望存在，则称它为随机变量的**方差**(variance)，记为 $D(X)$ 或 $\mathrm{var}(X)$，即

$$D(X)=E\{[X-E(X)]^2\} \tag{1.68}$$

方差刻画了随机变量取值的离散程度。方差愈大，表示随机变量的值在其期望值左右分布得愈宽，愈不集中。

方差的平方根叫做随机变量的**标准差或均方误差**(standard deviation)，记为 $\sigma(X)$，即

$$\sigma(X)=\sqrt{D(X)} \tag{1.69}$$

因此，方差通常又写作 $\sigma^2(X)$。

根据方差的定义，对于离散型随机变量，由(1.59)式有

$$D(X)=\sum_{i=1}^{\infty}[x_i-E(X)]^2 p_i \tag{1.70}$$

其中 $p_i=P(X=x_i)(i=1,2,\cdots)$。

对于连续型随机变量，按(1.60)式有

$$D(X)=\int_{-\infty}^{\infty}[x-E(X)]^2 f(x)\mathrm{d}x \tag{1.71}$$

其中 $f(x)$ 是 X 的概率密度函数。

在方差的计算中，常用到方差的如下性质：

(1) 常数的方差为 0，即 $D(c)=0$；

(2) 设 X 为随机变量，c 为任意常数，则

$$D(cX)=c^2D(X) \tag{1.72}$$

(3) 若 $c_i(i=1,2,\cdots,n)$ 为常数，$X_i(i=1,2,\cdots,n)$ 为 n 个随机变量，则

$$D(\sum_{i=1}^{n}c_iX_i)=\sum_{i=1}^{n}\sum_{j=1}^{n}c_ic_jE\{[X_i-E(X_i)][X_j-E(X_j)]\} \tag{1.73}$$

若 $X_1,X_2,\cdots,X_n$ 相互独立，则(1.73)式中所有 $i\neq j$ 的项均为 0，于是有

$$D(\sum_{i=1}^{n}c_iX_i)=\sum_{i=1}^{n}{c_i}^2D(X_i) \tag{1.74}$$

在计算方差时，常用下面的公式

$$D(X)=E(X^2)-[E(X)]^2 \tag{1.75}$$

一般地，对任意数学期望为 $E(X)$、方差为 $D(X)$ 的随机变量，变换

$$T=\frac{X-E(X)}{\sqrt{D(X)}}$$

称为**标准化变换**。T 称为**标准化随机变量**(standardized random variable)，是一无量纲的随机变量，并且它的数学期望等于 0，方差等于 1。

对于多维随机变量，为了描述条件分布的离散特征，这里引进条件方差。多维随机变量 $(\xi_1,\xi_2,\cdots,\xi_n)$ 中每一分量 ξ_i 的条件方差为

$$\begin{aligned}&D(X_i|X_1=x_1,X_2=x_2,\cdots,X_j=x_j,\cdots,X_n=x_n)\\&=E[X_i-E(X_i|X_1=x_1,X_2=x_2,\cdots,X_j=x_j,\cdots,X_n=x_n)]^2\\&=\int_{-\infty}^{\infty}[x_i-m_{X_i}(x_1,x_2,\cdots,x_j,\cdots,x_n)]^2f(x_i|x_1,x_2,\cdots,x_j,\cdots,x_n)\mathrm{d}x_i,(i\neq j)\end{aligned} \tag{1.76}$$

式中 $m_{X_i}(x_1,x_2,\cdots,x_j,\cdots,x_n)$ 是 $X_1,X_2,\cdots,X_j,\cdots,X_n$ 这些变量对 X_i 取值变化的影响。因此，$x_i-m_{X_i}(x_1,x_2,\cdots,x_j,\cdots,x_n)$ 可看作在 X_i 中除去由于上述 $n-1$ 个变量的影响而剩余的部分，所以条件方差又被称为剩余方差。

当 $n=2$ 时，有

$$\begin{aligned}D(Y|X=x)&=\int_{-\infty}^{\infty}[y-m_Y(x)]^2f(y|x)\mathrm{d}y\\D(X|Y=y)&=\int_{-\infty}^{\infty}[x-m_X(y)]^2f(x|y)\mathrm{d}x\end{aligned} \tag{1.77}$$

一般情况下，只用期望值和方差并不能确定一个随机变量的分布。但是，确定的期望值和方差可以对随机变量分布的位置和分布的宽度给出一个粗略的描绘。这些数字特征是随机变量的一种简化表示。

1.4.3 协方差和相关系数

对于两个随机变量 X 和 Y，除了讨论它们的数学期望和方差外，还需讨论描述它们之间相互关系的数字特征。**协方差**(covariance)是衡量两个随机变量间相互关系密切程度的量，它的定义式为

$$\mathrm{cov}(X,Y)=E\{[X-E(X)][Y-E(Y)]\} \tag{1.78}$$

当两个随机变量相互独立时，有 $\mathrm{cov}(X,Y)=0$。

利用数学期望的运算法则及协方差的定义，不难证明协方差具有下列性质：

(1) $\mathrm{cov}(X,Y)=\mathrm{cov}(Y,X)$；

(2) $\mathrm{cov}(aX,bY)=ab\,\mathrm{cov}(X,Y)$，$a$，$b$ 为常数；

(3) $\mathrm{cov}(X_1+X_2,Y)=\mathrm{cov}(X_1,Y)+\mathrm{cov}(X_2,Y)$。

在有的情况下，两个随机变量的相关程度通常用**相关系数**(correlation coefficient)或**标准协方差**(standard covariance)来表示，它定义为

$$\rho_{XY}=\frac{\mathrm{cov}(X,Y)}{\sqrt{D(X)D(Y)}} \tag{1.79}$$

协方差是一个有量纲的量，而相关系数是一个无量纲的量。当 $\rho_{XY}=0$ 时，称 X 和 Y **不相关**(uncorrelated)；当 $\rho_{XY}>0$ 时，称 X 和 Y **正相关**(positive correlated)；当 $\rho_{XY}<0$ 时，称 X 和 Y **负相关**(negative correlated)。

相关系数 ρ_{XY} 具有以下性质：

(1) $|\rho_{XY}|\leqslant 1$；

(2) 当两随机变量间有线性关系时，有 $|\rho_{XY}|=1$；

(3) 若随机变量 X 与 Y 相互独立，则相关系数等于 0，这是显然的。而其逆并不一定成立，也就是说如果两随机变量的 $\rho=0$，它们不一定相互独立。

证明：(1) 若随机变量 X 和 Y 的数学期望和方差分别为 $E(X)$，$E(Y)$ 和 $D(X)$，$D(Y)$，则

$$\begin{aligned}
&D\left[\frac{X-E(X)}{\sqrt{D(X)}}\pm\frac{Y-E(Y)}{\sqrt{D(Y)}}\right]\\
&=E\left[\frac{X-E(X)}{\sqrt{D(X)}}\right]^2+E\left[\frac{Y-E(Y)}{\sqrt{D(Y)}}\right]^2\pm 2E\left[\frac{X-E(X)}{\sqrt{D(X)}}\cdot\frac{Y-E(Y)}{\sqrt{D(Y)}}\right]\\
&=1+1\pm 2\rho_{XY}\geqslant 0
\end{aligned}$$

要使上式成立，必须有

$$-1\leqslant\rho_{XY}\leqslant 1$$

(2) 设 $Y=aX+b$，而

$$\begin{aligned}
\mathrm{cov}(X,Y)&=E\{[X-E(X)][Y-E(Y)]\}\\
&=E\{[X-E(X)][aX+b-aE(X)-b]\}\\
&=aE[X-E(X)]^2\\
&=aD(X)
\end{aligned}$$

$$
\begin{aligned}
D(Y) &= E[Y-E(Y)]^2 \\
&= E[aX+b-aE(X)-b]^2 \\
&= a^2E[X-E(X)]^2 \\
&= a^2D(X)
\end{aligned}
$$

$$
\rho_{XY}=\frac{\operatorname{cov}(X,Y)}{\sqrt{D(X)D(Y)}}=\frac{aD(X)}{|a|D(X)}=\begin{cases}1 & a>0\\-1 & a<0\end{cases}
$$

随机变量的上述几个数字特征可以用一个统一的数字特征——**矩**(moment)来表示。这里介绍几种常用的矩:原点矩、中心矩和混合矩。设 X 和 Y 是随机变量,若 $E(X^k)(k=1,2,\cdots)$存在,则称它为 X 的 k 阶**原点矩**(moment of order k about the origin)。当 $k=1$ 时,不难看出,它就是 X 的数学期望。

若 $E[X-E(X)]^k(k=1,2,\cdots)$存在,称它为 X 的k 阶**中心矩**(central moment of order k)。当 $k=2$ 时,中心矩即为 X 的方差。

若 $E(X^kY^l)(k=1,2,\cdots)$存在,称它为 X 和 Y 的$k+l$ 阶**混合矩**(mixed moment)。

若 $E\{[X-E(X)]^k[Y-E(Y)]^l\}$存在,称它为 X 和 Y 的 $k+l$ 阶**中心混合矩**(mixed central moment)。显然,协方差即为 1+1 阶中心混合矩。

n 维随机向量的方差不仅包括每一个分量的方差,还包括任意两个分量的协方差。若记 X_i 和 X_j 的协方差 $\operatorname{cov}(X_i,X_j)$ 为 $v_{ij}(i,j=1,2,\cdots,n)$,

$$
\begin{aligned}
v_{ij} &= E\{[X_i-E(X_i)][X_j-E(X_j)]\} \\
&= \int\cdots\int[x_i-E(X_i)][x_j-E(X_j)]f(x_1,x_2,\cdots,x_n)\mathrm{d}x_1\mathrm{d}x_2\cdots\mathrm{d}x_n
\end{aligned}
$$

则称

$$
\mathbf{V}=(v_{ij})=\begin{bmatrix} v_{11} & v_{12} & \cdots & v_{1n}\\ v_{21} & v_{22} & \cdots & v_{2n}\\ \vdots & \vdots & \ddots & \vdots\\ v_{n1} & v_{n2} & \cdots & v_{nn}\end{bmatrix}
$$

为随机变量$(X_1,X_2,\cdots,X_n)$的协方差矩阵,其中主对角线上的元素 $v_{ii}={\sigma_i}^2$ 即为 X_i 的方差,其他元素均为协方差,由协方差的性质可知 $v_{ij}=v_{ji}$,所以协方差矩阵 $\mathbf{V}$ 是对称的。

1.5 几种常见概率分布

1.5.1 两种离散型分布

1. 二项分布

二项分布(binomial distribution)来源于重复独立试验。将某一试验重复 n 次,若各次试验的结果互不影响,即每次试验结果出现的概率都不依赖于其他各次试验的结果,则称这 n 次试验是独立的。重复试验中最简单的是伯努利试验(Bernoulli trials),它可以描述为每次试验只有两个可能的结果 A 及 $\overline{A}$，A 出现的概率为 p，$\overline{A}$ 出现的概率为 $q=1-p$。假设重复进行 n 次试验，考虑 A 在 n 次试验中出现的次数 X。显然，它是一个能取 $0,1,2,\cdots,n$ 等整数值的离散型随机变量。下面讨论 X 的概率分布。先计算在 n 次试验中 A 出现 k 次的概率 $P_n(k)$。

假定事件 A 在某 k 次试验中出现，例如在第一次至第 k 次试验中出现。则在第 $k+1$ 次至第 n 次试验中必出现 $\overline{A}$。因为试验是相互独立的，因此，事件 $A_{(1)}A_{(2)}\cdots A_{(k)}$ 及 $\overline{A}_{(k+1)}\overline{A}_{(k+2)}\cdots\overline{A}_{(n)}$ 同时出现的概率为

$$P(A_{(1)}A_{(2)}\cdots A_{(k)}\overline{A}_{(k+1)}\cdots\overline{A}_{(n)})$$
$$=P(A_{(1)})P(A_{(2)})\cdots P(A_{(k)})P(\overline{A}_{(k+1)})\cdots P(\overline{A}_{(n)})$$

因为在各次试验中 A 或 $\overline{A}$ 出现的概率保持不变，于是上式可写为

$$P(A_{(1)}A_{(2)}\cdots A_{(k)}\overline{A}_{(k+1)}\cdots\overline{A}_{(n)})=p^kq^{n-k}$$

事实上，在 n 次试验中指定 k 次的方法有 $C_n^k=\dfrac{n!}{k!\,(n-k)!}$ 种，而且这些指定方法是互不相容的。在 n 次试验中 A 出现 k 次的事件是这些事件的总和，根据互不相容事件的概率加法定理可得 X 的概率函数为：

$$P_n(X=k)=C_n^kp^kq^{n-k} \tag{1.80}$$

因为在 n 次试验中 A 的出现情况必然为 0 次、1 次、…、n 次中的一种，于是有

$$P_n(X=k)\geqslant 0(k=0,1,\cdots,n)$$

$$\sum_{k=0}^{n}P_n(\xi=k)=\sum_{k=0}^{n}C_n^kp^kq^{n-k}=1$$

即 $P_n(k)$ 满足概率密度函数的条件。而(1.80)式刚好是二项式 $(p+q)^n$ 展开式的第 $k+1$ 项，因此称随机变量 X 服从参数为 n，p 的二项分布，记为 $X\sim B(n,p)$。图 1.7 为二项分布的图形，由图中看出，当 n 增大时，二项分布趋于对称。

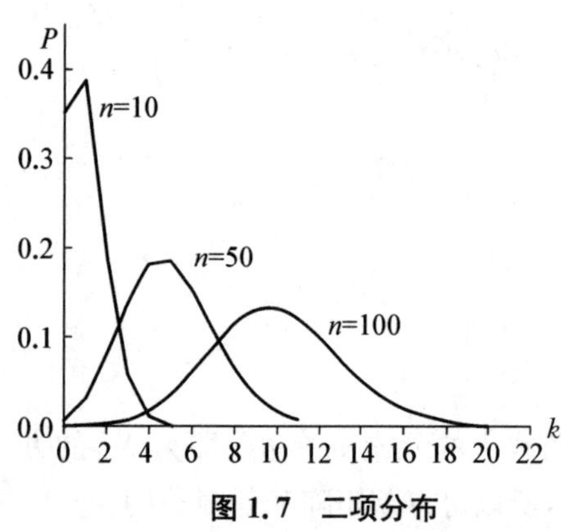

图 1.7　二项分布

二项分布的分布函数为

$$F(x)=P(X\leqslant x)=\sum_{0\leqslant k\leqslant x}C_n^kp^kq^{n-k} \tag{1.81}$$

例 1.7：某天文站进行人卫激光观测，设每次射击的命中率是 0.2，独立观测 10 次，试求击中卫星的次数大于等于 2 的概率。

解：将每次射击看作一次试验，设击中的次数为 X，则 X 服从参数 $n=10$，$p=0.2$ 的二项分布，其分布律为

$$P(X=k)=C_{10}^k0.2^k0.8^{10-k}$$

于是所求的概率为

$$P(X\geqslant 2)=1-P(X<2)=1-\sum_{k=0}^{1}C_n^kp^kq^{n-k}=1-(0.8^{10}+10\cdot 0.2\cdot 0.8^9)\approx 0.624$$

可以证明,二项分布随机变量的期望值为 np,方差为 $np(1-p)$。

2. 泊松分布

对于离散型随机变量 X,若它的概率密度函数具有如下形式

$$P(X=k)=\frac{\lambda^k}{k!}\mathrm{e}^{-\lambda}\quad(k=0,1,\cdots;\lambda>0)\tag{1.82}$$

则称 X 服从**泊松分布**(Poisson distribution),式中 λ 为分布参数。

由(1.82)式,利用数学期望和方差的定义不难得到泊松分布随机变量的数学期望和方差,它们分别为 $E(X)=\lambda$ 和 $D(X)=\lambda$。

证:

$$E(X)=\sum_{k=0}^{\infty}k\frac{\lambda^k}{k!}\mathrm{e}^{-\lambda}=\mathrm{e}^{-\lambda}\lambda\sum_{k=1}^{\infty}\frac{\lambda^{k-1}}{(k-1)!}=\lambda$$

$$E(X^2)=\sum_{k=0}^{\infty}k^2\frac{\lambda^k}{k!}\mathrm{e}^{-\lambda}=\mathrm{e}^{-\lambda}\lambda\sum_{k=1}^{\infty}k\frac{\lambda^{k-1}}{(k-1)!}$$

$$=\mathrm{e}^{-\lambda}\lambda\left[\sum_{k=2}^{\infty}\lambda\frac{\lambda^{k-2}}{(k-2)!}+\sum_{k=1}^{\infty}\frac{\lambda^{k-1}}{(k-1)!}\right]=\lambda^2+\lambda$$

而 $D(X)=E(X^2)-E(X)^2=\lambda^2+\lambda-\lambda^2=\lambda$,得证。

可以证明,泊松分布可看作 $p\to0,n\to\infty$ 时二项分布的极限,且有 $\lambda=np$。

服从泊松分布的随机变量在实际应用中有很多。例如,电话交换台一小时内收到的电话呼唤次数,不变天体发射出的光子到达时间。泊松分布也常用于描述小概率事件的统计规律。在天文、气象统计中,可用来描述流星、冰雹、龙卷风等现象的概率性质。

1.5.2　连续型随机变量分布

1. 均匀分布

均匀分布(uniform distribution)是最简单而又常用的分布。若随机变量 X 的概率密度为:

$$f(x)=\begin{cases}\dfrac{1}{b-a} & a\leqslant x\leqslant b\\ 0 & \text{其他}\end{cases}\tag{1.83}$$

则称 X 服从区间$[a,b]$的均匀分布。

均匀分布的期望值和方差分别为:

$$E(X)=\frac{1}{2}(b+a)$$

$$D(X)=\frac{1}{12}(b-a)^2$$

其分布函数的一般形式是

$$F(x)=\int_{-\infty}^{x}f(x)\mathrm{d}x=\begin{cases}0 & x<a\\ \dfrac{x-a}{b-a} & a\leqslant x\leqslant b\\ 1 & x>b\end{cases}$$

在区间$[a,b]$上的随机变量X在给定区间(α,β)内取值的概率为

$$P(\alpha < x < \beta)=\frac{\beta-\alpha}{b-a}$$

常见的舍入误差(四舍五入)服从均匀分布。

实验工作中常用(0,1)区间均匀分布,其分布密度为

$$f(x)=\begin{cases}1 & 0\leqslant x\leqslant 1\\ 0 & \text{其他}\end{cases}$$

期望值、方差分别为1/2和1/12。

在[0,1]区间均匀分布的随机变量X通过变换

$$Y=a+(b-a)X$$

可以得到在$[a,b]$区间均匀分布的随机变量Y。利用随机变量函数分布的公式容易证明,Y确实服从$[a,b]$区间的均匀分布。

实验设计中经常需要利用均匀分布的随机数,这种随机数可以用抽签、投骰子等办法产生。现代科学中,常用蒙特卡洛方法(Monte Carlo method)——随机现象的数学模拟方法,在计算机上产生各种分布的随机变量的样本,即随机数。

2. 指数分布

若随机变量X的概率密度函数为

$$f(x)=\begin{cases}\lambda \mathrm{e}^{-\lambda x} & x\geqslant 0\\ 0 & x<0\end{cases} \tag{1.84}$$

其中$\lambda>0$为常数,则称X服从参数为λ的**指数分布**(exponential distribution),可记为$X\sim$ EXP(λ)。

由(1.84)式易得X的分布函数为

$$F(x)=\begin{cases}1-\mathrm{e}^{-\lambda x} & x\geqslant 0\\ 0 & x<0\end{cases}$$

指数分布通常用作各种“寿命”分布,如电子元件的寿命、电话的通话时间等,因此它在可靠性理论与排队论中有广泛的应用。

3. 高斯分布

正态分布是应用最广的一种分布,它最初由棣莫弗在求二项分布的渐近公式时得到。高斯在研究测量误差的分布时从另一角度导出了它,故将其命名为**高斯分布**(Gauss distribution)。高斯分布又叫**正态分布**(normal distribution),它的概率密度函数为

$$f(x)=\frac{1}{\sigma\sqrt{2\pi}}\mathrm{e}^{-\frac{(x-\mu)^2}{2\sigma^2}} \quad -\infty<x<\infty \tag{1.85}$$

其中μ和σ^2为两个参数。

服从正态分布的随机变量X称为正态变量,通常记为$X\sim N(\mu,\sigma^2)$。

正态分布的分布函数为

$$F(x)=\int_{-\infty}^{x}\frac{1}{\sigma\sqrt{2\pi}}e^{-\frac{(t-\mu)^2}{2\sigma^2}}dt \tag{1.86}$$

当 $\mu=0,\sigma^2=1$ 时，称 X 服从**标准正态分布**(standard normal distribution)，记为 $X\sim N(0,1)$。其概率密度和分布函数分别为

$$\varphi(u)=\frac{1}{\sqrt{2\pi}}e^{-\frac{u^2}{2}} \tag{1.87}$$

$$\Phi(u)=\frac{1}{\sqrt{2\pi}}\int_{-\infty}^{u}e^{-\frac{t^2}{2}}dt \tag{1.88}$$

正态随机变量的数学期望和方差为

$$E(X)=\mu, D(X)=\sigma^2$$

它们正好是正态分布的两个参数。

正态分布的概率密度曲线是单峰曲线，并且关于 $x=\mu$ 对称，在 $x=\mu$ 处有最大值 $\frac{1}{\sqrt{2\pi}\sigma}$。参数 μ 决定分布的位置，而 σ^2 决定分布的宽窄；对于固定的 σ，$f(x)$ 的位置随 μ 而变，对固定的 μ，$f(x)$ 的形状随 σ 而变。图 1.8 给出不同参数值的正态密度曲线。

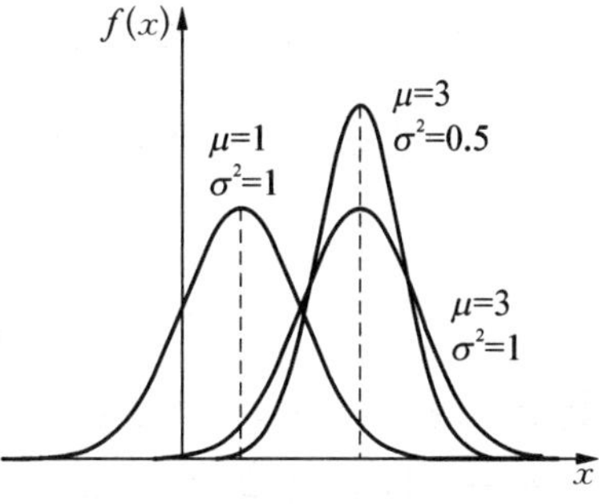

图 1.8　高斯分布密度函数

标准正态分布的分布函数数值可以通过标准正态分布表获得，也可利用统计软件中的内置函数求得。对于非标准正态分布的随机变量，则可通过变换

$$u=\frac{x-\mu}{\sigma}$$

把它转化为标准正态分布，由(1.86)式有

$$F(x)=\frac{1}{\sqrt{2\pi}}\int_{-\infty}^{\frac{x-\mu}{\sigma}}e^{-\frac{u^2}{2}}du=\Phi\left(\frac{x-\mu}{\sigma}\right)$$

由于标准正态分布关于 y 轴是对称的，所以分布表中一般只列出 $x\geqslant 0$ 的数，负值对应的分布函数值可利用对称性求得

$$\Phi(u)=1-\Phi(-u)\quad u<0$$

下面通过几个例子说明如何来计算正态变量的概率。

例 1.8：已知 $X\sim N(1,10^2)$，求 $P(X>12)$ 及 $P(5<X<10)$。

解：因为　$P(X>12)=1-P(X<12)=1-F(12)$

$$=1-\Phi\left(\frac{12-1}{10}\right)=1-\Phi(1.1)$$

查正态分布表可得 $\Phi(1.1)=0.8643$，于是

$$P(X>12)=1-0.8643=0.1357$$

又

$$P(5<X<10)=F(10)-F(5)=\Phi\left(\frac{10-1}{10}\right)-\Phi\left(\frac{5-1}{10}\right)$$
$$=\Phi(0.9)-\Phi(0.4)=0.8159-0.6554=0.1605$$

例 1.9：已知 $X\sim N(\mu,\sigma^2)$，求

(1) $P(|X-\mu|<\sigma)$；(2) $P(|X-\mu|<2\sigma)$；(3) $P(|X-\mu|<3\sigma)$。

解：(1) $P(|X-\mu|<\sigma)=P(-\sigma<X-\mu<\sigma)=P\left(-1<\frac{X-\mu}{\sigma}<1\right)$
$$=\Phi(1)-\Phi(-1)=2\Phi(1)-1=0.6827;$$

(2) $P(|X-\mu|<2\sigma)=2\Phi(2)-1=0.9545$；

(3) $P(|X-\mu|<3\sigma)=2\Phi(3)-1=0.9973$。

此例给出了正态变量 X 在期望值左右一倍、两倍和三倍标准误差范围内的概率含量。在实际数据处理中，还经常使用“2.6σ 原则”，即测量误差在 2.6 倍均方差范围内的概率约为 99%。

1.5.3 二维正态分布

若二维随机变量 (X,Y) 的联合概率密度函数为

$$f(x,y)=\frac{1}{2\pi\sigma_1\sigma_2\sqrt{1-\rho^2}}e^{-\frac{1}{2(1-\rho^2)}\left[\frac{(x-\mu_1)^2}{\sigma_1^2}-2\rho\frac{(x-\mu_1)(y-\mu_2)}{\sigma_1\sigma_2}+\frac{(y-\mu_2)^2}{\sigma_2^2}\right]} \tag{1.89}$$

其中 $\sigma_1,\sigma_2,\mu_1,\mu_2,\rho$ 均为常数，且 $\sigma_1>0,\sigma_2>0,-1<\rho<1$，则称 (X,Y) 为具有参数 $\mu_1,\mu_2,\sigma_1,\sigma_2,\rho$ 的二维正态分布。

下面我们先求其两个边缘分布密度。

$$f_X(x)=\int_{-\infty}^{\infty}f(x,y)dy$$
$$=\frac{1}{2\pi\sigma_1\sigma_2\sqrt{1-\rho^2}}\int_{-\infty}^{\infty}e^{-\frac{1}{2(1-\rho^2)}\left[\frac{(x-\mu_1)^2}{\sigma_1^2}-2\rho\frac{(x-\mu_1)(y-\mu_2)}{\sigma_1\sigma_2}+\frac{(y-\mu_2)^2}{\sigma_2^2}\right]}dy$$

令 $\frac{x-\mu_1}{\sigma_1}=u,\frac{y-\mu_2}{\sigma_2}=v$，则

$$f_X(x)=\frac{1}{2\pi\sigma_1\sqrt{1-\rho^2}}\int_{-\infty}^{\infty}e^{-\frac{1}{2(1-\rho^2)}(u^2-2\rho uv+v^2)}dv$$
$$=\frac{1}{\sqrt{2\pi}\sigma_1}\int_{-\infty}^{\infty}\frac{1}{\sqrt{2\pi(1-\rho^2)}}e^{-\frac{1}{2(1-\rho^2)}[(v-\rho u)^2+(1-\rho^2)u^2]}dv$$
$$=\frac{1}{\sqrt{2\pi}\sigma_1}e^{-\frac{u^2}{2}}\int_{-\infty}^{\infty}\frac{1}{\sqrt{2\pi(1-\rho^2)}}e^{-\frac{(v-\rho u)^2}{2(1-\rho^2)}}dv$$

令 $t=\frac{v-\rho u}{\sqrt{1-\rho^2}}$，并利用 $\int_{-\infty}^{\infty}\frac{1}{\sqrt{2\pi}}e^{-\frac{t^2}{2}}dt=1$，则

$$f_X(x)=\frac{1}{\sqrt{2\pi}\sigma_1}e^{-\frac{u^2}{2}}=\frac{1}{\sqrt{2\pi}\sigma_1}e^{-\frac{(x-\mu_1)^2}{2\sigma_1{}^2}} \tag{1.90}$$

同理可得

$$f_Y(y)=\frac{1}{\sqrt{2\pi}\sigma_2}e^{-\frac{(y-\mu_2)^2}{2\sigma_2{}^2}}$$

它们表明，二维正态分布的每一边缘分布都是服从正态分布的，并且都不依赖参数ρ。此外，不难证明μ_1，μ_2和$\sigma_1{}^2$，$\sigma_2{}^2$就是正态变量X，Y的数学期望和方差，还可以证明X，Y的协方差为

$$\begin{aligned}\operatorname{cov}(X,Y)&=\int_{-\infty}^{\infty}\int_{-\infty}^{\infty}(x-\mu_1)(y-\mu_2)f(x,y)\mathrm{d}x\mathrm{d}y\\&=\rho\sigma_1\sigma_2\end{aligned}$$

故有

$$\rho(X,Y)=\frac{\operatorname{cov}(X,Y)}{\sigma_1\sigma_2}=\rho$$

这就是说，二维正态分布概率密度中的参数ρ就是这两个正态变量的相关系数。在上一节相关系数的第3个性质中已经指出，若两个随机变量相互独立，则相关系数等于0，但反之并不成立，而对于两个正态变量，如果它们不相关，即$\rho=0$，由(1.89)式有

$$\begin{aligned}f(x,y)&=\frac{1}{2\pi\sigma_1\sigma_2}e^{-\frac{1}{2}\left[\frac{(x-\mu_1)^2}{\sigma_1{}^2}+\frac{(y-\mu_2)^2}{\sigma_2{}^2}\right]}\\&=f_X(x)f_Y(y)\end{aligned}$$

这满足随机变量独立性的条件。这说明，对二维正态随机变量(X,Y)来说，它们不相关与相互独立是等价的。

例1.10：设X和Y为两个相互独立的随机变量，且都具有$N(0,1)$分布，求$Z=X+Y$的分布。

解：由题意

$$f_X(x)=\frac{1}{\sqrt{2\pi}}e^{-\frac{x^2}{2}}$$

$$f_Y(y)=\frac{1}{\sqrt{2\pi}}e^{-\frac{y^2}{2}}$$

利用两个随机变量和的概率密度公式(1.58)及随机变量独立性条件，有

$$\begin{aligned}f_Z(z)&=\int_{-\infty}^{\infty}f_X(x)\cdot f_Y(z-x)\mathrm{d}x\\&=\int_{-\infty}^{\infty}\frac{1}{2\pi}e^{-\frac{x^2}{2}}e^{-\frac{(z-x)^2}{2}}\mathrm{d}x\\&=\frac{1}{2\pi}e^{-\frac{z^2}{4}}\int_{-\infty}^{\infty}e^{-\left(x-\frac{z}{2}\right)^2}\mathrm{d}x\end{aligned}$$

令 $t=x-\frac{z}{2}$，得

$$f_Z(z)=\frac{1}{2\pi}\mathrm{e}^{-\frac{z^2}{4}}\int_{-\infty}^{\infty}\mathrm{e}^{-t^2}\,\mathrm{d}t=\frac{1}{2\pi}\mathrm{e}^{-\frac{z^2}{4}}\sqrt{\pi}=\frac{1}{2\sqrt{\pi}}\mathrm{e}^{-\frac{z^2}{4}}$$

即

$$Z\sim N(0,2)$$

由此可以看出，相互独立的正态变量的和仍然具有正态分布，即若 X,Y 相互独立，且 $X\sim N(\mu_1,\sigma_1^{\,2})$，$Y\sim N(\mu_2,\sigma_2^{\,2})$，则 $Z=X+Y\sim N(\mu_1+\mu_2,\sigma_1^{\,2}+\sigma_2^{\,2})$。这个结论还能推广到 n 个独立的正态变量之和的情况。

利用向量和矩阵，对二维正态分布进行改写。设

$$\boldsymbol{x}=\begin{bmatrix}x_1\\x_2\end{bmatrix}\quad \boldsymbol{\mu}=\begin{bmatrix}\mu_1\\\mu_2\end{bmatrix}$$

$$\boldsymbol{\Sigma}=(\sigma_{ij})=\begin{bmatrix}\sigma_{11}&\sigma_{12}\\\sigma_{21}&\sigma_{22}\end{bmatrix}=\begin{bmatrix}\sigma_1^{\,2}&\rho\sigma_1\sigma_2\\\rho\sigma_1\sigma_2&\sigma_2^{\,2}\end{bmatrix}$$

则二维正态分布可以写成

$$f(\boldsymbol{x})=\frac{1}{(\sqrt{2\pi})^2\,|\boldsymbol{\Sigma}|^{1/2}}\mathrm{e}^{-\frac{1}{2}(x-\mu)^{\mathrm{T}}\boldsymbol{\Sigma}^{-1}(x-\mu)}\tag{1.91}$$

式中上标 T 表示矩阵的转置(transpose)，$|\boldsymbol{\Sigma}|$ 是矩阵(σ_{ij})的行列式

$$|\sigma_{ij}|=\begin{vmatrix}\sigma_1^{\,2}&\rho\sigma_1\sigma_2\\\rho\sigma_1\sigma_2&\sigma_2^{\,2}\end{vmatrix}=\sigma_1^{\,2}\sigma_2^{\,2}(1-\rho^2)$$

$|\boldsymbol{\Sigma}|^{-1}$是$(\sigma_{ij})$的逆矩阵。

利用矩阵写法，不难将二维正态分布推广到多维正态分布，即 n 维正态分布的联合概率密度函数为

$$f(\boldsymbol{x})=\frac{1}{(\sqrt{2\pi})^2\,|\boldsymbol{\Sigma}|^{1/2}}\mathrm{e}^{-\frac{1}{2}(x-\mu)^{\mathrm{T}}\boldsymbol{\Sigma}^{-1}(x-\mu)}\tag{1.92}$$

式中，$\boldsymbol{x}$ 为 n 维随机向量，$\boldsymbol{\mu}$ 为 n 维实向量。

$$\boldsymbol{x}=\begin{bmatrix}x_1\\x_2\\\vdots\\x_n\end{bmatrix}\quad \boldsymbol{\mu}=\begin{bmatrix}\mu_1\\\mu_2\\\vdots\\\mu_n\end{bmatrix}$$

$$\boldsymbol{\Sigma}=(\sigma_{ij})=\begin{bmatrix}\sigma_{11}&\sigma_{12}&\cdots&\sigma_{1n}\\\sigma_{21}&\sigma_{22}&\cdots&\sigma_{2n}\\\vdots&\vdots&\ddots&\vdots\\\sigma_{n1}&\sigma_{n2}&\cdots&\sigma_{nn}\end{bmatrix}=\begin{bmatrix}\sigma_1^{\,2}&\rho_{12}\sigma_1\sigma_2&\cdots&\rho_{1n}\sigma_1\sigma_n\\\rho_{12}\sigma_1\sigma_2&\sigma_2^{\,2}&\cdots&\rho_{2n}\sigma_2\sigma_n\\\vdots&\vdots&\ddots&\vdots\\\rho_{1n}\sigma_1\sigma_n&\rho_{2n}\sigma_2\sigma_n&\cdots&\sigma_n^{\,2}\end{bmatrix}$$

1.6　大数定律及中心极限定理

在第一节引入统计概率的概念时，我们提到随机事件发生的频率随着试验次数 n 的增加而逐渐稳定为某个常数，因此频率的稳定性是定义概率的客观基础。大数定律则是事件发生的频率具有稳定性的数学描述；中心极限定理给出了大量随机变量之和逼近正态分布的条件。下面主要介绍大数定律和中心极限定理。

1.6.1　切比雪夫不等式

基于随机变量的数学期望与方差的概念，先介绍切比雪夫不等式。

如果随机变量 X，$E(X)=\mu$，$D(X)=\sigma^2$，则对任意 $\varepsilon>0$ 有

$$P(|X-\mu|\geqslant\varepsilon)\leqslant\sigma^2/\varepsilon^2 \tag{1.93}$$

这就是**切比雪夫不等式**(Chebyshev inequality)，其等价不等式为

$$P(|X-\mu|<\varepsilon)\geqslant 1-\sigma^2/\varepsilon^2 \tag{1.94}$$

证明：设连续型随机变量 X 的概率密度函数为 $f(x)$，有

$$\begin{aligned}P(|X-\mu|\geqslant\varepsilon)&=\int\limits_{|x-\mu|\geqslant\varepsilon} f(x)\mathrm{d}x\\&\leqslant\int\limits_{|x-\mu|\geqslant\varepsilon}\frac{|x-\mu|^2}{\varepsilon^2}f(x)\mathrm{d}x\\&\leqslant\frac{1}{\varepsilon^2}\int_{-\infty}^{\infty}(x-\mu)^2f(x)\mathrm{d}x\\&=\sigma^2/\varepsilon^2\end{aligned}$$

切比雪夫不等式给出了在随机变量的分布未知而数学期望和方差已知的情况下，快速估算随机变量落在有限区间上的概率的方法。

例 1.11：事件 A 发生概率 $P(A)=0.5$，求 $n=1000$ 次试验中事件 A 发生的次数在 400～600 次之间的概率。

解：设事件 A 发生的次数为 X，$X\sim B(1000,0.5)$，有

$$E(X)=np=500\quad D(X)=np(1-p)=250$$

利用切比雪夫不等式(1.94)，可得

$$\begin{aligned}P(400<X<600)&=P(|X-500|\leqslant 100)\\&\geqslant 1-250/100^2=0.975\end{aligned}$$

1.6.2　随机序列的收敛

概率论中的极限定理以及数理统计学中各种统计量的极限性质，都是按随机变量序列的各种不同的收敛性来研究的。以下是几种常用的收敛概念：

(1) 设 $X_1,X_2,\cdots,X_n,\cdots$是一随机序列,$X$ 为一常数,若对任意 $\varepsilon>0$,有

$$\lim_{n\to\infty}P(|X_n-X|>\varepsilon)=0$$

则称序列 $X_1,X_2,\cdots,X_n,\cdots$**依概率收敛**(convergence in probability)于 X。

(2) 设 $X_1,X_2,\cdots,X_n,\cdots$是一随机序列,$X$ 为一随机变量,若

$$P(\lim_{n\to\infty}X_n=X)=1$$

则称序列 $X_1,X_2,\cdots,X_n,\cdots$**以概率 1 收敛**(converges with probability 1)于 X。

(3) 设 $X_1,X_2,\cdots,X_n,\cdots$是一随机序列,$X$ 为一随机变量,若

$$\lim_{n\to\infty}E(|X_n-X|^2)=0$$

则称序列 $X_1,X_2,\cdots,X_n,\cdots$**以均方收敛**(converges in mean square)于 X。

以概率 1 收敛是从随机变量的值出发,阐明事件发生的频率和观测值的算术平均几乎必然收敛于该事件的概率和总体的均值,约束最为严格;均方收敛是从整体的二阶矩考虑随机变量值,约束比较严格,在宽平稳过程(见 1.10 小节)理论中经常用到;依概率收敛同样是考虑随机变量值,表明随机变量 X_n 与 X 发生较大偏差的概率随 n 的增大而趋于零。

1.6.3 大数定律

大数定律是一种描述当试验次数很大时所呈现的概率性质的定律。这里仅介绍常用的两个重要定律:

1. *切比雪夫大数定理*(Chebyshev large numbers law)

设随机变量 $X_1,X_2,\cdots,X_n$ 相互独立且同分布,则对任意 $\varepsilon>0$,有

$$\lim_{n\to\infty}P\left(\left|\frac{1}{n}\sum_{i=1}^{n}X_i-\mu\right|<\varepsilon\right)=1$$

其中 μ 为 X_i 的期望。若 $X_1,X_2,\cdots,X_n$ 非同分布,则有

$$\lim_{n\to\infty}P\left(\left|\frac{1}{n}\sum_{i=1}^{n}X_i-\frac{1}{n}\sum_{i=1}^{n}E(X_i)\right|<\varepsilon\right)=1$$

证明:记 $Y=\frac{1}{n}\sum_{i=1}^{n}X_i$,则有

$$E(Y)=\frac{1}{n}\sum_{i=1}^{n}E(X_i)=\frac{1}{n}(n\mu)=\mu$$

$$D(Y)=\frac{1}{n^2}\sum_{i=1}^{n}D(X_i)=\frac{1}{n^2}(n\sigma^2)=\frac{\sigma^2}{n}$$

由切比雪夫不等式(1.94),有

$$P(|Y-\mu|<\varepsilon)\geqslant 1-\frac{\sigma^2}{n\varepsilon^2}$$

在上式中令 $n\to\infty$，由概率的性质，可得

$$1\geqslant\lim_{n\to\infty}P(|Y-\mu|<\varepsilon)\geqslant\lim_{n\to\infty}\left(1-\frac{\sigma^2}{n\varepsilon^2}\right)=1$$

切比雪夫大数定理表明，随着试验次数 n 的增加，样本平均数将接近于总体平均数。这为采用样本平均数作为总体平均数的估计提供了理论依据。

2. 伯努利大数定理(Bernouli large numbers law)

设 n_A 为 n 次独立试验中 A 发生的次数，p 为 A 发生的概率，对给定 $\varepsilon>0$，有

$$\lim_{n\to\infty}P\left(\left|\frac{n_A}{n}-p\right|<\varepsilon\right)=1$$

证明：引入随机变量序列

$$X_k=\begin{cases}1 & \text{第 } k \text{ 次试验中 } A \text{ 发生}\\ 0 & \text{第 } k \text{ 次试验中 } A \text{ 不发生}\end{cases}$$

则 $n_A=\sum_{k=1}^{n}X_k$，且 X_k 相互独立。又 $X_k\sim B(1,p)$，故有

$$E(X_k)=p\quad D(X_k)=p(1-p)$$

由切比雪夫定理，有

$$\lim_{n\to\infty}P\left(\left|\frac{1}{n}\sum_{k=1}^{n}X_k-p\right|<\varepsilon\right)=1$$

即

$$\lim_{n\to\infty}P\left(\left|\frac{n_A}{n}-p\right|<\varepsilon\right)=1$$

伯努利大数定理表明，当独立试验重复次数 n 无限增大时，事件 A 发生的频率依概率收敛于事件 A 的概率 p。

1.6.4 中心极限定理

在客观实际中，许多随机变量受大量的相互独立的随机因素的综合影响，而其中每一个因素所起的作用都是微小的。这种随机变量往往近似服从正态分布，这一现象就是中心极限定理的客观背景。下面给出两个常用的**中心极限定理**(central limit theorem)：

1. 同分布的中心极限定理

设随机变量 $X_1,X_2,\cdots,X_j,\cdots,X_n$ 相互独立，服从同一分布，且具有有限的数学期望 $E(X)=\mu$ 和方差 $D(X)=\sigma^2\neq0$，则随机变量

$$Y=\frac{\sum X_i-n\mu}{\sqrt{n}\sigma}$$

的分布函数 $F_n(y)$ 对于任意 y，满足

$$\lim_{n\to\infty} F_n(y) = \lim_{n\to\infty} P\left(Y = \frac{\sum X_i - n\mu}{\sqrt{n}\sigma} < y\right)$$
$$= \frac{1}{\sqrt{2\pi}} \int_{-\infty}^{y} e^{-t^2/2} dt$$

证略。

2. 棣莫佛-拉普拉斯定理(de Moivre-Laplace theorem)

设随机变量 $X_n(n=1,2,\cdots)$是具有参数为 $n,p(0<p<1)$的二项分布,则当 $n\to\infty$时,X_n 趋向于正态分布 $N(np,np(1-p))$,且对任意区间$(a,b]$恒有

$$\lim_{n\to\infty} P\left(a < \frac{X_n - np}{\sqrt{np(1-p)}} < b\right) = \int_a^b \frac{1}{\sqrt{2\pi}} e^{-t^2/2} dt$$

此定理表明,当 n 较大(≥50)时,可用正态分布计算二项分布的近似值。

例 1.12:保险公司有 10000 人参保,保险费 1800 元/人。若投保人死亡,需赔偿 250000 元。问何种情况下保险公司亏本及其概率(死亡率 $p=0.006$)?

解:保险公司亏本应为保险金少于赔偿金,即死亡人数 X 多于 $10000\times1800/250000=72$ 人时,其概率为

$$P(\xi > 72) = P\left(\frac{\xi - 60}{\sqrt{60(1-0.006)}} > 1.553862\right)$$
$$= 1 - P\left(\frac{\xi - 60}{\sqrt{60(1-0.006)}} \leqslant 1.553862\right)$$
$$= 1 - \Phi(1.553862) = 1 - 0.94 = 0.06$$

1.7 样本及其分布

在前几节中,我们所讨论的随机变量都是假设分布已知的。在此前提下,我们研究了随机变量的性质和统计规律,并利用它的数字特征来刻画这种规律。而实际工作中,随机变量的分布往往是部分或完全未知的,我们还没有说明如何确定各种具体的随机现象或随机变量的概率分布形式或数字特征的数值。一般来说,一个具体随机现象的概率特征是很难从物理分析中得到的,必须依靠实验或观测。如何通过对观测资料的分析,对其内在的统计规律作出一定精确程度的判断和预测,这些都属于数理统计的研究内容。

1.7.1 随机样本

虽然数理统计和概率论一样都是研究随机现象的统计规律以及各种数字特征的,但是它们应用的方法不尽相同。更确切地说,数理统计是从实际观测资料出发来研究随机变量的概率分布与数字特征的,而实际的观测资料总是有限的。在数理统计中,常把研究对象的全体称为**总体**(population)或**母体**,组成总体的每一个单元称为**个体**(individuality),总体中一部分个体组成的集合称为**样本或子样**(sample),样本内所含个体的个数称为**样本容量**

(sample size)。

在实际应用中，我们感兴趣的常常是研究对象的一个(或几个)指标，如太阳的相对黑子数、某一波段的射电流量等，它们通常是随机变量。总体通常是指研究对象的某个指标的全部可能值，通常很难得到。因此我们只能根据有限的个体对总体作出判断，这就要求这些个体能够很好地反映总体的情况。在统计理论中，由于各种统计方法都是以独立随机变量的各种性质为基础的，因此要求样本的各个个体应该是**相互独立**的。为了达到这一要求，可以采用简单随机抽样方法，即总体中每一个体被抽到的机会是均等的，并且抽取一个个体不影响总体的成分。事实上，简单随机抽样就是重复独立试验，用简单随机抽样方法获得的样本称为**简单随机样本**(simple random sample)。以后如无特别说明，书中所说的样本都是指简单随机样本。

如果表征总体的随机变量用 X 表示，第 i 次随机试验的结果记为 x_i，则简单随机抽样的结果 $x_1, x_2, \cdots, x_n$ 称为总体 X 的一组样本观测值。由于抽样的随机性和独立性，每个 x_i 都可看作某个随机变量 X_i 所取的观测值。因此，$x_1, x_2, \cdots, x_n$ 可以看作 n 维随机变量 $X_1, X_2, \cdots, X_n$ 的观测值，而 $X_1, X_2, \cdots, X_n$ 为 X 的一个样本，它们相互独立并且与总体具有相同的分布。

当我们考察一个样本时，首先需对其有一个概貌性的了解，以便从中提炼出能反映总体特征的信息。设 $x_1, x_2, \cdots, x_n$ 为来自总体 X 的一组样本观测值，对此我们首先计算可以描述其基本特征的特征数。为了与总体的数字特征区别开来，这些特征数常冠以样本两字，即样本数字特征，如：

样本均值(sample mean)

$$\bar{x} = \frac{1}{n}\sum_{i=1}^{n} x_i \tag{1.95}$$

样本方差(sample variance)

$$s^2 = \frac{1}{n-1}\sum_{i=1}^{n} (x_i - \bar{x})^2 \tag{1.96}$$

s 被称为**样本均方差**(sample standard deviation)。

样本 k 阶矩(sample moment of order k)

$$a_k = \frac{1}{n}\sum_{i=1}^{n} x_i^{\,k} \quad k = 1, 2, \cdots \tag{1.97}$$

样本 k 阶中心矩(sample moment of order k about the origin)

$$b_k = \frac{1}{n}\sum_{i=1}^{n} (x_i - \bar{x})^k \quad k = 1, 2, \cdots \tag{1.98}$$

它们分别为下列随机变量的观测值

$$\overline{X} = \frac{1}{n}\sum_{i=1}^{n} X_i \tag{1.99}$$

$$S^2 = \frac{1}{n-1}\sum_{i=1}^{n} (X_i - \overline{X})^2 \tag{1.100}$$

$$A_k = \frac{1}{n}\sum_{i=1}^{n} X_i{}^k \quad k = 1, 2, \cdots \tag{1.101}$$

$$B_k = \frac{1}{n}\sum_{i=1}^{n} (X_i - \overline{X})^k \quad k = 1, 2, \cdots \tag{1.102}$$

我们仍称这些随机变量为样本均值、样本方差、样本 k 阶矩及样本 k 阶中心矩，仅用字母的大小写来区别它们。

除此之外，由样本对总体的分布进行推断也是很重要的。一般的方法是通过统计观测值的频率分布来观察理论分布的概貌以及由样本观测值的频率直方图近似地描绘出分布密度曲线。

设 $x_1, x_2, \cdots, x_n$ 是某个天文量的 n 个观测值，将它们按由小到大的顺序排列为

$$x'_1, x'_2, \cdots, x'_n$$

作出函数

$$F_n(x) = \frac{x'_1, x'_2, \cdots, x'_n \text{ 中小于 } x \text{ 的个数}}{n} = \begin{cases} 0 & x \leqslant x'_1 \\ \dfrac{k}{n} & x'_k < x \leqslant x'_{k+1} \\ 1 & x > x'_n \end{cases} \tag{1.103}$$

则称 $F_n(x)$ 为观测值 $x_1, x_2, \cdots, x_n$ 的**经验分布函数**或**样本分布函数**(empirical distribution function)。对于不同的样本观测值，将得到不同的经验分布函数，但它们都是总体 X 分布函数 $F(x)$ 的缩影。而随着样本容量 n 的增加，经验分布函数和理论分布函数之间的差别也愈来愈小。

除了用经验分布来描述观测值的分布外，也可以像概率分布一样用频率分布律或**频率直方图**(frequency histogram)来描述观测值的分布。

设离散型随机变量的 n 个观测值为 $x_1, x_2, \cdots, x_n$，统计变量的各可能值出现的频数和频率，以横坐标表示各可能值，纵坐标表示各可能值出现的频率，并以平行于纵坐标的线段表示频率，这样得到的图形称为离散型随机变量的频率分布图。

若 $x_1, x_2, \cdots, x_n$ 为连续型随机变量的观测值，由连续型随机变量的概率性质可知，我们不应统计各个观测值出现的频率，而应统计它在某一范围内出现的频率。为此，我们把观测值的变化范围划分为许多连续但不重叠的区间，统计观测值落在各区间内的频率。每一小区间称为组；小区间的长度称为组距，以 h 表示；各区间的端点称为上、下组限；每一组的中点值称为组中值。下面我们给出用来描述连续型随机变量观测值的频率分布的频率直方图的绘制步骤：

(1) 划分观测值的分组区间。找出观测值的最大值和最小值，并将观测值按自小到大的次序排列得 $x'_1, x'_2, \cdots, x'_n$，选取两个实数 a，b，使它们尽量靠近 x'_1 和 x'_n，即 $a \leqslant x'_1, b \geqslant x'_n$。把区间$[a, b]$分成 k 个互不相交的子区间。

(2) 计算各组的频率。统计样本观测值落入每个子区间的个数 n_k。它就是这区间或这组的频数，并计算相应的经验频率 $f_k = n_k / n$。

(3) 作频率直方图。以区间序数为横坐标，经验频率为纵坐标得到频率直方图。这是一个由矩形阶梯组成的图形，矩形的宽等于组距 h，矩形的高为各组频率。也有人将

频率与组距之比看作矩形的高，这样每个长方形的面积刚好近似地代表了随机变量取值落入“底边”的概率。频率直方图上各组的中点的连线称为频率多边形，将频率多边形修匀可以得到一光滑曲线，即近似的分布密度曲线。容易看出，如果样本容量越大，分组越细，频率直方图就越接近随机变量的概率分布特征；但分组太多则不能抵消抽样的随机波动。

在实际应用中，常用频数代替经验频率做直方图的纵坐标，图 1.9 是太阳系小行星分布（$a<6$AU）的直方图[数据来自小行星中心（Minor Planet Center，MPC）]。从这个直方图中，可以清楚地看出小行星主要聚集在主带附近，受到不同大行星的摄动较多，分布较为复杂；在 $a=5.2$ AU 处有一个明显的鼓包，这是木星的特洛伊小行星，主要受木星的摄动，因而由中心极限定理呈近正态分布。

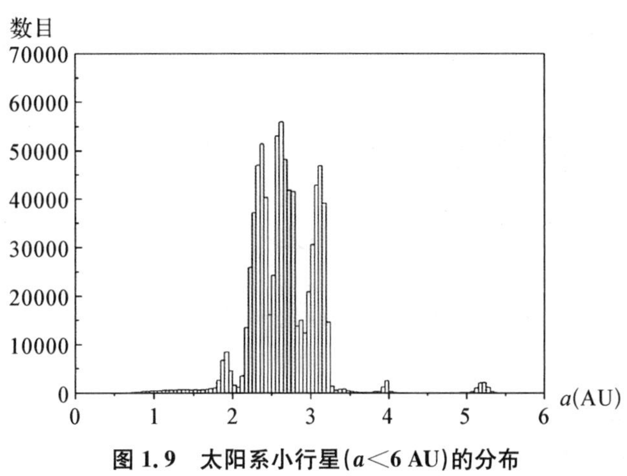

图 1.9　太阳系小行星（$a<6$ AU）的分布

1.7.2　统计量及其分布

在统计学中，当利用观测样本推断总体特征时，通常应从抽取的样本出发，把样本中所包含的我们关心的信息集中起来，针对不同问题构造样本的某种函数，由此获得统计推断的一般理论，然后把它应用到一个具体的样本中去。在数理统计中，称样本的函数为统计量。前面我们曾指出，样本是一个多维随机变量，因此，统计量也是随机变量，也有概率分布和数字特征。统计量的概率分布通常称为**抽样分布**（sampling distribution），而其数字特征就称为抽样分布的数字特征，研究抽样分布的性质是统计推断的重要内容。

统计量既然是样本的函数，那么它的分布也可以利用随机变量函数分布的理论得到。

下面介绍几种常用统计量的分布。为了避免混淆，仍以 $\overline{X}$，S^2 表示随机变量 X 的样本均值、样本方差，而以 $\bar{x}$，s^2 表示样本观测值的均值和方差。

1. 抽样分布的数字特征

抽样分布可以用数字特征来描述，其种类和定义完全与随机变量的数字特征相同，其中最常用的是抽样分布的数学期望和方差（均方差）。一般说来，求抽样分布的数字特征，需要知道统计量的分布。但对于一些特殊的统计量，可不必知道其分布。

1) 样本均值的数学期望和方差

若$(X_1,X_2,\cdots,X_n)$为取自数学期望为μ,方差为σ^2的总体X中的样本,则有

$$E(\overline{X})=E\left(\frac{1}{n}\sum_{i=1}^{n}X_i\right)=\frac{1}{n}\sum_{i=1}^{n}E(X_i)=\frac{1}{n}\cdot n\mu=\mu \tag{1.104}$$

$$D(\overline{X})=D\left(\frac{1}{n}\sum_{i=1}^{n}X_i\right)=\frac{1}{n^2}\sum_{i=1}^{n}D(X_i)=\frac{1}{n^2}\cdot n\sigma^2=\frac{\sigma^2}{n} \tag{1.105}$$

$$\sigma_{\bar{x}}=\frac{\sigma}{\sqrt{n}} \tag{1.106}$$

2) 样本方差的数学期望

由定义(1.100)式,有

$$\begin{aligned}
E(S^2)&=E\left[\frac{1}{n-1}\sum_{i=1}^{n}(X_i-\overline{X})^2\right]\\
&=\frac{1}{n-1}E\left\{\sum_{i=1}^{n}[(X_i-\mu)-(\overline{X}-\mu)]^2\right\}\\
&=\frac{1}{n-1}E\left[\sum_{i=1}^{n}(X_i-\mu)^2-2\sum_{i=1}^{n}(X_i-\mu)(\overline{X}-\mu)+\sum_{i=1}^{n}(\overline{X}-\mu)^2\right]\\
&=\frac{1}{n-1}\{n\sigma^2-2nE[(\overline{X}-\mu)^2]+nE[(\overline{X}-\mu)^2]\}\\
&=\frac{1}{n-1}[n\sigma^2-nD(\overline{X})]
\end{aligned}$$

将(1.105)式代入,则得

$$E(S^2)=\sigma^2 \tag{1.107}$$

从以上推导过程看出,上面几个式子对于任何分布的总体都是成立的。这里没有给出S^2的方差,它与总体分布形式有关。

2. 若干统计量的抽样分布

1) 来自正态总体的样本均值的分布

定理 1.1 设$X\sim N(\mu,\sigma^2)$, $X_1,X_2,\cdots,X_n$为它的一个样本,则样本均值$\overline{X}\sim N(\mu,\sigma^2/n)$。

证明:由(1.29)式知,若$X\sim N(\mu,\sigma^2)$,则

$$\frac{X}{n}\sim N\left(\frac{\mu}{n},\frac{\sigma^2}{n^2}\right)$$

统计量

$$\overline{X}=\frac{1}{n}\sum_{i=1}^{n}X_i=\sum_{i=1}^{n}\frac{X_i}{n}$$

是n个相互独立的正态变量$\frac{X_i}{n}(i=1,\cdots,n)$之和。利用例1.10的结论,可知$\overline{X}$亦服从正态

分布，且它的数学期望和方差分别是

$$E(\overline{X})=\mu \quad D(\overline{X})=\frac{\sigma^2}{n}$$

亦即

$$\overline{X} \sim N\left(\mu,\frac{\sigma^2}{n}\right) \tag{1.108}$$

2) χ^2 分布和正态样本方差的分布

设 $X\sim N(0,1)$，$X_1,X_2,\cdots,X_n$ 为 X 的随机样本，则它们的平方和 χ^2 服从参数为 n 的 **χ^2 分布**(chi-square distribution)，并记作 $\chi^2\sim\chi^2(n)$，n 又称为 χ^2 分布的自由度。

χ^2 的概率密度函数为

$$f(\chi^2,n)=\begin{cases}\dfrac{(\chi^2)^{\frac{n}{2}-1}\mathrm{e}^{-\frac{\chi^2}{2}}}{2^{\frac{n}{2}}\Gamma\left(\frac{n}{2}\right)} & \chi^2\geqslant 0\\ 0 & \chi^2<0\end{cases} \tag{1.109}$$

式中参数 n 为正整数，叫做 χ^2 的**自由度**(degree of freedom)，表示 χ^2 是由 n 个相互独立的变量构成的；$\Gamma(s)$为 Gamma 函数，定义如下：

$$\Gamma(s)=\int_0^{\infty}x^{s-1}\mathrm{e}^{-x}\mathrm{d}x$$

符号 χ^2 代表一个随机变量，常用 $\chi^2(n)$表示自由度为 n 的 χ^2 分布。

容易证明，若统计量 $\chi^2\sim\chi^2(n)$，则

$$E(\chi^2)=n \tag{1.110}$$

$$D(\chi^2)=2n \tag{1.111}$$

图 1.10 中给出 $n=1,4,10,20$ 的 χ^2 分布密度曲线。χ^2 分布在统计分析中有重要应用。为了应用的方便，给出对于各种自由度 n 及不同的概率 α 在满足以下关系式

$$P[\chi^2(n)>\chi^2_{\alpha}(n)]=\int_{\chi^2_{\alpha}(n)}^{\infty}f(\chi^2,n)\mathrm{d}\chi^2=\alpha \tag{1.112}$$

时的 $\chi^2(n)$值，并编制成 χ^2 分布表。当然也可以通过统计软件中的内置函数来求得。若 $\alpha=0.05$，$n=30$，可以查得 $\chi^2_{0.05}(30)=43.77$。当自由度 $n\to\infty$ 时，χ^2 分布接近于高斯分布。

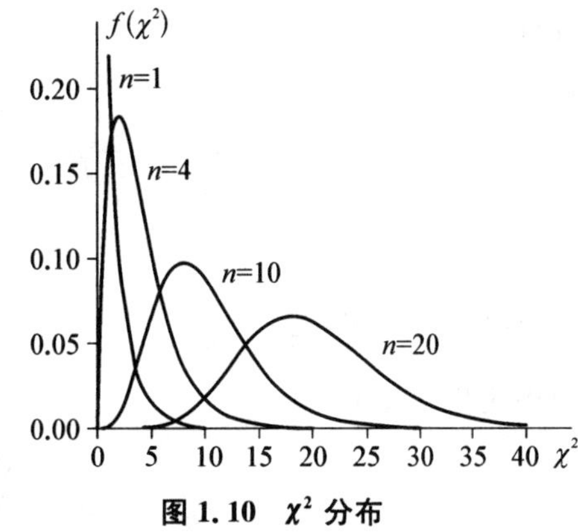

图 1.10　χ^2 分布

下面我们给出和 χ^2 分布有关的定理，它们的证明从略。

定理 1.2　若 $X\sim\chi^2(n_1)$，$Y\sim\chi^2(n_2)$，且 X 和 Y 相互独立，则 $X+Y\sim\chi^2(n_1+n_2)$。

定理 1.3 若 $X \sim N(\mu, \sigma^2)$，$X_1, X_2, \cdots, X_n$ 为 X 的随机样本，则

$$\sum_{i=1}^{n}\left(\frac{X_i-\mu}{\sigma}\right)^2 \sim \chi^2(n) \tag{1.113}$$

有了这两个定理，我们就可以推导出正态样本方差的分布，即定理 1.4。

定理 1.4 若 $X_1, X_2, \cdots, X_n$ 为正态总体 $N(\mu, \sigma^2)$ 的随机样本。则有

(1) 样本均值 $\overline{X}$ 与样本方差 S^2 相互独立。

(2) 统计量

$$\frac{(n-1)S^2}{\sigma^2} \sim \chi^2(n-1) \tag{1.114}$$

证明：

$$\begin{aligned}
(1)\ \operatorname{cov}(X_i-\overline{X}, \overline{X}) &= E[(X_i-\overline{X})(\overline{X}-\mu)] \\
&= E\{[(X_i-\mu)-(\overline{X}-\mu)](\overline{X}-\mu)\} \\
&= E[(X_i-\mu)(\overline{X}-\mu)]-E[(\overline{X}-\mu)^2] \\
&= \frac{1}{n}E[(X_i-\mu)^2]+\frac{1}{n}\sum_{i\neq j}E[(X_i-\mu)(X_j-\mu)]-E[(\overline{X}-\mu)^2] \\
&= \frac{\sigma^2}{n}-\frac{\sigma^2}{n}=0
\end{aligned}$$

故有 $X_i-\overline{X}$ 与 $\overline{X}$ 无关，又因 $X_i-\overline{X}$ 与 $\overline{X}$ 均服从正态分布，故 $X_i-\overline{X}$ 与 $\overline{X}$ 互相独立，而 $S^2=\frac{1}{n-1}\sum_{i=1}^{n}(X_i-\overline{X})^2$ 为 $X_i-\overline{X}$ 的函数，所以有 S^2 与 $\overline{X}$ 互相独立。

$$(2)\ \frac{(n-1)S^2}{\sigma^2}=\frac{\sum_{i=1}^{n}(X_i-\overline{X})^2}{\sigma^2}=\sum_{i=1}^{n}\left(\frac{X_i-\mu}{\sigma}\right)^2-\left(\frac{\overline{X}-\mu}{\sigma/\sqrt{n}}\right)^2$$

亦即

$$\sum_{i=1}^{n}\left(\frac{X_i-\mu}{\sigma}\right)^2=\frac{\sum_{i=1}^{n}(X_i-\overline{X})^2}{\sigma^2}+\left(\frac{\overline{X}-\mu}{\sigma/\sqrt{n}}\right)^2$$

由定理 1.3 可知 $\sum_{i=1}^{n}\left(\frac{X_i-\mu}{\sigma}\right)^2 \sim \chi^2(n)$，而 $\left(\frac{\overline{X}-\mu}{\sigma/\sqrt{n}}\right)^2 \sim \chi^2(1)$

故由定理 1.2 得

$$\frac{(n-1)S^2}{\sigma^2}=\frac{\sum_{i=1}^{n}(X_i-\overline{X})^2}{\sigma^2} \sim \chi^2(n-1)$$

(1.113)式与(1.114)式的差别在于，(1.114)式中构成统计量的 n 个随机变量不完全独立，因为 $\overline{X}$ 是由样本计算得到的，因此多了一个约束条件 $\sum(X_i-\overline{X})=0$，使得 χ^2 分布减少了

一个自由度。

统计量$\frac{(n-1)S^2}{\sigma^2}=\frac{\sum\limits_{i=1}^{n}(X_i-\overline{X})^2}{\sigma^2}$又常称作$\chi^2$量，正态样本$\chi^2$量的分布$\chi^2(n-1)$同正态分布参数无关，只取决于样本容量$n$。所以利用样本$\chi^2$量作统计推断比用样本方差更方便。

3) t分布

设$X\sim N(0,1)$，$Y\sim\chi^2(n)$，且X与Y相互独立，则称随机变量

$$t=\frac{X}{\sqrt{Y/n}} \tag{1.115}$$

服从自由度为n的**t分布**(t-distribution)，并记作$t\sim t(n)$。

用求随机变量函数分布的方法，可以求出t分布的概率密函数

$$f(t)=\frac{\Gamma\left(\frac{n+1}{2}\right)}{\sqrt{n\pi}\,\Gamma(n/2)}(1+t^2/n)^{-\frac{n+1}{2}} \quad -\infty<t<\infty \tag{1.116}$$

式中n为t分布的自由度。

$f(t)$的图形如图1.11，它关于$t=0$是对称的。当$n\to\infty$时，t分布趋于标准正态分布。t分布表列出了对各个自由度n和$\alpha'(0<\alpha'<1)$满足

$$\int_{t_\alpha}^{\infty}f(t)\mathrm{d}t=\alpha'=\frac{\alpha}{2} \tag{1.117}$$

时的$t_\alpha(n)$值。

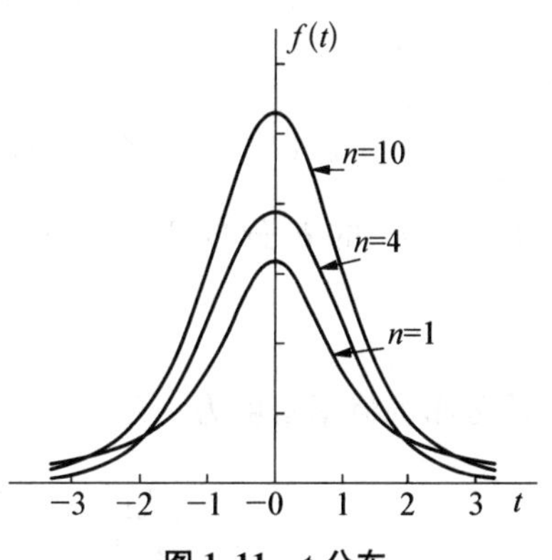

图1.11　t分布

下面介绍几个和t分布有关的定理。它们是t分布的应用的重要依据。

定理1.5　设$X_1,X_2,\cdots,X_n$为正态总体$N(\mu,\sigma^2)$的一个样本，则统计量

$$\frac{(\overline{X}-\mu)}{S/\sqrt{n}}\sim t(n-1) \tag{1.118}$$

其中$\overline{X}$和S分别为样本均值及样本均方差，即

$$S=\sqrt{\frac{\sum\limits_{i=1}^{n}(X_i-\overline{X})^2}{n-1}}$$

证明：$\because \overline{X}\sim N(\mu,\sigma^2/n)$

$$\therefore \frac{\overline{X}-\mu}{\sigma/\sqrt{n}}\sim N(0,1)$$

又由定理1.4知

$$\frac{(n-1)S^2}{\sigma^2} \sim \chi^2(n-1)$$

及 $\frac{\overline{X}-\mu}{\sigma/\sqrt{n}}$ 与 $\frac{(n-1)S^2}{\sigma^2}$ 相互独立，故由 t 分布的定义得

$$\frac{\frac{\overline{X}-\mu}{\sigma/\sqrt{n}}}{\sqrt{\frac{(n-1)S^2}{\sigma^2}/(n-1)}} = \frac{(\overline{X}-\mu)}{S/\sqrt{n}} \sim t(n-1)$$

定理 1.6 设 $X_1, X_2, \cdots, X_{n_1}$ 和 $Y_1, Y_2, \cdots, Y_{n_2}$ 分别是正态总体 $N(\mu_1, {\sigma_1}^2)$ 和 $N(\mu_2, {\sigma_2}^2)$ 的随机样本，而且它们相互独立，则

$$\frac{(\overline{X}-\mu_1)-(\overline{Y}-\mu_2)}{\sqrt{\frac{(n_1-1){S_1}^2+(n_2-1){S_2}^2}{n_1+n_2-2}\left(\frac{1}{n_1}+\frac{1}{n_2}\right)}} \sim t(n_1+n_2-2) \tag{1.119}$$

其中 ${S_1}^2, {S_2}^2$ 分别是 X 和 Y 的样本方差。

4) F 分布

设 $X \sim \chi^2(n_1)$，$Y \sim \chi^2(n_2)$，并且 X 与 Y 相互独立，则称随机变量 $F=\frac{X/n_1}{Y/n_2}$ 服从自由度为 (n_1, n_2) 的 **F 分布**（F-distribution），即

$$F=\frac{X/n_1}{Y/n_2} \sim F(n_1, n_2) \tag{1.120}$$

F 分布的概率密度为

$$f(z)=\begin{cases}\frac{\Gamma[(n_1+n_2)/2]}{\Gamma(n_1/2)\Gamma(n_2/2)}\left(\frac{n_1}{n_2}\right)\left(\frac{n_1}{n_2}z\right)^{\frac{n_1}{2}-1}\left(1+\frac{n_1}{n_2}z\right)^{-\frac{n_1+n_2}{2}} & z \geqslant 0 \\ 0 & z < 0\end{cases} \tag{1.121}$$

F 分布也是统计分析中非常重要的分布。和其他分布一样，也可对 F 分布列出对给定的 $\alpha=(0.01, 0.05, 0.1)$ 及自由度 n_1, n_2，当满足关系式

$$P[F(n_1, n_2) > F_\alpha(n_1, n_2)]=\alpha \tag{1.122}$$

时的 $F_\alpha(n_1, n_2)$ 数值，称为 F 分布表。对于表中没有列出的 n_1, n_2，可以利用下列关系求得

$$F_{1-\alpha}(n_1, n_2)=\frac{1}{F_\alpha(n_2, n_1)} \tag{1.123}$$

1.8 参数估计

有了观测样本的数字特征及各种统计量的知识准备，我们便可以根据样本数据来选择合适的统计量去推断总体的分布或数字特征，这就构成了统计推断理论。统计推断的主要

内容可以分为两大类，参数估计问题和假设检验问题。参数估计是研究如何根据观测资料估算随机变量概率分布中的未知参数的数值以及推算这种估计的误差。这些参数有的是随机变量的数字特征，有的可能是其他参数。

用样本估计总体特征值的方法有两种。一种是寻求总体未知参数的适当估计值，称为参数的点估计；求出估计值的误差是参数估计的另一种方式，称为区间估计。

1.8.1　参数的点估计

点估计(point estimation)就是对总体的某些数字特征(或其他参数)构造一个统计量作为它的估计量。然后将样本观测值代入到这个估计量的表达式中，算出该数字特征的一个估计值。因此点估计的第一个问题是如何构造估计量。

设 θ 为总体 X 的待估计的参数，通常用由样本 $X_1,X_2,\cdots,X_n$ 构成的一个统计量值 $\hat{\theta}=\hat{\theta}(X_1,X_2,\cdots,X_n)$ 来估计 θ，我们就称 $\hat{\theta}$ 为 θ 的估计量。对于样本的一组观测值 $x_1,x_2,\cdots,x_n$，估计量的值 $\hat{\theta}=\hat{\theta}(x_1,x_2,\cdots,x_n)$，称为 θ 的估计值。因此，点估计的实质就是，寻求一个作为待估计参数 θ 的估计量 $\hat{\theta}(x_1,x_2,\cdots,x_n)$。但对于样本的不同实现(观测值)，估计值是不同的。下面介绍两种常用的点估计方法：矩估计法和极大似然法。

1. 矩估计法

作为描述随机变量的数字特征，在一定条件下，矩可以完全确定随机变量的分布。分布一旦确定，其中的参数也就确定了。**矩估计法**(method of moment)就是用样本矩作为相应总体矩的一个估计量，它是由英国统计学家卡尔·皮尔逊于 1894 年提出的。具体做法如下：

设总体 X 中有 k 个未知参数 $\theta_1,\theta_2,\cdots,\theta_k$，且 X 的 r 阶原点矩 $a_r=E(x^r)(r=1,2,\cdots,k)$ 存在，则有 a_r 是总体参数 $\theta_1,\theta_2,\cdots,\theta_k$ 的函数，记为 $a_r(\theta_1,\theta_2,\cdots,\theta_k)$。用样本的 r 阶原点矩 A_r 代替总体原点矩 a_r，有

$$\begin{cases} a_1(\theta_1,\theta_2,\cdots,\theta_k)=A_1 \\ a_2(\theta_1,\theta_2,\cdots,\theta_k)=A_2 \\ \quad\cdots \\ a_k(\theta_1,\theta_2,\cdots,\theta_k)=A_k \end{cases}$$

解此联立方程组，得到

$$\hat{\theta}_i=\hat{\theta}_i(A_1,A_2,\cdots,A_k),\quad i=1,2,\cdots,k$$

$\hat{\theta}_i$ 就是参数 θ_i 的矩估计量。

例 1.13：求任意总体 X 的数学期望 μ 和方差 σ^2 的矩估计。

解：
$$a_1=E(X)=\mu\quad a_2=E(X^2)=D(X)+[E(X)]^2$$

$$A_1=\mu A_2=\sigma^2+{A_1}^2$$

而
$$A_1=\frac{1}{n}\sum X_i=\overline{X}\quad A_2=\frac{1}{n}\sum {X_i}^2$$

求得 $$\hat{\mu}=A_1=\overline{X}\quad \hat{\sigma}^2=A_2-A_1{}^2=\frac{1}{n}\sum(X_i-\overline{X})^2=S'^2$$

可以看出，不管总体 X 的分布形式如何，样本均值 $\overline{X}$ 和样本二阶中心矩 S'^2 都是总体均值 μ 和方差 σ^2 的矩估计。

例 1.14：$X\sim B(m,p)$，$X_1, X_2,\cdots, X_n$ 为它的样本，$x_1, x_2,\cdots, x_n$ 为样本观测值，求 m, p 的矩估计。

解：因为 $$a_1=E(X)=mp$$

$$a_2=E(X^2)=D(X)+[E(X)]^2=mp(1-p)+m^2p^2$$

有 $$A_1=mp\quad A_2=mp(1-p)+m^2p^2$$

可得 $$\hat{m}=\frac{\overline{X}^2}{\overline{X}-S'^2}\quad \hat{p}=\frac{\overline{X}-S'^2}{\overline{X}}$$

矩估计法的优点非常明显，简单易行，使用广泛，且在总体分布未知时也可使用。但是矩估计法也存在不足：(1) 矩估计有时会得到不合理的解，用极大似然估计法可以有效解决此类问题；(2) 矩估计量可能不唯一，当矩估计不唯一时，所涉及的矩的阶数应尽可能小，从而对总体的要求也尽可能少；(3) 矩估计法不一定可行，有些分布的总体矩并不存在，这样矩估计法就失效了。

2. 极大似然法

极大似然估计方法(maximum likelihood estimation)是求点估计的另一种方法，在1821年首先由高斯提出，但是这个方法通常被归功于英国的统计学家罗纳德・费希尔(R. A. Fisher)。使用这个方法的前提是已知总体的分布函数形式，而其中的某些参数未知。下面先叙述它的基本思想。

对于一个总体，其分布密度为 $f(x_i,\theta_1,\theta_2,\cdots,\theta_k)$，它的一个随机样本为$(X_1,X_2,\cdots,X_n)$。按随机样本要满足取样具有独立性、代表性的要求，$X_1,X_2,\cdots,X_n$ 实质上是 n 个独立同分布的随机变量，而每个与总体具有相同的分布，即 $X_i\sim f(x_i,\theta_1,\theta_2,\cdots,\theta_k)$。定义样本的联合密度为样本的**似然函数**(likelihood function)$L(\boldsymbol{\theta})$，即

$$L(\boldsymbol{\theta})=\prod_{i=1}^{n}f(x_i,\theta_1,\theta_2,\cdots,\theta_k)\tag{1.124}$$

对于一组确定的观测结果，似然函数是参数 $\boldsymbol{\theta}$ 的函数。选择使观测结果具有最大概率(密度)的参数值作为未知参数的估计值是一种选取估计值的办法，这就是极大似然法。

使 $L(\boldsymbol{\theta})$ 达到最大的参数 $\hat{\boldsymbol{\theta}}$ 称为参数 $\boldsymbol{\theta}$ 的极大似然估计。显然，$\hat{\boldsymbol{\theta}}$ 应当是方程 $\frac{\partial L(\boldsymbol{\theta})}{\partial\boldsymbol{\theta}}=0$ 的解。由于似然函数是多个因子的乘积，为便于求解，引入似然函数的对数 $\ln L(\boldsymbol{\theta})$。由对数函数的单调性，$L(\boldsymbol{\theta})$ 和 $\ln L(\boldsymbol{\theta})$ 具有相同的极值点。因此，求解似然方程(system of likelihood equations)

$$\frac{\partial}{\partial\theta_r}\ln L(\boldsymbol{\theta})=0\quad r=1,2,\cdots,k\tag{1.125}$$

可得到参数 $\boldsymbol{\theta}$ 的极大似然估计 $\hat{\boldsymbol{\theta}}(x_1,x_2,\cdots,x_n)$。

例 1.15:已知总体服从分布 $f(X,\lambda)=\mathrm{e}^{-\lambda}\lambda^k/k!$,其中 k 为整数型随机变量,X_1,X_2,…,X_n 为一组样本,求参数 λ 的极大似然估计。

解:由分布密度函数形式可得似然函数为

$$L(\lambda)=\prod_{i=1}^{n}\mathrm{e}^{-\lambda}\lambda^{X_i}/X_i!$$

$$\ln L(\lambda)=-n\lambda+\sum_{i=1}^{n}X_i\ln\lambda-\sum_{i=1}^{n}\ln X_i!$$

由似然方程

$$\frac{\partial\ln L(\lambda)}{\partial\lambda}=-n+\sum_{i=1}^{n}X_i/\lambda=0$$

得到 λ 的估计量为

$$\hat{\lambda}=\frac{1}{n}\sum_{i=1}^{n}X_i=\overline{X}$$

例 1.16:已知总体服从正态分布 $N(\mu,\sigma^2)$,一组样本为 $X_1,X_2,\cdots,X_n$,求参数 μ,σ^2 的极大似然估计。

解:由正态分布的分布密度

$$f(X_i,\mu,\sigma)=\frac{1}{\sqrt{2\pi}\sigma}\mathrm{e}^{-\frac{(X_i-\mu)^2}{2\sigma^2}}$$

可得似然函数为

$$L(X_i,\mu,\sigma^2)=\prod_{i=1}^{n}\left[\frac{1}{\sqrt{2\pi}\sigma}\mathrm{e}^{-\frac{(X_i-\mu)^2}{2\sigma^2}}\right]=\left(\frac{1}{\sqrt{2\pi}\sigma}\right)^n\mathrm{e}^{-\sum_{i=1}^{n}\frac{(X_i-\mu)^2}{2\sigma^2}}$$

而

$$\ln L(X_i,\mu,\sigma^2)=-\frac{n}{2}\ln(2\pi)-\frac{n}{2}\ln\sigma^2-\frac{1}{2\sigma^2}\sum_{i=1}^{n}(X_i-\mu)^2$$

由

$$\begin{cases}\dfrac{\partial\ln L(\mu,\sigma^2)}{\partial\mu}=\dfrac{1}{\sigma^2}\sum\limits_{i=1}^{n}(X_i-\mu)=0\\[2ex]\dfrac{\partial\ln L(\mu,\sigma^2)}{\partial\sigma^2}=-\dfrac{n}{2}\dfrac{1}{\sigma^2}+\dfrac{1}{2\sigma^4}\sum\limits_{i=1}^{n}(X_i-\mu)^2=0\end{cases}$$

得 μ 和 σ^2 的极大似然估计为

$$\hat{\mu}=\frac{1}{n}\sum_{i=1}^{n}X_i=\overline{X}$$

$$\hat{\sigma}^2=\frac{1}{n}\sum_{i=1}^{n}(X_i-\overline{X})^2$$

当似然方程组求解很复杂时，也可以通过数值方法求出近似解。

1.8.2 估计量的评价标准

参数的估计量是一个随机变量，不同的方法得到的同一参数的估计量是不同的。即使对同一种方法，用不同的样本得到的估计值也是不同的。显然，用一个好的估计量估计得到的值应更接近真值。但由于待估计参数的真值是未知的，当我们用一个具体样本代入同一待估计参数的各种估计量公式时，所算得的估计值是无法比较的。因此只能一般地讨论评价估计量好坏的标准。由于样本具有随机性，说一个估计量好只是指它具有比较好的统计性质。这样，当我们用这种估计量去作估计时，大多数情况下所得到的结果比用不满足这些性质的估计量得到的结果要好。一个估计量的好坏应从以下三个方面来衡量。

1. 无偏性

因为估计量 $\hat{\theta}$ 是一个随机变量，而随机变量的取值分布在其数学期望周围。既然用 $\hat{\theta}$ 来作为 θ 的估计值，自然希望 $\hat{\theta}$ 的数学期望就是 θ。如果估计量 $\hat{\theta}$ 能满足

$$E(\hat{\theta})=\theta$$

则称估计量是一个**无偏估计量**(unbiased estimator)。

从(1.104)和(1.107)式可以看出，样本均值 $\overline{X}$ 和样本方差 $S^2=\sum_{i=1}^{n}(X_i-\overline{X})^2/(n-1)$ 分别是总体数学期望 μ 和总体方差 σ^2 的无偏估计量。但我们可以证明方差 $S'^2=\frac{1}{n}\sum_{i=1}^{n}(X_i-\overline{X})^2$ 不是总体方差的无偏估计量。

2. 一致性

所谓一致性，就是指随着观测资料的增加，用这种估计量估计的精度也会提高。也就是说，随着样本容量 n 的增大，估计值 $\hat{\theta}$ 的分布更集中于真值附近。用概率统计的语言来说，若估计量 $\hat{\theta}$ 依概率收敛于参数真值 θ，即对任意的 $\varepsilon>0$，若

$$\lim_{n\to\infty}P(|\hat{\theta}-\theta|<\varepsilon)=1 \tag{1.126}$$

则称 $\hat{\theta}$ 为 θ 的**一致估计量**(consistent estimator)。

根据切比雪夫大数定律，我们前面介绍过的各种样本数字特征都是总体数字特征的一致估计量。

3. 有效性

一般来说，总体参数可能有不止一个无偏估计量。例如，除样本均值 $\overline{X}$ 外，$\sum c_iX_i(\sum c_i=1)$ 也是数学期望的无偏估计量。如果 $\hat{\theta}_1$ 与 $\hat{\theta}_2$ 是参数 θ 的两个无偏估计量，且 $D(\hat{\theta}_1)<D(\hat{\theta}_2)$，则称 $\hat{\theta}_1$ 比 $\hat{\theta}_2$ 更**有效**(efficient)。

由于方差刻画了随机变量在其数学期望附近摆动的程度，因此，估计量的有效性是在样本容量 n 相同情况下比较不同估计量的精度。$\hat{\theta}_1$ 比 $\hat{\theta}_2$ 有效表明 $\hat{\theta}_1$ 的分布比 $\hat{\theta}_2$ 的分布窄，用它计算得到的估计值更集中在参数的真值周围。如果一个参数存在许多无偏估计量，那么当然希望采用方差最小的估计量，因此在很多参数估计方法中，人们力求能够得到最小方差无偏估计量的方法。

对于一致估计量，在样本容量 $n\to\infty$ 时，也可能存在一个对所有可能的参数值都最有效的估计量 $\hat{\theta}$，则称它为参数 θ 的渐近佳效估计量。

对于上面所讲的三个衡量估计量的标准，用一致性来衡量估计量好坏时，要求样本容量足够大；无偏性在直观上比较合理，但并不是每一个参数都有无偏估计量；有效性无论在理论上或直观上都比较合理，它是用得比较多的一个标准。

1.8.3　区间估计

利用总体参数的点估计法可以得到参数的估计值，但因为估计量是一个随机变量，不同的样本将得到不同的估计值。也就是说，由观测样本值无法确定未知参数的真值，只能得到其近似值。但我们可以对参数真值做出概率意义上的推断，即以区间的形式给出一个范围，这个范围包含所要求的可靠程度的参数真值，这种形式的估计称为**区间估计**（interval estimation）。下面我们先给出区间估计方法中的几个有关概念。

1. 置信水平和置信区间

设 θ 是待估计的参数，即总体参数的真值，而 $\hat{\theta}_1$ 和 $\hat{\theta}_2$ 是由样本确定的两个统计量，对于给定的 P 或 $\alpha(0<\alpha<1)$，若有

$$P(\hat{\theta}_1<\theta<\hat{\theta}_2)=P=1-\alpha \tag{1.127}$$

则称区间$(\hat{\theta}_1,\hat{\theta}_2)$为 θ 的 $100P\%$的**置信区间**（confidence interval），$\hat{\theta}_1$，$\hat{\theta}_2$ 分别称为**置信下限**（lower confidence limit）和**置信上限**（upper confidence limit），概率 P 称为**置信概率或置信度、置信水平**（confidence level）。

（1.127）式的意义是，由每组样本观测值可以确定一个区间$(\hat{\theta}_1,\hat{\theta}_2)$，而由另一组容量相同的样本又可确定一个区间$(\hat{\theta}'_1,\hat{\theta}'_2)$，由多组样本可以得到多个这样的区间。而每个这样的区间要么包含 θ 的真值要么不包含 θ 的真值。按（1.127），在众多的区间中，包含 θ 真值的约占 $100P\%$。区间估计的任务就是要找出满足条件（1.127）式的置信区间$(\hat{\theta}_1,\hat{\theta}_2)$。

2. 区间估计的求法

找寻未知参数 θ 的置信区间的步骤一般如下：

(1) 构造一个样本 $X_1,X_2,\cdots,X_n$ 和参数 θ 的函数 $g(X_1,X_2,\cdots,X_n;\theta)$，它的分布不依赖于 θ 和其他未知参数；

(2) 对于给定的置信水平 $1-\alpha$，定出两个常数 a，b，使得

$$P(a<g(X_1,X_2,\cdots,X_n,\theta)<b)=1-\alpha$$

(3) 求解其中的不等式,得到 $\theta_1<\theta<\theta_2$。

(θ_1,θ_2) 就是 θ 一个置信水平为 $1-\alpha$ 的置信区间,并称函数 g 为**枢轴量**(pivotal quantity)。

下面介绍几种常见的区间估计。

1) 单个总体正态分布期望值的区间估计

由前面的介绍我们知道,对于来自正态总体 $N(\mu,\sigma^2)$ 的样本 $(X_1,X_2,\cdots,X_n)$,期望值的估计量为 $\hat{\mu}=\overline{X}$,并且 $\overline{X}\sim N(\mu,\sigma^2/n)$。因为 $\overline{X}$ 的分布依赖于被估计的未知参数 μ,因此不能直接被用来作为求置信区间的统计量。如果方差 σ^2 已知,则统计量

$$u=\frac{\overline{X}-\mu}{\sigma/\sqrt{n}}\sim N(0,1)$$

的分布中不含未知参数,故可被用作枢轴量来求置信区间。对于给定的 α,有

$$P\left(-u_\alpha<u=\frac{\overline{X}-\mu}{\sigma/\sqrt{n}}<u_\alpha\right)=1-\alpha \tag{1.128}$$

式中 u_α 为标准正态分布的双侧分位数,可由正态分布双侧分位数表给出。由此可推出参数 μ 的置信水平为 $1-\alpha$ 的置信区间

$$(\overline{X}-u_\alpha\sigma/\sqrt{n},\overline{X}+u_\alpha\sigma/\sqrt{n})$$

亦可写为

$$\mu=\overline{X}\pm u_\alpha\sigma/\sqrt{n}\quad(\text{置信水平 }P)$$

当方差 σ^2 未知时,则选用枢轴量 $t=\dfrac{\overline{X}-\mu}{S/\sqrt{n}}$,因为

$$t=\frac{\overline{X}-\mu}{S/\sqrt{n}}\sim t(n-1)$$

且该统计量中只含未知参数 μ,利用 t 分布,有

$$P\left(-t_\alpha<\frac{\overline{X}-\mu}{S/\sqrt{n}}<t_\alpha\right)=1-\alpha \tag{1.129}$$

故而得到置信水平为 $(1-\alpha)$ 的 μ 的置信区间:

$$(\overline{X}-t_\alpha S/\sqrt{n},\overline{X}+t_\alpha S/\sqrt{n})$$

或表示为

$$\mu=\overline{X}\pm t_\alpha S/\sqrt{n}\quad(\text{置信水平 }P)$$

式中 t_α 为对给定 α 的双侧分位数,利用 t 分布的对称性 $P(|t|>t_\alpha)=P(t>t_\alpha)+P(t<-t_\alpha)=\alpha$,有 $P(t>t_\alpha)=\alpha/2$,故利用 t 分布表由给定的 α 可方便地查出 t_α。

例 1.17:测量北极星的地平高度的 5 次记录为 32°50′26″.1,32°50′26″.3,32°50′25″.9,32°50′27″.2,32°50′26″.5。试给出该地测得的北极星地平高度的 95%置信区间。

解:由题意知,自由度 $v=n-1=4$,$\alpha=0.05$。由样本观测值算得 $\bar{x}=32°50'26''.4$,$S=0''.5$,根据 $v=4$,$\alpha=0.05$ 查 t 分布表得 $t_{\alpha}=2.776$。故得北极星地平高度的 95%的置信区间为

$$32°50'26''.4 \pm 2.776 \times 0''.5/2,$$

即

$$[32°50'25''.78,\ 32°50'27''.02]。$$

2) 单个总体正态分布方差的区间估计

讨论对方差的区间估计在研究测量精度等方面的问题时是非常有用的。例如考虑精度的稳定性时,就需要对方差进行区间估计。

我们已经知道,样本方差 $S^2=\frac{1}{n-1}\sum_{i=1}^{n}(X_i-\overline{X})^2$ 是总体方差的无偏估计。而由定理 1.4 知 χ^2 量是参数 σ^2 和样本的函数,且服从自由度为 $n-1$ 的 χ^2 分布,分布中不含未知参数。因此它可以被用来对正态分布的方差作区间估计。

由于 χ^2 分布的不对称性,对给定的置信度 $1-\alpha$,通常选取分位点满足

$$P(\chi^2<\chi^2_{1-\alpha/2})=P(\chi^2>\chi^2_{\alpha/2})=\alpha/2$$

可以得到

$$P\left[\chi^2_{1-\alpha/2}(n-1)<\frac{\sum_{i=1}^{n}(X_i-\overline{X})^2}{\sigma^2}<\chi^2_{\alpha/2}(n-1)\right]=1-\alpha \tag{1.130}$$

将括号内的不等式移项,可得到对于方差 σ^2 的 $100(1-\alpha)\%$的置信区间

$$\left[\frac{\sum(X_i-\mu)^2}{\chi^2_{\alpha/2}(n-1)},\frac{\sum(X_i-\mu)^2}{\chi^2_{1-\alpha/2}(n-1)}\right]$$

或

$$\left[\frac{(n-1)S^2}{\chi^2_{\alpha/2}(n-1)},\frac{(n-1)S^2}{\chi^2_{1-\alpha/2}(n-1)}\right]$$

式中 $\chi^2_{\alpha/2}(n-1)$和 $\chi^2_{1-\alpha/2}(n-1)$可通过查 χ^2 分布表得到,由给定的 α 和自由度 n,直接查表即可得 $\chi^2_{\alpha}(n)$的数值。若我们对例 1.17 求方差的区间估计,则因为 $S^2=0.25$,$n=4$,给定 $\alpha=0.05$,查 χ^2 分布表得 $\chi^2_{0.025}(4)=11.14$,$\chi^2_{0.975}(4)=0.4844$,最后得 σ^2 的 95%的置信区间为 $[0.090,\ 2.064]$。

3) 两个正态总体的情况

在实际工作中,经常会遇到两个正态总体的区间估计问题。例如,利用两种不同的观测仪器或手段对同一批天体进行观测,那么两种不同测量结果的数学期望之差和方差之比就成了评价观测仪器或手段的技术指标。通常两个正态总体的区间估计可以分为下面几种情况。

设 $X_1,X_2,\cdots,X_{n_1}$ 和 $Y_1,Y_2,\cdots,Y_{n_2}$ 别是正态总体 $N(\mu_1,{\sigma_1}^2)$和 $N(\mu_2,{\sigma_2}^2)$的随机样

本，有

(1) 当 $\sigma_1{}^2,\sigma_2{}^2$ 已知时，求 $\mu_1-\mu_2$ 的置信区间

因为 $X\sim N(\mu_1,\sigma_1{}^2)$，$Y\sim N(\mu_2,\sigma_2{}^2)$，且 X 和 Y 相互独立，有

$$\overline{X}-\overline{Y}\sim N(\mu_1-\mu_2,\frac{\sigma_1{}^2}{n_1}+\frac{\sigma_2{}^2}{n_2})$$

可以得到枢轴量

$$\frac{(\overline{X}-\overline{Y})-(\mu_1-\mu_2)}{\sqrt{\sigma_1{}^2/n_1+\sigma_2{}^2/n_2}}\sim N(0,1) \tag{1.131}$$

所以置信水平为$(1-\alpha)$的 $\mu_1-\mu_2$ 的一个置信区间为

$$\left((\overline{X}-\overline{Y})-u_\alpha\sqrt{\frac{\sigma_1{}^2}{n_1}+\frac{\sigma_2{}^2}{n_2}},(\overline{X}-\overline{Y})+u_\alpha\sqrt{\frac{\sigma_1{}^2}{n_1}+\frac{\sigma_2{}^2}{n_2}}\right)$$

这里 u_α 是标准正态分布表中的双侧分位数。

(2) 当 $\sigma_1{}^2,\sigma_2{}^2$ 未知但 $\sigma_1{}^2=\sigma_2{}^2=\sigma^2$ 时，求 $\mu_1-\mu_2$ 的置信区间

虽然(1.131)式依然成立，但其中含有未知参数 σ^2，不能再选作枢轴量。根据(1.119)式

$$\frac{(\overline{X}-\overline{Y})-(\mu_1-\mu_2)}{\sqrt{\frac{(n_1-1)S_1{}^2+(n_2-1)S_2{}^2}{n_1+n_2-2}\left(\frac{1}{n_1}+\frac{1}{n_2}\right)}}\sim t(n_1+n_2-2)$$

可以得到置信水平为$(1-\alpha)$的 $\mu_1-\mu_2$ 的置信区间

$$\left((\overline{X}-\overline{Y})-t_\alpha\sqrt{\frac{(n_1-1)S_1{}^2+(n_2-1)S_2{}^2}{n_1+n_2-2}\left(\frac{1}{n_1}+\frac{1}{n_2}\right)},(\overline{X}-\overline{Y})+t_\alpha\sqrt{\frac{(n_1-1)S_1{}^2+(n_2-1)S_2{}^2}{n_1+n_2-2}\left(\frac{1}{n_1}+\frac{1}{n_2}\right)}\right)$$

这里 t_α 是 t 分布表中的双侧分位数，其自由度为 n_1+n_2-2。

(3) 当 $\sigma_1{}^2,\sigma_2{}^2$ 未知但 $n_1,n_2>50$ 时，求 $\mu_1-\mu_2$ 的置信区间

由于 n_1,n_2 充分大，根据大数定理可知，$S_1{}^2$ 以概率收敛于 $\sigma_1{}^2$，$S_2{}^2$ 以概率收敛于 $\sigma_2{}^2$，有

$$\frac{(\overline{X}-\overline{Y})-(\mu_1-\mu_2)}{\sqrt{S_1{}^2/n_1+S_2{}^2/n_2}}\sim N(0,1)$$

所以 $\mu_1-\mu_2$ 的置信水平为$(1-\alpha)$的置信区间为

$$\left((\overline{X}-\overline{Y})-u_\alpha\sqrt{\frac{S_1{}^2}{n_1}+\frac{S_2{}^2}{n_2}},(\overline{X}-\overline{Y})+u_\alpha\sqrt{\frac{S_1{}^2}{n_1}+\frac{S_2{}^2}{n_2}}\right)$$

(4) 当 $\sigma_1{}^2,\sigma_2{}^2$ 未知但 $n_1=n_2$ 时，求 $\mu_1-\mu_2$ 的置信区间

令 $Z_i=X_i-Y_i$，则 $Z\sim N(\mu_1-\mu_2,\sigma_1{}^2+\sigma_2{}^2)$，问题变为在单个正态总体方差未知时求数学期望的区间估计。由(1.129)式可知，$\mu_1-\mu_2$ 的置信水平为$(1-\alpha)$的置信区间为

$$(\overline{Z}-t_\alpha S_z/\sqrt{n},\overline{Z}+t_\alpha S_z/\sqrt{n})$$

这里 $S_z^{\ 2}=\frac{1}{n-1}\sum_{i=1}^{n}[(X_i-Y_i)-(\overline{X}-\overline{Y})]^2$。

(5) μ_1，μ_2 未知，求方差比 $\sigma_1^{\ 2}/\sigma_2^{\ 2}$ 的置信区间

根据(1.114)式，有

$$\frac{(n_1-1)S_1^{\ 2}}{\sigma_1^{\ 2}}\sim\chi^2(n_1-1)\qquad\frac{(n_2-1)S_2^{\ 2}}{\sigma_2^{\ 2}}\sim\chi^2(n_2-1)$$

可以得到

$$\frac{\dfrac{(n_1-1)S_1^{\ 2}}{\sigma_1^{\ 2}}\Big/(n_1-1)}{\dfrac{(n_2-1)S_2^{\ 2}}{\sigma_2^{\ 2}}\Big/(n_2-1)}=\frac{S_1^{\ 2}/S_2^{\ 2}}{\sigma_1^{\ 2}/\sigma_2^{\ 2}}\sim F(n_1-1,n_2-1)\tag{1.132}$$

由于 F 分布的不对称性，对给定的置信度 $1-\alpha$，分位点的选取通常满足

$$P(F<F_{1-\alpha/2})=P(F>F_{\alpha/2})=\alpha/2$$

因此 $\sigma_1^{\ 2}/\sigma_2^{\ 2}$ 的置信区间为

$$\left(\frac{S_1^{\ 2}}{S_2^{\ 2}}\frac{1}{F_{\alpha/2}},\frac{S_1^{\ 2}}{S_2^{\ 2}}\frac{1}{F_{1-\alpha/2}}\right)$$

4) 非正态总体参数的区间估计

对于非正态总体，由于难以确定它的抽样分布，不便对参数进行区间估计。但在大样本的情况下，可以利用中心极限定理，将问题转化成正态总体的情形，如 $\overline{X}\sim N(\mu,\sigma^2/n)$。

1.9　假设检验

上一节介绍的参数估计是通过样本观测值寻求总体未知参数的估计值并给出估计值的误差。在实际应用中，还有许多问题要求利用适当的统计量来对总体参数的性质、分布的类型等作出各种分析判断。例如，一架天文仪器经改装后观测精度是否有提高，具有相同性能的两架仪器测量同一天文量有无显著差异，又如我们理论上还不能给出被测随机变量的概率分布的确切形式，或者虽然存在着某个理论分布公式，但不知道它是否适用于具体的观测条件。某些情况下被采用的某个分布形式只是一个假设，它是否合理还需要根据观测到的样本来判断，这就是假设检验所要解决的问题。

由上可知，假设检验包括两类问题。一类是已经知道随机变量分布密度的形式，但其中的参数未知，则检验关于参数值的设定是否和观测样本有显著矛盾，这类问题被称为**参数的假设检验**(parametric hypothesis test)；另一类是随机变量的分布未知，要检验其是否服从某一假设的理论分布，这类问题被称为**分布的假设检验**(distributional test)。由于这类检验方法在推断过程中不涉及总体分布的参数，故而也被称为**非参数检验**(non-parametric hypothesis test)。下面我们首先介绍假设检验的基本原理。

在假设检验理论中，通常把所要检验的假设称为**原假设**(null hypothesis)，并用 H_0 表示。例如，在检验在两种条件下某项统计指标 θ 是否相同时，如果被检验的统计指标 θ 是观

测量 X 分布中的参数，可在两种条件下分别抽得观测样本，假设相应的分布参数值分别为 θ_1 和 θ_2，则被检验的统计假设是

$$H_0: \theta_1 = \theta_2$$

检验的目的是通过实测资料来判断是接受还是拒绝这个假设。如果检验的结果是否定了原假设，就说假设与实际差异显著；如果检验的结果不能否定原假设，就说假设与实际无显著差异。

在对原假设做出真伪判断时，有可能犯两类错误：(1) 当 H_0 为真时，而样本观测值落在拒绝域，从而拒绝 H_0，即犯了“弃真”错误(type Ⅰ error)，其概率记为 α；(2) 当 H_0 为假时，而样本观测值落在了接受域，从而做出接受 H_0 的判断，即犯了“采伪”错误(type Ⅱ error)，其概率记为 β。我们当然希望 α 和 β 越小越好，但在不增加样本容量的情况下，只考虑控制犯第一类错误的概率 α。这一原则下的假设检验被称为**显著性检验**(significance test)，概率 α 称为**显著水平**(significance level)。

根据统计检验的思想，在进行检验时，必须用一个统计量 λ 来衡量假设与实际间的差异，而且这个统计量的分布应该是已知的。在具体进行检验时，并不是计算出统计量 λ 超出某规定范围的概率来与显著水平 α 进行比较，而是根据指定的 α，由 λ 的分布决定 λ 的拒绝域(rejection region)Ω。λ 落入这个区域的概率

$$P(\lambda \in \Omega | H_0) = \alpha \tag{1.133}$$

很小。

如果假设 H_0 为真，则 λ 值落入拒绝域 Ω 内的可能性很小。若由样本观测值所算得的统计量 $\lambda=\lambda(x)$ 落在拒绝域 Ω 内，则说观测结果与假设 H_0 有显著的矛盾(显著水平 α)，或说在显著水平 α 下拒绝假设 H_0；如果计算得到的统计量 $\lambda=\lambda(x)$ 落入拒绝域 Ω 之外，则称观测结果与假设 H_0 没有显著的矛盾，或说在显著水平 α 下接受原假设。

显著性检验的步骤可归纳为

(1) 根据实际情况提出原假设 H_0；

(2) 选取所用的检验统计量 λ；

(3) 选定显著水平 α，决定拒绝域 Ω；

$$\int_{\lambda \in \Omega} f(\lambda | H_0) \mathrm{d}x = \alpha$$

(4) 由样本观测值计算统计量 $\lambda=\lambda(x)$，若 $\lambda(x) \in \Omega$，则在显著水平 α 下拒绝原假设，否则接受原假设。

对于各种不同的问题，存在着各种不同的参数显著性检验法。这些检验法大多以所用的检验统计量命名。

1.9.1 参数的显著性检验

1. 总体期望值的检验

1) 单总体均值的检验

总体期望的假设检验就是根据观测样本，检验随机变量 X 的期望值(或均值)是否与设

定值 μ 有显著差异。因此,这个问题的原假设为

$$H_0:E(X)=\mu$$

如果 X 的分布方差 σ^2 已知,在假设 H_0 为真时,由中心极限定理可知,无论 X 的分布为何种形式,随着样本容量的增大,都渐近地有

$$u=\frac{\overline{X}-\mu}{\sigma/\sqrt{n}}\sim N(0,1)$$

所以对于大样本 n,可以利用统计量 u 对假设 $H_0:E(X)=\mu$ 进行检验。对给定的显著水平 α,拒绝域为

$$\left|\frac{\overline{X}-\mu}{\sigma/\sqrt{n}}\right|>u_\alpha \tag{1.134}$$

其中 u_α 可由 $P(|u|>u_\alpha)=\alpha$ 来确定,它可从正态分布的双侧分位数表中查到。当指定 α 时,查到 u_α 值后,将 $\bar{x}$ 代入(1.134)式中可算得一个 u_{Oberv},按推断原理,若 $|u_{Oberv}|<u_\alpha$,则接受原假设;若 $|u_{Oberv}|>u_\alpha$,则拒绝原假设。此法常称为 ***u* 检验法**(Z-test)。

u 检验是检验统计量的极限分布,要求观测样本容量较大。若 X 为正态分布,则 u 确为正态分布,这时大样本条件便不再必要。

u 检验是在正态总体方差已知的情况下采用的。在许多实际问题中,方差往往是未知的,这种情况下就不能应用 u 统计量了。这时可以用样本方差 S^2 代替总体方差 σ^2,利用如(1.118)式的 t 统计量

$$t=\frac{\overline{X}-\mu}{S/\sqrt{n}}$$

由定理 1.5 知,在假设

$$H_0:E(X)=\mu$$

成立时,$t\sim t(n-1)$。故可用 t 分布来检验有关正态总体均值的统计假设。由 t 分布的对称性,其接受或拒绝假设的临界值的确定方法与 u 检验法相同,即由

$$P(|t|>t_\alpha)=\alpha \tag{1.135}$$

确定。对给定的显著水平 α,可查 t 分布表得临界值 t_α。若 $|t|>t_\alpha$,则拒绝原假设 H_0。这种利用 t 统计量来进行检验的方法被称为 ***t* 检验法**(t-test)。

2) 两总体均值相等的检验

在实际应用中常会碰到两段资料能否合并使用的问题,这就是两个样本是否来自同一总体的假设检验问题。在这里我们还是先讨论两个正态总体的均值的假设检验。

设样本$(X_1,X_2,\cdots,X_n)$和$(Y_1,Y_2,\cdots,Y_n)$分别抽自相互独立的正态总体 $N(\mu_1,{\sigma_1}^2)$和 $N(\mu_2,{\sigma_2}^2)$,且 ${\sigma_1}^2,{\sigma_2}^2$ 已知,现检验假设

$$H_0:\mu_1=\mu_2$$

是否成立。

记 $\overline{X}$ 和 $\overline{Y}$ 为两个样本的均值,则有

$$\overline{X} \sim N(\mu_1, {\sigma_1}^2/n_1), \overline{Y} \sim N(\mu_2, {\sigma_2}^2/n_2)$$

且由样本的独立性,可知

$$E(\overline{X}-\overline{Y})=\mu_1-\mu_2$$

$$D(\overline{X}-\overline{Y})=D(\overline{X})+D(\overline{Y})=\frac{{\sigma_1}^2}{n_1}+\frac{{\sigma_2}^2}{n_2}$$

故

$$(\overline{X}-\overline{Y}) \sim N\left(\mu_1-\mu_2, \frac{{\sigma_1}^2}{n_1}+\frac{{\sigma_2}^2}{n_2}\right)$$

当假设 $H_0:\mu_1=\mu_2$ 成立时,统计量

$$u=\frac{(\overline{X}-\overline{Y})-(\mu_1-\mu_2)}{\sqrt{{\sigma_1}^2/n_1+{\sigma_2}^2/n_2}} \sim N(0,1)$$

对给定的显著水平 α,查正态分布双侧分位数表得 u_α,利用样本观测值算得统计量 u 的值,根据

$$P(|u|>u_\alpha)=\alpha \tag{1.136}$$

作出接受或拒绝原假设的判断。

当两总体方差未知时,和单个总体的均值检验一样,不能再利用 u 检验,而采用统计量

$$T=\frac{(\overline{X}-\overline{Y})-(\mu_1-\mu_2)}{\sqrt{\frac{(n_1-1){S_1}^2+(n_2-1){S_2}^2}{n_1+n_2-2}\left(\frac{1}{n_1}+\frac{1}{n_2}\right)}}$$

其中 ${S_1}^2,{S_2}^2$ 是两个独立样本的样本方差。在假设 $H_0:\mu_1=\mu_2$ 成立时,$T\sim t(n_1+n_2-2)$。对给定的显著水平 α,接受或拒绝假设由 $|t|<t_\alpha$ 或 $|t|>t_\alpha$ 决定。这里特别要注意两个总体方差必须相等的条件。

2. 总体方差的假设检验

上面我们已经指出,用 u 检验法时,应当已知总体方差;而用 t 检验法检验两总体均值相等的假设时,也假定两总体方差相等。那么怎么知道这些条件是否已被满足呢?下面我们就来介绍有关方差的假设检验。

1) 正态总体方差的检验

上一节定理 1.4 曾指出,若 S^2 是取自正态总体 $N(\mu,\sigma^2)$的样本方差,则统计量 $\chi^2=(n-1)S^2/\sigma^2$ 为自由度为 $n-1$ 的 χ^2 变量。用此统计量可以检验 $\sigma^2={\sigma_0}^2$ 的假设,这里 ${\sigma_0}^2$ 为一设定值,若假设

$$H_0:\sigma^2={\sigma_0}^2$$

成立,则

$$\chi^2=\frac{(n-1)S^2}{{\sigma_0}^2} \sim \chi^2(n-1)$$

其分布中不含任何未知参数。由 χ^2 分布表和(1.130)式，对给定的显著水平 α，可给出假设 H_0 的拒绝域

$$(n-1)S^2/\sigma_0{}^2 > \chi^2_{\alpha/2}(n-1) \text{ 或 } (n-1)S^2/\sigma_0{}^2 < \chi^2_{1-\alpha/2}(n-1)$$

这一检验称为 **χ^2 检验**(χ^2 test)。χ^2 检验在天文学中有广泛的应用，譬如仪器质量的稳定性检验及综合星表的精度检验都需用到 χ^2 检验。

2) 两正态总体方差相等的检验

设两组样本分别来自正态总体 $N(\mu_1,\sigma_1{}^2)$ 和 $N(\mu_2,\sigma_2{}^2)$，且相互独立，$\overline{X}_1,\overline{X}_2,S_1{}^2,S_2{}^2$ 分别是两个样本的均值和样本方差。欲检验假设

$$H_0:\sigma_1{}^2=\sigma_2{}^2$$

由(1.132)式，可知

$$\frac{S_1{}^2/S_2{}^2}{\sigma_1{}^2/\sigma_2{}^2} \sim F(n_1-1,n_2-1)$$

当假设 H_0 成立时，$F=S_1{}^2/S_2{}^2 \sim F(n_1-1,n_2-1)$。按照 F 分布表的编定方式(1.122)，对于指定的显著水平 α，可得假设 H_0 的接受域

$$F_{1-\alpha/2}(n_1-1,n_2-1) < F < F_{\alpha/2}(n_1-1,n_2-1) \tag{1.137}$$

和拒绝域

$$[F_{\alpha/2}(n_1-1,n_2-1),\infty] \text{ 或 } [0,F_{1-\alpha/2}(n_1-1,n_2-1)]$$

临界值 $F_{\alpha/2}(n_1-1,n_2-1)$ 可由 F 分布表直接查出，而临界值 $F_{1-\alpha/2}(n_1-1,n_2-1)$ 则可利用关系式(1.123)得到。这种利用 F 统计量的检验法称为 **F 检验法**(F-test)。

1.9.2　拟合检验

前面我们介绍的假设检验，几乎都假定了总体是正态分布的，然后根据样本对其分布参数进行检验。而在许多实际问题中，往往不知道总体的分布形式，这就要求我们根据样本对总体的分布作出种种假设并进行检验。通常的办法是将抽样所得的实测数据进行整理，作出频率直方图，这样就可以大致看出总体分布的形状。但由于抽样的随机性和样本容量的限制，这样作出的频率直方图往往与假定的理论分布有某种偏差。若这种差异不显著，就可认为这种差异是由随机因素引起的；反之，若这种差异显著，就不能再认为该经验分布服从此理论分布。那么该如何来判别这种差异是显著的或是不显著的呢？这就必须用到假设检验方法，即分布函数的假设检验问题，也称为拟合检验或非参数检验。下面介绍几种常用的拟合检验方法。

1. 分布的 χ^2 拟合检验

分布的 **χ^2 拟合检验**(Chi-Square goodness of fit test)是用来检验总体是否服从某一特定的分布(不限于正态分布)的常用方法。此方法主要是通过检验各组实测频数与理论频数差异的大小来推断检验分布是否符合某个理论分布。χ^2 拟合检验法的基本原理是基于如下的定理：

定理 1.7 若样本容量 n 充分大，则不论总体属于什么分布，统计量(皮尔逊统计量)

$$\chi^2=\sum\frac{(f_i-np_i)^2}{np_i} \tag{1.138}$$

总是近似地服从自由度为$(k-r-1)$的 χ^2 分布，其中 r 是被估计的参数个数，k 为组数，f_i 为观测频数，np_i 为理论频数。

若在假设

$$H_0\text{:总体的概率密度为 } f(X,\boldsymbol{\theta})$$

下，算得 $\chi^2>\chi^2_\alpha(k-r-1)$，则在显著水平 α 下拒绝 H_0。构造 χ^2 拟合检验的步骤如下：

(1) 假设总体的概率密度为 $f(X,\boldsymbol{\theta})$，其中 $\boldsymbol{\theta}$ 为 r 个未知参数，$X=(x_1,x_2,\cdots,x_n)$为样本观测值。

(2) 把实轴$(-\infty,\infty)$分成 k 个互不相交的区间(a_i,a_{i+1})，且$-\infty<a_1<a_2<\cdots<a_i<a_{i+1}<\cdots<a_{k+1}<\infty$，统计样本观测值落在区间$(a_i,a_{i+1}]$中的个数 $f_i(i=1,2,\cdots,k)$即实际频数。

(3) 由样本观测值对 r 个未知参数作极大似然估计 $\hat{\theta}_j(j=1,\cdots,r)$。

(4) 把 $\hat{\theta}_j$ 代入假设的理论分布 $f(X,\hat{\boldsymbol{\theta}})$中，计算观测值落入各区间的概率

$$p_i=P(a_i<X<a_{i+1})=\int_{a_i}^{a_{i+1}}f(X,\boldsymbol{\theta})\mathrm{d}X,\quad i=1,2,\cdots,k$$

对于离散型随机变量，上述概率的计算公式为

$$p_i=\sum_{a_i<x_j<a_{i+1}}f(x_j,\boldsymbol{\theta})$$

然后算出各组的理论频数 $np_i(i=1,\cdots,k)$。

(5) 按(1.138)式算出皮尔逊量 χ^2_{Obser}。

(6) 选取显著水平 α，由 χ^2 分布表查出 $\chi^2_\alpha(k-r-1)$，作出检验判断。若 $\chi^2_{Obser}>\chi^2_\alpha(k-r-1)$，则在显著水平 α 下拒绝假设 H_0；若不等式反号，则接受假设 H_0。

χ^2 分布检验法要求样本容量较大，并要求每组的理论频数不小于 5。如果 $np_i<5$，则应调整区间的范围，或适当地合并区间。

2. 柯尔莫哥洛夫(Колмогóров)-斯米尔诺夫(Смирнов)检验

χ^2 拟合优度检验法是比较小区间上经验分布与理论分布的差异。现在介绍的柯尔莫哥洛夫-斯米尔诺夫检验法比 χ^2 拟合检验更精确，它既可检验经验分布是否服从某种理论分布(称为柯尔莫哥洛夫检验)，又可检验两个样本是否来自同一总体(称为斯米尔诺夫检验)。

1) 柯尔莫哥洛夫检验

柯尔莫哥洛夫检验不是用区间来考虑经验分布与理论分布的差异，而是逐点考虑它们的偏差，即根据经验分布函数 $F_n(x)$和理论分布 $F(x)$算出每一样本点上的偏差，并找出它们中的最大值，即

$$D_n = \max_{-\infty<x<\infty} |F_n(x) - F(x)| \tag{1.139}$$

D_n 是一个统计量，当 $n \to \infty$ 时，有

$$P_r(D_n = 0) \to 1$$

因此可以用来检验关于分布函数的假设

$$H_0: F(x) = F_0(x)$$

$F_0(x)$ 为一假定的已知分布。若 D_n 值太大，则表明样本分布 $F_n(x)$ 同假设的分布 $F_0(x)$ 有显著差异。因此，检验理论分布为给定的 $F_0(x)$ 这一假设的拒绝域为

$$D_n > D_{n,\alpha}$$

α 为给定的显著水平，临界值 $D_{n,\alpha}$ 由 $P(D_n > D_{n,\alpha}) = \alpha$ 确定，它可从“柯尔莫哥洛夫检验的临界值表”中查出。

2) 斯米尔诺夫检验法

斯米尔诺夫检验是用来检验两个总体的分布是否相同，这时要检验的假设是

$$H_0: F_1(x) = F_2(x)$$

在两个总体中分别取容量为 n_1 与 n_2 的样本，将其观测值分别按自小到大的顺序排列，算出两个样本的经验分布 $F_{n_1}(x)$ 和 $F_{n_2}(x)$ 以及统计量

$$D_{n_1,n_2} = \max_{-\infty<x<\infty} |F_{n_1}(x) - F_{n_2}(x)| \tag{1.140}$$

如果两个总体的分布是相同的，D_{n_1,n_2} 应该比较小，故检验两个总体分布相同的假设的拒绝域为

$$kD_{n_1,n_2} \geqslant m(n_1, n_2, \alpha)$$

此处 k 是 n_1, n_2 的最小公倍数，它使 kD_{n_1,n_2} 只取非负整数，α 为显著水平，$m(n_1,n_2,\alpha)$ 为满足 $P(kD_{n_1,n_2} \geqslant r) \leqslant \alpha$ 的最小整数 r。这一检验称为斯米尔诺夫检验。其检验的临界值可在 $m(n_1,n_2,\alpha)$ 表（参看《常用数理统计表》中表 20）中查到。对于不同的 n_1, n_2 和 $\alpha = 0.10$，0.05，0.01，该表分别给出了 $m(n_1,n_2,\alpha)$ 的数值。

柯尔莫哥洛夫-斯米尔诺夫检验在天文学中有广泛的应用。在类星体的统计研究中，例如在检验类星体 CIV 吸收线样本在速度空间中的分布是否为均匀分布时，常用柯尔莫哥洛夫-斯米尔诺夫检验法。

3. 符号检验法

以上几种检验方法都比较精确，但计算量较大，尤其是斯米尔诺夫检验法。符号检验法是一种简便易行的方法，虽然比较粗略但应用十分方便。

设 $F_1(x)$，$F_2(x)$ 为两个总体的分布函数，现从两总体中各取容量为 n 的样本，其观测值分别为 $x_1, x_2, \cdots, x_n$ 和 $y_1, y_2, \cdots, y_n$。检验假设 $H_0: F_1(x) = F_2(x)$。

在样本观测值中，当 $x_i > y_i$ 时，记为＋号；当 $x_i < y_i$ 时，记为－号；当 $x_i = y_i$ 时，记为 0，并用 n_+ 和 n_- 分别表示＋和－的个数。若两个总体同分布，n_+ 和 n_- 应该相差不多，仅由于试验误差存在小的差异。n_+ 与 n_- 之差应在什么范围内才算无显著差异呢？这需给出一

个界限。记 $n=n_{+}+n_{-}$，选取统计量

$$S=\min(n_{+},n_{-})$$

对于给定的显著水平 α 和 n，查符号检验表（参见《常见数理统计表》表 23）可得相应的临界值 S_{α}。若 $S\leqslant S_{\alpha}$，则拒绝假设 H_0，$F_1(x)$ 与 $F_2(x)$ 有显著差异；若 $S>S_{\alpha}$，则接受假设 H_0，两种分布无显著差异。

1.10 随机过程的基本知识

1.10.1 随机过程的定义

在天文学中，很多天文量的变化是一个自然过程，它们随着时间或其他变量在演变。因此，要充分认识其统计规律，不但要认识其作为个别随机变量的“静态”统计特征，而且还要研究其作为随机变量在整个物理过程中变化的“动态”统计特征。这种随时间演变的随机现象就是随机过程。例如，某一波段的太阳射电流量变化。在某一天的观测中，它是随时间变化的，第二天在相同的条件下再进行观测，又可得到一条随时间变化的射电流量变化曲线。我们把对太阳射电流量变化过程的观测看作一个随机试验，只是在这里每次试验都需要在某个时间范围（T）内持续进行，而相应的结果则是一个时间 t 的函数。观察不同的流量变化曲线（独立地重复进行多次观测得到的）可知，对于相同的时刻，流量值是各种各样的，显然它是随机变量。我们把这种兼有随机变量和函数的双重性质的现象称为**随机过程**（stochastic process）。通常把随机过程记为 $X(t)$，将 $X(t)$ 的具体观测（或实验）结果记为 $x_i(t)(i=1,2,\cdots)$，并称它为 $X(t)$ 的现实或样本函数。而现实 $x_i(t)$ 经离散化后得到的序列 $x_i(t_j)$ 被称为时间序列。通常，我们把随机过程的定义归纳为两个基本要点：

(1) 对于一个特定的试验，$X(t)$ 是一个确定的时间（或其他变量）的函数；

(2) 对于某一固定时刻，例如 $t=t_l\in T$，$X(t)$ 是一个随机变量。

由于过程的参数不一定是时间，它也可以是别的变量，因此又常将这种兼有随机变量和普通函数双重性质的随机过程称为随机函数。此外，随机过程可以不只依赖一个自变量，而依赖于若干个自变量，这样的随机函数叫做**随机场**（random field）。

必须指出，时间参数可以是连续的，也可以是离散的。如果 $X(t)$ 的时间变化范围 T 是有限或无限区间，则称它是连续参数随机过程；如果 T 是离散的或者是可列个数的集合，则称 $X(t)$ 为离散参数随机过程或简称为随机变量序列。

如果一个随机过程 $X(t)$ 对于任意的 $t_l\in T$ 都是连续型随机变量，则称此过程为连续型随机过程；如果对于任意的 t_l，随机过程 $X(t_l)$ 是离散型随机变量，则称此过程为离散型随机过程。

1.10.2 随机过程的统计描述

随机过程在任一时刻的状态是随机变量，因此可以利用随机变量的统计描述方法来描述随机过程的统计特性。

1. 随机过程的分布函数族

一个随机过程 $X(t)$，对于每一个固定时刻 $t_0 \in T$，$X(t_0)$是一个随机变量，它的分布函数

$$F_1(x)=P[X(t_0)<x] \tag{1.141}$$

被称为随机过程 $X(t)$的一维分布函数。如果存在二元函数 $f_1(x,t_0)$使

$$F_1(x)=\int_{-\infty}^{x} f_1(x,t_0)\mathrm{d}x \tag{1.142}$$

成立，则称 $f_1(x,t_0)$为随机过程 $X(t)$的一维概率密度。一维分布函数或概率密度描绘了随机过程在各个孤立时刻的统计特性。

为了描述随机过程 $X(t)$在两个不同时刻 t_1 和 t_2 的状态之间的联系，可以引入二维随机变量$(X_1(t),X_2(t))$的分布函数，一般情况下它依赖于 t_1 和 t_2

$$F_2(x_1,x_2;t_1,t_2)=P(X(t_1)<x_1,X(t_2)<x_2) \tag{1.143}$$

称 $F_2(x_1,x_2;t_1,t_2)$为 $X(t)$的二维分布函数。如果存在函数 $f_2(x_1,x_2;t_1,t_2)$使得

$$F_2(x_1,x_2;t_1,t_2)=\int_{-\infty}^{x} f_2(x_1,x_2;t_1,t_2)\mathrm{d}x \tag{1.144}$$

成立，则称 $f_2(x_1,x_2;t_1,t_2)$为 $X(t)$的二维分布密度。

依次类推，对于时间 t 的任意 n 个数值 $t_1,t_2,\cdots,t_n$ 它们对应的 n 维随机变量$(X(t_1),X(t_2),\cdots X(t_n))$的分布函数 $F_n(x_1,x_2,\cdots x_n;t_1,t_2,\cdots t_n)$和分布密度函数 $f_n(x_1,x_2,\cdots x_n;t_1,t_2,\cdots t_n)$即为随机过程 $X(t)$的 n 维分布函数和 n 维分布密度。

分布函数族$\{F_1,F_2,\cdots,F_n\}$或分布密度族$\{f_1,f_2,\cdots,f_n\}$完全地确定了随机过程的全部统计特性。

2. 随机过程的基本数字特征

设随机过程 $X(t)$在任一指定时刻 t 的一维分布密度为 $f_1(x,t)$，则 $X(t)$的数学期望或均值定义为

$$\mu_X(t)=E(X(t))=\int_{-\infty}^{\infty} x f_1(x,t)\mathrm{d}x \tag{1.145}$$

不难看出，$E(X(t))$是 t 的函数，也是 $X(t)$的所有样本函数在时刻 t 的函数值的平均。

类似地，我们定义随机过程的方差

$$D[X(t)]=E\{[X(t)-\mu_X(t)]^2\}=D_X(t) \tag{1.146}$$

方差 $D_X(t)$表征了随机过程 $X(t)$在时刻 t 对于均值 $\mu_X(t)$的偏离程度。方差的平方根

$$\sigma_X(t)=\sqrt{D_X(t)}$$

称为随机过程的均方差。

均值和方差是刻画随机过程在各个孤立时刻统计特性(分布位置和离散程度)的重要数字特征。为了描述随机过程在两个不同时刻之间的联系，可以利用 $X(t)$的二维概率密度引

出新的数字特征。

设 $X(t_1)$ 和 $X(t_2)$ 是随机过程在两个时刻 t_1 和 t_2 时的状态，$f_2(x_1,x_2;t_1,t_2)$ 是相应的二维概率密度，称二阶原点混合矩

$$\begin{aligned}R_X(t_1,t_2)&=E[X(t_1)X(t_2)]\\&=\int_{-\infty}^{\infty}\int_{-\infty}^{\infty}x_1x_2f_2(x_1,x_2;t_1,t_2)\mathrm{d}x_1\mathrm{d}x_2\end{aligned}\tag{1.147}$$

为随机过程 $X(t)$ 的自相关函数。

类似地，定义 $X(t_1)$ 和 $X(t_2)$ 的二阶中心混合矩

$$\mathrm{COV}_X(t_1,t_2)=E\{[X(t_1)-\mu_X(t_1)][X(t_2)-\mu_X(t_2)]\}\tag{1.148}$$

为随机过程 $X(t)$ 的**自协方差函数**(autocovariance function)。

为了消除变量本身量级的影响，常采用一个相对数值表示协方差(或相关)函数，如

$$\rho_X(t_1,t_2)=\frac{\mathrm{COV}_X(t_1,t_2)}{\sigma_X(t_1)\sigma_X(t_2)}\tag{1.149}$$

并称其为**标准化自协方差函数**(normalized autocovariance)。

在实际问题中，有时还必须同时考虑两个或两个以上的随机过程。例如考察地球自转速率变化(日长变化)和大气角动量之间的关系时，就涉及两个随机过程之间关系，因此需要对两个或两个以上的随机过程之间的联合特性加以研究。常用的是描述两个随机过程相关性的数字特征，如定义 $X(t)$ 和 $Y(t)$ 的**互协方差函数**(cross-covariance)为

$$\mathrm{COV}_{XY}(t_1,t_2)=E\{[X(t_1)-\mu_X(t_1)][Y(t_2)-\mu_Y(t_2)]\}\tag{1.150}$$

互相关函数(cross-correlation)为

$$R_{XY}(t_1,t_2)=E[X(t_1)Y(t_2)]\tag{1.151}$$

与两个随机变量的情况相同，若 $X(t)$ 和 $Y(t)$ 对于任意的 t_1 和 t_2 都有

$$\mathrm{COV}_{XY}(t_1,t_2)=0(\text{或 }R_{XY}(t_1,t_2)=0)$$

则称 $X(t)$ 和 $Y(t)$ 是不相关随机过程。两个随机过程如果是相互独立的，它们必然是不相关的；反之，从不相关一般不能推断出相互独立。

1.10.3 平稳随机过程

平稳随机过程(stationary process)是一类特殊而又应用广泛的随机过程，它的统计特性不随时间 t 而改变。广义来说，对于自变量不是时间而是其他变量的随机函数，若其统计特性不随自变量而改变，亦可称其为平稳的或均匀的随机函数；反之，就叫做非平稳随机过程。

1. 定义

严格地说，若随机过程 $X(t)$ 的所有有穷维分布律不随时间而变化，这样的过程就被称为平稳随机过程，即对任意的 n 和 τ，下列等式成立

$$f_n(x_1,x_2,\cdots,x_n;t_1,t_2,\cdots,t_n)$$
$$=f_n(x_1,x_2,\cdots,x_n;t_1+\tau,t_2+\tau,\cdots,t_n+\tau) \quad (1.152)$$

则随机过程 $X(t)$为一平稳过程。平稳过程的全部概率特性不因自变量 t 的起点的推移而改变，故又称它为**严平稳过程**(strictly stationary process)。但是，从实际应用的意义上说，往往并不需要考虑过程的全部概率特性，而只要考察其主要概率特性的平稳性就够了。一个随机过程 $X(t)$，若能满足

$$E[X(t)]=\mu_X(t)=\mu_X \quad (1.153)$$

$$COV_X(t_1,t_2)=COV_X(t_2-t_1)=COV_X(\tau) \quad (1.154)$$

则称它为**广义平稳过程或宽平稳过程**(weak/wide-sense stationary process)。任意的平稳过程皆能满足(1.153)和(1.154)式，这两个条件是平稳性的必要条件。但它们只涉及过程的一维和二维分布密度，所以不是过程平稳性的充分条件。当随机过程为正态随机过程，即它的 n 维概率分布服从正态分布时，广义的平稳性和狭义的平稳性是等价的。

由上可知，平稳过程的数字特征的特点是：均值为常数，自协方差或自相关函数仅为时间延迟 $\tau=t_2-t_1$ 的函数。

2. 平稳过程的各态历经性

关于平稳随机过程的数字特征的计算，如果按照定义，利用(1.145)(1.146)和(1.147)式计算，就需要预先确定 $X(t)$的一族样本函数和一维、二维概率密度。但实际上这是不易办到的，即使我们用统计实验的方法。例如，把均值和自相关函数近似地表示为

$$\mu_X \approx \frac{1}{n}\sum_{i=1}^{n} x_i(t)$$

和

$$R_X(t_2-t_1) \approx \frac{1}{n}\sum_{i=1}^{n} x_i(t_1)x_i(t_2)$$

那也需要对一个平稳过程重复进行大量观测，以便获得数量很多的样本函数 $x_i(t)(i=1,2,\cdots)$。而这正是实际困难所在，因为在许多实际问题中，观测是不能重复进行的。于是自然会产生这样一个新的问题，能否以一个现实来代替多个现实，从而估计它们的数字特征。下面给出的各态历经定义将证实，对平稳过程而言，只要满足一些较宽的条件，那么集合平均实际上就可以用一个样本函数在整个时间轴上的平均值来代替。

严格地说，所谓平稳过程满足各态历经性，就是指用它的一个现实求平均后得到的统计特征。当求平均的区间 T 增大时，能以任意接近 1 的概率逼近用各次现实的整个集合求平均得到的相应统计特征。对广义平稳过程 $X(t)$有：

(1) 若时间平均

$$\langle X(t)\rangle=\lim_{T\to\infty}\frac{1}{2T}\int_{-T}^{T} x(t)\mathrm{d}t=E[X(t)]=\mu_X \quad (1.155)$$

依概率 1 成立，则称 $X(t)$的均值具有各态历经性(mean-ergodic)。

(2) 若时间平均

$$\begin{aligned}\langle X(t)X(t+\tau)\rangle &= \lim_{T\to\infty}\frac{1}{2T}\int_{-T}^{T}x(t)x(t+\tau)\mathrm{d}t \\ &= E[X(t)X(t+\tau)] = R_X(\tau)\end{aligned} \tag{1.156}$$

依概率 1 成立,则称过程 $X(t)$的自相关函数具有各态历经性(autocorrelation-ergodic)。特别当 $\tau=0$ 时,称过程的方差具有各态历经性(variance-ergodic)。

如果 $X(t)$的均值和自相关函数都具有各态历经性,则称 $X(t)$是(宽)**各态历经过程**(ergodic process),或说 $X(t)$是各态历经的或遍历性的。

随机过程的各态历经性具有很重要的实践意义。凡是具有各态历经性的平稳过程,都可以用一个充分长的现实代替多个现实,以时间平均代替多个现实的总体平均来计算其数学期望和相关函数。

例 1.18:求随机相位正弦过程 $X(t)=a\cos(\omega t+\theta)$的均值、方差和自相关函数,式中 a 和 ω 是常数,θ 是在$(0,2\pi)$上均匀分布的随机变量。

解:由题意,θ 的概率密度为

$$f(\theta)=\begin{cases}1/2\pi & 0<\theta<2\pi \\ 0 & \text{其他}\end{cases}$$

于是由定义

$$\begin{aligned}\mu_X(t) &= E[a\cos(\omega t+\theta)] \\ &= \int_0^{2\pi}a\cos(\omega t+\theta)\frac{1}{2\pi}\mathrm{d}\theta = 0\end{aligned}$$

自相关函数

$$\begin{aligned}R_X(t_1,t_2) &= E[a\cos(\omega t_1+\theta)\cdot a\cos(\omega t_2+\theta)] \\ &= a^2\int_0^{2\pi}\cos(\omega t_1+\theta)\cos(\omega t_2+\theta)\frac{1}{2\pi}\mathrm{d}\theta \\ &= \frac{a^2}{2}\cos\omega(t_1-t_2) = \frac{a^2}{2}\cos\omega\tau\end{aligned}$$

方差

$$\sigma_X{}^2 = R_X(0)-\mu_X{}^2 = \frac{a^2}{2}$$

下面我们再来计算 $X(t)=a\cos(\omega t+\theta)$ 的时间平均$\langle X(t)\rangle$和$\langle X(t)X(t+\tau)\rangle$

$$\begin{aligned}\langle X(t)\rangle &= \lim_{T\to\infty}\frac{1}{2T}\int_{-T}^{T}a\cos(\omega t+\theta)\mathrm{d}t \\ &= \lim_{T\to\infty}\frac{a\cos\theta\sin\omega T}{\omega T} = 0\end{aligned}$$

而

$$\begin{aligned}\langle X(t_1)X(t_2)\rangle &= \lim_{T\to\infty}\frac{1}{2T}\int_{-T}^{T}x(t_1)x(t_2)\mathrm{d}t\\&= \lim_{T\to\infty}\frac{1}{2T}\int_{-T}^{T}a^2\cos(\omega t_1+\theta)\cos(\omega t_2+\theta)\mathrm{d}t\\&= \frac{a^2}{2}\cos\omega(t_2-t_1)=\frac{a^2}{2}\cos\omega\tau\end{aligned}$$

和前面的结果比较可知

$$\begin{aligned}&\mu_X=E[X(t)]=\langle X(t)\rangle\\&R_X(t_1,t_2)=E[X(t_1)X(t_2)]=\langle X(t_1)X(t_2)\rangle\end{aligned}$$

这表明随机相位正弦过程的总体平均等于时间平均，因此它是各态历经的平稳随机过程。

实际上并不是任何一个平稳过程都是各态历经的。可以从统计上证明，一个平稳过程满足各态历经性的充要条件是，对于均值各态历经有

$$\lim_{T\to\infty}\frac{1}{2T}\int_{-T}^{T}\left(1-\frac{\tau}{T}\right)[R_X(\tau)-\mu_X{}^2]\mathrm{d}\tau=0 \tag{1.157}$$

对于自相关函数各态历经有

$$\lim_{T\to\infty}\frac{1}{2T}\int_{-T}^{T}\left(1-\frac{\tau}{T}\right)[B(\tau)-R_X{}^2(\tau)]\mathrm{d}\tau=0 \tag{1.158}$$

其中 $R_X(\tau)$ 为 $X(t)$ 的自相关函数，而 $B(\tau)$ 为 $X(t)X(t+\tau)$ 的自相关函数。

对于应用中经常遇到的正态平稳过程，如果均值为零，自相关函数 $R_X(\tau)$ 连续，那么可以证明此过程具有各态历经性的一个充要条件是

$$\int_0^{\infty}|R_X(\tau)|\mathrm{d}\tau<+\infty$$

3. 平稳过程相关函数的性质

上一小节中已经指出，对于具有各态历经性的平稳随机过程，可以用随机过程的一个样本来实现求它的均值和相关函数的目的。在这种情况下，利用均值和相关函数去研究随机过程更为方便。特别是对于正态平稳过程，它的均值和相关函数完全刻画了该过程的统计特性，因此这 n 个数字特征的重要性更是突出地显现出来。为了成功地使用数字特征去研究随机过程，有必要对它们的性质作深入一步的了解。这一小节主要介绍相关函数的性质，它对我们了解相关函数在数据处理中的应用很有帮助。

以下假定 $X(t)$ 和 $Y(t)$ 是平稳过程，$R_X(\tau)$，$R_Y(\tau)$，$\mathrm{COV}_X(\tau)$，$\mathrm{COV}_Y(\tau)$，$R_{XY}(\tau)$，$\mathrm{COV}_{XY}(\tau)$ 分别是 $X(t)$ 和 $Y(t)$ 的自相关函数、自协方差函数和互相关、互协方差函数。下面我们列出它们的几个重要性质。

(1) $R_X(0)=E[X(t)]=\mathrm{COV}_X(0)+\mu_X{}^2>0$。

(2) $R_X(\tau)=R_X(-\tau)$，即自相关函数是偶函数。

(3) 自相关函数和自协方差函数为有界的，即

$$|R_X(\tau)|\leqslant R_X(0)\ \text{和}\ |\mathrm{COV}_X(\tau)|\leqslant \mathrm{COV}_X(0)=\sigma_X{}^2$$

这是因为对任意实数 λ，都有

$$\begin{aligned}&E\{[X(t)+\lambda X(t+\tau)]^2\}\\&=E[X^2(t)]+2\lambda E[X(t)X(t+\tau)]+\lambda^2E[X^2(t+\tau)]\geqslant 0\end{aligned}$$

即 $R_X(0)+2\lambda R_X(\tau)+\lambda^2R_X(0)\geqslant 0$。

由一元二次方程求根理论，应有

$$R_X{}^2(\tau)-R_X{}^2(0)\leqslant 0$$

即 $|R_X(\tau)|\leqslant R_X(0)$，同样可证 $|\mathrm{COV}_X(\tau)|\leqslant \mathrm{COV}_X(0)$。

(4) $R_X(\tau)$ 是非负定的，即对任意数组 $t_1,t_2,\cdots,t_n$ 和任意函数 $g(t)$ 都有

$$\sum_{i,j=1}^{n}R_X(t_i-t_j)g(t_i)g(t_j)\geqslant 0$$

证明：

$$\begin{aligned}\sum_{i,j=1}^{n}R_X(t_i-t_j)g(t_i)g(t_j)&=\sum_{i,j=1}^{n}E[X(t_i)X(t_j)]g(t_i)g(t_j)\\&=E\{\sum_{i,j=1}^{n}[X(t_i)X(t_j)g(t_i)g(t_j)]\}\\&=E\{[\sum_{i=1}^{n}X(t_i)g(t_i)]^2\}\geqslant 0\end{aligned}$$

对于平稳随机过程，自相关函数的非负定性是最本质的。这是因为理论上可以证明，任一连续函数，只要具有非负定性，那么该函数必是某平稳过程的自相关函数。

另外，对任意不全为 0 的平稳随机信号，当 $R_X(\tau)$ 的最大延迟 $\tau_0>0$ 时，其自相关函数构成的矩阵

$$\begin{pmatrix}R_X(0) & R_X(1) & R_X(2) & \cdots & R_X(\tau_0)\\R_X(1) & R_X(0) & R_X(1) & \cdots & R_X(\tau_0-1)\\R_X(2) & R_X(1) & R_X(0) & \cdots & R_X(\tau_0-2)\\\vdots & \vdots & \vdots & \ddots & \vdots\\R_X(\tau_0) & R_X(\tau_0-1) & R_X(\tau_0-2) & \cdots & R_X(0)\end{pmatrix}$$

是正定矩阵。该矩阵主对角线及和主对角线平行的各对角线上的元素都相等，而且各元素关于主对角线是对称的，因此为一托布里兹(Topelitz)矩阵，它在信号处理中十分有用。

如果平稳过程 $X(t)$ 满足 $X(t)=X(t+T)$，则称它为周期过程，T 为过程的周期。周期平稳过程的自相关函数必是周期函数，且其周期与平稳过程的周期相同。

互相关函数和互协方差函数有类似的性质，例如有

$$|R_{XY}(\tau)|^2\leqslant R_X(0)R_Y(0) \tag{1.159}$$

或

$$|\mathrm{COV}_{XY}(\tau)|^2\leqslant \mathrm{COV}_X(0)\mathrm{COV}_Y(0) \tag{1.160}$$

但对互相关函数的关系式有

$$R_{XY}(-\tau)=R_{YX}(\tau) \tag{1.161}$$

表明互相关函数是非奇非偶函数。

1.10.4 高斯随机过程

一个随机过程 $X(t)$，如果其 n 维概率密度（或分布函数）服从高斯分布，则称 $X(t)$ 为高斯随机过程（或正态随机过程）。天文上的很多随机信号（随机过程的现实）都可以近似看作高斯分布，其 n 维概率密度为（参见(1.92)式）

$$f_n(x_1,x_2,\cdots,x_n;t_1,t_2,\cdots,t_n)=\frac{1}{(\sqrt{2\pi})^n|\boldsymbol{\Sigma}|^{1/2}}\mathrm{e}^{-\frac{1}{2}(\boldsymbol{x}-\boldsymbol{\mu})^{\mathrm{T}}\boldsymbol{\Sigma}^{-1}(\boldsymbol{x}-\boldsymbol{\mu})}$$

式中上标 T 表示矩阵的转置，-1 表示求逆，并且

$$\boldsymbol{x}=\begin{bmatrix}x_1\\x_2\\\vdots\\x_n\end{bmatrix}\quad \boldsymbol{\mu}=\begin{bmatrix}\mu_1\\\mu_2\\\vdots\\\mu_n\end{bmatrix}$$

$$\boldsymbol{\Sigma}=\begin{bmatrix}\mathrm{COV}_X(t_1,t_1) & \mathrm{COV}_X(t_1,t_2) & \cdots & \mathrm{COV}_X(t_1,t_n)\\ \mathrm{COV}_X(t_2,t_1) & \mathrm{COV}_X(t_2,t_2) & \cdots & \mathrm{COV}_X(t_2,t_n)\\ \vdots & \vdots & \ddots & \vdots\\ \mathrm{COV}_X(t_n,t_1) & \mathrm{COV}_X(t_n,t_2) & \cdots & \mathrm{COV}_X(t_n,t_n)\end{bmatrix}$$

且有

$$\begin{aligned}\mathrm{COV}_X(t_i,t_j)&=\mathrm{COV}_X(t_j,t_i)\\&=E\{[X(t_i)-\mu_X(t_j)][X(t_i)-\mu_X(t_j)]\}\end{aligned}$$

不难看出，高斯随机过程的特征完全由其均值向量 $\boldsymbol{\mu}$ 和自协方差矩阵 $\boldsymbol{\Sigma}$ 决定。若高斯随机过程是独立的，则有

$$\mathrm{COV}_X(t_i,t_j)=\begin{cases}\sigma_X{}^2(t_i) & i=j\\ 0 & i\neq j\end{cases}$$

这时协方差矩阵 $\boldsymbol{\Sigma}$ 转化为

$$\boldsymbol{\Sigma}=\begin{bmatrix}\sigma_X{}^2(t_1) & 0 & \cdots & 0\\ 0 & \sigma_X{}^2(t_2) & \cdots & 0\\ \vdots & \vdots & \ddots & \vdots\\ 0 & 0 & \cdots & \sigma_X{}^2(t_n)\end{bmatrix}$$

亦即独立高斯随机过程完全由其均值和方差决定。又如果其均值和方差不随时间变化，则称这个高斯随机过程是平稳的。可以证明，一个平稳的正态随机过程，如果其均值为零，自相关函数连续，并满足

$$\int_{-\infty}^{\infty}|R_X(\tau)|\,\mathrm{d}\tau<+\infty$$

则该高斯随机过程又是各态历经的。

习题 1

1. 甲、乙、丙三人向同一敌机射击,他们击中敌机的概率分别为 0.4,0.5,0.7。如果只有一人击中,则飞机被击落的概率为 0.2;如果有两人击中,则飞机被击落的概率为 0.6;若三人同时击中,则飞机必然被击落。求:

(1) 飞机被击落的概率;

(2) 飞机未被击落,但被两人击中的概率。

2. 甲、乙两人投篮,投中的概率各为 0.6 和 0.7。现他们各投 3 次,求:

(1) 两人投中次数相等的概率;

(2) 甲比乙投中次数多的概率。

3. 思考:n 个人参加摸奖,共有 n 张奖券,其中一张有奖,问摸奖的顺序对中奖率有无影响? 为什么?

4. 设有事件 $A_1, A_2, \cdots, A_n$,且诸事件相互独立,并有 $P(A_k)=p_k(k=1,\cdots,n)$,试求:

(1) 所有事件均不发生的概率;

(2) n 个事件中至少发生一件的概率;

(3) 恰好发生其一(任一事件)的概率。

5. 设 A,B,C 为三随机事件,且有 $P(A)=P(B)=P(C)=1/4, P(AB)=P(BC)=0, P(AC)=1/8$,求 A,B,C 中至少有一个事件发生的概率。

6. 免费摸奖的游戏规则是:黑箱中设有 20 个球,10 分数码的和 5 分数码的各 10 个,摸奖者从中摸取 10 个球,根据 10 个球数码之和计分中奖,100 分或 50 分中特等奖,95 分或 55 分中一等奖,90 分或 60 分中二等奖,85 分或 65 分中三等奖,80 分或 70 分中四等奖,75 分无奖,求中各等奖(包括无奖)的概率。

7. 设随机变量 $X \sim f(x), -\infty < x < \infty$,求 $Y=X^2$ 的概率密度函数。

8. 一个靶子是一个半径为 2 m 的圆盘。设击中靶上任一同心圆盘的概率与该圆盘的面积成正比,并设射击都能中靶。以 X 表示弹着点与圆心的距离,试求随机变量 X 的分布函数。

9. 设 X 的概率密度函数为 $f(x)=\begin{cases}\dfrac{2}{\pi(x^2+1)} & x>0\\ 0 & x\leqslant 0\end{cases}$

求(1) $Y_1=2X^3$ 的概率密度;

(2) $Y_2=\log_{1/2} X$ 的概率密度。

10. 设二维随机变量(X,Y)的密度函数为

$$f(x,y)=\begin{cases}C\mathrm{e}^{-(3x+4y)} & x>0, y>0\\ 0 & \text{其他}\end{cases}$$

(1) 求(X,Y)的分布函数;

(2) 求 $P(0<x\leqslant 1, 0<y\leqslant 2)$。

11. 随机变量 X 在$[2,4]$上均匀分布,求

(1) $P(-1\leqslant X<3)$;

(2) $P((X-3)^2<0.25)$。

12. 设随机变量 $X\sim N(3,2^2)$，则

(1) 求 $P(-4<X<10)$；

(2) 求 $P(|X|>2)$；

(3) 决定 C 使 $P(X>C)=P(X\leqslant C)$。

13. 设 X_1,X_2 的联合概率密度为

$$f(x_1,x_2)=\frac{1}{8}(x_1+x_2)\quad 0\leqslant x_1\leqslant 2,0\leqslant x_2\leqslant 2$$

求：$E(X)$，$E(Y)$，$\mathrm{COV}(X,Y)$，$\rho(X,Y)$。

14. 已知 X,Y,Z 中 $E(X)=E(Y)=1$，$E(Z)=-1$，$D(X)=D(Y)=D(Z)=1$，$\rho(X,Y)=0$，$\rho(X,Z)=\frac{1}{2}$，$\rho(Y,Z)=-\frac{1}{2}$。设 $W=X+Y+Z$，求 $E(W)$和 $D(W)$。

15. 设随机变量 X 服从指数分布，其概率密度为

$$f(x)=\begin{cases}\lambda e^{-\lambda x} & x>0\\ 0 & x\leqslant 0\end{cases}$$

其中 $\lambda>0$ 为常数，求 $E(X)$和 $D(X)$。

16. 现有一批种子，其中良种占 1/6，今任取种子 6000 粒，问能以 0.99 的概率保证在这 6000 粒种子中良种所占的比例与 1/6 的差不超过多少？相应的良种粒数在哪个范围内？

17. 从次品率为 0.05 的一批产品中随机抽取 200 件产品，分别用二项分布、棣莫佛-拉普拉斯定理计算取出的产品中至少有 3 个次品的概率。

18. 设 $X_1\sim N(\mu_1,{\sigma_1}^2)$，$X_2\sim N(\mu_2,{\sigma_2}^2)$，求 $Y=X_1+X_2$ 的密度函数(X_1,X_2 不独立)。

19. 设 $X_1,X_2,\cdots,X_6\sim N(0,1)$，试确定常数 c 使 $Y=c[(X_1+X_2+X_3)^2+(X_4+X_5+X_6)^2]$服从 χ^2 分布，其自由度为多少？

20. 从正态总体 $N(3.4,6^2)$中抽取容量为 n 的样本，如果要求样本均值位于区间(1.4，5.4)内的概率不小于 0.95，问样本容量 n 至少应取多少？

21. 两正态总体 $N(\mu_1,{\sigma_1}^2)$，$N(\mu_2,{\sigma_2}^2)$的参数均为未知，依次取容量为 25 和 15 的两独立样本，得样本方差分别为 6.38 和 5.15。求两总体方差比 ${\sigma_1}^2/{\sigma_2}^2$ 的 90%置信区间。

22. 给定一容量为 n 的样本观测值 $x_1,x_2,\cdots,x_n$，试用极大似然估计方法估计总体的未知参数。它们的概率密度为：

(1) $f(x)=\begin{cases}\theta x^{\theta-1} & 0<x<1\\ 0 & \text{其他}\end{cases}$

(2) $f(x)=\begin{cases}\theta\alpha x^{\alpha-1}e^{-\theta x^{\alpha}} & x>0,\alpha\ \text{为已知常数}\\ 0 & \text{其他}\end{cases}$

23. 设总体 $X\sim N(\mu,0.09)$，随机抽得 4 个独立观测值 12.6，13.4，12.8，13.2，求总体均值 μ 的 95%置信区间。

参考书目

[1] Sheldon M Ross. 概率论基础教程[M]. 郑忠国，詹从赞，译. 北京：人民邮电出版社，2010.

[2] 梁冯珍，宋占杰，张玉环. 应用概率统计[J]. 天津：天津大学出版社，2004.

[3] 盛骤，谢式千，潘承毅. 概率论与数理统计[J]. 北京：高等教育出版社，2008.

[4] 茆诗松. 数理统计学[M]. 北京：中国人民大学出版社，2016.

[5] Ziegel E R. Statistical inference[J]. Technometrics 44, 2002.

[6] 费史. 概率论及数理统计[M]. 王福保，译. 上海：上海科学技术出版社，1962.

[7] 中国科学院数学研究所概率统计室. 常用数理统计表[M]. 北京：科学出版社，1974.

[8] 汪荣鑫. 随机过程[M]. 西安：西安交通大学出版社，1987.

[9] Lawler G F. Introduction to stochastic processes[M]. Boca Raton, Florida, United States: Chapman and Hall/CRC, 2018.

第二章 误差概论和最小二乘法

天文学是一门以观测为主的学科，它通过对天文量（静态的或动态的）的直接或间接测量，获得大量的数据。任何测量都是观测者在一定的环境下，运用某些方法，通过特定的仪器来进行的。而观测者、环境、方法和仪器不太可能都处于理想情况，这就会造成实际的测量值与真实的天文量之间存在偏差，即测量总存在误差。由于误差的存在，测量结果会带有一定的不确定性。因此，当我们在使用观测结果时，必须分析这些数据的可靠程度。只有当它们的误差在我们允许的范围之内，我们才能放心大胆地去使用它，否则不能使用。

古代的天文观测缺乏仪器，观测的精度不足，误差偏大，所形成的理论比较粗糙。如古希腊学者提出地心说，认为所有天体都围绕着地球做圆周运动。到了中世纪后期，随着观测仪器的不断改进，对行星的位置和运动的测量越来越精确，观测到的行星实际位置与地心模型的计算结果出现偏差。在研究了第谷对行星进行观测得到的大量资料之后，开普勒提出行星运动的三大定律，认为行星的轨道不是圆形而是椭圆形。在此基础之上，牛顿在 1687 年提出万有引力定律，开创了天体力学的基础理论。但牛顿的万有引力定律无法解释水星近日点每百年 43 秒的剩余进动。1915 年，爱因斯坦根据广义相对论计算出行星的近日点进动，完满地解释清楚了这一现象。此外，爱因斯坦还预言了光线在引力场中的弯曲和引力波的存在。光线在太阳附近会产生弯曲，广义相对论计算得到的弯曲曲率为 $1''.75$，比牛顿理论得到的正好大了 1 倍。1919 年，爱丁顿和戴森的观测队利用对日全食的观测，得到曲率 $1''.61\pm0''.30$ 和 $1''.98\pm0''.12$ 的结果，与广义相对论的预言相符。由于引力波探测对观测精度的要求很高（$<10^{-21}$），直到 2015 年天文学家利用高精度探测器——高新激光干涉引力波天文台（Advanced Laser Interferometer Gravitational-wave Observatory，aLIGO）才第一次探测到引力波。由此可见，观测资料的分析和观测技术的提高可以推动天文理论的发展，而理论的研究又可以为高精度的天文观测指引方向。

最小二乘法是用来处理具有误差的观测数据的一种极有效的方法，也是最早用于天文观测资料处理的一种数学工具。早在 1794 年，高斯为了利用小行星坐标的多次观测准确地推算小行星的轨道，第一次应用了最小二乘法。1805 年勒让德（Legendre）应用测量平差方法确定了彗星的轨道和地球子午线弧长。1809 年高斯在《天体运动论》中推证了误差服从正态分布，从而使最小二乘法高度完善化，成为数据处理中应用最广的一种方法。随着概率统计学和矩阵理论的发展以及电子计算机的广泛应用，最小二乘法也逐渐进入近代数据处理方法的行列。

2.1 误差的定义与分类

从不同的角度出发，误差有各种不同的分类方法。按表达形式，误差可分为绝对误差和相对误差；按误差的性质及产生原因可将其分为系统误差、随机误差和过失误差。此外，误差不仅存在于测量值中，计算时采用的近似的理论模型、计算中一些理论常数的不准确性以及数值计算中取位的多少等也会在计算结果中产生误差。

2.1.1 绝对误差和相对误差

一个观测量的**绝对误差**(absolute error)定义为该观测量的给出值与真值之差,或用公式表示为

$$绝对误差=给出值-真值。$$

如果公式中的给出值是被测量的观测结果,则相应的误差为观测误差。如果给出值是某量的计算近似值,则相应的误差为计算近似值的误差。式中的真值是被测量本身的真实大小,它是一个理想的概念。一般来说,真值是未知的,通常用约定值来代替。例如某一系统的天文常数也可看作相应量值的真值。从绝对误差的定义式中不难看出,绝对误差和被测量具有相同的量纲。因此,若说星位误差为 $0''.1$,测时的记录误差为 $0''.0001$,则指的都是绝对误差。

如果我们把误差的反号值定义为修正值,则可得

$$真值=给出值-误差=给出值+修正值。$$

这表明,带有误差的给出值加上修正值后可消除误差的影响。

在有的情况下,用绝对误差来表示测量的精度是不恰当的。如目前卫星激光测距的准确度(测量值与被测量真值之间的偏离程度)已达厘米级,卫星的距离一般为 10^3 km 量级。但如果我们测定的是恒星的距离(这里是指与太阳之间距离在 20 秒差距以内的恒星),用三角视差法一般可准确到 $0''.01$。对于距离为 10 秒差距的恒星来说,它相当于 1 秒差距的测距误差。它和卫星的测距误差是无法比较的,因为被测量本身量级相差太大。但如果我们引入相对误差的概念,它们的测距误差就有了可比性。

被测量的绝对误差 Δ 与其真值 a 之比定义为这个量的**相对误差**(relative error),并用下式表示:

$$r=\frac{\Delta}{a}$$

当误差较小时,相对误差式中真值 a 可用给定值代替。

对于上面的例子,它们测距的相对误差分别为 1×10^{-8} 和 1×10^{-1}。

2.1.2 系统误差、随机误差和过失误差

由观测的环境因素差异、仪器性能优劣、观测者不同等因素造成的按某一固有规律变化的误差称为**系统误差**(system error)。系统误差的大小和符号在多次重复观测中几乎相同,通常使观测值往一个方向偏离。这种误差一般可以归结为某一因素或某几个因素的函数,并且可以用解析公式表达出来。人们总是设法找出代表系统误差的解析表达式,然后在观测结果中将它们扣除。

由某些难以控制的随机因素造成的,绝对值和符号时大时小、时正时负,以不可预测的方式变化的误差称为**随机误差**(random error)。虽然就其个体而言,随机误差没有规律,不可预料,但就其总体而言,随着观测次数的增加,它又服从某种统计规律。下面我们从概率论的角度出发讨论随机误差的统计规律。

古典误差理论认为，随机误差服从正态分布，因此我们可以用正态分布密度曲线来表征随机误差。随机误差的分布密度曲线可表为

$$P(\Delta)=\frac{h}{\sqrt{\pi}}e^{-h^2\Delta^2} \tag{2.1}$$

(2.1)式还被称为高斯误差方程，其相应图形也常被称为高斯误差曲线。(2.1)式中 $h=1/\sqrt{2\sigma}$ 被称为精密度指数，σ 为随机误差 Δ 的均方差。

当观测样本足够大时，随机误差有下列统计特征：

(1) 绝对值相等、符号相反的正负误差近于相等。因此，随机误差的算术平均值随着观测次数的增加愈来愈小，趋向于零。

(2) 误差出现的概率与误差的大小有关，绝对值小的误差出现的概率比绝对值大的误差出现的概率大，绝对值很大的误差出现的概率很小。

根据随机误差的这些特征，当不存在系统误差的影响时，多次测量结果的平均值将更接近于真值。

随机误差产生的原因很多，观测时环境因素的微小变化、设备中的热噪声等都是产生随机误差的重要原因。

前面我们分别介绍了系统误差和随机误差的定义、特点及产生的原因。但实际上系统误差和随机误差之间并没有明显的界限。有时，我们把一些具有复杂规律但暂未掌握的系统误差都当作随机误差处理。而随着人们对误差及其规律的认识的加深，就有可能把这些因认识不足而归于随机误差的误差确认为系统误差。反之，有些误差可能因为在一个较短时期内呈现出某种规律，故被归为系统误差。但经过一段较长时间的观测，发现这种变化规律被破坏了，误差的分布呈现出随机性。这就是说，随着时间的推移，两种不同性质的误差之间有可能出现转换。

过失误差(gross error)是指测量结果与事实明显不符的一种误差，通常是由测量仪器的故障、观测环境的改变和观测者的失误造成的。如观测时对错星或观测过程中望远镜或记录仪器的小故障等过失原因造成的结果异常。这种误差一般比较容易发现，而且只要观测人员细心检查，态度认真，是完全可以避免的。

2.2　观测精度

数据处理中一个很重要的方面是评定一列观测值的可靠程度。它是指观测结果与真值的一致程度，是对观测结果中系统误差和随机误差大小的综合度量，常用准确度这个词来表征。在消除了系统误差之后，观测的可靠程度由随机误差的大小来衡量。一列观测值精度的高低必须从全列观测值的误差来衡量，而不能只根据个别值的误差来判断。

另外，观测的目的是要从一列观测值中(直接地或间接地)确定被测量的真值。但由于观测手段和观测次数的限制，真值是测不到的，只能得到它的一个近似值或估计值。在天文学中通常把最接近于被测量的真值的一个近似值称为它们的**最或然值**(most probable value)。因此，数据处理的又一个重要的目标是给出被测量的最或然值及其精度。最或然值的精度是衡量观测结果的精度和处理方法的有效性的综合指标。

在这一节里，我们首先给出衡量一列观测值精度高低的精度标准，然后介绍适用于几种不同的观测序列的精度公式。

2.2.1 精度标准

标准偏差（又称均方误差，standard deviation）是用来衡量一列观测值精度高低的一个较好指标。

设$\{x_i\}$，$i=1,\cdots,n$ 为被测量的一列观测值，a 为被测量的真值，且$\{x_i\}$中只包含随机误差，则 $\Delta_i=x_i-a$ 称为x_i 的真误差。我们定义真误差的平方的算术平均值的平方根为这列观测值的标准偏差或标准误差，天文上又常称之为中误差，并用 σ 表示，即

$$\sigma=\sqrt{\frac{\sum\Delta_i^{\ 2}}{n}}=\sqrt{\frac{\sum(x_i-a)^2}{n}} \tag{2.2}$$

这里定义的标准误差和统计学中利用方差的正平方根定义的标准差是一致的，因为从概率论的角度来说，x_i 的真值可用其数学期望表示。

下面我们来说明标准偏差的大小为什么可以用来衡量一列观测值的优劣。

由正态分布的性质可知，观测值 x_i 出现在$(a-\sigma,a+\sigma)$区间上的概率，或说 Δ_i 出现在$(-\sigma,\sigma)$范围内的概率为 68.3%。假设$\sigma_1<\sigma_2$，则区间$(a-\sigma_1,a+\sigma_1)$小于区间$(a-\sigma_2,a+\sigma_2)$，也就是说$\sigma=\sigma_1$ 的观测数据在 a 周围的分布较密集，而$\sigma=\sigma_2$ 的观测值在 a 周围的分布较分散。这意味着标准偏差σ 的大小可以衡量一列观测值在真值周围分布的密集程度，而这种密集程度是具有概率含义的，即误差在$(-\sigma,\sigma)$内的置信水平是 68.3%。也可以采用其他的置信水平，表 2.1 列出了一些常用置信水平的误差限。任意误差限所对应的置信水平可以利用(1.128)式，并查正态分布双侧分位数表算出。

表 2.1 常用置信水平的误差限

置信水平	误差限 $\lvert\Delta\rvert\leqslant u_\xi\sigma$	置信水平	误差限 $\lvert\Delta\rvert\leqslant u_\xi\sigma$
50.0%	0.674σ	95.5%	2σ
68.3%	1σ	99.0%	2.58σ
95.0%	1.96σ	99.7%	3σ

表中最后一列指出，误差落在$\pm3\sigma$ 中的概率为 99.7%，亦即绝对值大于 3σ 的误差仅有 0.3%，这显然是一个小概率事件。所以在有限次观测中，误差值大于 3σ 的观测值可能含有过失误差，应考虑舍去该观测值。当然，也有可能这个值并不含有过失误差，如舍去它会犯"弃真"错误，但这种错误发生的最大概率也只有 0.3%。这种取舍观测值的原则被称为**拉依达准则**(Pauta criterion)或简称为 3σ 准则。

另外，在比较两个观测结果时，应该在相同的置信水平上比较它们的误差限，误差限较小的观测较精确。为了说明观测的精度，通常把观测结果写为

$$x_0=x\pm u_\alpha\sigma \quad （置信水平\ 1-\alpha）$$

凡是没有注明置信水平的，一般均指 $1-\alpha=68.3\%$，相应的误差限即为标准误差。

在上述各式中，真值 a（或 x）通常是未知的，因此真误差 Δ 也是未知的。我们通常用被

测量的最或然值或真值的估计值代替真值，称观测值与其最或然值之差为观测值的残差或离差。我们将在下一节给出用残差表示的标准误差的公式。

标准误差不取决于观测中个别误差的符号，对观测值中较大误差和较小误差比较灵敏，是表示精度的较好方法。

实际应用中，有时也常用平均误差——残差绝对值的算术平均值来表示精度。也有时会采用概率误差，即用来判断绝对值比它大的误差和绝对值比它小的误差出现的可能性是否一样大。将误差绝对值按大小顺序排列，序列的中位数即为概率误差。平均误差和概率误差只有当 n 较大时才较可靠。

天体物理中还经常采用半峰宽度来表示观测的精度。所谓**半峰宽度**，即观测值分布曲线在极大值半高度处的全宽(Full Width at Half Maximum)。天文学家常用它来代表分辨率，例如常用校准谱线或天光线的半峰宽度表示仪器的分辨率。

2.2.2 误差传递

前面我们所讲的一列观测值以及衡量这一列观测值精度的标准偏差，都是指对被测量进行直接观测处理得到的。但在很多实际问题中，待求量往往不能通过直接观测得到。但它们可通过对其他量进行观测，再利用它们之间的函数关系换算得到，这种情况就称为间接观测。间接观测在天文观测中是普遍存在的。例如在人造卫星的定轨预报中，要测的是卫星在某一历元的轨道根数，但它们不能直接观测，于是通过直接测定卫星的赤经、赤纬换算得到卫星的轨道根数。又如利用激光测月测定地球自转参数，观测量是观测站到月面反射器的距离，可利用所测距离和地球自转参数之间的关系来解算地球自转参数。

在直接观测的情况下，可以由(2.2)式得到被测量的精度。对于间接观测的情况，可以先由直接观测量求得间接观测量的最或然值，然后根据直接观测量的精度估计出间接观测量的精度。下面我们先给出求间接观测量标准偏差的最一般的关系式——误差传递公式(formula of error propagation)。在下一节将介绍对各种不同的观测序列求解被测量的最或然值及其标准偏差的公式。

通常用下面的式子表示间接观测量 y 与 m 个直接观测量 $x_i(i=1,\cdots,m)$的关系

$$y=f(x_1,x_2,\cdots,x_m) \tag{2.3}$$

为了使这一关系不失一般性，我们设(2.3)式为非线性关系。如果直接观测值不存在任何误差，则由(2.3)式可得到 y 的真实值。

但直接观测值总是有误差的，从而使得直接观测值成为随机变量，导致间接观测量 y 也成为随机变量。下面我们来推导间接观测时误差的传递公式。

为了求得间接观测时误差传递的关系，需要对(2.3)式进行线性化处理。如果直接观测量的误差相对于它们的观测值来说是较小的量，则非线性函数可以在各个观测值的邻近区间上展开成泰勒级数，然后取误差的一阶项而略去后续的高阶误差项。假定直接观测量 x_i $(i=1,\cdots,m)$的最或然值为 $x_{i0}(i=1,\cdots,m)$，则非线性函数式(2.3)可用下面的线性式近似代替。

$$y=f(x_{10},x_{20},\cdots,x_{m0})+\sum_{i=1}^{m}\left(\frac{\partial f}{\partial x_i}\right)_0(x_i-x_{i0}) \tag{2.4}$$

上式中的$\left(\frac{\partial f}{\partial x_i}\right)_0$为$\frac{\partial}{\partial x_i}f(x_{10},x_{20},\cdots,x_{m0})$的简写，$(x_i-x_{i0})$为观测量$x_i$的残差，下面我们把它记为$\nu_i$。若对$x_i$进行了$n$组观测，记间接观测量$y$的残差为$\nu_y=y-y_0$，$y_0=f(x_{10},x_{20},\cdots,x_{m0})$。将$y=\upsilon_y+y_0$，$\nu_i=x_i-x_{i0}$代入(2.4)式，可得

$$\nu_y=\sum_{i=1}^{m}\left(\frac{\partial f}{\partial x_i}\right)_0\nu_i \tag{2.5}$$

(2.5)式反映了间接观测时误差的传递关系，即直接观测量x_i的误差以$\frac{\partial f}{\partial x_i}\nu_i$的形式出现在间接观测量$y$的误差中。或者说间接观测量$y$的误差是$m$个直接观测量误差的加权和，权因子$\frac{\partial f}{\partial x_i}$称为$x_i$的误差传递系数。

设m个直接观测量的标准偏差为$\sigma_i(i=1,\cdots,m)$，根据标准偏差的定义及随机变量方差的运算法则，不难得到间接观测量y的标准偏差为

$$\sigma_y=\sqrt{\sum_{i=1}^{m}\left(\frac{\partial f}{\partial x_i}\right)_0^2{\sigma_{x_i}}^2+2\sum_{\substack{i=1\\j>i}}^{m}\frac{\partial f}{\partial x_i}\frac{\partial f}{\partial x_j}\rho_{ij}\sigma_{x_i}\sigma_{x_j}} \tag{2.6}$$

式中ρ_{ij}为第i个观测量与第j个观测量的相关系数。当各个直接观测量相互独立时，有$\rho_{ij}=0$，则有

$$\sigma_y=\sqrt{\sum_{i=1}^{m}\left(\frac{\partial f}{\partial x_i}\right)_0^2{\sigma_{x_i}}^2} \tag{2.7}$$

通常称(2.7)式为独立观测量的误差合成定理。

若间接观测量与直接观测量之间是简单线性关系，即

$$y=\sum_{i=1}^{m}k_ix_i$$

式中k_i为常数，则由(2.7)式有

$${\sigma_y}^2={k_1}^2{\sigma_1}^2+{k_2}^2{\sigma_2}^2+\cdots+{k_m}^2{\sigma_m}^2 \tag{2.8}$$

(2.8)式即为线性情况下的标准偏差传递公式。

2.2.3 等精度观测和非等精度观测

在前一小节中，我们给出了用来衡量一列观测值精度高低的指标——标准误差。观测量度的高低是由观测条件决定的，它包括观测的手段、仪器的精度、观测的次数、观测者技术熟练的程度等。因此我们按观测时的条件把观测分成两大类：如果某一列观测是在完全相同的条件下进行的，则称其为等精度观测，所得到的序列称为等精度观测列；如果观测条件发生改变，则该列观测为非等精度观测，相应的观测序列为非等精度观测列。

1. 等精度观测列的标准偏差

对于等精度观测列，可以用全列观测值的标准偏差来衡量这列观测的精度。但是，由于观测值的真误差一般是未知的，为此通常用观测值的残差代替真误差。而对于一列等精度观

测值来说，被测值的最或然值就是这列观测值的算术平均值 $\bar{x}$，则有残差 $\nu_i = x_i - \bar{x}$，而真误差

$$\Delta_i = x_i - a = (x_i - \bar{x}) + (\bar{x} - a) = v_i + \overline{\Delta}$$

$\overline{\Delta}$ 为算术平均值的真误差。对上式两边求平方和，得

$$\sum \Delta_i{}^2 = \sum v_i{}^2 + \sum \overline{\Delta}^2 + 2\overline{\Delta} \sum v_i = \sum v_i{}^2 + n\overline{\Delta}^2$$

故

$$\frac{\sum \Delta_i{}^2}{n} = \frac{\sum v_i{}^2}{n} + \overline{\Delta}^2$$

由(2.8)式可知，算术平均值的标准偏差 $\sigma_{\bar{x}} = \sigma/\sqrt{n}$，代入上式则得

$$\sigma^2 = \frac{\sum v_i{}^2}{n} + \frac{1}{n}\sigma^2$$

整理后得到一列等精度观测列用残差表示的标准偏差公式

$$\sigma = \sqrt{\frac{[\nu^2]}{n-1}} \tag{2.9}$$

这里用高斯符号[　]表示求和。

2. 权与非等精度观测列

处理非等精度观测序列的情况在天文学中是很普遍的，利用观测星表编制基本星表就是一个典型的例子。各种星表中所有星位都具有误差(这里不考虑星表的系统差)，即便是同一星表中，它所包括的星位也不会具有相同的标准偏差。它们大多数和观测次数的多少有关，故而大多数星表中有一栏同时列出了各恒星被观测的次数，相应的精度也随被观测数目的增加而增加。因此，在编制基本星表时，需根据它们的精度高低来区别对待，对精度高的数据给予较多的重视。在数据处理中，通常用数值 p_i 表示对某一观测结果 x_i 的重视程度，并称之为权。我们知道，观测值精度的高低是和它的误差大小密切相关的。误差越大，观测值精度就越低，对它的重视程度也相应减小。在观测值只包含随机误差的情况下，通常定义权与标准偏差的平方成反比。

设非等精度观测列的标准偏差分别为 $\sigma_1, \sigma_2, \cdots, \sigma_n$，通常把对应最大的标准偏差的观测值的权定为 1。设 $\sigma_1 = \max\sigma_i (i = 1, \cdots, n)$，则标准偏差为 σ_i 的观测值 x_i 的权为

$$p_i = \sigma_1{}^2 / \sigma_i{}^2, i = 1, \cdots, n \tag{2.10}$$

不难看出 $p_1 = 1$，故 x_1 被称为单位权观测值。

由(2.10)式不难理解，权只是从相对意义上表示一个量的精确程度，因为我们同样可以取和最小 σ_i 对应的观测值为单位权观测值。这时，虽然各个观测值权的数值和原来的不同了，但这些观测值的权的比值并未改变。有时为了使所有观测值的权均为整数，可以根据要求选取单位权观测值。

2.3　直接观测量的最或然值及其精度

由于被测量的真值在有限次观测中是无法得到的，数据处理的任务是通过对被测量的有限次观测求出被测量的最接近于真值的量，即被测量的最或然值。

2.3.1　最小二乘法

最小二乘法（Least Squares Method）是求解被测量的最或然值的基本方法。按照最或然值的定义，它是最接近于真值的值。设一列观测值为 $x_1, x_2, \cdots, x_n$，待求的最或然值为 x_0，则它们的残差为 $\nu_i = x_i - x_0 (i=1,\cdots,n)$。最小二乘准则就是选择 x_0，使得残差平方和为最小，即 x_0 必须满足

$$Q = \sum {\nu_i}^2 = \sum (x_i - x_0)^2 = \min \tag{2.11}$$

2.3.2　等精度观测列的最或然值及精度

对于一列等精度观测列，设由最小二乘准则求出的最或然值为 x_0，由 n 个观测值可得 n 个残差方程

$$\nu_i = x_i - x_0 \quad (i=1,\cdots,n)$$

根据最小二乘准则，最或然值 x_0 应满足

$$Q = \sum {\nu_i}^2 = \sum (x_i - x_0)^2 = \min$$

由极值原理，有

$$\frac{\partial Q}{\partial x_0} = \sum \frac{\partial {\nu_i}^2}{\partial x_0} = -2\sum (x_i - x_0) = 0$$

于是得

$$x_0 = \frac{1}{n}\sum x_i = \bar{x} \tag{2.12}$$

设观测值的标准偏差为 σ，则由（2.12）式并利用标准偏差的传递公式（2.8）得

$$\sigma_{x_0} = \frac{\sigma}{\sqrt{n}} \tag{2.13}$$

由一列等精度观测列的标准偏差公式（2.9），又可得到

$$\sigma_{x_0} = \sqrt{\frac{\sum {v_i}^2}{n(n-1)}} \tag{2.14}$$

这个结果表明，多次观测取平均可以减小观测结果的随机误差，且其误差是按 $1/\sqrt{n}$ 规律减小的。

2.3.3　非等精度观测列的最或然值及精度

设 $x_1, x_2, \cdots, x_n$ 为一非等精度观测列，x_0 为被测值的最或然值，由于各个 x_i 的精度不

同，不能像处理等精度观测列那样直接应用 $\sum \nu_i{}^2 = \min$ 来求解 x_0，而必须先将它转化为等精度观测列，再利用等精度观测列的最小二乘法求最或然值及其精度。

设观测值 x_i 的权为 p_i，可以证明，只要将每个观测值乘以相应的权的平方根，就可以把原来的非等精度观测列转化为一列等精度观测列 $\sqrt{p_1}x_1, \sqrt{p_2}x_2, \cdots, \sqrt{p_n}x_n$，与之对应的残差序列为 $\nu_i' = \sqrt{p_i}\nu_i (i=1,\cdots,n)$，由最小二乘准则有

$$\frac{\partial Q}{\partial x_0} = -2\sum p_i(x_i - x_0) = 0$$

求得

$$x_0 = \frac{\sum p_i x_i}{\sum p_i} \tag{2.15}$$

常称(2.15)式为非等精度观测列的加权平均值。从这个式子不难看出，权 p_i 值越大，其相应的观测值 x_i 在 x_0 中的贡献越大，反之亦然。

非等精度观测列的最或然值的标准偏差仍然可由(2.15)式和(2.8)式求得，即

$$\sigma_{x_0}^2 = \frac{\sum p_i{}^2 \sigma_{x_i}{}^2}{\left(\sum p_i\right)^2} \tag{2.16}$$

利用(2.10)式，非等精度观测列中每个观测值的标准偏差又可表示为 $\sigma_{x_i} = \sigma/\sqrt{p_i}$，则(2.16)式又可表示为

$$\sigma_{x_0} = \sqrt{\frac{\sum p_i \sigma^2}{\sum p_i}} \tag{2.17}$$

其中 σ 为单位权标准偏差，它可按等精度观测列的标准偏差公式(2.9)计算，但它对应的残差是 $\sqrt{p_i}\nu_i (i=1,\cdots,n)$。最后得

$$\sigma_{x_0} = \sqrt{\frac{\sum p_i v_i{}^2}{(n-1)\sum p_i}} \tag{2.18}$$

2.4　间接观测量的最或然值及其精度

在第二节中，我们介绍了间接观测的概念，在这一节我们要介绍如何用最小二乘法求解两种常见的间接观测量的最或然值及其标准偏差。

2.4.1　误差方程

间接观测中一种较普遍的情况是观测量为待求量的线性函数，例如前面提到过的利用激光测月技术测定地球自转参数。在这个测量问题中，观测量是观测站到月面反射器的距离 ρ_0，待求量是地球自转参数 $x, y, \Delta \mathrm{UT1}$，它们之间有函数关系

$$\begin{aligned}\rho_0-\rho_c=&R[\cos\delta\sin\varphi_j\cos(\lambda_j-H)-\sin\delta\cos\varphi_j\cos\lambda_j]x+\\&[-\cos\delta\sin\varphi_j\sin(\lambda_j-H)+\sin\delta\cos\varphi_j\sin\lambda_j]y+\\&[\cos\delta\cos\varphi_j\sin H]\Delta\mathrm{UT1}\end{aligned}$$

式中R,λ,φ分别为观测站的地心矢径、地心经度和地心纬度,α,δ为反射器的赤经、赤纬,H为反射器的时角,ρ_c为观测站至反射器的理论距离。

令$l=\rho_0-\rho_c$,则由对ρ_0的n次观测,可得n个观测值$l_i(i=1,\cdots,n)$。我们可把上式简化为

$$l_i=a_ix+b_iy+c_i\Delta\mathrm{UT1}$$

式中a_i,b_i,c_i为α,δ,φ,λ和H的函数。不管a_i,b_i,c_i的形式多么复杂,观测量l_i总是待求量x,y,ΔUT1的线性函数。我们的任务则是利用n个观测值l_i,求出待求量x,y,ΔUT1的最或然值。

为了使讨论不失一般性,设对直接观测量l进行了n次观测,待求的未知量为$x_i(i=1,\cdots,m)$,则可得n个观测方程

$$l_i=b_{i1}x_1+b_{i2}x_2+\cdots+b_{im}x_m,\quad i=1,\cdots,n \tag{2.19}$$

如果l_i没有误差,且方程是独立的,则由其中$m(m<n)$个方程可以解出m个未知量的真值。

实际上观测值总含有误差,故不能由(2.19)中m个方程解得m个未知量的真值。如果我们将未知量的最或然值(为书写方便,下面仍用符号x_i表示第i个待求量的最或然值)代入上式,则观测量l_i与待求量的最或然值的关系可表示成如下的方程组

$$\begin{cases}\nu_1=l_1-(b_{11}x_1+b_{12}x_2+\cdots+b_{1m}x_m)\\\nu_2=l_2-(b_{21}x_1+b_{22}x_2+\cdots+b_{2m}x_m)\\\qquad\cdots\\\nu_n=l_n-(b_{n1}x_1+b_{n2}x_2+\cdots+b_{nm}x_m)\end{cases} \tag{2.20}$$

式中$\nu_1,\nu_2,\cdots,\nu_n$分别为$l_1,l_2,\cdots,l_n$的残差。

通常称方程组(2.20)为**误差方程**(error equation)或**条件方程**。在这个方程组中有n个方程,m个未知量。即使不考虑ν_i的影响,也不能找出严格满足所有方程的解,更何况残差ν_i必须考虑,但它又是未知的。因此,要求出未知量必须要有附加条件,而使用最小二乘法能得到这个方程组的圆满解。

2.4.2 正规方程

根据最小二乘准则,未知量的最或然值是使残差平方和最小的那些值,即

$$Q=\sum v_i^{\,2}=\sum_{i=1}^{n}\Big(l_i-\sum_{j=1}^{m}b_{ij}x_j\Big)^2=\min$$

由极值原理,$x_i(i=1,\cdots,m)$应满足

$$\frac{\partial Q}{\partial x_1}=0,\frac{\partial Q}{\partial x_2}=0,\cdots,\frac{\partial Q}{\partial x_m}=0$$

即

$$\sum_i (l_i - \sum_j b_{ij}x_j)b_{ik} = 0 \quad k = 1,\cdots,m$$

经过简单整理并引用高斯符号

$$[b_j b_k] = \sum_i b_{ij} b_{ik} \quad j,k = 1,\cdots,m$$

由此可得到线性方程组

$$\begin{cases} [b_1b_1]x_1 + [b_1b_2]x_2 + \cdots + [b_1b_m]x_m = [b_1l] \\ [b_2b_1]x_1 + [b_2b_2]x_2 + \cdots + [b_2b_m]x_m = [b_2l] \\ \cdots \\ [b_mb_1]x_1 + [b_mb_2]x_2 + \cdots + [b_mb_m]x_m = [b_ml] \end{cases} \tag{2.21}$$

常称方程组(2.21)为**正规方程**(normal equations)或**法方程**。

上面讨论的是观测量为等精度观测列的情况，下面介绍对非等精度观测列的处理。

设 $l_1', l_2', \cdots, l_n'$ 为一列非等精度的间接观测序列，它们的权分别为 $p_1, p_2, \cdots, p_n$，先假设这些观测列为待求量的线性函数，和直接观测量的情况一样，将各个观测值分别乘以它们的权的平方根，即得

$$\sqrt{p_1}\, l_1', \sqrt{p_2}\, l_2', \cdots, \sqrt{p_n}\, l_n'$$

它们构成了一列等精度观测列，相应的误差方程变为

$$\sqrt{p_i} v_i' = \sqrt{p_i}\, l_i' - (\sqrt{p_i} b_{i1} x_1 + \sqrt{p_i} b_{i2} x_2 + \cdots + \sqrt{p_i} b_{im} x_m) \quad i = 1,\cdots,m \tag{2.22}$$

根据最小二乘准则

$$Q = \sum_i p_i v_i{}^2 = \min$$

由此得到下面的法方程：

$$\begin{cases} [pb_1b_1]x_1 + [pb_1b_2]x_2 + \cdots + [pb_1b_m]x_m = [pb_1l'] \\ [pb_2b_1]x_1 + [pb_2b_2]x_2 + \cdots + [pb_2b_m]x_m = [pb_2l'] \\ \cdots \\ [pb_mb_1]x_1 + [pb_mb_2]x_2 + \cdots + [pb_mb_m]x_m = [pb_ml'] \end{cases} \tag{2.23}$$

对(2.21)和(2.23)这样的正规方程组，当观测次数 $n > m$ 时，法方程一般有唯一解。由观测数据算出方程组中的系数后，便可用诸如消去法等经典方法解出待测量的最或然值。

间接观测另一种常见的情况是观测值是待求量的非线性函数。例如，人造卫星的轨道改正中，观测量是某一历元卫星的球面坐标，待求量是相应历元的六个轨道根数，它们之间的关系是很复杂的非线性关系。又如利用甚长基线干涉仪（very long baseline interferometer, VLBI）测定地球自转参数，观测量是来自射电源的同一波前到达 VLBI 两个测站钟面的时差，即几何时延，待求量是地球自转参数，它们之间的关系也是很复杂的非线性关系。再如，利用食双星的光变曲线确定它的轨道要素，这也是目前确定食双星轨道要素的唯一方法，食双星的光变曲线不仅和 7 个轨道根数有关，还依赖于其他一些因素，包括两

颗子星的大小、光度、形状等。因此，利用测光光变曲线得到食双星的轨道要素(称为食双星的测光轨道解)是一个典型的很复杂的非线性间接观测问题。

观测量 y_i 与待求量 $x_k(k=1,\cdots,m)$ 之间的非线性关系可写为

$$y_i = f_i(x_1, x_2, \cdots, x_m) \quad i=1,\cdots,n \tag{2.24}$$

一般的非线性问题无法直接求解，通常是用逐次逼近的方法处理。

设 x_{k0} 为 x_k 的近似值(或初值)，并用 Δx_k 表示 x_k 与其近似值之差。由(2.24)式可以算出已知的待求量近似值的函数 y_{0i}，并记 $\Delta y_i = y_i - y_{0i}$，对(2.24)式在 $x_{k0}(k=1,\cdots,m)$ 上进行泰勒展开，并略去 Δx_k 的二次及二次以上的项，这样可得

$$\Delta y_i \approx \sum_{k=1}^{m} \left(\frac{\partial f_i}{\partial x_k}\right)_0 \Delta x_k \tag{2.25}$$

其中在 x_{k0} 给定时，$\left(\frac{\partial f_i}{\partial x_k}\right)_0 (k=1,\cdots,m)$ 为已知系数，下面我们用 $b_{ik}(k=1,\cdots,m)$ 表示。因为观测值 y_i 有误差，故必须考虑 Δy_i 中的误差，从而得到和(2.20)式类似的误差方程

$$\Delta y_i - \sum_{k=1}^{m} b_{ik} \Delta x_k = \upsilon_i \quad i=1,\cdots,n \tag{2.26}$$

利用最小二乘准则，可得到法方程

$$\begin{cases} [b_1b_1]\Delta x_1 + [b_1b_2]\Delta x_2 + \cdots + [b_1b_m]\Delta x_m = [b_1\Delta l] \\ [b_2b_1]\Delta x_1 + [b_2b_2]\Delta x_2 + \cdots + [b_2b_m]\Delta x_m = [b_2\Delta l] \\ \cdots \\ [b_mb_1]\Delta x_1 + [b_mb_2]\Delta x_2 + \cdots + [b_mb_m]\Delta x_m = [b_m\Delta l] \end{cases} \tag{2.27}$$

解此方程得到 $\Delta x_k(k=1,\cdots,m)$，分别加上近似值 $x_{k0}(k=1,\cdots,m)$，就得待求量的最或然值

$$x_k = x_{k0} + \Delta x_k \quad k=1,\cdots,m$$

当 $|\Delta x_k|$ 较大时，可用得到的 x_k 代替原来的近似值 x_{k0} 重新算出系数 b_{ik} 和 Δy_i，并解法方程(2.27)得到新的 Δx_k，这种过程可以反复迭代，直到最后的 $|\Delta x_k|$ 值小于给定的误差为止。这时最后得到的 x_k 即为所求。这种算法常被称为高斯-牛顿法或泰勒展开法。此法在求解过程中需反复迭代和修正，这是因为在泰勒展开式(2.25)中，仅取了 Δx_k 的一次项，因此得到的 x_k 也是近似的，逐次迭代的结果将使最后的 x_k 更接近真解。当初值选得较好时，随着迭代次数的增加，修正值 $|\Delta x_k|$ 越来越小，即为迭代“收敛”；否则称迭代“发散”，迭代得到的新值可能比原来的值更远离真解。这种情况在实际应用中时有发生，所以初值的选取是至关重要的。

除了用逐次迭代法求解以外，利用计算机直接对残差平方和进行最优化求解也是目前常用的方法，我们将在第五节中介绍这种方法。

2.4.3 最或然值的标准偏差

为了求最或然值的标准偏差，必须知道它们与观测值 l_i 的标准偏差之间的关系以及 l_i 的标准偏差。而要求 l_i 的标准偏差，首先要求出 l_i 的残差，可以将从法方程解得的未知量的最或然值代入误差方程来得到各观测量 l_i 的残差 ν_i，由残差求标准偏差的公式推导如下：

设观测值 l_i 的真误差为 Δ_i，因为最或然值的求得应满足$[\nu^2]=\min$,必然有

$$[\Delta^2]>[\nu^2]$$

或

$$\frac{[\Delta^2]}{n}>\frac{[\nu^2]}{n}$$

由标准偏差的定义式(2.2)可得

$$\sigma^2>\frac{[\nu^2]}{n}$$

为了尽量使用残差表示的标准偏差更接近于实际的标准偏差,可减小上式右端的分母,满足

$$\sigma^2=\frac{[\nu^2]}{n-i} \tag{2.28}$$

式中 i 为待定常数。在观测次数与未知量个数相等,即 $n=m$ 的特殊情况下,条件方程的个数和未知量个数相等,未知数可由一般的代数方程解出。这时残差完全为零,即$[\nu^2]=0$,而 σ^2 不可能为 0。由(2.28)式,必有 $i=m$。当观测次数 n 大于未知量个数 m 时,可由下式给出 σ^2 的无偏估计

$$\hat{\sigma}^2=\frac{[\nu^2]}{n-m} \tag{2.29}$$

可利用矩阵迹的性质更严格地证明(2.29)式。

在(2.29)式中,$n-m$ 被称为自由度,是指求解 m 个未知量只需在 m 个不同条件下测得 m 个观测值,但现有 n 个测得值,并有 $n>m$,故而多测了 $n-m$ 个值。

从上面的推导可知,用最小二乘法求解未知量时,为了得到较小的标准偏差 $\hat{\sigma}^2$,通常要求 $n-m$ 越大越好。

有了观测值的标准偏差后,就可以求 m 个最或然值的标准偏差了。设 m 个最或然值的标准偏差为$\sigma_{x_1},\sigma_{x_2},\cdots,\sigma_{x_m}$,对应的权分别为 $p_{x_1},p_{x_2},\cdots,p_{x_m}$,则由非等精度观测列的标准偏差公式 $\sigma_i=\sigma/\sqrt{p_i}$ 可以得到

$$\sigma_{x_k}=\sigma/\sqrt{p_{x_i}} \quad i=1,\cdots,m \tag{2.30}$$

式中 σ 按(2.29)式计算。p_{x_i} 可借助法方程(2.21)或(2.23)求得,即只要将法方程(2.21)右端项$[b_1l],[b_2l],\cdots,[b_ml]$改为 $1,0,0,\cdots,0$,新方程的解 x_1 即为 $1/p_{x_1}$,亦即 $p_{x_1}=1/x_1$。若把法方程右端项分别改为 $0,1,0,\cdots,0$,则由解得的 x_2 可得 $p_{x_2}=1/x_2$。依次类推,可以得到 $p_{x_3},p_{x_4},\cdots,p_{x_m}$。

2.5　最小二乘曲线拟合

天文工作中常遇到这样两种问题。一种是 y 和 x 是可被观测的天文量,且 y 是 x 的函数,它们的函数关系由理论公式

$$y=f(x,c_k) \quad k=1,\cdots,m \tag{2.31}$$

给出,但其中含有 m 个未知参数 $c_k(k=1,\cdots,m)$,我们的任务是根据 y 和 x 的 n 组观测值寻求参数 c_k 的最佳估计进而得到理论曲线(2.31)的具体形式的最佳估计。

另一种问题是 y 和 x 之间的函数形式未知,而需要利用对 y 和 x 的观测求出 y 和 x 之间关系的一个经验公式(或经验曲线)。

由于观测值总含有误差,通常只能用曲线拟合的方法由 y 和 x 的观测值 $(y_i,x_i)(i=1,\cdots,n)$ 求得理论曲线或经验曲线中参数的估计值。曲线拟合的特点在于,原则上并不一定要求被确定的曲线真正通过给定的观测点,而只要尽可能在观测点附近通过。对于含有误差的观测点来说,不经过点的原则更为合理,因为这样的处理可以部分地抵消观测数据的误差。鉴于这样的特点,曲线拟合也可用来进行数据的平滑。关于这方面的内容,我们将在第五章中进行介绍。

确定表达式中的参数是曲线拟合中的基本问题。另外,经验公式的确定又是参数估计的基础,但它与客观实际联系紧密,必须结合专业知识根据经验才能得到较好的解决。关于这类问题我们也将在下一节中讨论,在这一节里我们主要介绍曲线拟合的一般描述。

2.5.1 目标函数和最优化

理论曲线(或经验公式)中参数的估计问题可用如下的数学语言描述:

若 y 是关于自变量 x 和待定参数的形式已知的函数 $y=f(x,\boldsymbol{c})$ 或

$$y=f(x,c_1,c_2,\cdots,c_m)$$

现给出 (x,y) 的 n 对观测值 $(x_i,y_i)(i=1,\cdots,n)$,要确定参数 $c_k(k=1,\cdots,m)$,使某个目标函数

$$d=d(x_1,x_2,\cdots,x_n;y_1,y_2,\cdots,y_n;c_1,c_2,\cdots,c_m)$$

取极值(极大值或极小值)。

因此曲线拟合就是对目标函数进行最优化计算,寻求使目标函数 d 取极值的一组参数值。目标函数的具体形式可根据具体问题的要求来选取。可以在非最小二乘准则下确定 $\boldsymbol{c}$ 使得

$$d=\max_{1\leqslant i\leqslant n}|y_i-f(x_i,\boldsymbol{c})|$$

或

$$d=\sum_{i=1}^{n}|y_i-f(x_i,\boldsymbol{c})|$$

达到极小;也可以在最小二乘准则下求解 $\boldsymbol{c}$,即使目标函数

$$d=\sum_{i=1}^{n}[y_i-f(x_i,\boldsymbol{c})]^2$$

达到极小。我们称这种选取各观测点的残差平方和作为目标函数的拟合为最小二乘曲线拟合。

2.5.2 最小二乘曲线拟合

最小二乘曲线拟合用拟合的 χ^2 量

$$\chi^2=\sum p_i\delta_i{}^2=\sum_{i=1}^{n}p_i[y_i-f(x_i,\boldsymbol{c})]^2 \tag{2.32}$$

作为目标函数，寻求使 χ^2 最小的参数 $\boldsymbol{c}$ 作为参数的估计值。其中 p_i 为观测值 y_i 的权重因子，

$$p_i=1/\sigma_i{}^2$$

σ_i 为 y_i 的标准误差。

满足最小二乘准则的参数值 $\boldsymbol{c}$ 可由下列方程组解出，即由

$$\frac{\partial}{\partial c_k}\sum_{i=1}^{n}p_i\delta_i{}^2=-2\sum_{i=1}^{n}p_i[y_i-f(x_i,\boldsymbol{c})]\frac{\partial f(x_i,\boldsymbol{c})}{\partial c_k}=0\quad k=1,\cdots,m \tag{2.33}$$

解此参数的最小二乘估计 $\hat{c}_k(k=1,\cdots,m)$。

1. 线性情况

理论曲线是未知参数的线性情况时，它的一般形式可表示为

$$y=f(x,\boldsymbol{c})=y_0(x)+\sum_{k=1}^{m}c_k f_k(x) \tag{2.34}$$

式中 $y_0(x)$ 和 $f_k(x)$ 是自变量的已知函数，不包含未知参数 $\boldsymbol{c}$。

对于 n 组观测值 (x_i,y_i)，把线性函数(2.34)代入(2.33)，可得到未知参数 $\boldsymbol{c}$ 的线性方程组

$$\sum_{j=1}^{m}c_j\sum_{i=1}^{n}p_i f_j(x_i)f_k(x_i)=\sum_{i=1}^{n}p_i[y_i-y_0(x_i)]f_k(x_i)\quad k=1,\cdots,m \tag{2.35}$$

将线性方程组(2.35)改写成矩阵形式

$$(\boldsymbol{F}^{\mathrm{T}}\boldsymbol{P}_y\boldsymbol{F})\boldsymbol{c}=\boldsymbol{F}^{\mathrm{T}}\boldsymbol{P}_y(\boldsymbol{y}-\boldsymbol{y}_0) \tag{2.36}$$

式中各个矩阵的定义如下：

$$\boldsymbol{c}=\begin{pmatrix}c_1\\c_2\\\vdots\\c_m\end{pmatrix},\quad \boldsymbol{y}=\begin{pmatrix}y_1\\y_2\\\vdots\\y_n\end{pmatrix},\quad \boldsymbol{y}_0=\begin{pmatrix}y_0(x_1)\\y_0(x_2)\\\vdots\\y_0(x_n)\end{pmatrix}$$

$$\boldsymbol{F}=\begin{pmatrix}f_1(x_1) & f_2(x_1) & \cdots & f_m(x_1)\\ f_1(x_2) & f_2(x_2) & \cdots & f_m(x_2)\\ \vdots & \vdots & & \vdots\\ f_1(x_n) & f_2(x_n) & \cdots & f_m(x_n)\end{pmatrix}=\begin{pmatrix}f_{11} & f_{12} & \cdots & f_{1m}\\ f_{21} & f_{22} & \cdots & f_{2m}\\ \vdots & \vdots & & \vdots\\ f_{n1} & f_{n2} & \cdots & f_{nm}\end{pmatrix}$$

$$\boldsymbol{P}_y=\begin{pmatrix}p_1 & & O & \\ & p_2 & & \\ & & \ddots & \\ & O & & p_n\end{pmatrix}$$

解矩阵方程(2.36)(或线性方程组(2.35))，得参数 $\boldsymbol{c}$ 的最小二乘估计值

$$\hat{\boldsymbol{c}}=(\boldsymbol{F}^{\mathrm{T}}\boldsymbol{P}_y\boldsymbol{F})^{-1}\boldsymbol{F}^{\mathrm{T}}\boldsymbol{P}_y(\boldsymbol{y}-\boldsymbol{y}_0) \tag{2.37}$$

可以证明，无论观测值服从何种分布，最小二乘估计都是参数 $\boldsymbol{c}$ 的无偏估计，即

$$\begin{aligned}E(\hat{\boldsymbol{c}})&=(\boldsymbol{F}^{\mathrm{T}}\boldsymbol{P}_y\boldsymbol{F})^{-1}\boldsymbol{F}^{\mathrm{T}}\boldsymbol{P}_yE(\boldsymbol{y}-\boldsymbol{y}_0)\\&=(\boldsymbol{F}^{\mathrm{T}}\boldsymbol{P}_y\boldsymbol{F})^{-1}\boldsymbol{F}^{\mathrm{T}}\boldsymbol{P}_y\boldsymbol{F}\boldsymbol{c}=\boldsymbol{c}\end{aligned}$$

在这里我们利用了矛盾方程组

$$\boldsymbol{y}=\boldsymbol{y}_0+\boldsymbol{F}\boldsymbol{c}$$

另外，我们还可以利用估计式(2.37)求出参数估计值的误差。由于参数的最小二乘估计 $\hat{c}_k(k=1,\cdots,m)$ 是观测值的线性函数，利用线性函数的误差传递公式的矩阵表达式，可以由观测值 y 的协方差阵

$$\boldsymbol{V}_y=\begin{pmatrix}\sigma_1{}^2 & & & O\\ & \sigma_1{}^2 & & \\ & & \ddots & \\ O & & & \sigma_1{}^2\end{pmatrix}=\boldsymbol{P}_y{}^{-1} \tag{2.38}$$

计算参数最小二乘估计值 $\hat{\boldsymbol{c}}$ 的协方差阵

$$\begin{aligned}\boldsymbol{D}(\hat{\boldsymbol{c}})&=[(\boldsymbol{F}^{\mathrm{T}}\boldsymbol{P}_y\boldsymbol{F})^{-1}\boldsymbol{F}^{\mathrm{T}}\boldsymbol{P}_y]\boldsymbol{V}_y[(\boldsymbol{F}^{\mathrm{T}}\boldsymbol{P}_y\boldsymbol{F})^{-1}\boldsymbol{F}^{\mathrm{T}}\boldsymbol{P}_y]^{\mathrm{T}}\\&=(\boldsymbol{F}^{\mathrm{T}}\boldsymbol{P}_y\boldsymbol{F})^{-1}\boldsymbol{F}^{\mathrm{T}}\boldsymbol{P}_y\boldsymbol{P}_y^{-1}\boldsymbol{P}_y^{\mathrm{T}}\boldsymbol{F}[(\boldsymbol{F}^{\mathrm{T}}\boldsymbol{P}_y\boldsymbol{F})^{-1}]^{\mathrm{T}}\\&=(\boldsymbol{F}^{\mathrm{T}}\boldsymbol{P}_y\boldsymbol{F})^{-1}(\boldsymbol{F}^{\mathrm{T}}\boldsymbol{P}_y\boldsymbol{F})^{\mathrm{T}}[(\boldsymbol{F}^{\mathrm{T}}\boldsymbol{P}_y\boldsymbol{F})^{-1}]^{\mathrm{T}}\\&=(\boldsymbol{F}^{\mathrm{T}}\boldsymbol{P}_y\boldsymbol{F})^{-1}\end{aligned} \tag{2.39}$$

协方差阵 $\boldsymbol{D}(\hat{\boldsymbol{c}})$ 中的第 k 个对角元的平方根即为参数估计值 $\hat{c}_k$ 的误差。一般来说，$\boldsymbol{D}(\hat{\boldsymbol{c}})$ 并非对角矩阵，它的第 jk 个矩阵元即为 $\hat{c}_j$ 和 $\hat{c}_k$ 的协方差。

把参数估计值(2.37)代入理论关系式(2.34)，可以得到对应各个自变量的 x_i 的估计值

$$\begin{aligned}\hat{y}_i&=f(x_i,\hat{\boldsymbol{c}})\\&=y_0(x_i)+\sum_{k=1}^{m}\hat{c}_k f_k(x_i)\quad i=1,\cdots,n\end{aligned} \tag{2.40}$$

(2.40)的矩阵形式为

$$\hat{\boldsymbol{y}}=\boldsymbol{y}_0+\boldsymbol{F}\hat{\boldsymbol{c}} \tag{2.41}$$

将(2.34)式代入(2.41)式，得到 y 的估计值

$$\hat{\boldsymbol{y}}=\boldsymbol{y}_0+\boldsymbol{F}(\boldsymbol{F}^{\mathrm{T}}\boldsymbol{P}_y\boldsymbol{F})^{-1}\boldsymbol{F}^{\mathrm{T}}\boldsymbol{P}_y(\boldsymbol{y}-\boldsymbol{y}_0) \tag{2.42}$$

可以看出 $\hat{\boldsymbol{y}}$ 是 $\boldsymbol{y}$ 的线性函数，由线性函数的误差传递公式可得估计值 $\hat{\boldsymbol{y}}$ 的协方差阵

$$\begin{aligned}\boldsymbol{D}(\hat{\boldsymbol{y}})&=E\{[\hat{\boldsymbol{y}}-E(\hat{\boldsymbol{y}})][\hat{\boldsymbol{y}}-E(\hat{\boldsymbol{y}})]^{\mathrm{T}}\}\\&=E\{[\boldsymbol{y}_0+\boldsymbol{F}\hat{\boldsymbol{c}}-\boldsymbol{y}_0-E(\boldsymbol{F}\hat{\boldsymbol{c}})][\boldsymbol{y}_0+\boldsymbol{F}\hat{\boldsymbol{c}}-\boldsymbol{y}_0-E(\boldsymbol{F}\hat{\boldsymbol{c}})]^{\mathrm{T}}\}\end{aligned}$$

$$
\begin{aligned}
&= E\{[\boldsymbol{F}\hat{\boldsymbol{c}} - E(\boldsymbol{F}\hat{\boldsymbol{c}})][\boldsymbol{F}\hat{\boldsymbol{c}} - E(\boldsymbol{F}\hat{\boldsymbol{c}})]^{\mathrm{T}}\} \\
&= E\{\boldsymbol{F}[\hat{\boldsymbol{c}} - E(\hat{\boldsymbol{c}})][\hat{\boldsymbol{c}} - E(\hat{\boldsymbol{c}})]^{\mathrm{T}}\boldsymbol{F}^{\mathrm{T}}\} \\
&= \boldsymbol{F} \cdot E\{[\hat{\boldsymbol{c}} - E(\hat{\boldsymbol{c}})][\hat{\boldsymbol{c}} - E(\hat{\boldsymbol{c}})]^{\mathrm{T}}\} \cdot \boldsymbol{F}^{\mathrm{T}} \\
&= \boldsymbol{F} \cdot \boldsymbol{D}(\hat{\boldsymbol{c}}) \cdot \boldsymbol{F}^{\mathrm{T}}
\end{aligned}
\tag{2.43}
$$

由(2.32)式我们又可得到最小 χ^2 值

$$
\begin{aligned}
\chi^2_{\min} &= \sum_{i=1}^{n} p_i[y_i - f(x_i,\hat{\boldsymbol{c}})]^2 = \sum_{i=1}^{n} p_i(y_i - \hat{y}_i)^2 \\
&= (\boldsymbol{y} - \hat{\boldsymbol{y}})^{\mathrm{T}}\boldsymbol{P}_y(\boldsymbol{y} - \hat{\boldsymbol{y}}) \\
&= (\boldsymbol{y} - \boldsymbol{y}_0 - \boldsymbol{F}\hat{\boldsymbol{c}})^{\mathrm{T}}\boldsymbol{P}_y(\boldsymbol{y} - \boldsymbol{y}_0 - \boldsymbol{F}\hat{\boldsymbol{c}})
\end{aligned}
\tag{2.44}
$$

线性情况最典型的例子是

$$
y = c_1x_1 + c_2x_2 + \cdots + c_mx_m \tag{2.45}
$$

或

$$
y = c_0 + c_1x_1 + c_2x_2 + \cdots + c_mx_m \tag{2.46}
$$

这是标准的线性模型,形式简单。但是有些看来较复杂的模型,常常可以通过变量代换的方法简化成这样的形式。下面我们给出几个例子。

例 2.1: $y = c_0 + c_1x + c_2x^2 + \cdots + c_mx^m$

这是一个多项式模型。尽管观测值 y 对自变量而言是非线性的,但它对参数是线性的,因此仍属线性问题。只要作变量代换

$$
x_1 = x, x_2 = x^2, \cdots, x_m = x^m
$$

则多项式即化为标准的线性形式(2.46)。

例 2.2: $y = c_0\mathrm{e}^{c_1x}$

观测量 y 对自变量 x 及参数均为非线性,但通过变量代换仍可化为线性问题来处理。即对两边取对数,得

$$
\ln y = \ln c_0 + c_1x
$$

令 $Y = \ln y, C_0 = \ln c_0, C_1 = c_1$,得

$$
Y = C_0 + C_1x
$$

这是标准的直线模型,由(2.37)式解出 C_0, C_1 后,用逆变换求 c_0, c_1

$$
c_0 = \mathrm{e}^{C_0}, \quad c_1 = C_1
$$

在实际天文数据处理中,用周期函数拟合一列包含一些周期变化讯号的观测资料也是很常见的。

例 2.3: $y_i = \sum_{j=1}^{2} A_j\cos(2\pi t_i/p_j + \varphi_j)$,式中 $A_j, \varphi_j (j=1,2)$ 分别为周期函数的振幅和初相位,它们都是拟合过程中待估计的参数,p_j 为已知的周期。

这个函数形式是非线性的,但我们亦可以通过变量变换将其转化为线性的,如令

$$c_1=A_1\cos\varphi_1,\quad c_2=A_1\sin\varphi_1,\quad c_3=A_2\cos\varphi_2,\quad c_4=A_2\sin\varphi_2$$
$$x_{1i}=\cos(2\pi t_i/p_1),\quad x_{2i}=\sin(2\pi t_i/p_1)$$
$$x_{3i}=\cos(2\pi t_i/p_2),\quad x_{4i}=\sin(2\pi t_i/p_2)$$

则得

$$y_i=c_1x_{1i}-c_2x_{2i}+c_3x_{3i}-c_4x_{4i}$$

这是以 c_1,c_2,c_3,c_4 为参数的标准化模型。由线性情况的最小二乘拟合的参数估计公式(2.37)解得参数 c_1,c_2,c_3,c_4 后可得周期函数拟合参数

$$A_1=\sqrt{{c_1}^2+{c_2}^2},\quad A_2=\sqrt{{c_3}^2+{c_4}^2}$$
$$\varphi_1=\arctan(c_2/c_1),\quad \varphi_2=\arctan(c_4/c_3)$$

将它们代入周期函数公式中即得周期函数拟合曲线。

变量变换的方法可以把形式上较复杂的模型化简，而且变换既可用于待定参数也可用于观测量和自变量。这种能通过变量代换的方法化为线性模型的理论或经验公式被称为广义线性模型，在天文数据处理中是经常采用的。

2. 非线性情况

在例 2.3 中，如果周期 p_j 也是未知参数，那么即使利用变量变换的方法也不能把它转化为线性形式。下面我们再来看一个例子。

温度为 T，面积为 A 的黑体，辐射波长为 λ 的能量可用下式表示

$$B(\lambda,T,A)=\frac{2Ahc^2}{\lambda^5}/(\mathrm{e}^{hc/kT\lambda}-1)$$

式中 c 为光速，k 为玻尔兹曼常数，h 为普朗克常数。我们可以利用在一系列波长 λ 上观测得到的能量 $B(\lambda)$ 拟合出此黑体的温度和面积。但不难看出，这个理论公式对参数而言也是非线性的，而且也不能通过变量变换转化为线性形式。

对于理论公式是待定参数 c 的非线性函数的情况，最小二乘解 $\hat{c}$ 同样应满足准则，但由于相应的 χ^2 量也是 c 的非线性函数。因此，很难得到关于 $\hat{c}$ 的解析解。一般情况下，对非线性问题可使用泰勒展开将理论公式线性化，再用逐次迭代法求解。

把函数 $y=f(x,\boldsymbol{c})$ 在参数初值 $\boldsymbol{c}^{(0)}=(c_1^{(0)},c_2^{(0)},\cdots,c_m^{(0)})$ 附近作泰勒展开，略去二次以上的高阶项，得到关于参数 $\boldsymbol{c}$ 的改正值 $\Delta\boldsymbol{c}$ 的线性函数

$$y\approx f(x,\boldsymbol{c}^{(0)})+\left(\frac{\partial f}{\partial c_1}\right)_0(c_1-c_1^{(0)})+\cdots+\left(\frac{\partial f}{\partial c_m}\right)_0(c_m-c_m^{(0)})$$

利用线性拟合公式(2.37)求出参数 $\boldsymbol{c}$ 的一级改正值

$$\begin{aligned}\Delta\boldsymbol{c}^{(1)}&=\boldsymbol{c}^{(1)}-\boldsymbol{c}^{(0)}\\&=(\boldsymbol{F}^{\mathrm{T}}\boldsymbol{P}_y\boldsymbol{F})^{-1}\boldsymbol{F}^{\mathrm{T}}\boldsymbol{P}_y(\boldsymbol{y}-\boldsymbol{y}_0)\end{aligned}\tag{2.47}$$

其中

$$\boldsymbol{F}=(f_{ij}),\quad f_{ij}=\frac{\partial f(x_i,\boldsymbol{c})}{\partial c_j}\Big|_{\boldsymbol{c}=\boldsymbol{c}^{(0)}}$$

$$\boldsymbol{y}_0=\begin{pmatrix} f(x_1,\boldsymbol{c}^{(0)}) \\ f(x_2,\boldsymbol{c}^{(0)}) \\ \vdots \\ f(x_n,\boldsymbol{c}^{(0)}) \end{pmatrix},\quad \boldsymbol{y}=\begin{pmatrix} y_1 \\ y_2 \\ \vdots \\ y_n \end{pmatrix}$$

将上述公式中的 $\boldsymbol{c}^{(0)}$ 换成 $\boldsymbol{c}^{(1)}$，又可以得到 $\boldsymbol{c}$ 的二级近似值 $\boldsymbol{c}^{(2)}=\boldsymbol{c}^{(1)}+\Delta\boldsymbol{c}^{(2)}$，如此反复迭代计算。一般地，由 r 级近似值 $\boldsymbol{c}^{(r)}$ 求 $r+1$ 级近似值 $\boldsymbol{c}^{(r+1)}$ 的公式为

$$\begin{gathered} \boldsymbol{c}^{(r+1)}=\boldsymbol{c}^{(r)}+\Delta\boldsymbol{c}^{(r+1)} \\ \Delta\boldsymbol{c}^{(r+1)}=(\boldsymbol{F}^{\mathrm{T}}\boldsymbol{P}_y\boldsymbol{F})^{-1}\boldsymbol{F}^{\mathrm{T}}\boldsymbol{P}_y(\boldsymbol{y}-\boldsymbol{y}_0) \\ \boldsymbol{y}_0=\begin{pmatrix} f(x_1,\boldsymbol{c}^{(r)}) \\ f(x_2,\boldsymbol{c}^{(r)}) \\ \vdots \\ f(x_n,\boldsymbol{c}^{(r)}) \end{pmatrix} \end{gathered} \tag{2.48}$$

$$\boldsymbol{F}=(f_{ij}),\quad f_{ij}=\frac{\partial f(x_i,\boldsymbol{c})}{\partial c_j}\bigg|_{\boldsymbol{c}=\boldsymbol{c}^{(r)}} \tag{2.49}$$

若从迭代的第 r 步到第 $r+1$ 步参数 $\boldsymbol{c}$ 的改正值变化很小，即

$$|\Delta c_j^{(r)}|<\varepsilon\ \text{对所有的}\ j=1,2,\cdots,m\ \text{成立}$$

或最小 χ^2 量减小得很少，即

$$\frac{(\chi^2)^{(r)}-(\chi^2)^{(r+1)}}{(\chi^2)^{(r+1)}}<\varepsilon$$

则可停止迭代。这时把参数的第 $r+1$ 级近似值作为最佳估计值，这里 ε 为所要求的精度，一般要求 $\varepsilon\ll1$（如取 $\varepsilon=0.01,0.001$ 等），而

$$(\chi^2)^{(r+1)}=(\boldsymbol{y}-\boldsymbol{y}_0-\boldsymbol{F}\boldsymbol{c}^{(r+1)})^{\mathrm{T}}\boldsymbol{P}_y(\boldsymbol{y}-\boldsymbol{y}_0-\boldsymbol{F}\boldsymbol{c}^{(r+1)})$$

估计值 $\hat{\boldsymbol{c}}$ 的协方差阵 $\boldsymbol{D}(\hat{\boldsymbol{c}})$ 及 $\hat{\boldsymbol{y}}$ 的协方差阵 $\boldsymbol{D}(\hat{\boldsymbol{y}})$ 的形式仍同(2.39)和(2.43)式，但其中的 $\boldsymbol{y}_0$ 和 $\boldsymbol{F}$ 按(2.48)和(2.49)式定义。

最后我们需指出，最小 χ^2 量可以用来检验理论曲线的函数形式是否合理。在观测值服从正态分布的情况下，由 χ^2 分布的定理 1.3 可知

$$\chi^2=\sum_{i=1}^{n}\frac{[y_i-f(x_i,\boldsymbol{c})]^2}{\sigma_i^2}$$

服从自由度为 n 的 χ^2 分布。若将其中的参数 $\boldsymbol{c}$ 用它们的最小二乘估计 $\hat{\boldsymbol{c}}$ 代入，则可得最小量

$$\chi^2_{\min}=\sum_{i=1}^{n}\frac{[y_i-f(x_i,\hat{\boldsymbol{c}})]^2}{\sigma_i^2} \tag{2.50}$$

可以证明

$$\chi^2_{\min}\sim\chi^2(n-m)$$

$n-m$ 为拟合的自由度。由 χ^2 分布的性质可知，$\chi^2_{\min}\approx n-m$。若 $\chi^2_{\min}\gg n-m$，则表明理论曲线与观测值有显著矛盾。

2.5.3 最优化求解

在前一小节，我们介绍了一般情况下的最小二乘拟合法。即只要目标函数有明显的表达式，就可以用微分法或迭代法求得理论或经验公式中的待定参数。这是观测数据处理中常用的一个方法。

在实际问题中，有的理论公式很复杂，甚至写不出解析表达式，故而目标函数的导数难于求解，这时就不能用迭代法求解参数，而应用最优化方法直接在计算机上求解目标函数的极值，才能得到比较满意的参数估计结果。

最优化方法适合于任何形式的目标函数。在参数拟合中，目标函数多为观测值残差平方和或观测值残差绝对值和的形式。另外，对于求使目标函数取极大值的参数的问题(如极大似然函数)可以转化为求使目标函数的相反数取极小值的参数的问题。

直接应用最优化技术求极值的具体方法很多，下面我们介绍较为常用、有效的网格搜索法和随机搜索法。

1. 网格搜索法

设观测量 Y 的一组观测值为 $y_1,y_2,\cdots,y_n$，相应的自变量为 $x_1,x_2,\cdots,x_n$，它们之间的关系为

$$y_i=f_i(x,\boldsymbol{c}),\quad i=1,2,\cdots,n$$

其中 $\boldsymbol{c}=(c_1,c_2,\cdots,c_m)$ 为待定参数，且 $m<n$。正如前述，参数拟合问题即为求解目标函数 d 极小值问题，即

$$d=\sum_{i=1}^{n}[y_i-f(x_i,\boldsymbol{c})]^2=\min \tag{2.51}$$

网格搜索法的基本思想是：确定参数的搜索区间，例如参数 c_j 的搜索区间为 $[a_j, b_j]$，即

$$a_j\leqslant c_j\leqslant b_j \tag{2.52}$$

然后将搜索区间进行 n_j-1 等分，则参数空间 $\boldsymbol{c}=(c_1,c_2,\cdots,c_m)$ 被划分成 $(n_1-1),(n_2-1),\cdots,(n_m-1)$ 个网格。如果每个参数区间均分成 $n-1$ 个小区间的话，则它们共构成 $(n-1)^m$ 个网格。而对应于这些网格的有 $M=n^m$ 个网格节点，即 M 个搜索点，也被称作尝试点。计算所有尝试点上的目标函数值，即 $d_1,d_2,\cdots,d_M$，选取最小的一个目标函数值所对应的参数点作为最优解。

例如对于仅有两个参数的情况，$f=f(x_i,c_1,c_2)$，将 c_1 的搜索区间 $[a_1,b_1]$ 和 c_2 的搜索区间 $[a_2,b_2]$ 各进行 $n-1$ 等分，于是有 $M=n^2$ 组尝试点

$$c_{1l},l=1,2,\cdots,n$$
$$c_{1k},k=1,2,\cdots,n$$

其中 $c_{11}=a_1,c_{1n}=b_1;c_{21}=a_2,c_{2n}=b_2$。在这些点上计算目标函数

$$d_{lk}=\sum[y_i-f(x_i,c_{1l},c_{2k})]^2 \quad (l,k=1,\cdots,n)$$

比较 M 个 d_{lk}，若

$$d_{l_0k_0}=\min(d_{lk})$$

则它所对应的 c_{1l_0}，c_{2k_0} 为所求参数的最优解。

网格法所得参数的最优解的精度和网格的大小有关。网格分得愈细，拟合结果的量度愈高，但搜索的运算次数将按几何级数增加。在多参数情况下，由于计算工作量太大，可采用逐个参数搜索法。即令参数 c_j 中 $c_2,c_3,\cdots,c_m$ 的初值不变，先将 c_1 的搜索区间分成若干网格结点，进行单参数搜索得到 c_1 的最优解 c_{10}，然后固定 $c_{10},c_3,\cdots,c_m$ 为初值，搜索出 c_{20}。依此类推，直到将全部参数搜索一遍，得到第一次最优解。然后重复上述逐个参数搜索过程，直到满足预定的目标精度为止。但当参数间有相关时，这种方法是行不通的。

2. 随机搜索法

网格法是按等间隔选取尝试点的。若在搜索区间内随机选取尝试点，则产生了一种新的搜索方法——随机搜索法。

设函数关系为

$$y_i=f_i(x,\boldsymbol{c}),\quad \boldsymbol{c}=(c_1,c_2,\cdots,c_m)$$

其中待定参数 c_j 的初始搜索区间为 $[a_j,b_j]$，且

$$a_j\leqslant c_j\leqslant b_j,\quad j=1,\cdots,m$$

定义搜索区间的中点为

$$u_j=(a_j+b_j)/2 \tag{2.53}$$

而搜索区间的半宽度为

$$\delta_j=(b_j-a_j)/2 \tag{2.54}$$

利用统计模拟方法，在电子计算机上产生一组 m 个相互独立的服从均匀分布的随机数 $\xi_j\sim(a_j,b_j)$，用 ξ_j 作为尝试点，计算目标函数值

$$d=\sum[y_i-f(x_i,\xi_1,\xi_2,\cdots,\xi_m)]^2 \tag{2.55}$$

再重新计算出一组 m 个相互独立的服从均匀分布的随机数，并求出相应的目标函数值。重复产生 $t=1,\cdots,T$ 组均匀分布的随机数，则可得到 T 个目标函数值 $d_1,d_2,\cdots,d_T$。比较它们的大小，找出其中的极小值，记为 d_{t0}，则取 d_{t0} 所对应的一组随机数 $(\xi_j)_{t0}$ $(j=1,\cdots,m)$ 为最优解。

最优解的精度随着随机数序列长度 T 的增加而提高。若 T 太小，则不可能出现真正的最优解；但如果 T 太大，则计算量又会很大。为了较快地使计算结果收敛到最优解，可采用下面的方法：

我们把搜索区间改写成

$$[a_j,b_j]=u_j\pm\delta_j$$

利用前面介绍的方法，取随机数序列长度 $T=T_0$，T_0 是较小的数（如 $T_0=5$ 或 6），则

得到 T_0 组解 ξ_j 和 T_0 个目标函数 $d_t(t=1,\cdots,T_0)$，找出其中的最小者，并把它记为 d_{t0}，然后对第一步搜索结果进行加权平均得

$$\bar{u}_j=\sum_{t=1}^{T_0}W_t\xi_{jt}\Big/\sum_{t=1}^{T_0}W_t$$

其中权系数为

$$W_t=d_{t_0}/d_t$$

将 $\bar{u}_j$ 作为下一步搜索区间的中点，即

$$u_j^{(1)}=\bar{u}_j$$

而用 $\bar{u}_j$ 的不确定度

$$\bar{\delta}_j=\sqrt{\sum_{t=1}^{T_0}(\xi_{jt}-\bar{u}_j)^2W_t\Big/\sum_{t=1}^{T_0}W_t}$$

作为下一步搜索区间的半宽度，即

$$\delta_j^{(1)}=\bar{\delta}_j$$

将 $u_j^{(1)}\pm\delta_j^{(1)}$ 作为新的搜索区间，重复前述的 $T=T_0$ 的随机搜索，进而得到新的搜索区间 $u_j^{(2)}\pm\delta_j^{(2)}$。这个过程可以一直进行下去，直到满足所需的拟合量度为止，精度的判别准则为

$$\frac{d^{(k-1)}-d^{(k)}}{d^{(k)}}\leqslant\varepsilon_1 \tag{2.56}$$

式中 $d^{(k)}$ 和 $d^{(k-1)}$ 分别为第 k 步和第 $k-1$ 步的目标函数，ε_1 为任意定的小数，通常取 $\varepsilon_1=10^{-5}\sim10^{-9}$。亦可用

$$\left|\frac{u_j^{(k-1)}-u_j^{(k)}}{u_j^{(k)}}\right|\leqslant\varepsilon_2 \tag{2.57}$$

作为判别准则，ε_2 亦为任意小数，常取 $\varepsilon_2=10^{-2}\sim10^{-5}$。(2.57)式是根据参数拟合精度的要求给出的判别准则，它比(2.56)式更严谨。因为有时目标函数虽已收敛，但参数并未收敛得很好。

随机搜索的速度虽然比网格法要快，但总地来说收敛还比较慢。为此常采用正态分布的随机搜索点，因为参数的最优解或目标函数的极小值往往位于搜索区间的中部。而均匀分布随机搜索点在搜索区间内任何位置出现的概率都是相等的，所以收敛较慢。采用正态分布随机搜索点将会加快收敛速度。正态分布随机数 $N(\mu_j,\sigma_j{}^2)$ 中

$$\begin{cases}\mu_j=\dfrac{1}{2}(a_j+b_j)\\[2ex]\sigma_j=\dfrac{1}{3}\Delta_j=\dfrac{1}{6}(b_j-a_j)\end{cases}$$

随机搜索法主要适合于多参数拟合情况，但要求目标函数具有单峰性，当存在多极值时，利用这种方法往往得不到理想的解。

习题 2

1. 试求下列各函数的标准偏差(σ_x,σ_y 已知):

(1) $\varphi=ax+by$(x,y 独立);

(2) $\varphi=x^a y^b$;

(3) $\varphi=\ln(x^a y^b)$。

2. 已知 $x=2$,$\sigma_x=0.01$,$y=3$,$\sigma_y=0.02$,$\rho_{xy}=0$,计算 $\varphi=x^3\sqrt{y}$ 的值及其标准偏差。

3. 求证正态分布的半峰宽度(即峰高一半处所夹水平长度)为 2.35σ,对应的概率为 0.76。

4. 已知 $y=a\sin(\omega t+\varphi)$,现成对得到$(t_i,y_j)$$(i=1,\cdots,n)$。试写出求解参数的残差方程组。

参考书目

[1] 丁月蓉.天文数据处理方法[M].南京:南京大学出版社,1998.

[2] 费业泰.误差理论与数据处理[M].北京:机械工业出版社,2019.

[3] 吴石林,张玘.误差分析与数据处理[M].北京:清华大学出版社,2010.

[4] Bevington P R . Data Reduction and Error Analysis for The Physical Sciences[J]. New York: McGraw-Hill, 1969.

[5] Taylor J. Introduction to error analysis, the study of uncertainties in physical measurements[M]. New York: University Science Books, 1997.

第三章 回归分析

3.1 引言

回归分析(regression analysis)是用于确定两种或两种以上变量之间的相关关系的一种统计分析方法。在观测天文学中,它是最基本的、被频繁使用的统计工具。

变量间具有统计相关关系是指变量间的关系是非确定性的。例如,某一天的气温与气压的关系;星系中氢含量与色指数、光度的关系;太阳耀斑与黑子相对数、某波段的太阳射电辐射流量等因素的关系等。造成变量间关系的不确定性的原因通常有两个方面。一个原因是,在影响一个量的众多因素中,有些是属于人们尚未认识或掌握的。另一个原因是,受到了与所用仪器的精度或观测条件有关的观测误差及其他随机因素的影响。但人们也发现,只要对这种存在不确定性关系的变量进行大量观测或实验,可能就会找到它们蕴藏着的内在规律。也就是说,在一定条件下,从统计的意义上来说,它们又可能存在某种确定的关系。通常,把变量之间这种不完全确定的关系称为统计相关关系。

虽然统计相关关系和函数关系(变量间的关系是完全确定的)是两种不同类型的变量关系,但它们之间也不是一成不变的。一方面,在理论上存在函数关系的几个变量由于观测误差的影响,使得每次测量的变量值并不能准确地满足这种函数关系,会造成某种不确定性。另一方面,当人们对事物的规律性了解得更加深入时,相关关系又可能转化为函数关系。事实上,自然科学中的许多定理、公式正是通过对研究对象的大量观测数据的分析处理,以及后续的总结和提高得到的。而回归分析的目标就是利用大量的观测数据来确定变量间的相关关系。

在观测天文学中,回归分析常被用来定量描述某一研究对象两个特征量之间的显式关系,也被用来校准和量化对宇宙大尺度结构研究极其重要的"宇宙距离尺度"。在激光测月的资料处理中,回归分析也起了很重要的作用。

回归分析按照涉及的变量的多少,可分为一元回归分析和多元回归分析;按照自变量和因变量之间的关系类型,可分为线性回归分析和非线性回归分析。在这一章里,我们先从一元线性回归入手,介绍回归分析的基本方法,给出一元线性回归的其他几个模型在天文上的应用并加以讨论;然后把一元线性回归推广到多元回归的情形;最后讨论回归分析应用中的若干问题。

3.2 一元线性回归

在这一节中,我们讨论最简单的两个变量之间的统计相关关系。在许多情况下,两个变量之间的相关关系呈线性关系。它是统计相关关系中最简单的一种,也是天文上实际问题中最常见的情况。

一元线性回归(simple linear regression)则是指在最小二乘准则下找出能描述这两个变量之间的线性相关关系的定量表达式。

3.2.1 一元线性回归模型及参数估计

对于两个大致呈线性关系的变量 y 和 x,通常用如下的回归模型来描述它们之间的线性相关关系

$$y=\beta_0+\beta x+\varepsilon \tag{3.1}$$

式中,x 称为自变量或预测变量,y 为因变量,β_0,β 为待定的模型参数,ε 是随机误差项,它表示除自变量量 x 以外的随机因素对因变量 y 影响的总和。

在(3.1)模型中,参数是线性的,自变量也是线性的。因此,它是简单的一阶模型。

设由观测得到 y 和 x 的 n 组数据(y_k,x_k),$k=1,\cdots,n$,代入(3.1)式得

$$y_k=\beta_0+\beta x_k+\varepsilon_k \quad k=1,\cdots,n \tag{3.2}$$

对误差项 ε_k,规定 $E(\varepsilon_k)=0$,$D(\varepsilon_k)=\sigma^2$,当 $k\neq j$ 时,ε_k 与 ε_j 互不相关,即协方差 $\mathrm{cov}(\varepsilon_k,\varepsilon_j)=0$。

鉴于对随机误差项 ε_k 的上述规定,不难得知因变量 y 是随机变量,它们都来自均值为 $E(y_k)=\beta_0+\beta x_k$,方差为 σ^2 的概率分布,且任意两个观测值之间是互不相关的。

上面我们对 ε_k 的分布并没有作任何规定,无论 ε_k 具有什么样的分布函数,我们都可以利用最小二乘法求得参数 β_0,β 的估计值。但是在进行区间估计和检验时,需要对 ε_k 的分布函数的形式作出假设,通常认为误差项 $\varepsilon_k\sim N(0,\sigma^2)$,即 ε_k 服从均值为 0、方差为 σ^2 的正态分布。因为误差项通常代表模型中略去的许多细微因素的影响,这些因素在一定范围内影响因变量取值,并且随机地变化。这些随机影响在一定程度上相互独立,当随机因素相当多时,代表所有因素带来的影响的综合误差项 ε_k 则按中心极限定理,近似服从正态分布。

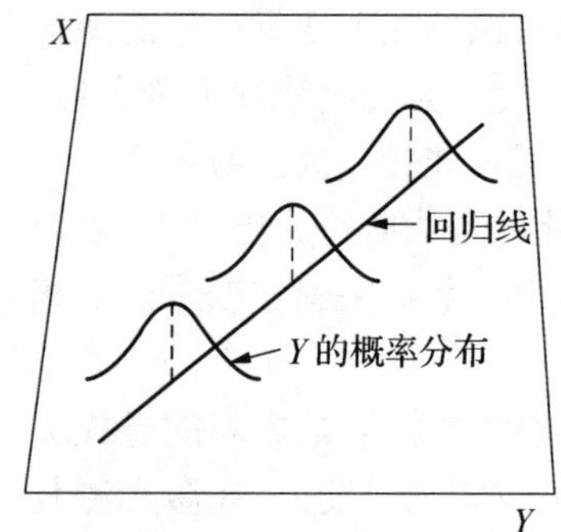

图 3.1 正态回归模型图示

当假设误差项 ε_k 服从正态分布时,模型(3.1)被称为正态误差回归模型。本章所讨论的回归模型如无特别说明均指正态回归模型。图 3.1 给出了正态误差回归模型的图示。

对于形如(3.1)式的模型,回归分析的任务是找到回归参数 β_0,β 的“好”的估计量,从而得到一条最能描述 y 和 x 关系的回归直线,它的方程可写为

$$\hat{y}_k=b_0+bx_k \tag{3.3}$$

式中 b_0,b 为参数β_0,β 的估计值,$\hat{y}_k$ 为 y_k 的回归值。下面我们利用最小二乘准则给出 b_0,b 的计算公式。

由最小二乘原理,b_0,b 应该是满足残差 $\delta_k=\hat{y}_k-y_k$ 平方和最小的解,记

$$Q=\sum\delta_k{}^2=\sum(y_k-b_0-bx_k)^2 \tag{3.4}$$

则利用 $Q=\min$ 可得正规方程组

$$\begin{cases} \dfrac{\partial Q}{\partial b_0} = -2\sum (y_k - b_0 - bx_k) = 0 \\ \dfrac{\partial Q}{\partial b} = -2\sum (y_k - b_0 - bx_k)x_k = 0 \end{cases} \tag{3.5}$$

解之可得

$$b_0 = \frac{1}{n}(\sum y_k - b\sum x_k) = \bar{y} - b\bar{x} \tag{3.6}$$

$$b = \frac{\sum x_k y_k - \dfrac{\sum x_k \sum y_k}{n}}{\sum x_k^{\ 2} - \dfrac{1}{n}(\sum x_k)^2} = \frac{\sum (x_k - \bar{x})(y_k - \bar{y})}{\sum (x_k - \bar{x})^2} \tag{3.7}$$

其中

$$\bar{x} = \frac{1}{n}\sum x_k, \quad \bar{y} = \frac{1}{n}\sum y_k$$

为书写方便，引入以下记号

$$l_{xx} = \sum (x_k - \bar{x})^2 \tag{3.8}$$

$$l_{xy} = \sum (x_k - \bar{x})(y_k - \bar{y}) \tag{3.9}$$

$$l_{yy} = \sum (y_k - \bar{y})^2 \tag{3.10}$$

利用(3.8)(3.9)可得 b_0, b 的简单表达式

$$\begin{aligned} b_0 &= \bar{y} - b\bar{x} \\ b &= l_{xy}/l_{xx} \end{aligned} \tag{3.11}$$

在给定参数估计值 b_0, b 以后，相应地得到了回归方程或回归函数

$$\hat{y} = b_0 + bx \tag{3.12}$$

由于 y_k 是均值为 $\beta_0 + \beta x_k$，方差为 σ^2 的随机变量，对表达式(3.6)和(3.7)的形式稍加改变，并利用概率统计知识，可以得到

$$E(b_0) = \beta_0, \quad E(b) = \beta \tag{3.13}$$

$$D(b_0) = \sigma^2\left[\frac{1}{n} + \frac{\bar{x}^2}{\sum (x_k - \bar{x})^2}\right], \quad D(b) = \sigma^2\left[\frac{1}{\sum (x_k - \bar{x})^2}\right] \tag{3.14}$$

这表明回归参数的最小二乘估计是无偏估计，它们的方差与随机变量 y 的方差 σ^2、观测数据的个数 n 以及自变量 x 的取值范围的大小有关；在相同的 σ^2 的条件下，观测数越多，自变量取值范围越大，估计值的方差就越小。

3.2.2　回归方程的显著性检验

在前一小节中，我们在两个变量大致呈线性关系的假定下，利用最小二乘法得到了描述这两个变量相关关系的回归直线方程。就这种数学方法本身而言，可以不加任何条件的约

束。对任一组数据(x_k,y_k)，$k=1,\cdots,n$，都可由(3.6)和(3.7)式求出一组b_0，b，从而得到一条回归直线。任何数据组都可以匹配出回归直线，但并非都有实际意义。例如对平面上分布完全杂乱无章的散点进行匹配得到的直线就毫无意义。因此，通常在求得直线回归方程以后必须进行检验，判别所匹配的直线是否有实际意义。如果检验结果表明回归方程是显著的，则说明该回归直线揭示了因变量y与自变量x之间有较强的线性相关性；如果检验结果表明回归方程不显著，则说明该回归直线没有实际意义。

常见的假设检验方法有以下两种：F检验和相关系数险验。在介绍具体的检验方法以前，我们先从概念上阐明衡量回归效果好坏的标准。

在回归分析中，通常把因变量y看作为随机变量，并称某一次观测的实际观测值y_k与它的平均值$\bar{y}$的差$y_k-\bar{y}$为离差，n次观测的离差平方和称为**总平方和**(total sum of squares)，用l_{yy}表示，即

$$l_{yy}=\sum(y_k-\bar{y})^2$$

将总平方和进行分解，有

$$\begin{aligned} l_{yy}&=\sum(y_k-\bar{y})^2=\sum(y_k-\hat{y}_k+\hat{y}_k-\bar{y})^2\\ &=\sum(y_k-\hat{y}_k)^2+\sum(\hat{y}_k-\bar{y})^2+2\sum(y_k-\hat{y}_k)(\hat{y}_k-\bar{y})\\ &=\sum(y_k-\hat{y}_k)^2+\sum(\hat{y}_k-\bar{y})^2 \end{aligned} \tag{3.15}$$

其中交叉项等于零，证明如下

$$\begin{aligned} \sum(y_k-\hat{y}_k)(\hat{y}_k-\bar{y})&=\sum[(y_k-\bar{y})-(\hat{y}_k-\bar{y})](\hat{y}_k-\bar{y})\\ &=\sum[(y_k-\bar{y})-b(x_k-\bar{x})]b(x_k-\bar{x})\\ &=b(l_{xy}-bl_{xx})=0 \end{aligned}$$

(3.15)式右边第一项是观测值与回归值之差的平方和，也就是我们前面讲过的**残差平方和**(residual sum of squares)，有时也称它为**剩余平方和**，用Q表示。由(3.2)式、(3.3)式，Q又可表示为

$$Q=\sum(y_k-\hat{y}_k)^2=\sum[(\beta_0-b_0)+(\beta-b)x_k+\varepsilon_k]^2$$

不难看出，它是除了x对y的线性影响之外的一切因素(包括x对y的非线性影响)对y的变化的影响。

(3.15)式右边第二项是回归值$\hat{y}_k$与平均值$\bar{y}$之差的平方和，我们称它为**回归平方和**(explained sum of squares)，并记为U。从

$$\begin{aligned} U&=\sum(\hat{y}_k-\bar{y})^2\\ &=\sum[b_0+bx_k-(b_0+b\bar{x})]^2\\ &=b^2\sum(x_k-\bar{x})^2 \end{aligned}$$

可以看出，回归平方和U是由x的变化而引起的。因此U反映了在y的总的变化中由于x和y的线性关系而引起的y的变化部分。这样我们就把引起因变量y变化的两方面原因从

数量上分开了，即

$$l_{yy}=U+Q \tag{3.16}$$

从回归平方和U和剩余平方和Q的意义中，我们很容易可以看出，回归效果的好坏取决于U和Q的大小。下面我们从假设检验的角度来给出衡量回归效果好坏或说判别回归方程显著与否的标准。

1. F检验法

假设检验必须给出原假设，在讨论两个变量之间是否有线性关系时，主要就是要检验模型中，模型参数β是否为零。如果$\beta=0$，则两个变量之间无线性关系。因此，我们把$\beta=0$作为检验的原假设H_0。

有了原假设后就要构造一个统计量，这个统计量必须满足三个条件：

(1) 能用样本值计算得到；

(2) 和原假设有关；

(3) 已知这个统计量的分布。

根据这三个条件，统计量应该从反映y变化的回归平方和及剩余平方和中寻找。利用正交线性变换可以证明，总平方和、回归平方和、剩余平方和与方差σ^2之比都是χ^2变量，且有

$$l_{yy}/\sigma^2 \sim \chi^2(n-1)$$
$$U/\sigma^2 \sim \chi^2(1)$$
$$Q/\sigma^2 \sim \chi^2(n-2)$$

并且当$\beta=0$成立时，回归平方和与剩余平方和是相互独立的。故构成如下的统计量

$$F=\frac{U}{Q/(n-2)} \tag{3.17}$$

因为总平方和l_{yy}的自由度$\nu_{总}=\nu_U+\nu_Q$，所以统计量F服从第一自由度为1，第二自由度为$n-2$的F分布。

确定了统计量F的分布以后，对给定的显著水平α(0.01，0.05，0.1)，由F分布表查出置信限$F_\alpha(1,n-2)$，这意味着$P[F<F_\alpha(1,n-2)]=1-\alpha$，而$F>F_\alpha(1,n-2)$是否定域。因此，如果由样本算出的统计量$F>F_\alpha(1,n-2)$，说明原假设$H_0$不成立，则我们称回归直线方程是显著的。且$F>F_{0.01}(1,n-2)$的情况属于高度显著；$F>F_{0.05}(1,n-2)$的情况，被称为在0.05水平上显著；$F>F_{0.1}(1,n-2)$的情况是在0.1水平上显著。当$F<F_\alpha(1,n-2)$时，则称回归方程在$\alpha$水平上不显著，表明所求的回归直线没有实际意义。这种检验方法就称为F检验法。在统计学中。也通常把上面的检验过程称为方差分析，并用表3.1表示。

表 3.1　一元线性回归方差分析表

	平方和	自由度	方差	F值
回归	U	1	U/σ^2	$\frac{U}{Q/(n-2)}$
剩余	Q	$n-2$	$Q/(n-2)\sigma^2$	
总和	l_{yy}	$n-1$		

表中各平方和的计算公式如下：

$$l_{yy}=\sum_{k}(y_k-\bar{y})^2=\sum_{k}y_k{}^2-n\bar{y}^2 \tag{3.18}$$

$$U=b^2l_{xx}=bl_{xy} \tag{3.19}$$

$$Q=l_{yy}-U \tag{3.20}$$

表中的方差即为各平方和与方差 σ^2 之比再除以相应的自由度所得的商。

F 检验的步骤可归纳如下：

(1) 建立原假设 $H_0:\beta=0$；

(2) 构造统计量 $F=\dfrac{U}{Q/(n-2)}$，确定其分布

$$F\sim F(1,n-2)$$

(3) 给定显著水平 α，查 F 分布表得置信限 $F_\alpha(1,n-2)$；

(4) 由样本计算统计量 F；

(5) 作出显著性判断：如 $F>F_\alpha(1,n-2)$，回归方程显著；又如 $F<F_\alpha(1,n-2)$，回归方程不显著。

例 3.1：试利用 40 个 B 型旋涡星系 S_B 的氢含量(M_H/M_T)、色指数$(B-V)^0$ 的资料，求出它们之间的回归关系。

解：设用 y 表示氢含量，x 表示色指数。由原始数据(略)算得

$$\bar{x}=0.5980,\quad \bar{y}=2.9955$$

由(3.8)、(3.9)、(3.10)式得

$$l_{xx}=0.7218,\quad l_{xy}=-5.2852,\quad l_{yy}=354.1772$$

由(3.11)式得

$$b=l_{xy}/l_{xx}=-5.2852\div0.7218=-7.3222$$

$$b_0=\bar{y}-b\bar{x}=2.9955+7.3222\times0.5980=7.3742$$

故得回归方程

$$y=7.3742-7.3222x$$

下面检验回归效果是否显著。

由(3.19)式和(3.20)式得

$$U=bl_{xy}=38.6993$$

$$Q=l_{yy}-U=315.4779$$

则

$$F=\frac{U(n-2)}{Q}=\frac{38.6993\times38}{315.4779}=4.66$$

取 $\alpha=0.05$，由 F 分布表可查得 $F_\alpha(1,38)=4.098$，有 $F>F_{0.05}(1,38)$，故认为回归方程在 0.05 水平上显著。最后，氢含量与色指数的关系可写为

$$M_H/M_T=7.3742-7.3222(B-V)^0$$

2. 相关系数检验法

从前面的叙述可以知道，回归平方和 U 反映了在 y 的总变化中由于 x 与 y 的线性关系而引起的部分。因此，可以用 U 在总平方和 l_{yy} 中所占的比例大小来衡量回归效果好坏。通常，用 r^2 表示比值 U/l_{yy}，并称

$$r = l_{xy}/\sqrt{l_{xx}l_{yy}} \tag{3.21}$$

为 y 与 x 的**相关系数**(correlation coefficient)。

由 r 的定义(3.21)可知 $|r| \leqslant 1$。当 r 的绝对值较大时，说明 y 与 x 的线性相关较密切；当 r 的绝对值较小时，说明 y 与 x 的线性相关程度较弱，这时散点在回归直线周围的分布较分散；当 $r=1$ 时，所有的点都在回归直线上，表明 y 与 x 完全线性相关；而当 $r=0$ 时，表示 y 与 x 毫无线性关系。图 3.2 展示了不同的线性相关系数对应的散点分布情况。

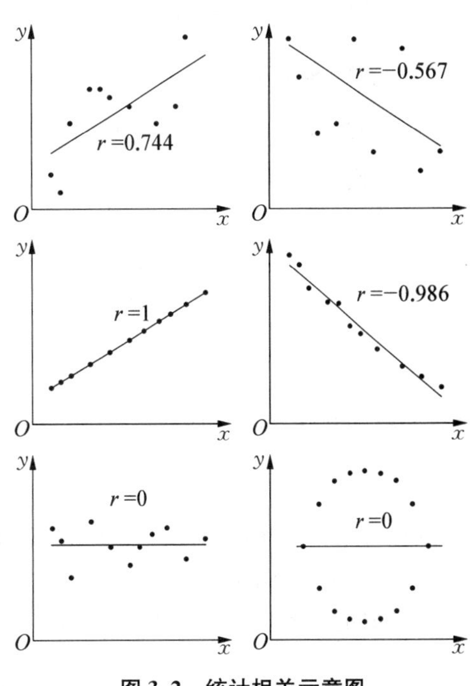

图 3.2　统计相关示意图

从上面的讨论可以看出，相关系数 r 可以用来衡量两个变量之间的线性相关的密切程度。但在一个具体问题中，r 应大到什么程度才能认为它们之间确实存在线性相关关系，并可用一条回归直线来表示？这需要规定一个指标，作为鉴定回归方程是否有效的标准。当实际计算的相关系数 r 达到或超过该指标时，就认为 r 显著。为此，统计学家们建立了相关系数的显著性检验法，并列出了在各个显著水平下，由相关系数的概率分布计算得到的相关系数检验表。表中 α 是显著水平，n 为观测数据个数。对于某一 α 和 n，可在表中查得相应的相关系数 r 达到显著的最小值 r_α。如果由观测数据算出的 $r>r_\alpha$，则认为相关系数在 α 水平上显著，这时就认为对应的回归直线有意义；反之，认为相关系数在 α 水平上不显著，那么 x，y 所匹配的回归直线就没有实际意义。例如，样本个数 $n=30$，$\alpha=0.05$，由 $n-2=28$，查得 $r_\alpha=0.361$。如果由样本算得的 $r>0.361$，则说它在 $\alpha=0.05$ 的水平上显著。又若 $r<0.463=r_{0.01}$ 则说它在 $\alpha=0.01$ 水平上不显著。显然，α 越小，显著程度越高。

可以证明，相关系数显著性检验和回归方程的 F 检验是完全等价的，即 $r>r_\alpha$ 等价于 $F>F_\alpha(1,n-2)$。因为由(3.21)式有 $U=r^2 l_{yy}$，而 $Q=l_{yy}-U=(1-r^2)l_{yy}$，所以

$$F=\frac{U(n-2)}{Q}=\frac{(n-2)r^2}{1-r^2} \tag{3.22}$$

由此得到

$$r=\sqrt{\frac{F}{(n-2)+F}} \tag{3.23}$$

F 和 r 是一一对应的。对某一 F_α，有相应的 r_α，即

$$r_\alpha = \sqrt{\frac{F_\alpha(1, n-2)}{(n-2)+F_\alpha(1, n-2)}} \tag{3.24}$$

3.2.3 回归系数和回归值的估计精度

对回归方程的显著性检验实际上是对回归模型的检验。在这一小节中，我们将进一步对回归系数及回归值的精度进行讨论，即给出它们的置信区间。这对了解利用回归方程进行预测的精度很有实际意义。

1. β 的置信区间

由回归系数 β 的估计值 b 的计算公式(3.7)以及(3.13)(3.14)式，在 ε_k 为正态分布的假定下，我们可以得到

$$b \sim N(\beta, \sigma^2/l_{xx}) \tag{3.25}$$

故有

$$\frac{b-\beta}{\sigma}\sqrt{l_{xx}} \sim N(0,1) \tag{3.26}$$

利用参数的区间估计的基本原理可得的区间估计为

$$(b-u_\alpha\sigma/\sqrt{l_{xx}}, b+u_\alpha\sigma/\sqrt{l_{xx}}) \tag{3.27}$$

或说估计量 b 的精度为 $\pm u_\alpha\sigma/\sqrt{l_{xx}}$。这里 u_α 为正态分布的双侧分位数，可从正态分布表中查得，σ^2 为误差项的方差。

一般情况下，σ^2 是未知的，常用它的无偏估计量——剩余均方差来代替，即

$$\hat{\sigma}^2 = S_y^2 = Q/(n-2) \tag{3.28}$$

这时有

$$\frac{b-\beta}{S_y/\sqrt{l_{xx}}} \sim t(n-2) \tag{3.29}$$

相应地，β 的区间估计为

$$(b-t_\alpha S_y/\sqrt{l_{xx}}, b+t_\alpha S_y/\sqrt{l_{xx}}) \tag{3.30}$$

t 分布双侧分位数 $t_\alpha(n-2)$ 可由 t 分布表查出。

2. 回归值的置信区间

在得到回归方程(3.3)以后，对于任一给定的自变量 x_j，回归值 $\hat{y}_j = b_0 + bx_j$ 就是实际值 $y_j = \beta_0 + \beta x_j + \varepsilon_j$ 的估计值。但由于参数估值 b_0，b 是随机变量，因此因变量 y_j 的估计值 $\hat{y}_j$ 是有误差的。下面我们将推导这个估计值的精度公式，进而讨论利用回归方程进行预测的问题。

定义残差 δ_j 为实际值 y_j 与回归值 $\hat{y}_j$ 之差，由(3.7)式不难得到

$$E(\delta_j)=E(\beta_0+\beta x_j+\varepsilon_j-b_0-bx_j)=0 \tag{3.31}$$

及

$$\begin{aligned}D(\delta_j)&=D(y_j-b_0-bx_j)\\&=D[y_j-\bar{y}-b(x_j-\bar{x})]\\&=D\left[y_j-\bar{y}-\sum_m\frac{(x_m-\bar{x})(x_j-\bar{x})}{\sum_i(x_i-\bar{x})^2}y_i\right]\\&=D\left\{y_j-\sum_m\left[\frac{1}{n}+\frac{(x_m-\bar{x})(x_j-\bar{x})}{\sum_i(x_i-\bar{x})^2}\right]y_i\right\}\\&=\left[1+\frac{1}{n}+\frac{(x_j-\bar{x})^2}{\sum_i(x_i-\bar{x})^2}\right]\sigma^2\end{aligned} \tag{3.32}$$

若用 δ 代替 δ_j，用 x 代替 x_j，则

$$D(\delta)=\left[1+\frac{1}{n}+\frac{(x-\bar{x})^2}{\sum_i(x_i-\bar{x})^2}\right]\sigma^2 \tag{3.33}$$

这表明，回归值对实际值的偏离 δ 和随机误差项的方差 σ^2、观测数据量 n 及观测点 x 与 $\bar{x}$ 的偏离有关。n 越大，x 越靠近 $\bar{x}$，相应的残差的方差越小。

由于 $\hat{y}$，y 均属正态分布，所以 δ 也属正态分布，由(3.31)(3.32)式可得

$$y-\hat{y}=\delta\sim N\left(0,\sigma^2\left[1+\frac{1}{n}+\frac{(x-\bar{x})^2}{\sum_i(x_i-\bar{x})^2}\right]\right) \tag{3.34}$$

于是，对于给定的显著水平 α，利用概率统计知识可得

$$P(-\delta_\alpha<y-\hat{y}<\delta_\alpha)=1-\alpha \tag{3.35}$$

式中

$$\delta_\alpha=u_\alpha\sigma\sqrt{1+\frac{1}{n}+\frac{(x-\bar{x})^2}{\sum_i(x_i-\bar{x})^2}} \tag{3.36}$$

则得 y 的置信区间或置信带

$$(\hat{y}-\delta_\alpha,\hat{y}+\delta_\alpha)$$

根据正态分布理论，y 将以

99.7% 的概率落在区间 $(\hat{y}-3\delta_\alpha,\hat{y}+3\delta_\alpha)$ 内；

95.4% 的概率落在区间 $(\hat{y}-2\delta_\alpha,\hat{y}+2\delta_\alpha)$ 内；

68.3% 的概率落在区间 $(\hat{y}-\delta_\alpha,\hat{y}+\delta_\alpha)$ 内。

图 3.3 是 y 的置信带的示意图。不难看出，对于某一自变量 x_0，因变量的取值是以 $\hat{y}_0$ 为中心对称分布的，分布的范围由 δ_α 的大小决定。由于一般情况下 σ^2 是未知的，若用它的无偏估计(3.28)式来代替，则得回归值 $\hat{y}$ 的误差为

$$\pm\delta_\alpha=\pm u_\alpha\hat{\sigma}\sqrt{1+\frac{1}{n}+\frac{(x-\bar{x})^2}{\sum_i(x_i-\bar{x})^2}} \tag{3.37}$$

当 n 较大且 x 靠近 $\bar{x}$ 时，有

$$1+\frac{1}{n}+\frac{(x-\bar{x})^2}{\sum_i(x_i-\bar{x})^2}\approx 1$$

这时估计值 $\hat{y}$ 的误差仅由剩余均方差 $\hat{\sigma}^2$ 决定，故而通常将剩余均方差 $\hat{\sigma}^2$ 作为衡量回归方程精度的指标。

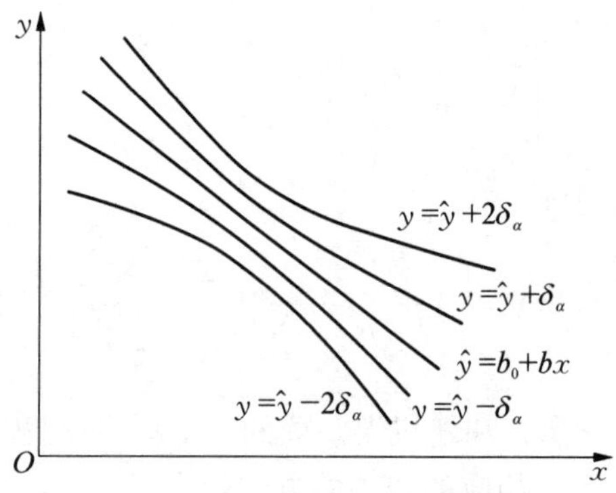

图 3.3　回归的置信带示意图

预测问题与回归方程的误差问题是有密切联系的。对观测数据以外的任一给定的自变量 x_0，相应的因变量由回归方程 $\hat{y}_0=b_0+bx_0$ 得到。根据回归方程的误差范围可知，$\hat{y}_0$ 是最佳的预测值，而回归方程的误差范围也就是预测值的误差范围。n 愈大，且 x_0 愈靠近自变量的平均值 $\bar{x}$ 时，δ_α 愈趋近于 $\hat{\sigma}$，预测的精度就愈高。这说明，回归方程的适用范围一般仅局限于原来观测数据范围，即适用于对所缺数据进行内插，而超出这个范围时预测精度就较差。

控制是预测的逆问题，是要求出当因变量在某区间 (y_1,y_2) 内取值时，应把自变量 x 控制在什么范围内？也就是要求相应的 (x_1,x_2)，使 $x_1<x<x_2$ 时，相应的 y 至少以 $1-\alpha$ 的置信水平落在区间 (y_1,y_2) 内。

3.2.4　五种一元线性回归方法及其在天文上的应用

我们在前面介绍的一元回归分析是目前统计学上描述两个变量之间的统计相关关系的最普通的方法。从方法本身来看，它是非常简单的，因为它是在一定条件的限制下讨论的。在第一小节中我们已经讲过，一元回归模型有以下几个基本假定：

(1) 变量间真正的关系是线性的；

(2) 因变量 y 是随机变量，x 是自变量且不包含误差；

(3) 随机误差项 ε 为零均值、同方差的；

(4) 因变量观测值是相互独立的。

当这些假定中的有一条不满足时，所得回归方程就不是严格有效的。

在实际应用中，由于多种原因，这些假定不一定都能得到满足。在天文观测中，自变量 x 通常也是观测量，它是有误差的，因此两个变量所处的位置是对称的，不能明确哪个是因变量哪个是自变量。另一个重要的情况是数据的内禀离散和观测误差相比占了很大的比例，亦即我们在前面提到过的除了观测误差之外，两个变量间关系本身的不确定性较突出。例如，在哈勃图中，一个星系样本可能具有精度为 ± 0.1 的星等测量误差和精度为 ± 0.001 的红移测量误差，但不同星系的本身光度和非哈勃运动可能导致大于星等测量不确定度一个星等量级的点的弥散。又如，观测数据也具有各种各样的特性，有的可能是正态分布，有的则为非正态分布，有的又是异方差的；离散的程度有的只依赖于一个变量，有的则依赖于两个变量。另外，回归分析的目的也不尽然相同，有的目的是得到最佳的斜率估计，而有的目的是利用回归方程进行预测。鉴于上述这些情况，对具有线性统计相关关系的两个变量用基于因变量 y 的残差平方和最小的一元回归方法得到的回归结果并不总是最佳的，甚至有可能是错误的。正因为如此，在 19 世纪就问世的线性回归方法的统计研究目前仍十分活跃。除了提出一些非最小二乘线性回归，例如稳健回归和对于多变量问题的贝叶斯回归外，科学家们也提出了好几种最小二乘线性回归方法。20 世纪 90 年代，美国天文学家 Isobe T. 和 Feigelson E. D. 等对双变量数据提出了五种线性回归方法：普通最小二乘回归（OLS($Y|X$)）、x 对 y 的回归（OLS($X|Y$)）、正交回归（Orthogonal Regression，OR）、简化主轴回归（Reduced Major-Axis Regression，RMA）和回归平分线，并讨论了它们的特性及在观测天文学特别是在宇宙距离尺度研究中的应用。

下面我们将分别给出这些方法的原理、回归系数及其方差的估计公式，并对它们的特性及应用作一些说明。关于公式的详细推导可参看他们文章中的附录及他们列出的有关参考文献。

1. *五种线性回归方法*

我们前面介绍的一元线性回归是基于因变量 y_k 的残差 $\delta_k=\hat{y}_k-y_k$ 平方和最小的原理，而下面介绍的五种线性回归也是基于最小二乘原理，但各种方法中的 δ_k 具有不同的定义。图 3.4 给出各种方法中对残差 δ_k，即点到回归直线的距离的定义。

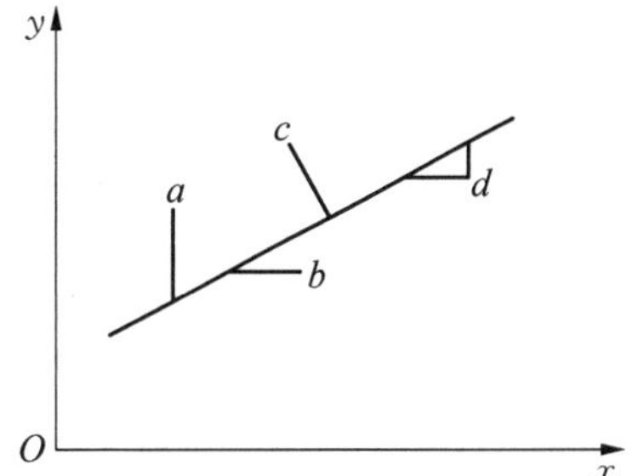

图 3.4 五种方法点线示意图

(1) OLS($Y|X$)：观测点和回归直线上同一 x 的 y 的差，对应图中 a；

(2) 逆回归 OLS($X|Y$)：观测点和回归直线上相应点 x 值之差，即点到回归线的水平距离 $x_k-\hat{x}_k$，对应图中的 b；

(3) 正交回归线（OR）：观测点到回归线的垂直距离，即 $\delta_k=\sqrt{(x_k-\hat{x}_k)^2+(y_k-\hat{y}_k)^2}$，对应图中 c；

(4) 简化主轴回归(RMA)：观测点对回归线在垂直、水平两个方向上的距离，对应图中的 d；

(5) OLS 平分线：OLS($Y|X$)和 OLS($X|Y$)的平分线（在原理示意图中无法表示）。

设(x_k,y_k)，$k=1,\cdots,n$ 是取自均值为(μ_x,μ_y)，协方差阵为

$$\boldsymbol{\Sigma}=\begin{bmatrix}\sigma_1{}^2 & \rho\sigma_1\sigma_2\\ \rho\sigma_1\sigma_2 & \sigma_2{}^2\end{bmatrix} \tag{3.38}$$

的总体(X,Y)的独立、同分布的观测样本，μ_x，μ_y 分别是X和Y的总体均值，ρ为X和Y的相关系数。这里并不假定总体为正态分布。

又令

$$\bar{x}=\frac{1}{n}\sum_{i=1}^{n}x_i,\quad \bar{y}=\frac{1}{n}\sum_{i=1}^{n}y_i$$

$$S_{xx}=\sum_{i=1}^{n}(x_i-\bar{x})^2$$

$$S_{yy}=\sum_{i=1}^{n}(y_i-\bar{y})^2$$

$$S_{xy}=\sum_{i=1}^{n}(x_i-\bar{x})(y_i-\bar{y})$$

和

$$x_k^0=x_k-\bar{x},\quad y_k^0=y_k-\bar{y}$$

利用观测点到回归直线距离的极小化原理和估计理论，经过复杂的推导可以得到各种方法的斜率β_j及其方差$\mathrm{var}(\beta_j)$的估计$\hat{\beta}_j$，$\mathrm{v\hat{a}r}(\hat{\beta}_j)$，具体如下。

OLS$(X|Y)$：

$$\hat{\beta}_1=\frac{S_{xy}}{S_{xx}} \tag{3.39}$$

$$\mathrm{v\hat{a}r}(\hat{\beta}_1)=\frac{1}{S_{xx}{}^2}\left[\sum_{i=1}^{n}(x_i-\bar{x})^2(y_i-\hat{\beta}_1x_i-\bar{y}+\hat{\beta}_1\bar{x})^2\right]$$

OLS$(Y|X)$：

$$\hat{\beta}_2=\frac{S_{yy}}{S_{xy}} \tag{3.40}$$

$$\mathrm{v\hat{a}r}(\hat{\beta}_2)=\frac{1}{S_{xy}{}^2}\left[\sum_{i=1}^{n}(y_i-\bar{y})^2(y_i-\hat{\beta}_2x_i-\bar{y}+\hat{\beta}_2\bar{x})^2\right]$$

OLS平分线：

$$\hat{\beta}_3=(\hat{\beta}_1+\hat{\beta}_2)^{-1}\left[\hat{\beta}_1\hat{\beta}_2-1+\sqrt{(1+\hat{\beta}_1{}^2)(1+\hat{\beta}_2{}^2)}\right] \tag{3.41}$$

$$\mathrm{v\hat{a}r}(\hat{\beta}_3)=\frac{\hat{\beta}_3{}^2}{(\hat{\beta}_1+\hat{\beta}_2)^2(1+\hat{\beta}_1{}^2)(1+\hat{\beta}_2{}^2)}[(1+\hat{\beta}_2{}^2)^2\mathrm{v\hat{a}r}(\hat{\beta}_1)+$$
$$2(1+\hat{\beta}_1{}^2)(1+\hat{\beta}_2{}^2)\mathrm{cov}(\hat{\beta}_1,\hat{\beta}_2)+(1+\hat{\beta}_1{}^2)\mathrm{v\hat{a}r}(\hat{\beta}_2)]$$

OR：

$$\hat{\beta}_4=\frac{1}{2}[(\hat{\beta}_2-\hat{\beta}_1{}^{-1})+\mathrm{sign}(S_{xy})\sqrt{4+(\hat{\beta}_2-\hat{\beta}_1{}^{-1})^2}] \tag{3.42}$$

$$\hat{\text{var}}(\hat{\beta}_4)=\frac{\hat{\beta}_4{}^2}{4\hat{\beta}_1{}^2+(\hat{\beta}_1\hat{\beta}_2-1)^2}[\hat{\beta}_1{}^{-2}\hat{\text{var}}(\hat{\beta}_1)+2\text{cov}(\hat{\beta}_1,\hat{\beta}_2)+\hat{\beta}_1{}^2\hat{\text{var}}(\hat{\beta}_2)]$$

RMA：

$$\hat{\beta}_5=\text{sign}(S_{xy})\sqrt{\hat{\beta}_1\hat{\beta}_2} \tag{3.43}$$

$$\hat{\text{var}}(\hat{\beta}_5)=\frac{1}{4}\left[\frac{\hat{\beta}_2}{\hat{\beta}_1}\hat{\text{var}}(\hat{\beta}_1)+2\text{cov}(\hat{\beta}_1,\hat{\beta}_2)+\frac{\hat{\beta}_1}{\hat{\beta}_2}\hat{\text{var}}(\hat{\beta}_2)\right]$$

在上面的式子中，协方差估计值 $\text{cov}(\hat{\beta}_1,\hat{\beta}_2)$ 定义为

$$\text{cov}(\hat{\beta}_1,\hat{\beta}_2)=(\hat{\beta}_1S_{xx}{}^2)^{-1}\left\{\sum_{i=1}^{n}(x_i-\bar{x})(y_i-\bar{y})[y_i-\bar{y}-\hat{\beta}_1(x_i-\bar{x})][y_i-\bar{y}-\hat{\beta}_2(x_i-\bar{x})]\right\} \tag{3.44}$$

sign(·)为符号函数，即 $\text{sign}(x)=\begin{cases}1 & x>0\\ -1 & x<0\\ 0 & x=0\end{cases}$

各种方法的截距系数由下式给出

$$\hat{\alpha}_j=\bar{y}-\hat{\beta}_j\bar{x} \tag{3.45}$$

其中 j 为方法序号。

下面我们首先把五种回归方法应用到一个实际的天文问题中，即求解椭圆星系的速度弥散 σ 和光学光度之间的关系 $L\sim\sigma^n$。研究这个问题的目的是：(1) 从 σ 的测量值估计星系的光度，亦即得到星系的距离；(2) 比较 n 的经验测量值和利用椭圆星系形成模型预测的值。图 3.5 给出 L,σ 的测量数据及利用五种回归方法的系数公式得到的 5 根回归线。计算得到的斜率分别是：OLS($L|\sigma$)：2.4±0.4；OLS($\sigma|L$)：5.4±0.8；OLS 平分线：3.4±0.4；RMA：3.6±0.4 和 OR：5.2±0.8。这个结果表明关于距离和星系形成模型之间关系的结论明显依赖于所采用的回归方法。而且五种回归线之间的离差大于利用任何一种方法估计出的方差。在这种情况下，只有经过进一步的误差分析方可得到具有一定置信度的结论。

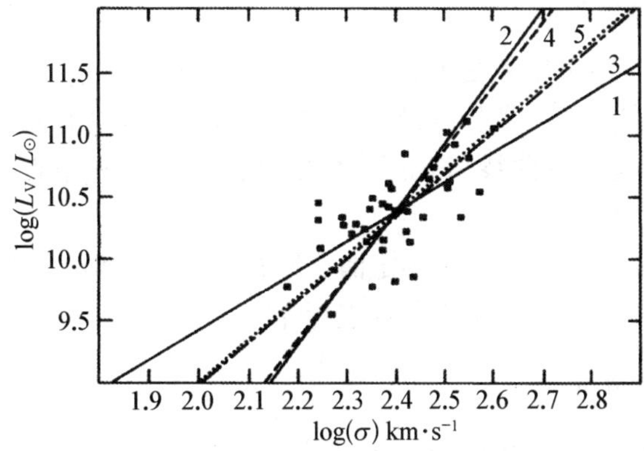

图 3.5　L 和 σ 的对数散点图及利用 5 种方法得到的它们的回归线：1. OLS($Y|X$)　2. OLS($X|Y$)　3. OLS 平分线(点虚线)　4. OR(虚线)　5. RMA(点线)

2. 五种回归的特性及应用

为了说明各种回归方法的特性和它们的适用性，可以利用模拟试验，即对具有均值为零且有不同的标准偏差 σ_x，σ_y 和不同的相关系数 ρ 的分布模拟出二维正态分布的数据点，然后应用五种回归方法，得到各自的回归系数及相应的方差。

试验结果表明，五种方法给出的回归系数相互之间是不同的。它们并不是同一量的不同估计，只有在 $\rho=1$ 这个特殊情况下，所有五种回归的斜率才是相同的。对于 $\rho\neq0$ 的情形，当 $\sigma_x=\sigma_y$ 时 $\beta_3=\beta_4=\beta_5=1$。另外，模拟试验表明，正交回归的斜率不确定度比其他方法要大。一般情况下它只能用于无量纲变量间的拟合，比如对观测值取对数的情况。简化主轴回归的斜率和相关系数无关(见(3.43)式)。因此在讨论 X 和 Y 的基本关系时，使用这种方法效果并不好。模拟结果还指出，对于足够大的 n(观测点数目)和相关系数 ρ，所有方法得到的斜率方差都正确反映了斜率系数的弥散，但对于小的 n 和 ρ，拟合得到的方差估计值都偏小。

根据最近几年一些天文学家和其他领域的科学家对这五种回归的应用研究，可以得到如下几点结论：

(1) 如果观测数据的散布基本上是由于测量过程造成的，并且测量误差已知，那么一般采用前面介绍的常规的一元线性回归。而这里介绍的五种回归方法主要用于数据点的散布是由未知的变化引起的情况。

(2) 一般来说，人们可以先对给定数据点拟合所有五条回归线。如果各条线之间的差异并不大于任何一条回归线的误差，那么回归方法的选择也不会严重影响结果，在这种情况下，通常使用 OLS($Y|X$)回归，因为它简单明了。

(3) 如果我们研究的问题是这样的情况，两个变量中一个变量明显是因变量，另一个是原因变量，那么亦应利用 OLS($Y|X$)，这里 X 是原因变量。如果我们的问题是从另一个变量的测量值来预测一个变量的值，那么也应该使用 OLS($Y|X$)回归，这里 Y 是被预测的变量。后一种情况在宇宙距离尺度研究中是普遍存在的，因为天文学家常常需要利用一些由已知距离的样本得到的一条线性回归线来预测其他天体的距离。

(4) 如果研究的目的是了解变量间的基本关系，那么处理对称变量的三种回归方法(OLS 平分线、OR 方法和 RMA 方法)都可以使用，但普遍认为 OLS 平分线方法效果较好。

3.2.5 曲线回归分析

在很多实际问题中，两个变量之间的关系并不是线性相关关系，而是某种曲线相关关系。例如，大多数新星在亮度下降阶段光度和时间的关系；恒星的光谱型和光度的关系(恒星赫罗图)。这时，选择适当的曲线来表征它们之间的关系比利用直线更符合实际情况，或者说能得到更好的回归效果。

曲线回归分析包括三个内容：一是确定曲线回归方程的类型；二是确定曲线回归方程中的参数；三是回归效果的检验。下面将分别进行介绍。

1. 曲线回归类型的确定

为了确定两个变量之间的曲线关系类型，常采用两种方法。

一种方法是利用观测数据的散点图。根据散点图的分布形状和特点，对比各种函数形式已知的标准曲线的图形，把与散点图分布最接近的标准曲线作为观测数据所属的回归方程的类型。

另一种方法是采用多项式回归。有时观测数据的散点图呈现的趋势较为复杂，难以用一条已知的合适的曲线去拟合它们。这时可用自变量 x 的 m 次多项式

$$y=\beta_0+\beta_1 x+\beta_2 x^2+\cdots+\beta_m x^m+\varepsilon$$

作为描述变量 y 和 x 关系的回归模型，即多项式回归。因此多项式可用来拟合相当广泛的一类曲线，其中二次多项式即二次曲线回归是最常用的一种类型。

在多项式回归中，多项式次数 m 的选择也是一个很重要的问题。但在实际应用中往往并不能确知 m 等于多少，通常是采用统计检验的方法。具体方法我们将在多元回归效果的检验中介绍。

关于两个变量间的曲线回归类型的确定，有一点需要说明的是，所确定的类型均可通过变量变换化为一元线性回归来处理。

2. 回归参数的确定

曲线回归类型确定以后，可采用变量变换的方法将曲线模型转化为一元线性回归模型。然后利用前面介绍过的解一元线性回归的方法求解，得到一元线性回归参数。最后再进行变量的逆变换得到曲线回归参数以及曲线回归值。

例如对 y 和 x 的关系确定的曲线类型为

$$y=\beta_0 \mathrm{e}^{\beta x}$$

这里，因变量 y 对自变量 x 及参数 β_0，β 均为非线性。作变量代换

$$y'=\ln y,\quad \beta_0'=\ln\beta_0,\quad \beta'=\beta,\quad x'=x$$

则上面的曲线类型可转化为直线关系

$$y'=\beta_0'+\beta' x'$$

引进随机误差项 ε 得到一元线性回归模型

$$y_k'=\beta_0'+\beta' x_k'+\varepsilon_k$$

利用一元线性回归分析，由 n 组观测值 (x_k, y_k) 可以解得回归参数的估计值 $\hat{\beta}_0'$，$\hat{\beta}'$，利用变量代换关系可以得到曲线回归参数的估值

$$\hat{\beta}_0=\mathrm{e}^{\hat{\beta}_0'},\quad \hat{\beta}=\hat{\beta}'$$

及曲线回归值

$$\hat{y}_k=\hat{\beta}_0 \mathrm{e}^{\hat{\beta}_{x_k}}$$

对于其他类型的曲线方程也可作类似的处理。

3. 一元曲线回归的有效性检验

为了检验对两个变量的非线性关系所配曲线的适宜性，我们给出两个指标：相关指数和剩余标准差。

在曲线回归中，亦用类似于(3.21)式定义的相关系数来衡量所配曲线效果的好坏。即

$$R=\sqrt{1-\frac{\sum(y_i-\hat{y}_i)^2}{\sum(y_i-\bar{y})^2}} \tag{3.46}$$

并称它为**相关指数**(correlation index)。式中 $\hat{y}_i$ 为曲线回归值，$\bar{y}$ 为因变量观测值的平均值。一般来说，R 越接近于 1 表明所配曲线的效果越好。

另外，剩余标准差

$$S_y=\sqrt{\frac{\sum(y_i-\hat{y}_i)^2}{n-2}} \tag{3.47}$$

亦可用来衡量所配曲线的效果。剩余标准差越小，表明所配曲线精度越高。

在选择曲线类型时，有时很难一下子就将其确定。这时可同时选择两种或两种以上的曲线类型进行曲线回归，然后进行比较。选取相关指数较大者或剩余标准差较小者作为最佳的曲线类型。

3.3 多元线性回归

在相当多的实际问题中，影响因变量的因素不止一个。例如，太阳耀斑可能和Ⅰ群黑子面积、半球面黑子相对数、日面综合谱斑指数、某波段太阳射电辐射流量等 10 多个因素有关；激光测月观测中，时延的观测值与理论值之差可能和望远镜位置坐标、月球反射器位置坐标、月球和地球轨道参数等 40 多个参数采用值有关。为此，需要用多元回归来描述它们之间的统计相关关系。另外，我们在前面提到的多项式回归，最后也必须转化为多元线性回归问题来解决。

3.3.1 多元线性回归方程的求解

在研究因变量 y 与多个自变量 x_i 之间的统计关系时，常常利用多元线性回归模型

$$y=\beta_0+\beta_1x_1+\beta_2x_2+\cdots+\beta_mx_m+\varepsilon \tag{3.48}$$

式中 $\beta_i(i=1,\cdots,m)$ 被称为 y 对 x_i 的回归系数，ε 为正态随机变量。(3.48)式表示了多维空间的一个“超平面”。

和一元回归类似，多元线性回归就是要利用 n 组观测数据

$$(x_{ki},y_k)\quad k=1,\cdots,n,\quad i=1,\cdots,m$$

根据最小二乘原理，对模型参数作出估计。

设 $b_0,b_1,\cdots,b_m$ 为参数 $\beta_0,\beta_1,\cdots,\beta_m$ 的最小二乘估计，所得回归方程则为

$$y=b_0+b_1x_1+b_2x_2+\cdots+b_mx_m \tag{3.49}$$

由最小二乘原理，估计值 $b_0,b_1,\cdots,b_m$ 应使剩余平方和 Q 最小。

$$Q=\sum_{k=1}^{n}(y_k-\hat{y}_k)^2$$

由极值定理，将 Q 分别对 $b_i(i=1,\cdots,m)$ 求偏导数，并令它们为零，则得到 $b_1,b_2,\cdots,b_m$ 所满足的方程组

$$\begin{cases} l_{11}b_1+l_{12}b_2+\cdots+l_{1m}b_m=l_{1y} \\ l_{21}b_1+l_{22}b_2+\cdots+l_{2m}b_m=l_{2y} \\ \cdots\cdots \\ l_{m1}b_1+l_{m2}b_2+\cdots+l_{mm}b_m=l_{my} \end{cases} \tag{3.50}$$

而

$$b_0=\bar{y}-b_1\bar{x}_1-b_2\bar{x}_2-\cdots-b_m\bar{x}_m \tag{3.51}$$

式中

$$\begin{cases} l_{ij}=\sum_{k=1}^{n}(x_{ki}-\bar{x}_i)(x_{kj}-\bar{x}_j) & i,j=1,\cdots,m \\ l_{iy}=\sum_{k=1}^{n}(x_{ki}-\bar{x}_i)(y_k-\bar{y}) & i=1,\cdots,m \\ \bar{y}=\frac{1}{n}\sum_{i=1}^{n}y_i,\quad \bar{x}=\frac{1}{n}\sum_{i=1}^{n}x_i & i=1,\cdots,m \end{cases} \tag{3.52}$$

常称 l_{ij} 为协方差，线性方程组(3.50)被称为正规方程组。解此方程组就可以求得各回归系数 $b_i(i=1,\cdots,m)$，再由此可求得常数项 b_0。

为了方便，通常用矩阵形式表示正规方程组(3.50)。令

$$\boldsymbol{B}=\begin{pmatrix} b_1 \\ b_2 \\ \vdots \\ b_m \end{pmatrix},\quad \boldsymbol{L}=\begin{pmatrix} l_{11} & l_{12} & \cdots & l_{1m} \\ l_{21} & l_{22} & \cdots & l_{2m} \\ \vdots & \vdots & \ddots & \vdots \\ l_{m1} & l_{m2} & \cdots & l_{mm} \end{pmatrix},\quad \boldsymbol{L}_y=\begin{pmatrix} l_{1y} \\ l_{2y} \\ \vdots \\ l_{my} \end{pmatrix} \tag{3.53}$$

则正规方程组(3.50)可表为

$$\boldsymbol{LB}=\boldsymbol{L}_y \tag{3.54}$$

线性方程组的解法很多，一般的情况可用消元法，或求逆矩阵法。在多元回归分析中，正规方程组的系数矩阵的逆矩阵有着特殊的作用，因此常用求逆矩阵的方法。

不难看出，$\boldsymbol{L}$ 为对称阵，其逆矩阵用 $\boldsymbol{C}$ 表示，即

$$\boldsymbol{C}=\boldsymbol{L}^{-1}=(c_{ij}) \tag{3.55}$$

则正规方程组(3.54)有唯一解，并可表为

$$\boldsymbol{B}=\boldsymbol{CL}_y \tag{3.56}$$

或

$$b_i=\sum_{j=1}^{m}c_{ij}l_{jy}\quad i=1,2,\cdots,m \tag{3.57}$$

在多元回归中，由于各自变量的量纲往往是不一致的，这会使正规方程中各系数之间产生较大差异，影响求解精度。如果我们采用标准化回归模型，则可在一定程度上避免这方面的误

差影响。另外,从最后得到的标准回归系数的大小,可以观察各自变量与因变量关系的密切程度。

所谓标准化模型,就是将原来的数据进行标准化变换,而对变换后的数据建立的回归模型。

将原观测数据作如下的标准化变换:

$$x'_{ki}=\frac{x_{ki}-\bar{x}_i}{\sigma_i}\quad y'_k=\frac{y_k-\bar{y}}{\sigma_y}\tag{3.58}$$

其中

$$\sigma_i=\sqrt{l_{ii}}\quad \sigma_y=\sqrt{l_{yy}}\tag{3.59}$$

则得到标准化数据

$$x'_{k1},x'_{k2},\cdots,x'_{km},y'_k\quad k=1,\cdots,n$$

处理标准化数据还有很多方便之处。因为由定义(3.58)式不难得到

$$\bar{x}'_i=0,\quad \bar{y}'=0,\quad \sigma'_i=1,\quad \sigma'_y=1\quad (i=1,\cdots,m)\tag{3.60}$$

对标准化数据仍用最小二乘法可得一组新的正规方程组

$$\begin{cases}l'_{11}b'_1+l'_{12}b'_2+\cdots+l'_{1m}b'_m=l'_{1y}\\ l'_{21}b'_1+l'_{22}b'_2+\cdots+l'_{2m}b'_m=l'_{2y}\\ \cdots\\ l'_{m1}b'_1+l'_{m2}b'_2+\cdots+l'_{mm}b'_m=l'_{my}\end{cases}\tag{3.61}$$

式中

$$\begin{aligned}l'_{ij}&=\sum_{k=1}^{n}(x'_{ki}-\bar{x}'_i)(x'_{kj}-\bar{x}'_j)=\sum_{k=1}^{n}x'_{ki}x'_{kj}\\&=\frac{l_{ij}}{\sqrt{l_{ii}l_{jj}}}\quad (i=1,\cdots,m,\quad j=1,\cdots,m)\end{aligned}\tag{3.62}$$

b'_i 为标准化回归系数。记

$$r_{ij}=l'_{ij}=\frac{l_{ij}}{\sqrt{l_{ii}l_{jj}}}\quad (i=1,\cdots,m,\quad j=1,\cdots,m)\tag{3.63}$$

则得到标准化正规方程组

$$\begin{cases}r_{11}b'_1+r_{12}b'_2+\cdots+r_{1m}b'_m=r_{1y}\\ r_{21}b'_1+r_{22}b'_2+\cdots+r_{2m}b'_m=r_{2y}\\ \cdots\\ r_{m1}b'_1+r_{m2}b'_2+\cdots+r_{mm}b'_m=r_{my}\end{cases}\tag{3.64}$$

通常,定义 r_{ij} 为自变量 x_i 与 x_j 的简单相关系数。而由它们构成的矩阵被称为相关阵,用 $\boldsymbol{R}$ 表示,即

$$\boldsymbol{R}=\begin{pmatrix} r_{11} & r_{12} & \cdots & r_{1m} \\ r_{21} & r_{22} & \cdots & r_{2m} \\ \vdots & \vdots & \ddots & \vdots \\ r_{m1} & r_{m2} & \cdots & r_{mm} \end{pmatrix} \tag{3.65}$$

并用$\boldsymbol{C}'$表示$\boldsymbol{R}$的逆矩阵，用$\boldsymbol{R}_y$表示$r_{jy}(j=1,\cdots,m)$构成的列向量，用$\boldsymbol{B}'$表示标准化回归系数的列向量，即

$$\boldsymbol{C}'=(c'_{ij})=(\boldsymbol{R})^{-1},\quad \boldsymbol{R}_y=\begin{pmatrix} r_{1y} \\ r_{2y} \\ \vdots \\ r_{my} \end{pmatrix},\quad \boldsymbol{B}'=\begin{pmatrix} b'_1 \\ b'_2 \\ \vdots \\ b'_m \end{pmatrix} \tag{3.66}$$

则标准化正规方程组(3.64)可写成

$$\boldsymbol{R}\boldsymbol{B}'=\boldsymbol{R}_y \tag{3.67}$$

解此方程组，得标准回归系数

$$\boldsymbol{B}'=\boldsymbol{C}'\boldsymbol{R}_y \tag{3.68}$$

或

$$b'_i=\sum_{j=1}^{m}c'_{ij}r_{jy}\quad (j=1,\cdots,m) \tag{3.69}$$

由(3.51)和(3.60)式可知$b'_0=0$，故得标准化回归方程

$$y'=b'_1x_1+b'_2x_2+\cdots+b'_mx_m \tag{3.70}$$

将(3.58)式代入(3.70)式，并与原回归方程(3.49)比较，可得标准回归系数与实际回归系数之间的转换关系：

$$b_i=b'_i\frac{\sigma_y}{\sigma_i}\quad (i=1,\cdots,m) \tag{3.71}$$

利用这个关系最后可把标准回归系数转换成实际回归系数。

3.3.2　多元线性回归的显著性检验

和一元回归分析一样，对于给定的一组观测数据，总可以利用多元线性回归模型按最小二乘原理匹配一个回归超平面。但这个回归超平面是否具有实际意义，则需要通过显著性检验才能作出判断。

多元回归的显著性检验，包括对总的回归效果的检验及对每个自变量的回归系数的检验两个方面。下面分别进行介绍。

1. 回归方程的显著性检验

多元线性回归的显著性检验又称多元回归的方差分析，和一元回归的检验类似。我们仍然利用假设检验，并以全部回归系数均不为“0”的假设的对立假设为原假设，即

$$H_0:\beta_1=\beta_2=\cdots=\beta_m=0$$

通过将总平方和进行分解，确定检验用的统计量及其分布，然后对给定的显著水平确定置信限，将它和由观测资料算得的统计量进行比较，从而作出对原假设接受与否的判断。在多元情况下，我们仍然定义：

总平方和

$$l_{yy} = \sum (y_k - \bar{y})^2 \tag{3.72}$$

回归平方和

$$U = \sum (\hat{y}_k - \bar{y})^2 \tag{3.73}$$

剩余平方和

$$Q = \sum (y_k - \hat{y}_k)^2 \tag{3.74}$$

可以证明，对多元情况，(3.16)式也同样成立，即

$$l_{yy} = U + Q \tag{3.75}$$

这是因为

$$\begin{aligned} l_{yy} &= \sum_k (y_k - \bar{y})^2 \\ &= \sum_k [(y_k - \hat{y}_k) + (\hat{y}_k - \bar{y})]^2 \\ &= \sum_k (y_k - \hat{y}_k)^2 + \sum_k (\hat{y}_k - \bar{y})^2 + 2\sum_k (y_k - \hat{y}_k)(\hat{y}_k - \bar{y}) \end{aligned} \tag{3.76}$$

而交叉项

$$\begin{aligned} \sum_k (y_k - \hat{y}_k)(\hat{y}_k - \bar{y}) &= \sum_k [(y_k - \bar{y}) - (\hat{y}_k - \bar{y})](\hat{y}_k - \bar{y}) \\ &= \sum_k [(y_k - \bar{y}) - \sum_j b_j (x_{kj} - \bar{x}_j)] \sum_i b_i (x_{ki} - \bar{x}_i) \\ &= \sum_i b_i [\sum_k (y_k - \bar{y})(x_{ki} - \bar{x}_i) - \\ &\quad \sum_j b_j \sum_k (x_{ki} - \bar{x}_i)(x_{kj} - \bar{x}_j)] \\ &= \sum_i b_i (l_{iy} - \sum_j b_j l_{ij}) = 0 \end{aligned}$$

在原假设 H_0 成立的条件下，$\frac{U}{\sigma^2} \sim \chi^2(m)$，$\frac{Q}{\sigma^2} \sim \chi^2(n-m-1)$，并且 U 和 Q 相互独立。于是，统计量

(3.77)

$$F = \frac{U/m}{Q/(n-m-1)} \tag{3.78}$$

服从第一自由度为 m，第二自由度为 $n-m-1$ 的 F 分布。

对于给定的显著水平 α，由 F 分布表可查得置信限 $F_\alpha(m, n-m-1)$。当由样本值按(3.78)式算出的 $F > F_\alpha(m, n-m-1)$ 时，拒绝原假设。也就是说，对这组数据用(3.48)模

型拟合得到的回归方程可以接受，且称它为显著的；如若 $F < F_\alpha(m, n-m-1)$，则称所得的回归方程不显著。

在检验过程中，回归平方和、剩余平方和通常利用正规方程组的求解结果得到，即

$$U = \sum_{i=1}^{m} b_i l_{iy} \tag{3.79}$$

$$Q = l_{yy} - \sum_{i=1}^{m} b_i l_{iy} \tag{3.80}$$

下面先证明(3.79)式。

$$\begin{aligned}
U &= \sum_k (\hat{y}_k - \bar{y})^2 \\
&= \sum_k (\hat{y}_k - \bar{y})^2 + \sum_k (y_k - \hat{y}_k)(\hat{y}_k - \bar{y}) \\
&= \sum_k (y_k - \bar{y})(\hat{y}_k - \bar{y}) \\
&= \sum_k (y_k - \bar{y})(b_0 + \sum_i b_i x_{ki} - b_0 - \sum_i b_i \bar{x}_i) \\
&= \sum_k (y_k - \bar{y}) \sum_i b_i (x_{ki} - \bar{x}) \\
&= \sum_i b_i \sum_k (y_k - \bar{y})(x_{ki} - \bar{x}) \\
&= \sum_i b_i l_{iy}
\end{aligned}$$

根据(3.75)式，立即可得到(3.80)式。

对于标准化数据，利用(3.60)式不难得到各平方和为

$$l'_{yy} = \sum_k (y'_k - \bar{y}')^2 = \sum_k y'^2_k, \quad U' = \sum_{i=1}^{m} b'_i l'_{iy}, \quad Q' = l'_{yy} - \sum_i b'_i l'_{iy} \tag{3.81}$$

应用(3.59)式和(3.62)式也不难证明，标准化模型的各平方和与一般模型的相应的平方和有如下关系式

$$l'_{yy} = \frac{l_{yy}}{\sigma_y^2} = 1, \quad U' = \frac{U}{\sigma_y^2}, \quad Q' = \frac{Q}{\sigma_y^2}$$

多元回归方程的检验又称为多元回归的方差分析。上面的计算过程可总结在如下的方差分析表中(表 3.2)。

表 3.2　多元回归的方差分析表

	平方和	自由度	方差	F 值
回归	U	m	$U/m\sigma^2$	$\dfrac{U/m}{Q/(n-m-1)}$
剩余	Q	$n-m-1$	$Q/(n-m-1)\sigma^2$	
总和	l_{yy}	$n-1$		

可以证明

$$E(Q)=(n-m-1)\sigma^2$$

因此，$\dfrac{Q}{n-m-1}$ 可以作为 σ^2 的无偏估计，并记

$$S^2=\frac{Q}{n-m-1}$$

通常又称 S 为多元线性回归方程的剩余标准差，S 的意义及其作用与一元回归分析中的情况完全相同。

和一元回归类似，多元回归方程的显著性检验也可以利用相关系数检验法进行。定义

$$R=\sqrt{U/l_{yy}} \tag{3.82}$$

为 y 与各个自变量 $x_i(i=1,\cdots,m)$ 的**复**(或全)**相关系数**。R 的大小在一定的程度上反映了 y 与这些变量之间的关系的密切程度。R 越大，表明 y 与这些变量之间的线性关系越密切；反之，表示它们之间的线性关系不密切。但是必须指出，我们不能单纯根据 R 的大小来评定回归效果的好坏，因为 R 的大小还与自变量个数及观测组数 n 有关。因此，必须将算得的 R 与和 F_α 等价的相关系数临界值 R_α 进行比较来决定，具体方法与一元回归的情况相同。由 R 的定义(3.82)及(3.78)式可以得到关系式

$$R=\sqrt{\frac{mF}{mF+(n-m-1)}}$$

2. 回归系数的显著性检验

在多元回归中，我们并不只满足于回归方程是显著的这个结论。因为回归方程显著只是拒绝了“回归系数全部为 0”这一假设。但这并不意味每个自变量对因变量 y 的影响都是重要的，即可能其中的某些回归系数确实为零。我们总是希望在线性回归方程中包含与 y 有显著关系的那些变量，不包含那些次要的、可有可无的变量。因此，对于多元回归来说，除了进行回归方程的显著性检验以外，还必须对每个变量相应的回归系数进行检验。

1) 检验的基本方法

为了进行回归系数的显著性检验，必须考察每个自变量在多元回归中所起的作用，故而引入偏回归平方和概念。

大家知道，回归平方和是所有自变量对 y 变量的总贡献，所考虑的自变量愈多，回归平方和就愈大。如果在所考虑的几个变量中，剔除一个变量，回归平方和就会减少。减少的数值愈多，说明该变量在回归中所起的作用愈大。我们把取消一个自变量 x_j 后回归平方和减少的数值称为 y 对自变量 x_j 的偏回归平方和，记作 p_j，即

$$p_j=U^m-U_j^{m-1} \tag{3.83}$$

式中，U^m 是 m 个变量的回归平方和，U_j^{m-1} 表示 y 对去掉 x_j 之后的 $m-1$ 个变量的回归平方和。因此，不难看出，偏回归平方和可以用来衡量每个自变量在回归中所起作用的大小。凡偏回归平方和大的变量，一定是对 y 有重要影响的因素；凡偏回归平方和小的变量，虽然不一定不显著，但可以肯定，偏回归平方和最小的那个变量，肯定是所有变量中对 y 贡献最小的一个。因此，检验就从这个变量开始。我们将检验的原假设取为

$$H_0: \beta_j = 0$$

可以证明，在 $\beta_j = 0$ 成立的条件下

$$F = \frac{p_j}{Q/(n-m-1)} \tag{3.84}$$

服从第一自由度为1，第二自由度为 $n-m-1$ 的 F 分布。于是对给定的置信度 α，由 F 分布表可查得 $F_\alpha(1, n-m-1)$。当统计量 $F > F_\alpha(1, n-m-1)$ 时，则认为变量 x_j 对 y 的影响在 α 水平上显著，在回归方程中应保留这个变量。由于 x_j 是所有变量中对 y 贡献最小的一个，所以对其他变量可不必再作检验。如果计算的统计量 $F < F_\alpha(1, n-m-1)$，则接受原假设，认为 x_j 所对应的回归系数不显著，应从回归方程中将变量 x_j 剔除。然后，重新建立新回归方程，计算回归系数和偏回归平方和，并且再按上面的方法进行回归系数的显著性检验。

2）偏回归平方和的计算

在进行回归系数的显著性检验时，必须计算偏回归平方和。而根据偏回归平方和的定义(3.83)式，要计算每个变量的偏回归平方和 $p_j(j=1,\cdots,m)$，必须计算剔除每个变量 $x_j(j=1,\cdots,m)$ 后重新建立的 $m-1$ 元回归方程的回归平方和 $U_j^{m-1}(j=1,\cdots,m)$。这个重新建立的 $m-1$ 元回归方程，回归系数和原方程的回归系数是不同的。为了避免重建方程的大量计算，人们找到了原方程回归系数与剔除某个变量后重新建立的回归方程的系数的关系，从而大大地简化了计算。

设 $b_j(j=1,\cdots,m)$ 为 m 个自变量的回归方程的回归系数，$b_j^*(j \neq k)$ 为在 m 元回归方程中剔除变量 x_k 后，$m-1$ 元回归方程的新回归系数。利用行列式的雅可比定理可以证明，新、老回归系数之间存在以下关系：

$$b_k^* = b_k - \frac{c_{jk}}{c_{jj}} b_j \quad k \neq j \tag{3.85}$$

$$b_0^* = \bar{y} - \sum_k b_k^* \bar{x}_k \tag{3.86}$$

其中 c_{jj}, c_{jk} 是原 m 元回归方程中系数矩阵的逆矩阵 $\boldsymbol{C}$ 中对应的元素。

利用(3.85)式，我们还可以得到一个直接利用 m 元回归方程的结果计算偏回归平方和的公式

$$p_j = \frac{b_j^{\,2}}{c_{jj}} \quad j = 1, \cdots, m \tag{3.87}$$

下面给出(3.87)式的证明。

对应于 m 个自变量的回归方程，由(3.79)可知，回归平方和 $U = \sum_{i=1}^{m} b_i l_{iy}$。若在 m 个自变量中剔除变量 x_k，则有 $U_k^{m-1} = \sum_{\substack{i=1 \\ i \neq k}}^{m} b_i^* l_{iy}$。两者之差就是去掉变量 x_k 后回归平方和减小的量，即我们定义过的偏回归平方和。故有

$$\begin{aligned}p_j &= U^m - U_j^{m-1} = \sum_{i=1}^{m} b_i l_{iy} - \sum_{\substack{i=1\\i\neq j}}^{m} b_i^* l_{iy}\\ &= \sum_{i=1}^{m} b_i l_{iy} - \sum_{\substack{i=1\\i\neq j}}^{m} (b_i - \frac{c_{ji}}{c_{jj}} b_j) l_{iy}\\ &= b_j l_{jy} + \frac{b_j}{c_{jj}} \sum_{\substack{i=1\\i\neq j}}^{m} c_{ji} l_{iy}\\ &= \frac{b_j}{c_{jj}} c_{jj} l_{jy} + \frac{b_j}{c_{jj}} \sum_{\substack{i=1\\i\neq j}}^{m} c_{ji} l_{iy}\\ &= \frac{b_j}{c_{jj}} \sum_{i=1}^{m} c_{ji} l_{iy} = \frac{{b_j}^2}{c_{jj}}\end{aligned}$$

3.3.3 残差检验

在应用回归分析中，除了对回归方程和回归系数进行显著性检验以外，还可以通过对残差的分析来检验模型的适度。

残差即因变量观测值 y_i 和回归值 $\hat{y}_i$ 之差，记为 e_i。这个差是回归方程不能解释的量。如果模型正确，可将 e_i 看作观测误差。在进行回归之前，对误差（未知的真误差 $\varepsilon_i = y_i - E(y_i)$）已作了假定，即误差相互独立、具有零均值和固定方差 σ^2。为了求置信区间和进行假设检验，又假定误差服从正态分布。因此，如果拟合的模型正确，残差就应当呈现出我们假定的误差的特性。如果出现回归函数非线性、误差项不独立、误差项方差不相等、模型中缺少一个或几个自变量等偏离模型的情况，都可以通过残差图直观地反映出来。

1. *残差图分析*

所谓残差图是指以残差为纵坐标、以任何其他指定的量为横坐标的散点图。这里的横坐标可以是自变量 x_i，可以是回归值 y，也可以是时间（如果观测数据是按时间顺序获得的）。

图 3.6 是几种典型的残差图。图中(a)是线性模型适合时，关于 X 的残差图的标准情况。残差落在以 0 为中心的横带里，没有正或负的系统趋向，而且无论是以回归值 $\hat{y}$ 为横坐标，还是以 $x_j(j=1,\cdots,m)$ 为横坐标，(a)都是令人满意的残差图。图中(b)表示模型明显不合适，应包含更多的项，比如自变量的二次项、交叉项等，或在回归分析前对观测值 y 作变换。如果残差图出现像图 3.6 中(c)的情况，则表明误差方差不是常数，误差方差随 X 的增大而增大。对应于拟合值的残差图也是研究误差方差是否相同的有效工具，特别是在回归函数不是线性时或使用多元回归模型时更是如此。如出现图中(c)的情况，就表明方差不等。图 3.6(d)是误差项不独立或模型中缺少自变量的残差图典型情况。当误差项独立时，残差会随机地围绕零线变动。如果残差不随机分布，就会围绕零线过多或过少地交错。如在(d)中负残差对应于小的 $\hat{y}$ 值，正残差对应于大的 $\hat{y}$ 值。我们可以将不包含在模型中但对模型有重要影响的变量用作纵坐标画残差图，譬如观测数据是按时间顺序获得的，但模型中没有考虑时间变量，那么以时间为横坐标的残差图就可用来观察误差项是否与时间有关。在实际处理中有时会出现这样的情况，即关于 X 的残差图符合线性和误差独立、误差方差相同的要求，但

关于时间的残差图则出现明显的相关，这时应考虑在模型中加入时间变量。值得说明的是，当原模型可以通过加入别的自变量而得到一定程度的改进时，我们也不能说原模型是错的。处理实际问题时，回归模型中只能包含几个对于因变量 y 有显著影响的因素，识别其他重要自变量的残差分析的主要目的是检验模型的适度，以了解它是否可以通过加入其他自变量而得到相当的改进。

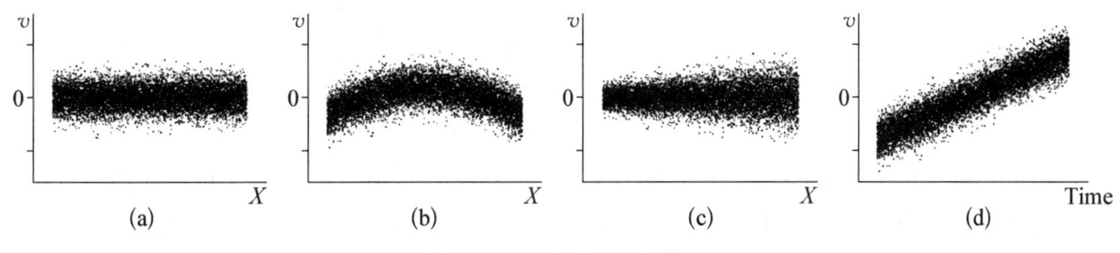

图 3.6 几种典型的残差图

另外，利用残差图还可以检测是否有异常观测值存在。在残差图中，异常值的残差绝对值比其他残差的大得多。一般离残差均值有 3～4 个标准误差的距离。当出现异常残差时，必须仔细分析其来源。如果确认它是由观测的异常值引起(可利用观测数据的散点图判断)，则应将该异常观测值予以放弃。如果模型中缺少某一变量，也会产生残差异常值，这时异常值可能会提供重要信息，不能随便剔除。因此比较稳妥的办法是，只有当探查出异常值是由过失误差造成的时候，才将其剔除。

残差的图示分析能比较直观地检验模型的适度，而且任何一种回归分析都能很方便地提供拟合值和残差，因此得到各种类型的残差图也是简单易行的。

2. 残差的统计检验

残差的统计检验是指用统计的方法检验残差的随机性、等方差性及正态性等。它们是在残差图分析的基础上的进一步检验。

当残差图显示出方差可能系统地随着 X 或 $E(Y)$ 增加或减小时，一种简单的等方差检验方法是按 X 把观测值分为两段，分别拟合回归函数，然后计算误差均方，用 F 检验法检验两段的方差是否相等。

检验一个分布是否为正态的方法有很多，一个常用的较简单的方法是利用残差的直方图，如果直方图中间高、两边低，呈正态密度曲线形状，则可认为残差来自正态母体。

下面我们着重介绍如何利用游程检验法检验残差的随机性。

考虑一组残差，设共有 n 个符号，其中 n_1 个正号，n_2 个负号。每种符号都被另外一种符号隔成一些子序列，每个子序列称为一个游程，两种符号的游程总数记为 R。如下面所示的一个符号序列

$$++---+--+++-----+++-++--$$

则 $n_1=11, n_2=12, n=23$，共有 $R=10$ 个游程。

假定 n 个元素的任一排列出现的概率是相等的，则游程总数 R 的概率函数为

$$P(R=2k)=\frac{2C_{n_1-1}^{k-1}C_{n_2-1}^{k-1}}{C_{n_1+n_2}^{n_1}} \tag{3.88}$$

及

$$P(R=2k+1)=\frac{C_{n_1-1}^{k}C_{n_2-1}^{k-1}+C_{n_1-1}^{k-1}C_{n_2-1}^{k}}{C_{n_1+n_2}^{n_1}} \tag{3.89}$$

利用概率函数可以证明，离散随机变量 R 的均值和方差分别为

$$\langle R\rangle=\frac{2n_1n_2}{n_1+n_2}+1$$

$$\sigma^2(R)=\frac{2n_1n_2(2n_1n_2-n_1-n_2)}{(n_1+n_2)^2(n_1+n_2-1)}$$

对给定的显著水平 α，由 R 的概率分布可得拒绝域 $[0,R_\alpha(n_1,n_2)]$ 的临界值 $R_\alpha(n_1,n_2)$，它可以在数理统计表中的“游程总数检验表”(参考书目[6]中表25)里查到。

例如对前面列出的残差符号排列 $n_1=11,n_2=12,R=10$，取显著水平 $\alpha=0.05$，查“游程总数检验表”得到 $R_{0.05}(11,12)=8$，则有 $R>R_{0.05}$，应该接受残差序列为随机的假设。

实际上，当 $n_1,n_2>10$ 时，游程总数 R 渐近服从正态分布，即

$$Z=\frac{R-\langle R\rangle+\frac{1}{2}}{\sigma^2(R)} \tag{3.90}$$

服从标准正态分布，其中的 $\frac{1}{2}$ 是连续性修正值，用以补偿用连续型分布近似离散型分布所造成的损失。因此可以利用(3.90)式进行游程检验。

游程检验不仅可以用于检验残差的随机性，也可以用来检验样本的随机性。首先确定样本的中位数，将中位数以上的数记为“+”，中位数以下的数记为“−”，对应于观测样本原来的次序得到一个符号序列。这样就可以进行游程检验了。

另外，游程检验也可以作为在1.9节中介绍的分布函数的 χ^2 检验的一个补充。皮尔逊 χ^2 量的数值只依赖于实测频数与理论频数偏差的绝对值，同偏差的符号无关，因此检验没有利用偏差的符号含有的信息，而游程检验可以弥补这一不足。只要将实测频数超过理论频数的偏差记为“+”，反之记为“−”，将它们按原序号排列便可得到一个符号序列。如果游程数检验的结果是 R 在否定域内，表明随机变量的概率密度可能比假设的概率密度偏大或偏小，因而应拒绝假设 $H_0: p(x,\theta)=f(x,\theta)$。

从上面的分析可以看出，游程数检验可用在按照任何一种标准把样本中的各个随机数划分成两类元素(即“+”、“−”元素)的情况，只要出现“+”元素的概率 p 和出现“−”元素的概率 $q=1-p$ 是一定的，游程总数 R 就服从分布(3.88)和极限分布。

3.4 逐步回归分析

3.4.1 逐步回归的基本思想

残差分析是在回归模型建立之后对模型适度的检验，如发现所得模型和观测数据不符，则需要重新建模。那么如何在众多的因素中挑选因子，来建立一个最优的回归方

程呢？这是实用回归分析中最重要，往往也是最困难的问题之一。所谓最优回归方程，应从两个方面来考虑：一方面，一个最优的回归方程应该只包含对因变量有显著影响的自变量，而不包含不显著的变量；另一方面，从回归方程的精度来看，要求剩余标准差比较小。综合来说，所谓最优回归方程就是包含的变量都是显著的而且标准差较小的回归方程。

逐步回归(stepwise regression)方法是目前建立最优回归方程时应用最广泛的自动搜索方法。

逐步回归的基本思想是：把所有对因变量有影响的因子按其对 y 影响程度大小(偏回归平方和大小)，从大到小依次逐个地引入回归方程，并随时对回归方程当时所含的全部变量进行显著性检验，看其是否仍然显著，如不显著就将其剔除。直到回归方程中包含的所有自变量对 y 的影响都显著时，再考虑引入新的变量。此时在剩下的未选因子中，选出对 y 作用最大者，检验其显著性。显著者选入方程，不显著则不引入。直到最后再没有显著的因子可以引入，也没有不显著的变量需要剔除为止。

3.4.2　逐步回归的计算步骤

我们知道，逐步回归分析的目的就是要根据因变量 y 及一些待选因子的一批观测数据建立一个最优的回归方程。从方法上讲，逐步回归方法还属于多元回归的范畴，只是为了方便挑选和剔除变量，在构建回归方程时，利用了线性方程组的求解求逆并行变换及其有关性质。下面将较详细地介绍逐步回归的具体步骤。

第一步　计算相关阵

将所研究的因变量设为 y，且 y 与 m 个待选因子 $x_i(i=1,\cdots,m)$ 有关，现已对它们进行了 n 次观测，得到 n 组 $m+1$ 维观测数据

$$x_{ki}, y_k \quad i=1,\cdots,m; k=1,\cdots,n$$

前面我们已经说过，有时为了统一量纲并提高解算精度，需对数据进行标准化(资料是否要标准化要看具体情况而定，下面的介绍均从数据需要标准化出发)，因此，计算相关阵的步骤为：

1) 计算均值

$$\begin{cases} \bar{x}_i = \dfrac{1}{n}\sum_{k=1}^{n} x_{ki} \quad i=1,\cdots,m \\ \bar{y} = \dfrac{1}{n}\sum_{k=1}^{n} y_k \end{cases}$$

2) 标准化

$$x'_{ki} = \frac{x_{ki}-\bar{x}_i}{\sigma_i} \quad y'_k = \frac{y_k-\bar{y}}{\sigma_y}$$

其中

$$\begin{cases} \sigma_y = \sqrt{l_{yy}} = \sqrt{\sum_{k=1}^{n} (y_k - \bar{y})^2} \\ \sigma_i = \sqrt{l_{ii}} = \sqrt{\sum_{k=1}^{n} (x_{ki} - \bar{x}_{ki})^2} \quad i = 1, \cdots, m \end{cases} \tag{3.91}$$

3）计算相关阵

对标准化数据(3.91)式，由(3.52)式计算协方差 l_{ij}，再由(3.63)式计算相关系数 r_{ij}，即

$$l_{ij} = \sum_{k=1}^{n} (x_{ki} - \bar{x}_i)(x_{kj} - \bar{x}_j) \quad i = 1, \cdots, m; j = 1, \cdots, m$$

$$r_{ij} = \frac{l_{ij}}{\sqrt{l_{ii} l_{jj}}} \quad i = 1, \cdots, m; j = 1, \cdots, m$$

则得到相关矩阵 $\boldsymbol{R}$ 的元素 r_{ij}。为了应用求解求逆并行，把系数矩阵 $\boldsymbol{R}$ 和常数阵 $\boldsymbol{R}_y$ 放在一起构成增广矩阵，又为了利用变换的性质，在增广矩阵的底部增加一行 $(r_{y1}, r_{y2}, \cdots, r_{ym}, r_{yy})$ 从而组成一个方阵，并记作 $\boldsymbol{R}^{(0)}$

$$\boldsymbol{R}^{(0)} = \begin{pmatrix} r_{11} & r_{12} & \cdots & r_{1m} & r_{1y} \\ r_{21} & r_{22} & \cdots & r_{2m} & r_{2y} \\ \vdots & \vdots & \ddots & \vdots & \vdots \\ r_{m1} & r_{m2} & \cdots & r_{mm} & r_{my} \\ r_{y1} & r_{y2} & \cdots & r_{ym} & r_{yy} \end{pmatrix}$$

下面就从 $\boldsymbol{R}^{(0)}$ 开始进行逐步回归(非标准化数据是从离差阵 $\boldsymbol{L}$(3.53)式构成的方阵出发)。

第二步　逐步计算

1）挑选变量

逐步计算是指从 m 个待选因子中逐步挑选变量建立回归方程。当然，这个因子必须是 m 个因子中对因变量 y 贡献最大的。假设我们已计算了 l 步(l 从 0 开始)，即回归方程中已引入了 l 个变量，则第 $l+1$ 步的计算过程为

(1) 计算所有未选变量的偏回归平方和

由偏回归平方和的计算公式(3.87)，求解求逆并行变换(参考书目[1]中的(3.106)式)及性质 3，可得

$$p_i^{(l)} = [r_{iy}^{(l)}]^2 / r_{ii}^{(l)}$$

其中 $r_{iy}^{(l)}, r_{ii}^{(l)}$ 为变换矩阵 $\boldsymbol{R}^{(l)}$ 中的元素，找出 $p_i^{(l)}$ 中最大者，记为 $p_k^{(l)}$。

(2) 引进变量检验

能否将因子 x_k 引入回归方程，必须经 F 检验后方能决定。引进变量检验所用的统计量中的剩余平方和为

$$Q^{(l+1)} = Q^{(l)} - p_k^{(l)} = r_{yy}^{(l)} - p_k^{(l)}$$

得到这一变换是因为

$$Q^{(l)}=r_{yy}^{(l-1)}-p_t^{(l-1)}$$
$$=r_{yy}^{(l-1)}-\frac{[r_{ty}^{(l-1)}]^2}{r_{tt}^{(l-1)}}=r_{yy}^{(l)}$$

则引进变量检验所用的 F 统计量为

$$F_1=\frac{p_k^{(l)}[n-(l+1)-1]}{r_{yy}^{(l)}-p_k^{(l)}}$$

当 $F_1<F_\alpha(1,n-l-2)$ 时，挑选因子过程结束，最后即建立了 l 元线性回归方程；若 $F_1>F_\alpha(1,n-l-2)$，则决定引进变量 x_k，并从 $\boldsymbol{R}^{(l)}$ 中消去 x_k 得到变换 $\boldsymbol{R}^{(l+1)}$。

2）剔除变量检验

在决定引进变量后，应立即对这时方程中的其他变量作剔除检验。这是因为当一个新变量被引进以后，原先进入方程的那些变量和因变量的关系可能会因为新变量的引入而发生变化。剔除的步骤如下。

（1）计算已选变量的偏回归平方和

对原先已进入回归方程的 l 个变量 $x_i(i=1,\cdots,l,i\neq k)$，由下式计算偏回归平方和

$$p_i^{(l+1)}=[r_{iy}^{(l+1)}]^2/r_{ii}^{(l+1)}\quad i=1,\cdots,l$$

其中 $r_{iy}^{(l+1)},r_{ii}^{(l+1)}$ 为 $\boldsymbol{R}^{(l+1)}$ 中对应的元素。找出 $p_i^{(l+1)}$ 中最小者，记为 $p_t^{(l+1)}$，则首先对变量 x_t 作显著性检验。

（2）计算剔除变量检验统计量

和 $l+1$ 个变量对应的回归方程的剩余平方和为

$$Q^{(l+1)}=r_{yy}^{(l+1)}-p_t^{(l)}=r_{yy}^{(l+1)}-\frac{[r_{ty}^{(l)}]^2}{r_{tt}^{(l)}}=r_{yy}^{(l+1)}$$

则剔除变量检验的统计量为

$$F_2=\frac{p_t^{(l+1)}(n-l-2)}{r_{yy}^{(l+1)}}$$

当 $F_2>F_\alpha(1,n-l-2)$ 时，则不需剔除变量 x_t，且因为 x_t 是所有 l 个已选变量中偏回归平方和最小的一个，因此不需要再对其他 $l-1$ 个变量作剔除检验了。这时可考虑继续引进变量。当 $F_2<F_\alpha(1,n-l-2)$ 时，则应剔除变量 x_t。只要对 $\boldsymbol{R}^{(l+1)}$ 作变换 $\boldsymbol{L}_t\boldsymbol{R}^{(l+1)}=\boldsymbol{R}^{(l+2)}$ 即可，并继续对其他 $l-1$ 个变量作剔除检验，直至所有不显著的变量都被剔除为止。

第三步　计算回归结果

当回归方程中已没有不显著的变量需要剔除，也没有显著的因子需要引进时，逐步回归就结束了。假如这时方程中有 m 个变量，即可建立 m 元线性回归方程。由于采用了标准化数据，因此得到的应是 m 元标准回归方程。为此，先计算和 m 个自变量对应的标准回归系数，然后计算检验所用的统计量，再将标准回归系数化为实际回归系数，进而得到实际的回归方程，最后给出回归方程及回归系数的标准误差。

1）标准回归系数

标准回归系数可由逐步回归的最后一个变换矩阵中的元素得到，即

$$b_i' = r_y^{(l)} \quad i = 1, \cdots, m$$

2）剩余平方和

$$Q'^{(l)} = r_{yy}^{(l)}$$

3）实际回归系数

由(3.71)式可得对应于实际模型的相应量，即

$$b_i = b_i' \frac{\sigma_y}{\sigma_i} \quad i = 1, \cdots, m$$

常数项

$$b_0 = \bar{y} - \sum_{i=1}^{m} b_i \bar{x}_i$$

4）m 元回归方程

$$y = b_0 + b_1 x_1 + b_2 x_2 + \cdots + b_m x_m$$

5）实际剩余平方和

$$Q = \sigma_y{}^2 Q' = \sigma_y{}^2 r_{yy}^{(l)}$$

6）回归方程标准差

$$S_y = \sigma_y \sqrt{r_{yy}^{(l)} / (n - m - 1)}$$

7）回归系数标准差

$$S_i = S_y \sqrt{r_{ii}^{(l)}} / \sigma_i \quad i = 1, \cdots, m$$

S_y 和 S_i 分别给出了对回归方程及各个回归系数的精度估计。

3.4.3 关于逐步回归算法的几点说明

这里就逐步回归分析中的几个实际问题略加若干说明。

1）临界值 F_α 的选取

在逐步回归中，为了对因子贡献作显著性检验，通常要确定临界值 F_1，F_2。而临界值 F_1 和 F_2 都不仅与显著水平 α 有关，而且还依赖于自由度 $n-m-1$，其中 m 为已进入回归方程的变量数。由于在逐步回归中，变量数 m 不断地在变化，因此对给定的显著水平 α，F_1，F_2 应随 m 不同而取不同的值。但是，在实际计算时，往往为了方便，把 F_1，F_2 取为常量，这要求 $n > m$。

在最后得到的回归方程中所包含的自变量的个数 m，是随 F_1，F_2 的取值不同而异的。如果希望多选些变量，则可把选取因子的条件放宽一些，即 F_1 和 F_2 取小一些(例如取 2～1)。反之，F_1，F_2 要取大一些(例如取 6～10)。

2）控制计算参量

在逐步回归中，r_{ii} 不能等于或接近于 0。因为当 $r_{ii} = 0$ 或接近于 0 时，在相关阵 $\boldsymbol{R}^{(0)}$

中，第 i 行的元素与第 k_1 行的元素会相等或近似相等，即 $r_{ik}=r_{k_1k}$。这将使同时包含自变量 x_i 和 x_{k_1} 的回归方程的正规方程组系数行列式等于 0 或接近于 0，出现了正规方程组系数矩阵的蜕化现象，会导致正规方程组解的不稳定性。为了避免系数矩阵蜕化，在逐步回归过程中要控制 r_{ii} 值的大小，通常给定一个容许值(记为 TOL)。当 $r_{ii}<$ TOL 时，相应的变量 x_i 将不考虑引入，而作“自动”放弃处理。具体措施是，只对 $r_{ii}>$ TOL 的因子作引进变量的检验。一般情况下，取 $0.0001<\text{TOL}<0.001$。

3）逐步回归方法的一个局限是：这一方法首先假定有单一的最优 X 变量子集，从而进行识别，但因为回归分析的目的是多种多样的，如用于预测的回归模型重点在预测误差上，用于一般描述的回归模型强调回归系数的精度估计，并且自变量的子集在用途不同时也有不同的选择，通常没有唯一的最优子集。因此一些统计学家建议，求得逐步回归的解后，最好拟合所有可能与逐步回归解的自变量个数相同的回归模型，以研究是否存在更好的 X 变量子集。

4）当自变量高度相关时，有时会得到不合理的“最优”子集。

3.4.4 逐步回归分析的应用

逐步回归在各个学科研究中已有广泛的应用。例如，在激光测月的资料处理中，激光发射时刻和接收时刻之差 τ_0（时延）和理论时延 τ 之差 $\tau_0-\tau$ 不仅和地球自转参数有关，还和地面望远镜的位置、月球上反射器的坐标、月球和地球的轨道参数等 40 多种因素有关。因此，在利用激光测月资料确定地球自转参数时，必须先改正掉这些参数的影响。可以通过逐步回归判断出这些因素中哪些是显著的，必须考虑的；哪些是不显著的，不需要考虑的。

另外，鉴于多项式回归与多元线性回归的关系，可以利用逐步回归较好地解决曲线拟合的问题。在曲线回归中我们曾叙述过，两个变量的非线性关系可以用多项式拟合。而通过变量变换，多项式回归可以转化为多元线性回归。因此，利用逐步回归可用来确定多项式次数和项数。一般地，对于包含多变量的任意多项式

$$y=b_0+b_1x_1+b_2x_2+b_3x_1^2+b_4x_1x_2+b_5x_2^2+\cdots$$

只要令 $z_1=x_1, z_2=x_2, z_3=x_1^2, z_4=x_1x_2, z_5=x_2^2, \cdots$ 就可以将它化为多元线性回归问题。因此就可以通过逐步回归来决定最后的多变量多项式。

类似地，逐步回归分析还可以用来进行时间序列中周期项的拟合和检验。譬如，地极运动的强德勒分量的振幅变化周期就可以利用逐步回归进行筛选得到。

设 $c_x(t)(t=1,\cdots,n)$ 是强德勒摆动的振幅变化序列，一般可用以下的式子来拟合

$$c_x(t)=a_0+\sum_{i=1}^{k}(a_{2i-1}\cos 2\pi t/p_i+a_{2i}\sin 2\pi/p_i)+a_{2i+1}t$$

式中 p_i 为给定的待选周期。

利用逐步回归方法，在给定置信水平下，对 $2k+1$ 个待选变量进行筛选，可以得到只包含 m 个周期项的最优回归方程，则这 m 个周期项相应的周期即为强德勒振幅存在的周期。

习题 3

1. 一元线性回归模型与一次函数有什么联系和区别？在一元回归模型中，数据 y_k 服从

什么分布？把 y_k 看作相互独立的随机变量合理吗？

2. 证明对于标准化模型，下列各式成立。

$$U'=U/{\sigma_y}^2,\quad Q'=Q/{\sigma_y}^2,\quad p_i'=p_i/{\sigma_y}^2$$

3. （上机实习题）给定两个天文量 x，y 的 30 对观测值：

x：	240.0	250.0	241.0	230.0	224.0	211.0	174.0	240.0
	220.0	202.0	256.0	235.0	209.0	199.0	175.0	179.0
	187.0	188.0	195.0	188.0	186.0	200.0	270.0	245.0
	288.0	205.0	172.0	173.0	172.0	187.0		
y：	2.320	1.840	2.320	3.150	3.500	3.640	12.990	1.940
	2.840	4.140	1.780	2.440	4.540	6.150	9.270	8.130
	5.940	5.340	4.820	5.750	6.090	4.080	1.560	2.060
	1.530	3.630	18.710	16.800	14.290	8.380		

试用双曲线函数，负指数函数和幂函数三种标准曲线形式对此进行曲线拟合，给出下列回归结果：

（1）直线回归参数，曲线回归表达式。

（2）回归效果检验：a. 直线回归相关系数；b. 相关指数；c. 剩余标准差。

（3）给出观测散点图及三条回归曲线图。

4. 在通常情况下，多元回归分析中各变量的偏回归平方和之和并不等于回归平方和，这是什么道理？在什么情况下两者相等？

5. 设因变量 y 和自变量 x_1，x_2 的观测值对应如下：

y：	180	153	284	207	233	197	130	147	67	131	221	107	273
x_1：	544	581	713	543	570	545	512	578	450	550	565	578	724
x_2：	2.08	2.21	1.84	1.87	1.73	1.85	2.43	2.47	3.61	2.64	1.92	3.04	2.00

试求 y 与 x_1，x_2 的二元线性回归方程，并对其结果进行显著性检验。

参考书目

[1] 丁月蓉. 天文数据处理方法[M]. 南京：南京大学出版社，1998.

[2] 费业泰. 误差理论与数据处理[M]. 北京：机械工业出版社，2019.

[3] 约翰・内特，威廉・沃塞曼，等. 应用线性回归模型[M]. 张勇，王国明，赵秀珍，译. 北京：中国统计出版社，1990.

[4] 何晓群，刘文卿. 应用回归分析(第 5 版)[M]. 北京：中国人民大学出版社，2019.

[5] 张尧庭，方开泰. 多元统计分析引论[M]. 武汉：武汉大学出版社，2013.

[6] Isobe T, Feigelson E D, Akritas M G, et al. Linear regression in astronomy[J]. The astrophysical journal, 1990, 364: 104－113.

[7] Feigelson E D, Babu G J. Linear regression in astronomy. II[J]. The astrophysical journal, 1992, 397: 55－67.

[8] Feigelson E D, Babu G J. Modern statistical methods for astronomy: with R applications[M]. Cambridge, England: Cambridge University Press, 2012.

第四章 谱分析基础及傅里叶变换

天体中存在着大量周期性变化的现象，它们的来源主要有两方面。一是天体本身的自旋或脉冲。从对太阳表面的观测中可以明显看出，天体的旋转会导致其外观产生周期性变化。对于会发出束状发射的快速旋转的中子星(脉冲星)，这种影响会更为显著。二是天体的相互绕转。从对太阳系行星和卫星的观测中可以看出，天体在轨道上进行周期性的运动。这种轨道运动会导致天体光谱多普勒频移的周期性变化。如果出现食，天体的亮度也会呈周期性变化。

在研究工作中，天文学家更多的是在频域中对这些周期性现象进行分析的。谱分析是揭示信号(或序列)周期特性的有效手段。针对均匀分布的数据，经典的谱分析常通过傅里叶变换来得到其相关的功率谱。

在这一章里，我们主要利用傅里叶变换来得到各种信号(连续的和离散的、周期的和非周期的)的频谱表示式，建立信号频谱的基本概念；并讨论离散傅里叶变换应用中的一些问题及快速傅里叶变换的算法。

4.1 连续信号及其频谱

信号是传递信息的函数，信号的信息包含在函数值随自变量的变化之中。连续信号通常是指时间(或其他意义的变量)连续、幅值也连续的信号。

4.1.1 周期信号的傅里叶级数(FS)

一个周期信号 $f(t+nT)=f(t)$，T 为其周期，一般情况下都可以用一个无穷三角级数表示，即

$$f(t)=f(t+nT)=A_0+\sum_{k=1}^{\infty}A_k\cos(\omega_k t+\varphi_k) \tag{4.1}$$

在物理上则把它看作为无穷个简谐振动的叠加。(4.1)式中 A_k，ω_k，φ_k 分别为 k 次谐波 $A_k\cos(\omega_k t+\varphi_k)$ 的振幅、频率和初位相，相应的周期 $T_k=2\pi/\omega_k$。$\omega_0=2\pi/T$ 被称为基频。

用(4.1)式表示的级数被称为**傅里叶级数**(Fourier Series)，它还可以写成另外两种形式。将(4.1)式展开可以得到

$$f(t)=\frac{a_0}{2}+\sum_{k=1}^{\infty}(a_k\cos\omega_k t+b_k\sin\omega_k t) \tag{4.2}$$

对(4.2)式利用欧拉(Euler)公式可以得到傅里叶级数的复数形式

$$f(t)=\sum_{k=-\infty}^{\infty}c_k\exp(\mathrm{i}\omega_k t) \tag{4.3}$$

式中 $\mathrm{i}=\sqrt{-1}$，比较(4.1)式和(4.2)式得到

$$A_0=\frac{a_0}{2},\quad A_k=\sqrt{{a_k}^2+{b_k}^2}\quad A_k\geqslant 0 \tag{4.4}$$

$$\varphi_k=\arctan(-b_k/a_k) \tag{4.5}$$

比较(4.2)式和(4.3)式又可以得到

$$\begin{cases} c_0=\dfrac{a_0}{2} \\ c_k=\dfrac{1}{2}(a_k-\mathrm{i}b_k) \\ c_{-k}=\dfrac{1}{2}(a_k+\mathrm{i}b_k) \end{cases} \tag{4.6}$$

系数 a_0, a_k, b_k 和 c_k 分别被称为傅里叶系数和复傅里叶系数。

对(4.2)式两边分别同时乘以 $\sin\omega_k t\,\mathrm{d}t, \cos\omega_k t\,\mathrm{d}t$，然后在 $f(t)$的任意一个周期内(例如从$-T/2$ 到 $T/2$)积分，利用三角函数系的正交性，就可以分别得到

$$\begin{cases} a_0=\dfrac{2}{T}\displaystyle\int_{-T/2}^{T/2}f(t)\,\mathrm{d}t \\ a_k=\dfrac{2}{T}\displaystyle\int_{-T/2}^{T/2}f(t)\cos\omega_k t\,\mathrm{d}t \\ b_k=\dfrac{2}{T}\displaystyle\int_{-T/2}^{T/2}f(t)\sin\omega_k t\,\mathrm{d}t \end{cases} \tag{4.7}$$

将(4.7)式代入(4.6)式，即可得到

$$\begin{cases} c_k=\dfrac{1}{T}\displaystyle\int_{-T/2}^{T/2}f(t)\exp(-\mathrm{i}\omega_k t)\,\mathrm{d}t \\ c_{-k}=c_k^* \quad k=0,1,2,\cdots \end{cases} \tag{4.8}$$

利用关系式(4.4)和(4.6)不难看出，用复傅里叶系数表示的第 k 次谐波的振幅即为 $2|c_k|$。

在以上各式中，k 只能取整数，也就是说 ω_k 不能连续取值，它只能是基频 ω_0 的整数倍。

通常我们称 c_k 随 ω_k 的变化为连续周期信号 $f(t)$的离散频谱，A_k 随 ω_k 的变化为周期信号的离散振幅谱(图 4.1 的左边)，φ_k 随 ω_k 的变化为 $f(t)$的位相谱(图 4.1 的右边)。它们的谱线之间的间隔 $\Delta\omega=2\pi/T=\omega_0$。

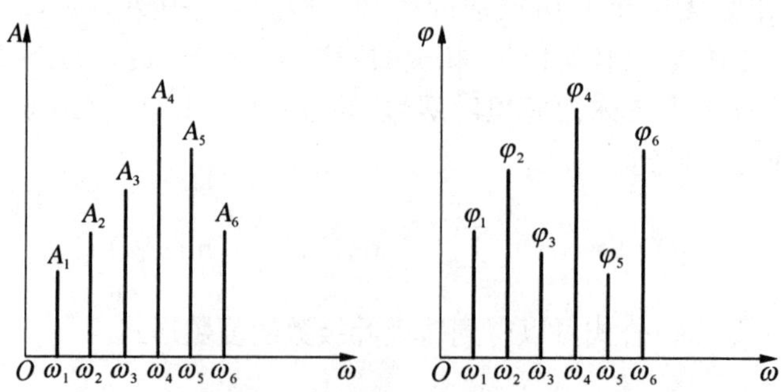

图 4.1 周期函数的振幅谱(左边)和位相谱(右边)

4.1.2　非周期信号的傅里叶变换

在实际问题中，经常碰到在整个时轴上出现的非周期信号。为了了解它的频率成分，同样可以利用傅里叶变换。

一个非周期信号 $x(t)$，$-\infty<t<\infty$，可以看作一个周期 T 趋向于无穷大的周期性信号。由(4.3)式和(4.8)式，有

$$f(t)=\frac{1}{T}\sum_{k=-\infty}^{\infty}\left[\int_{-T/2}^{T/2}f(u)\mathrm{e}^{-\mathrm{i}\omega_k u}\mathrm{d}u\right]\mathrm{e}^{\mathrm{i}\omega_k t}$$

当 $T\to\infty$ 时，$2\pi/T\to\mathrm{d}\omega$，$\omega_k\to\omega$，则有

$$\begin{aligned}x(t)&=\lim_{T\to\infty}f(t)=\lim_{T\to\infty}\frac{\Delta\omega}{2\pi}\sum_{k=-\infty}^{\infty}\left[\int_{-T/2}^{T/2}f(u)\mathrm{e}^{-\mathrm{i}\omega u}\mathrm{d}u\right]\mathrm{e}^{\mathrm{i}\omega t}\\&=\frac{1}{2\pi}\int_{-\infty}^{\infty}\left[\int_{-\infty}^{\infty}x(u)\mathrm{e}^{-\mathrm{i}\omega u}\mathrm{d}u\right]\mathrm{e}^{\mathrm{i}\omega t}\mathrm{d}\omega\end{aligned}$$

令

$$X(\omega)=\int_{-\infty}^{\infty}x(u)\mathrm{e}^{-\mathrm{i}\omega u}\mathrm{d}u \tag{4.9}$$

则

$$x(t)=\frac{1}{2\pi}\int_{-\infty}^{\infty}X(\omega)\mathrm{e}^{\mathrm{i}\omega t}\mathrm{d}\omega \tag{4.10}$$

可以看出，对给定的 $x(t)$，根据(4.9)式就可以唯一地确定 $X(\omega)$；反之，对给定的 $X(\omega)$，根据(4.10)式就可以唯一地确定 $x(t)$。这种一一对应的关系可记为

$$x(t)\underset{\mathcal{IFT}}{\overset{\mathcal{FT}}{\longleftrightarrow}}X(\omega)$$

一一对应的一个函数与另一个函数在数学上被称为变换对，常称 $X(\omega)$ 为 $x(t)$ 的傅里叶变换(FT)，$x(t)$ 为 $X(\omega)$ 的逆傅里叶变换(IFT)，或称 $x(t)$ 和 $X(\omega)$ 互为傅里叶变换。

因为 $\omega=2\pi f$，若在(4.9)式和(4.10)式中采用线频率 f，则傅里叶变换对(4.9)式和(4.10)表示为

$$\begin{aligned}X(f)&=\int_{-\infty}^{\infty}x(t)\mathrm{e}^{-\mathrm{i}2\pi ft}\mathrm{d}t\\x(t)&=\int_{-\infty}^{\infty}X(f)\mathrm{e}^{\mathrm{i}2\pi ft}\mathrm{d}f\end{aligned} \tag{4.11}$$

这种形式的变换公式，正逆变换除了指数项符号相反之外完全对称，是一种较常用的形式。

公式(4.11)(或(4.9)和(4.10))是有明确物理意义的。公式(4.11)表示，分布在整个时轴上的信号 $x(t)$ 是由频率为 f 的谐波 $X(f)\mathrm{e}^{\mathrm{i}2\pi ft}\mathrm{d}f$ 通过积分叠加得到的。频率为 f 的谐波，振幅与初相位由 $X(f)\mathrm{d}f$ 确定，由于对不同频率 f，微分 $\mathrm{d}f$ 是一样的，所以只有 $X(f)$ 才能真正反映出不同频率谐波的振幅和初相位的变化。因此我们称 $X(f)$ 为 $x(t)$ 的连续频谱。

由于 $X(f)$ 是复函数，因此 $X(f)$ 可表示为

$$X(f)=A(f)\mathrm{e}^{\mathrm{i}\Phi(f)}$$

其中

$$A(f)=|X(f)|$$

$$\Phi(f)=\arg X(f)$$

并称 $A(f)$ 为 $x(t)$ 的振幅谱，$\Phi(f)$ 为 $x(t)$ 的相位谱。

一般情况下，$X(\omega)$ 是复值函数。若用 $\mathrm{Re}(\omega)$ 和 $\mathrm{Im}(\omega)$ 分别表示 $X(\omega)$ 的实部和虚部，则 $|X(\omega)|=\sqrt{\mathrm{Re}^2(\omega)+\mathrm{Im}^2(\omega)}$。信号 $x(t)$ 可以是实值函数也可以是复值函数。当 $x(t)$ 为复值函数时

$$\mathrm{Re}(\omega)=\int_{-\infty}^{\infty}[x_r(t)\cos\omega t+x_i(t)\sin\omega t]\mathrm{d}t$$

$$\mathrm{Im}(\omega)=\int_{-\infty}^{\infty}[x_i(t)\cos\omega t-x_r(t)\sin\omega t]\mathrm{d}t$$

式中的 $x_r(t)$ 和 $x_i(t)$，分别代表 $x(t)$ 的实部和虚部。

若 $x(t)$ 为实值函数，则

$$\mathrm{Re}(\omega)=\int_{-\infty}^{\infty}x_r(t)\cos\omega t\,\mathrm{d}t$$

$$\mathrm{Im}(\omega)=-\int_{-\infty}^{\infty}x_r(t)\sin\omega t\,\mathrm{d}t$$

不难看出

$$\mathrm{Re}(-\omega)=\mathrm{Re}(\omega),\quad \mathrm{Im}(-\omega)=-\mathrm{Im}(\omega)$$

由此可得

$$\begin{aligned}X(-\omega)&=\mathrm{Re}(-\omega)+\mathrm{i}\mathrm{Im}(-\omega)\\&=\mathrm{Re}(\omega)-\mathrm{i}\mathrm{Im}(\omega)\\&=X^*(\omega)\end{aligned}\tag{4.12}$$

(4.12)式表明，一个实信号的傅里叶变换的共轭等于它的傅里叶变换的翻转。

在实际应用中，还经常碰到余弦变换和正弦变换，它们的定义如下：

余弦变换

$$X_c(\omega)=2\int_0^{\infty}x(t)\cos\omega t\,\mathrm{d}t$$

正弦变换

$$X_s(\omega)=2\int_0^{\infty}x(t)\sin\omega t\,\mathrm{d}t$$

4.1.3 傅里叶变换的性质

在这一小节，我们讨论傅里叶变换的一些基本性质。

1. 线性叠加定理

若函数 $x_1(t), x_2(t), \cdots, x_n(t)$ 的傅里叶变换分别为 $X_1(\omega), X_2(\omega), \cdots, X_n(\omega)$，则下面的傅里叶变换对成立

$$\sum_{k=1}^{n} a_k x_k(t) \longleftrightarrow \sum_{k=1}^{n} a_k X_k(\omega) \tag{4.13}$$

式中 $a_k(k=1,\cdots,n)$ 为常系数，n 为正整数。

2. 时移定理

若信号的傅里叶变换为 $X(\omega)$，则有

$$x(t \pm t_0) \longleftrightarrow \mathrm{e}^{\pm \mathrm{i}\omega t_0} X(\omega) \tag{4.14}$$

其中 t_0 为某一常数。

$x(t-t_0)$ 表示原始信号 $x(t)$ 在时间上延迟 t_0 后所得的信号。时移定理告诉我们，时移 t_0 后的信号 $x(t-t_0)$ 的频谱为 $X(\omega)\mathrm{e}^{-\mathrm{i}\omega t_0}$，由于 $X(\omega)=|X(\omega)|\mathrm{e}^{\mathrm{i}\Phi(\omega)}$，所以有 $X(\omega)\mathrm{e}^{-\mathrm{i}\omega t_0}=|X(\omega)|\mathrm{e}^{\mathrm{i}[\Phi(\omega)-\omega t_0]}$，即时移后的信号的振幅谱保持不变，而相位谱 $\Phi(\omega)-\omega t_0$ 与原来的相位差一个 ω 的线性函数 ωt_0。

3. 频移定理

若傅里叶变换对 $x(t) \longleftrightarrow X(\omega)$ 成立，则

$$x(t)\mathrm{e}^{\pm \mathrm{i}\omega_0 t} \longleftrightarrow X(\omega \mp \omega_0) \tag{4.15}$$

利用频移定理和线性叠加定理又可以得到两个重要的傅里叶变换对

$$x(t)\cos\omega_0 t \longleftrightarrow \frac{1}{2}[X(\omega-\omega_0)+X(\omega+\omega_0)] \tag{4.16}$$

$$x(t)\sin\omega_0 t \longleftrightarrow \frac{1}{2}[X(\omega-\omega_0)-X(\omega+\omega_0)] \tag{4.17}$$

这两个傅里叶变换对阐明了，对一个信号进行振幅调制将导致它的傅里叶变换的频率分离。

4. 对称定理

若 $x(t) \longleftrightarrow X(\omega)$，把 $x(t)$ 中的自变量换成 ω，则频率函数 $x(\omega)$ 对应的时间信号为 $\frac{1}{2\pi}X(-t)$，即

$$X(t) \longleftrightarrow 2\pi x(-\omega)$$

5. 标度定理

时域上尺度变化会导致频域内坐标尺度的逆变化和振幅的变化，即

$$x(at) \longleftrightarrow \frac{1}{|a|}X\left(\frac{\omega}{a}\right) \tag{4.18}$$

a 为不等于 0 的实常数。标度定理又叫时间展缩定理。

6. 微分定理

时域微分定理:时域内的 n 阶微分等价于频域内以 $(\mathrm{i}\omega)^n$ 乘之,即

$$\frac{\mathrm{d}^n x(t)}{\mathrm{d}t^n} \longleftrightarrow (\mathrm{i}\omega)^n X(\omega) \tag{4.19}$$

频域微分定理:

$$\frac{\mathrm{d}^n X(\omega)}{\mathrm{d}\omega^n} \longleftrightarrow (-\mathrm{i}t)^n x(t) \tag{4.20}$$

以上这些性质的证明都只要用到微积分的基本性质及变量代换的知识,同学们可自行完成。在傅里叶变换的理论和应用中,这些性质起着重要的作用,很多函数的傅里叶变换都是利用这些性质求得的。

4.1.4 几个常用函数的傅里叶变换

在应用中经常遇到几种基本信号:方波、三角波、高斯函数等。

1. 矩形函数(方波)

矩形函数的表示式为

$$x(t)=\begin{cases}1 & |t|\leqslant T\\ 0 & |t|>T\end{cases}$$

其傅里叶变换为

$$X(\omega)=\int_{-\infty}^{\infty} x(t)\mathrm{e}^{-\mathrm{i}\omega t}\,\mathrm{d}t=\int_{-T}^{T}\mathrm{e}^{-\mathrm{i}\omega t}\,\mathrm{d}t=\frac{2\sin\omega T}{\omega} \tag{4.21}$$

图 4.2 给出了矩形波(图(a))及其傅里叶变换的图形(图(b))。

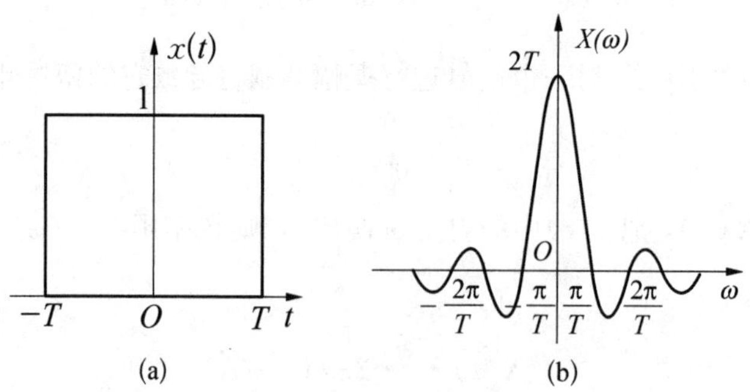

图 4.2 矩形波及其频谱

2. 傅里叶核

对矩形函数及其傅里叶变换利用对称原理有

$$\frac{\sin at}{\pi t} \longleftrightarrow \begin{cases} 1 & |\omega| \leqslant a \\ 0 & |\omega| > a \end{cases}$$

这个变换对的形状如图 4.3。

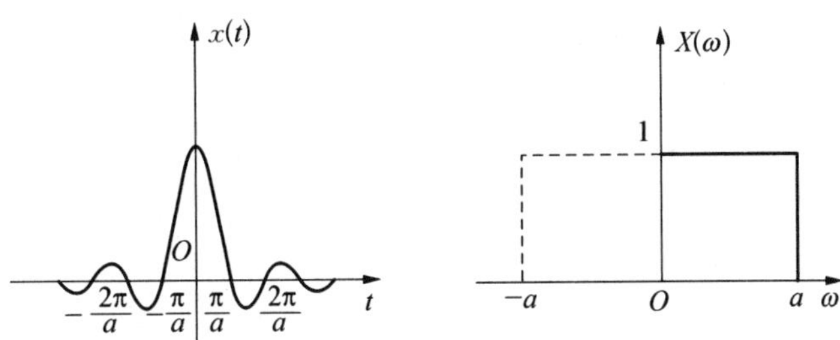

图 4.3　傅里叶核及其频谱

当 $a=\pi$ 时，傅里叶核变为 $\dfrac{\sin \pi t}{\pi t}$，这被称为滤波(插值)函数，常用符号 sinc 表示。

3. 三角波

$$x(t)=\begin{cases} 1-\dfrac{|t|}{T} & |t| \leqslant T \\ 0 & |t| > T \end{cases}$$

这是一个等腰三角形分布，它的傅里叶变换为

$$\begin{aligned} X(\omega) &= \int_{-T}^{T}\left(1-\frac{|t|}{T}\right)\mathrm{e}^{-\mathrm{i}\omega t}\,\mathrm{d}t \\ &= \int_{-T}^{T}\mathrm{e}^{-\mathrm{i}\omega t}\,\mathrm{d}t + \int_{-T}^{0}\frac{t}{T}\mathrm{e}^{-\mathrm{i}\omega t}\,\mathrm{d}t - \int_{0}^{T}\frac{t}{T}\mathrm{e}^{-\mathrm{i}\omega t}\,\mathrm{d}t \\ &= \frac{T\sin^2(\omega T/2)}{(\omega T/2)^2} \end{aligned}$$

三角波及其频谱由图 4.4 给出。

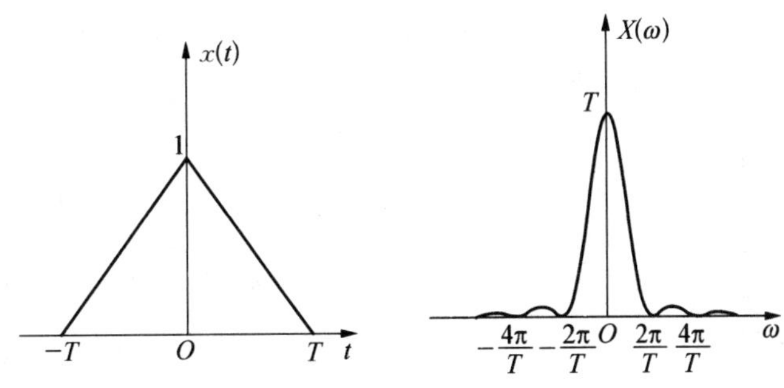

图 4.4　三角波及其频谱

4. 高斯函数

高斯函数 $x(t)=\mathrm{e}^{-at^2}$ 存在傅里叶变换对(证明从略)

$$e^{-at^2} \longleftrightarrow \sqrt{\frac{\pi}{a}} e^{-\omega^2/4a}$$

它们的图形在图 4.5 中给出，不难看出高斯函数的傅里叶变换仍为高斯函数。

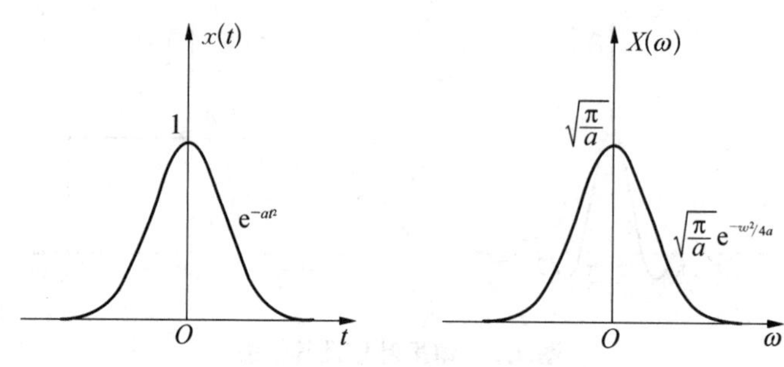

图 4.5　高斯函数及其频谱

4.2　δ 函数

在信号处理中，**δ 函数**（又称冲激函数）是一个很有用的工具。它是狄拉克（Dirac）于 1930 年在量子力学的研究中引入的，表示在一瞬间激发的脉冲。从数学的意义上看，δ 函数不是一个普通函数，而是一个广义函数。在这一节中，我们将介绍 δ 函数的定义和性质以及周期脉冲链。

4.2.1　δ 函数的定义

1. 从函数极限定义

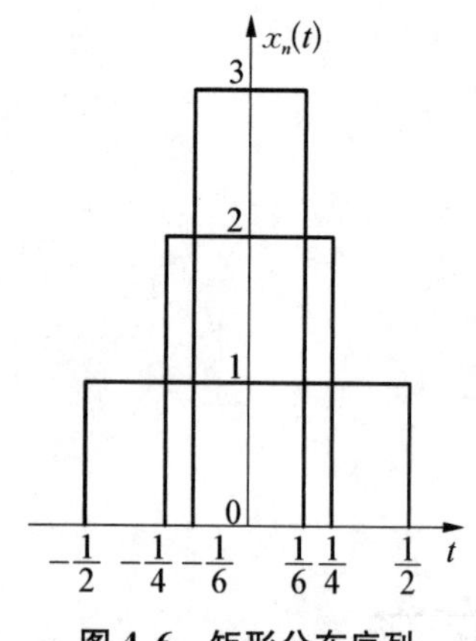

图 4.6　矩形分布序列

考虑一个矩形函数序列（见图 4.6）

$$x_n(t)=\begin{cases} n & |t|\leqslant 1/2n \\ 0 & \text{其他} \end{cases} \quad n=1,2,\cdots$$

$x_n(t)$ 表示一系列高度越来越高、宽度越来越窄、面积保持为 1 的矩形分布，则定义 δ 函数为

$$\delta(t)=\lim_{n\to\infty} x_n(t)=\begin{cases} \infty & t=0 \\ 0 & t\neq 0 \end{cases} \tag{4.22}$$

由 $x_n(t)$ 的定义可知，$x_n(t)$ 满足 $\lim\limits_{n\to\infty}\int_{-\infty}^{\infty} x_n(t)\mathrm{d}t=1$，则有

$$\int_{-\infty}^{\infty}\delta(t)\mathrm{d}t=1 \tag{4.23}$$

从定义式(4.22)可看出，δ 函数表示一个集中在 $t=0$ 的单位脉冲，故而又名脉冲函数。这个定义便于人们了解 δ 函数的直观意义。

若将 $\delta(t)$ 在 t 轴上从原点平移一个距离 t_0，就得到

$$\delta(t-t_0)=\begin{cases}\infty & t=t_0\\0 & t\neq t_0\end{cases}$$

2. 从广义函数的角度定义

对任一普通函数 $\varphi(t)$，只要它在 $t=0$ 处连续，则定义凡使

$$\int_{-\infty}^{\infty}\varphi(t)\delta(t)\mathrm{d}t=\varphi(0) \tag{4.24}$$

成立的广义函数 $\delta(t)$ 为 δ 函数。由此定义可知，$\delta(-t)$ 也满足(4.24)式，所以 $\delta(-t)$ 和 $\delta(t)$ 一样也是 δ 函数。值得注意的是，$\delta(t)$ 不是普通函数，包含它的积分也不是普通的积分，而是引用 $\delta(t)$ 作为确定普通函数 $\varphi(t)$ 的一个取值 $\varphi(0)$ 的一种“过程”。同理，我们还可以得到

$$\int_{-\infty}^{\infty}\varphi(t)\delta(t-t_0)\mathrm{d}t=\varphi(t_0) \tag{4.25}$$

(4.25)式也称为 δ 函数的筛选性。

3. 从普通函数的广义极限定义

$$\delta(t)=\lim_{a\to\infty}\frac{\sin at}{\pi t} \tag{4.26}$$

4.2.2 δ 函数的性质

1. δ 函数的傅里叶变换

利用 δ 函数的定义(4.24)式，可以得到作为广义函数的 δ 函数的傅里叶变换

$$\int_{-\infty}^{\infty}\delta(t)\mathrm{e}^{-\mathrm{i}\omega t}\mathrm{d}t=\mathrm{e}^{-\mathrm{i}\omega\cdot 0}=1$$

故有傅里叶变换对

$$\delta(t)\longleftrightarrow 1 \tag{4.27}$$

对于时延 δ 函数 $\delta(t-t_0)$，利用(4.25)式亦可得到

$$\delta(t-t_0)\longleftrightarrow \mathrm{e}^{-\mathrm{i}\omega t_0} \tag{4.28}$$

利用傅里叶变换的性质，还可以得到一些和 δ 函数有关的傅里叶变换对。

由傅里叶变换的对称性不难得到

$$1\longleftrightarrow 2\pi\delta(\omega) \tag{4.29}$$

$$\mathrm{e}^{\mathrm{i}\omega_0 t}\longleftrightarrow 2\pi\delta(\omega-\omega_0) \tag{4.30}$$

利用(4.30)式和线性叠加定理又可以得到余弦信号和正弦信号的频谱

$$\cos\omega_0 t=\frac{1}{2}(\mathrm{e}^{\mathrm{i}\omega_0 t}+\mathrm{e}^{-\mathrm{i}\omega_0 t})\longleftrightarrow\pi[\delta(\omega-\omega_0)+\delta(\omega+\omega_0)] \tag{4.31}$$

$$\sin\omega_0 t=\frac{1}{2\mathrm{i}}(\mathrm{e}^{\mathrm{i}\omega_0 t}-\mathrm{e}^{-\mathrm{i}\omega_0 t})\longleftrightarrow \mathrm{i}\pi[\delta(\omega+\omega_0)-\delta(\omega-\omega_0)] \tag{4.32}$$

2. δ 函数的导数

和 δ 函数的定义相仿,我们还可以定义 δ 函数的导数。

我们定义使下式成立的函数 $\delta'(t)$ 为 δ 函数的一阶导数

$$\int_{-\infty}^{\infty}\delta'(t)\varphi(t)\mathrm{d}t=-\int_{-\infty}^{\infty}\delta(t)\varphi'(t)\mathrm{d}t=-\varphi'(0)$$

其中 $\varphi(t),\varphi'(t)$ 在 $t=0$ 处连续。

通常在物理意义上,$\delta'(t)$ 代表位于 $t=0$ 处的单位偶极子。它也是一个集中在 $t=0$ 处的广义函数,但比 $\delta(t)$ 有更尖锐的奇异性。

δ 函数的 k 阶导数定义为满足等式

$$\int_{-\infty}^{\infty}\delta^{(k)}(t)\varphi(t)\mathrm{d}t=(-1)^k\varphi^{(k)}(0)$$

的函数 $\delta^{(k)}(t)$,k 为非负整数,且 $\varphi(t),\varphi'(t),\cdots,\varphi^{(k)}(t)$ 在 $t=0$ 处连续。同时我们也不难得到

$$\int_{-\infty}^{\infty}\delta^{(k)}(t-t_0)\varphi(t)\mathrm{d}t=(-1)^k\varphi^{(k)}(t_0)$$

3. δ 函数与普通函数的乘积

若普通函数 $x(t)$ 在 $t=0$ 处连续,则定义

$$x(t)\delta(t)=x(0)\delta(t) \tag{4.33}$$

这个定义式表明,$\delta(t)$ 与 $x(t)$ 的积只在 $t=0$ 处不为 0,也就是说二者相乘后只有相交部分才有值,故 $\delta(t)$ 与信号相乘具有采样性。

类似地,对于在 $t=t_0$ 处连续的函数 $x(t)$,有

$$x(t)\delta(t-t_0)=x(t_0)\delta(t-t_0) \tag{4.34}$$

4.2.3 周期脉冲链

周期脉冲链(periodic impulse train)定义为

$$\delta_T(t)=\sum_{n=-\infty}^{\infty}\delta(t-nT) \tag{4.35}$$

这是一个周期为 T 的 δ 函数系列(图 4.7 中第二行的图),T 也是周期脉冲链的间隔,因此也常称 $\delta_T(t)$ 为等距脉冲系列。下面我们来求它的傅里叶变换。

$\delta_T(t)$ 作为周期函数,可以用傅里叶级数来表示,即

$$\delta_T(t)=\sum_{k=-\infty}^{\infty}c_k\mathrm{e}^{\mathrm{i}k\omega_0 t}\quad \omega_0=2\pi/T$$

傅里叶系数 c_k 为

$$c_k = \frac{1}{T}\int_{-T/2}^{T/2}\sum_{n=-\infty}^{\infty}\delta(t-nT)\mathrm{e}^{-\mathrm{i}k\omega_0 t}\,\mathrm{d}t$$
$$= \frac{1}{T}\int_{-T/2}^{T/2}\delta(t)\mathrm{e}^{-\mathrm{i}k\omega_0 t}\,\mathrm{d}t = \frac{1}{T}$$

因此

$$\delta_T(t) = \frac{1}{T}\sum_{k=-\infty}^{\infty}\mathrm{e}^{\mathrm{i}k\omega_0 t}$$

利用傅里叶变换对(4.30)式和叠加定理不难得到它的傅里叶变换为

$$\frac{2\pi}{T}\sum_{k=-\infty}^{\infty}\delta(\omega-k\omega_0)\quad \omega_0=\frac{2\pi}{T}$$

故有傅里叶变换对

$$\sum_{n=-\infty}^{\infty}\delta(t-nT)\longleftrightarrow\frac{2\pi}{T}\sum_{k=-\infty}^{\infty}\delta(\omega-k\omega_0) \tag{4.36}$$

在(4.33)式的基础上，我们还可以得到普通函数与周期脉冲链的乘积公式

$$\begin{aligned} x_T(t) &= x(t)\cdot\delta_T(t) \\ &= x(t)\cdot\sum_{n=-\infty}^{\infty}\delta(t-nT) \\ &= \sum_{n=-\infty}^{\infty}x(t)\delta(t-nT) \\ &= \sum_{n=-\infty}^{\infty}x(nT)\delta(t-nT) \end{aligned} \tag{4.37}$$

这是一个强度为 $x(nT)$ 的周期脉冲链，通常称之为对 $x(t)$ 的采样，采样间隔为 T。

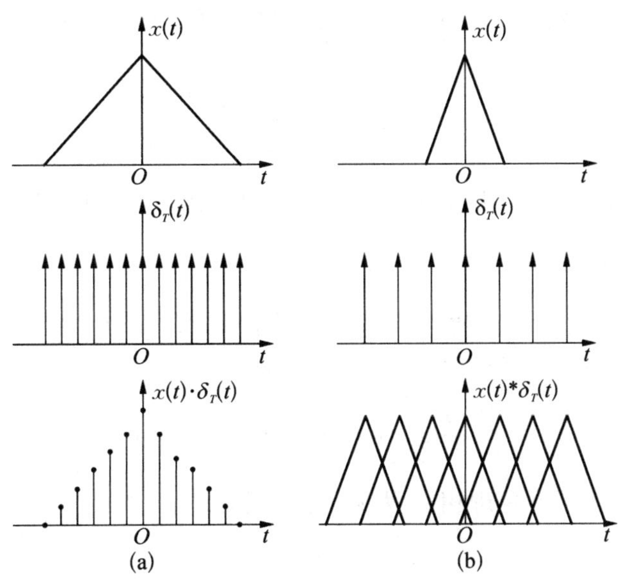

图 4.7　$\delta_T(t)$与 $x(t)$的相乘和卷积

4.3 卷积

4.3.1 卷积的定义

若函数 $f(t)$和 $g(t)$组成积分式

$$y(t)=\int_{-\infty}^{\infty} f(\tau)g(t-\tau)\mathrm{d}\tau \quad -\infty<t<\infty \tag{4.38}$$

则称函数 $y(t)$为 $f(t)$和 $g(t)$的**卷积**(convolution),并用符号*把它们记为

$$y(t)=f(t)*g(t)$$

利用卷积的定义不难得到关于卷积运算的关系式

$$\begin{gathered} f(t)*g(t)=g(t)*f(t) \\ f(t)*[g(t)+h(t)]=f(t)*g(t)+f(t)*h(t) \end{gathered} \tag{4.39}$$

除此之外,还可以得到很有应用价值的卷积定理。

4.3.2 卷积定理

1. 时间卷积定理

设时间函数 $f(t)$和 $g(t)$的傅里叶变换分别为 $F(\omega)$和 $G(\omega)$,则 $f(t)$和 $g(t)$卷积的傅里叶变换可表示为

$$f(t)*g(t)\longleftrightarrow F(\omega)\cdot G(\omega) \tag{4.40}$$

证明:

$$\begin{aligned} \int_{-\infty}^{\infty} f(t)*g(t)\mathrm{e}^{-\mathrm{i}\omega t}\mathrm{d}t &= \int_{-\infty}^{\infty}\left[\int_{-\infty}^{\infty} f(\tau)g(t-\tau)\mathrm{d}\tau\right]\cdot \mathrm{e}^{-\mathrm{i}\omega t}\mathrm{d}t \\ &= \int_{-\infty}^{\infty} f(\tau)\left[\int_{-\infty}^{\infty} g(t-\tau)\mathrm{e}^{-\mathrm{i}\omega(t-\tau)}\mathrm{d}t\right]\cdot \mathrm{e}^{-\mathrm{i}\omega\tau}\mathrm{d}\tau \\ &= F(\omega)\cdot G(\omega) \end{aligned}$$

时间卷积定理告诉我们,用简单的频域相乘可以代替时域中求卷积的计算。

2. 频率卷积定理

设时间函数 $f(t)$和 $g(t)$的傅里叶变换为 $F(\omega)$和 $G(\omega)$,则 $f(t)$和 $g(t)$乘积的傅里叶变换可表示为对应的频率函数的卷积的 $1/2\pi$ 倍,即

$$f(t)\cdot g(t)\longleftrightarrow \frac{1}{2\pi}F(\omega)*G(\omega)$$

这个定理的证明与时间卷积定理相似,大家可自行完成。

3. 卷积的导数

若 $f(t)\longleftrightarrow F(\omega)$,$g(t)\longleftrightarrow G(\omega)$,则有

$$[f(t)*g(t)]'=f'(t)*g(t)=f(t)*g'(t)$$
$$\longleftrightarrow \mathrm{i}\omega F(\omega)\cdot G(\omega)$$

证明:由微分定理有

$$f'(t)\longleftrightarrow \mathrm{i}\omega F(\omega) \quad g'(t)\longleftrightarrow \mathrm{i}\omega G(\omega)$$

所以

$$f'(t)*g(t)\longleftrightarrow \mathrm{i}\omega F(\omega)\cdot G(\omega)$$
$$f(t)*g'(t)\longleftrightarrow F(\omega)\cdot \mathrm{i}\omega G(\omega)$$

又

$$[f(t)*g(t)]'\longleftrightarrow \mathrm{i}\omega[F(\omega)\cdot G(\omega)]$$

从而有

$$[f(t)*g(t)]'=f'(t)*g(t)=f(t)*g'(t)$$

4.3.3　帕斯卡定理

设 $f(t)\longleftrightarrow F(\omega)$, $g(t)\longleftrightarrow G(\omega)$,则

$$\int_{-\infty}^{\infty} f(t)g(t)\mathrm{d}t=\frac{1}{2\pi}\int_{-\infty}^{\infty} F(-\omega)G(\omega)\mathrm{d}\omega \tag{4.41}$$

证明:由频率卷积定理,有

$$f(t)\cdot g(t)\longleftrightarrow \frac{1}{2\pi}\int_{-\infty}^{\infty} F(\nu-\omega)G(\omega)\mathrm{d}\omega$$

即

$$\int_{-\infty}^{\infty} f(t)g(t)\mathrm{e}^{-\mathrm{i}\nu t}\mathrm{d}t=\frac{1}{2\pi}\int_{-\infty}^{\infty} F(\nu-\omega)G(\omega)\mathrm{d}\omega$$

令 $\nu=0$,则得(4.41)式。

当 $f(t)$和 $g(t)$为实函数时,有 $F(-\omega)=F^*(\omega)$,这时(4.41)式变为

$$\int_{-\infty}^{\infty} f(t)g(t)\mathrm{d}t=\frac{1}{2\pi}\int_{-\infty}^{\infty} F^*(\omega)G(\omega)\mathrm{d}\omega$$

当 $f(t)=g(t)$时,(4.41)式变为更广泛的形式

$$\int_{-\infty}^{\infty} |f(t)|^2\mathrm{d}t=\frac{1}{2\pi}\int_{-\infty}^{\infty} A^2(\omega)\mathrm{d}\omega \tag{4.42}$$

其中$|f(t)|^2=f(t)f^*(t)$,$A^2(\omega)=F(\omega)F^*(\omega)$。

(4.42)式即为帕斯卡定理。在信号处理中,通常称 $\int_{-\infty}^{\infty} f^2(t)\mathrm{d}t$ 为信号的能量,因此(4.42)式又被称为能量等式。它表明 $f(t)$的能量可通过 $A^2(\omega)$表示出来,为此,我们称 $A^2(\omega)$为 $f(t)$的能谱。

4.3.4　卷积的意义

在这一小节中,我们将通过一些例子来说明卷积的作用和意义。

设 $g(t)$ 为一矩形函数

$$g(t)=\begin{cases}1 & |t|\leqslant 1/2\\ 0 & |t|>1/2\end{cases}$$

则

$$f(t)*g(t)=\int_{-\infty}^{\infty}f(\tau)\cdot g(t-\tau)\mathrm{d}\tau=\int_{t-\frac{1}{2}}^{t+\frac{1}{2}}f(\tau)\mathrm{d}\tau$$

这相当于用 $f(t)$ 在 $\left[t-\frac{1}{2},t+\frac{1}{2}\right]$ 上的积分平均值来代替 $f(t)$，起了平滑化的作用，提高了一阶光滑度。

若 $g(t)$ 为三角形函数 $\Lambda(t)$

$$\Lambda(t)=\begin{cases}1-|t| & |t|\leqslant 1\\ 0 & |t|>1\end{cases}$$

这是一个连续函数，一阶导数在 $t=0,\pm 1$ 处有间断。由初等演算可知，它是两个矩形函数的卷积。取 $\Lambda(t)$ 为卷积因子

$$f(t)*\Lambda(t)=\int_{-\infty}^{\infty}f(\tau)\cdot\Lambda(t-\tau)\mathrm{d}\tau=\int_{t-1}^{t+1}f(\tau)(1-|\tau-t|)\mathrm{d}\tau$$

这相当于取区间 $[t-1,t+1]$ 上 $f(t)$ 的加权积分平均代替 $f(t)$，所加的权为三角形分布。

用 $\Lambda(t)$ 卷积相当于用矩形函数卷积两次，故光滑度提高二阶。

一般来说，用通常的函数 $g(t)$ 卷积 $f(t)$ 时总是起着平滑化的作用，$g(t)$ 的光滑度越高，则 $f(t)*g(t)$ 相对 $f(t)$ 光滑度提高得就越多。

当参加卷积的函数中有一个是奇异函数时，情况就有所不同了。譬如，$g(t)$ 是一个 δ 函数，则有

$$f(t)*g(t)=f(t)*\delta(t)=\int_{-\infty}^{\infty}f(\tau)\cdot\delta(t-\tau)\mathrm{d}\tau=f(t) \tag{4.43}$$

这表明 $f(t)$ 与 $\delta(t)$ 的卷积就是 $f(t)$ 本身。下面我们再来看 $\delta(t)$ 的导数和 $f(t)$ 的卷积。

$$\begin{aligned}f(t)*\delta'(t)&=\int_{-\infty}^{\infty}f(\tau)\cdot\delta'(t-\tau)\mathrm{d}\tau\\&=\int_{-\infty}^{\infty}f'(\tau)\cdot\delta(t-\tau)\mathrm{d}\tau=f'(t)\end{aligned}$$

由此看出，用 δ 函数卷积任意函数 $f(t)$ 时 $f(t)$ 不变，而用一个奇异度高于 $\delta(t)$ 的 $\delta(t)$ 的导数做卷积时，则起到了降低光滑度的作用，即微分的作用，而且其平滑的程度将随着的奇异度的提高而愈甚。

对于一个周期脉冲链 $\delta_T(t)$，它与函数 $f(t)$ 的卷积为

$$\begin{aligned}f(t)*\delta_T(t)&=\int_{-\infty}^{\infty}f(\tau)\cdot\sum_{n=-\infty}^{\infty}\delta(t-nT-\tau)\mathrm{d}\tau\\&=\sum_{n=-\infty}^{\infty}\int_{-\infty}^{\infty}f(\tau)\cdot\delta(t-nT-\tau)\mathrm{d}\tau\\&=\sum_{n=-\infty}^{\infty}f(t-nT)\end{aligned} \tag{4.44}$$

这个结果表明，函数 $f(t)$ 与周期脉冲链 $\delta_T(t)$ 的卷积是 $f(t)$ 滞后 nT 的多次重复，或者说是在每个脉冲发生的地方都构成 $f(t)$ 的图形。因此，δ 函数与信号相卷具有复原性。

上面的例子从各个方面说明了卷积的作用，在以后的部分章节中我们还将看到卷积应用的广泛性。下面给出应用卷积定理的例子。

例 4.1:求周期函数的傅里叶变换。

解:设 $f(t)$ 是周期为 T 的函数，它可表示成 $f(t)=f(t+lT)$，l 为任意整数，$F(\omega)$ 为 $f(t)$ 对应的傅里叶变换。下面来求 $F(\omega)$。

因为 $f(t)$ 为周期函数，可把它表示成傅里叶级数

$$f(t)=\sum_{k=-\infty}^{\infty} c_k \mathrm{e}^{\mathrm{i}k\omega_0 t} \quad \omega_0=\frac{2\pi}{T}$$

利用(4.30)式和傅里叶变换的线性叠加原理可得：

$$\sum_{k=-\infty}^{\infty} c_k \mathrm{e}^{\mathrm{i}k\omega_0 t} \longleftrightarrow 2\pi \sum_{k=-\infty}^{\infty} c_k \delta(\omega-k\omega_0)$$

c_k 可利用 $f(t)$ 及代表 $f(t)$ 的一个周期的函数 $f_0(t)$ 的傅里叶变换来表示。

设

$$f_0(t)=\begin{cases} f(t) & |t|\leqslant T/2 \\ 0 & |t|>T/2 \end{cases}$$

则 $f(t)$ 可表示为

$$f(t)=\sum_{n=-\infty}^{\infty} f_0(t-nT)$$

利用(4.44)式，有

$$f(t)=f_0(t) * \sum_{n=-\infty}^{\infty} \delta(t-nT) \tag{4.45}$$

非周期函数 $f_0(t)$ 的傅里叶变换 $F_0(\omega)$ 为

$$\begin{aligned} F_0(\omega) &= \int_{-\infty}^{\infty} f_0(t) \mathrm{e}^{-\mathrm{i}\omega t} \mathrm{d}t \\ &= \int_{-T/2}^{T/2} f(t) \mathrm{e}^{-\mathrm{i}\omega t} \mathrm{d}t \end{aligned}$$

由脉冲系列的傅里叶变换对(4.36)式，并对(4.45)式应用时间卷积定理即可得到

$$\begin{aligned} F(\omega) &= F_0(\omega) \cdot \frac{2\pi}{T} \sum_{k=-\infty}^{\infty} \delta(\omega-k\omega_0) \\ &= 2\pi \sum_{k=-\infty}^{\infty} \frac{F_0(\omega)}{T} \delta(\omega-k\omega_0) \\ &= 2\pi \sum_{k=-\infty}^{\infty} \frac{F_0(k\omega_0)}{T} \delta(\omega-k\omega_0) \end{aligned}$$

其中最后一步是利用了(4.37)式。$F_0(k\omega_0)$ 是非周期函数 $f_0(t)$ 的傅里叶变换 $F_0(\omega)$ 在

$\omega=k\omega_0$ 时的值。这表明和周期函数 $f(t)$ 对应的频谱是离散谱，谱线间隔为 $\omega_0=2\pi/T$，幅度为 $\dfrac{2\pi F_0(k\omega_0)}{T}$。

4.4 离散傅里叶变换

离散信号是指对连续信号 $x(t)$ 每隔 Δ 进行采样得到的一列数字信号或直接得到的观测数据，通常把它们记为 $\{x_n\}$ 或 $\{x(n\Delta)\}$，$n=0,1,\cdots$。本节将给出对离散信号进行傅里叶分析的一系列离散化公式。

4.4.1 采样信号的频谱和复原

设 $x_\Delta(n)$ 是对连续信号 $x(t)$ 以 Δ 为间隔进行采样而得，则由(4.37)式，$x_\Delta(n)$ 可表示为

$$x_\Delta(n)=x(t)\cdot\sum\delta(t-n\Delta)$$

由周期脉冲链的傅里叶变换对(4.36)，有

$$\sum\delta(t-n\Delta)\longleftrightarrow\frac{2\pi}{\Delta}\sum_m\delta(\omega-m\omega_p)\quad \omega_p=2\pi/\Delta$$

再根据频率卷积定理，可得采样信号的频谱

$$\begin{aligned}x_\Delta(n)\longleftrightarrow X_\Delta(\omega)&=\frac{1}{2\pi}X(\omega)*\frac{2\pi}{\Delta}\sum_m\delta(\omega-m\omega_p)\\&=\frac{1}{\Delta}\sum_m X(\omega-m\omega_p)\end{aligned}$$

这说明一个连续信号 $x(t)$ 经采样后进行傅里叶变换得到的频谱是原频谱 $X(\omega)$ 的周期性重复，且幅度减小了 Δ 倍，重复周期为 $\omega_p=2\pi/\Delta$。

在采样信号中，我们常称 Δ 为采样周期，$\dfrac{1}{\Delta}$ 为采样频率，相应的 $\omega_s=2\pi f_s=2\pi/\Delta$ 为采样角频率。

在信息论中存在一个采样定理，它借助于信号的频率成分的概念，将采样间隔定量地表示出来。采样定理叙述如下：

对连续信号 $x(t)$ 以 Δ 为采样间隔进行采样，得到 $\{x(n\Delta)\}$。如果 $x(t)$ 的频谱 $X(\omega)$ 和采样间隔 Δ 满足

(1) $X(\omega)=0 \quad \omega\geqslant\omega_c$

(2) $\Delta\leqslant\pi/\omega_c$

则由离散信号 $\{x(n\Delta)\}$ 可完全确定频谱 $X(\omega)$，并且由 $\{x(n\Delta)\}$ 可完全复原信号 $x(t)$，即

$$x(t)=\sum_n x(n\Delta)\frac{\sin\frac{\pi}{\Delta}(t-n\Delta)}{\frac{\pi}{\Delta}(t-n\Delta)}\tag{4.46}$$

其中 ω_c 为 $x(t)$ 的截止频率，$\dfrac{\sin\frac{\pi}{\Delta}(t-n\Delta)}{\frac{\pi}{\Delta}(t-n\Delta)}$ 即 $\mathrm{sinc}\frac{\pi}{\Delta}(t-n\Delta)$ 为时域内插函数。(4.46)式表明，离散信号 $x(n\Delta)$ 和 $\mathrm{sinc}\pi(t-n\Delta)/\Delta$ 相卷，它的每一个采样值都产生一个冲激响应，所有冲激响应叠加起来就是 $x(t)$。即各采样点上的信号值保持不变，而各采样点之间的信号值是由各采样值的内插函数波形延伸叠加而成的。

满足前面条件(1)的信号被称为有限带宽信号。下面我们来讨论不同的采样间隔对离散信号频谱的影响。

设信号 $x(t)$ 的连续谱是有限带宽的，且最高频率为 ω_c（或 f_c）。对 $x(t)$ 以间隔 Δ 进行时域采样得 $\{x(n\Delta)\}$，n 为正整数。由(4.44)式知 $x(t)$ 的频谱 $X_\Delta(\omega)$ 是 $X(\omega)$ 的周期性重复，重复周期为 $\omega_p=2\pi/\Delta$。图 4.8 给出了不同的 Δ（即不同的 ω_p）的离散频谱 $X_\Delta(\omega)$ 的图形。不难看出，当 $\Delta\leqslant\frac{\pi}{\omega_c}\left(\text{或}\frac{1}{2f_c}\right)$ 时，重复周期 $\omega_p\geqslant2\omega_c$，离散频谱 $X_\Delta(\omega)$ 只是重复但没有重叠；而当 $\Delta>\frac{\pi}{\omega_c}$ 时，重复周期 $\omega_p<2\omega_c$，频谱在重复中出现重叠，致使在 $[-\omega_c,\omega_c]$ 内原来的频谱发生了畸变，通常称这种现象为**频谱混叠**(aliasing)效应。为了避免混叠，要求

$$\omega_p=\frac{2\pi}{\Delta}\geqslant2\omega_c$$

即

$$\Delta\leqslant\pi/\omega_c\ \text{或}\ \Delta\leqslant1/2f_c$$

这时混叠现象便不会发生。

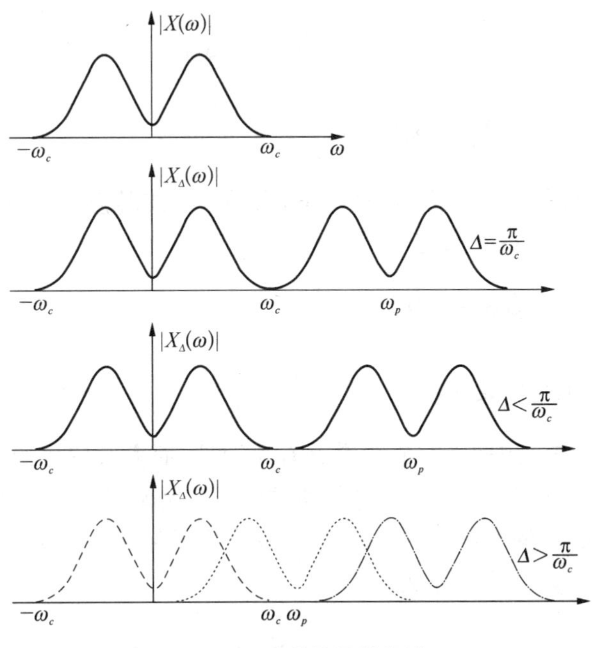

图 4.8　离散信号的频谱

如果 $x(t)$ 的频谱 $X(\omega)$ 不是有限带宽的，亦即 $x(t)$ 中包含了高频成分，或者说 $x(t)$ 的频带很宽，这时重复谱的高频成分就会与频谱的低频部分产生混叠。在这种情况下，可以通过尽量减小采样间隔 Δ 从而使重复周期 ω_p 足够大以减少混叠部分。实际应用中常选 $f_s \simeq (4\sim10)f_c$。

综合上述分析可知，不管 $x(t)$ 是否是有限带宽的，都可能产生频谱混叠。但只要做到采样间隔足够小，就可减少混叠，得到真谱 $X(\omega)$ 的较好近似。频率 $\frac{\pi}{\Delta}\left(或\frac{1}{2\Delta}\right)$ 通常被称为**奈奎斯特频率**(Nnyquist frequency)或折叠频率，并用 ω_N(或 f_N)表示。

从前面的叙述中我们也不难知道，在不发生混叠的情况下，将采样信号 $x(n\Delta)$ 通过一频率特性为

$$H(\omega)=\begin{cases}\Delta & |\omega|<\omega_s/2\\ 0 & |\omega|\geqslant\omega_s/2\end{cases}$$

的理想低通滤波器，必然有

$$Y(\omega)=X_\Delta(\omega)\cdot H(\omega)=X(\omega)$$

根据时间卷积定理

$$y(t)=x_\Delta(t)*h(t)$$

及

$$h(t)=\frac{1}{2\pi}\int_{-\infty}^{\infty}H(\omega)e^{i\omega t}\mathrm{d}t=\mathrm{sinc}\,\frac{\pi}{\Delta}t$$

所以有

$$\begin{aligned}y(t)=x_\Delta(t)*h(t)&=\sum_{n=-\infty}^{\infty}x(n\Delta)\delta(t-n\Delta)*\mathrm{sinc}\,\frac{\pi}{\Delta}t\\&=\sum_{n=-\infty}^{\infty}x(n\Delta)\mathrm{sinc}\,\frac{\pi}{\Delta}(t-n\Delta)\end{aligned}$$

在采样间隔很小或者说采样频率很大的情况下，内插函数波形会紧密相靠，致使各采样点之间的内插点非常密集，则可得到原信号。

4.4.2 离散傅里叶变换(DFT)

1. 周期序列的傅里叶级数(DFS)

通过前面的分析已知，周期信号的频谱具有离散性，而离散信号的频谱又具有周期性。在这一小节，我们将讨论既是周期信号，又是离散信号的周期序列的频谱特征。

设 $f(t)$ 是周期为 T 的周期信号，现以 Δ 为采样间隔对 $f(t)$ 进行采样得离散信号 $f_\Delta(t)$。由(4.37)式，$f_\Delta(t)$ 可表示为

$$f_\Delta(t)=f(t)\cdot\sum_{n=-\infty}^{\infty}\delta(t-n\Delta) \tag{4.47}$$

而由前面的例子可知，周期函数的傅里叶变换是离散的，谱线间隔 $\omega_0=2\pi/T$，即

$$f(t)\longleftrightarrow F(k\omega_0)\quad k=0,\pm1,\pm2,\cdots$$

由周期脉冲链傅里叶变换对(4.36)有

$$\sum_{n=-\infty}^{\infty}\delta(t-n\Delta)\longleftrightarrow\frac{2\pi}{\Delta}\sum_{m=-\infty}^{\infty}\delta(\omega-m\omega_p)\quad \omega_p=\frac{2\pi}{\Delta}$$

对(4.47)式应用频率卷积定理可得 $f_\Delta(t)$ 的频谱

$$\begin{aligned}F_\Delta(\omega)&=\frac{1}{2\pi}F(k\omega_0)*\frac{2\pi}{\Delta}\sum_m\delta(\omega-m\omega_p)\\&=\frac{1}{\Delta}\sum_m F(\omega-m\omega_p)\end{aligned}$$

因为 $F(\omega)$ 是离散的，即只在 $\omega=k\omega_0$ 上有值。而 $\omega_c=2\pi/T$，又 $\omega_p=2\pi/\Delta=N2\pi/T=N\omega_0$，$N$ 为一个周期内的样本数，故有

$$F_\Delta(\omega)=\frac{1}{\Delta}\sum_m F[(k-mN)\omega_0]\tag{4.48}$$

(4.48)式表明，与采样间隔为 Δ，周期为 T 的周期序列对应的傅里叶变换是一个周期离散频谱序列，其周期为 $\omega_p=2\pi/\Delta$，谱线间隔为 $\omega_0=2\pi/T$。因为 $\omega_p=N\omega_0$，所以在频谱序列的一个周期中有 N 根谱线。

基于傅里叶级数的基本思想，我们用这些离散频谱序列所代表的无限多个谐波的合成来表示 $f_\Delta(n\Delta)$，即

$$\begin{aligned}f_\Delta(n\Delta)&=\frac{1}{N}\sum_{k=-\infty}^{\infty}F_\Delta(k\omega_0)\mathrm{e}^{\mathrm{i}k\omega_0 n\Delta}\\&=\frac{1}{N}\sum_{k=-\infty}^{\infty}F_\Delta(k\omega_0)\mathrm{e}^{\mathrm{i}2\pi nk/N}\end{aligned}\tag{4.49}$$

上式中的 $\mathrm{e}^{\mathrm{i}2\pi nk/N}$ 是一个周期函数，周期为 N，即

$$\mathrm{e}^{\mathrm{i}2\pi n(k+lN)/N}=\mathrm{e}^{\mathrm{i}2\pi nk/N}\mathrm{e}^{\mathrm{i}2\pi nl}=\mathrm{e}^{\mathrm{i}2\pi nk/N}$$

所以，(4.49)式所表示的 $f_\Delta(n\Delta)$ 是一个以 N 为周期的周期序列。这样，只需 N 根谱线就能反映 $f_\Delta(n\Delta)$ 的频谱分布，故而(4.49)式又可写成

$$f_\Delta(n)=\frac{1}{N}\sum_{k=0}^{N-1}F_\Delta(k)\mathrm{e}^{\mathrm{i}2\pi nk/N}\tag{4.50}$$

同时我们也可以证明，$F_\Delta(k)$ 可以由 $f_\Delta(n)$ 的 N 个样本完全确定，即

$$F_\Delta(k)=\sum_{n=0}^{N-1}f_\Delta(n)\mathrm{e}^{-\mathrm{i}2\pi nk/N}\tag{4.51}$$

这是因为

$$\begin{aligned}\sum_{n=0}^{N-1} f_\Delta(n)\mathrm{e}^{-\mathrm{i}2\pi nk/N} &= \frac{1}{N}\sum_{n=0}^{N-1}\left[\sum_{l=0}^{N-1} F_\Delta(l)\mathrm{e}^{\mathrm{i}2\pi nl/N}\right]\mathrm{e}^{-\mathrm{i}2\pi nk/N} \\ &= \sum_{l=0}^{N-1} F_\Delta(l)\left(\frac{1}{N}\sum_{n=0}^{N-1}\mathrm{e}^{\mathrm{i}2\pi nl/N}\mathrm{e}^{-\mathrm{i}2\pi nk/N}\right) \\ &= \begin{cases} F_\Delta(k) & l=k \\ 0 & l\neq k \end{cases}\end{aligned}$$

其中利用了

$$\sum_{n=0}^{N-1}\mathrm{e}^{\mathrm{i}2\pi nl/N} = \begin{cases} N & l=0 \\ 0 & l\neq 0 \end{cases}$$

(4.50)和(4.51)两式表明，只需由时间序列 $f_\Delta(n)$ 的一个周期中 N 个采样值就能确定频谱序列 $F_\Delta(k)$。反之，也只需由 $F_\Delta(k)$ 的一个周期中的 N 根谱线就可确定 $f_\Delta(n)$。它们之间存在一一对应的关系，故人们把(4.50)式和(4.51)式称为离散傅里叶级数(DFS)对。

2. 有限离散傅里叶变换

在实际工作中我们经常遇到的是有限长的非周期信号，例如某一波长的射电波记录。对它进行抽样得到一个非周期的、有限长的离散序列，记为 $x(n)$。现在我们来讨论 $x(n)$ 的傅里叶变换。

DFS 变换对的周期性可以给我们一个启示，即如果我们把给定的有限长序列 $x(n)$，$0\leqslant n\leqslant N-1$，作周期延拓，并把周期延拓的结果用 $x((n))_N$ 表示，则 $x((n))_N$ 就是以 N 为周期的离散序列，对其进行 DFS 变换则得 $X((k))_N$，即

$$x((n))_N \xleftrightarrow{DFS} X((k))_N$$

而

$$X((k))_N = \sum_{n=0}^{N-1} x((n))_N \mathrm{e}^{-\mathrm{i}2\pi nk/N} \quad -\infty < k < \infty$$

取 $X((k))_N$ 中的一个周期可得 N 点的 $X(k)$ 序列

$$X(k) = X((k))_N \cdot R_N(k)$$

其中

$$R_N(k) = \begin{cases} 1 & 0\leqslant k\leqslant N-1 \\ 0 & \text{其他} \end{cases}$$

为截断函数，则有

$$X(k) = \sum_{n=0}^{N-1} x(n)\mathrm{e}^{-\mathrm{i}2\pi nk/N} \quad 0\leqslant k\leqslant N-1 \tag{4.52}$$

同理，如果我们给定一个离散频谱序列 $X(k)$($0\leqslant k\leqslant N-1$)，则可以在频域内对 $X(k)$ 作周期延拓，得 $X((k))_N$。由 $X((k))_N$ 的逆 DFS 得到 $x((n))_N$

$$x((n))_N = \frac{1}{N}\sum_{k=0}^{N-1} X((k))_N \mathrm{e}^{\mathrm{i}2\pi nk/N} \quad -\infty\leqslant n\leqslant \infty$$

取 $x((n))_N$ 中的一个周期，即

$$x(n)=x((n))_N\cdot R_N(n)$$

则得

$$x(n)=\frac{1}{N}\sum_{k=0}^{N-1}X(k)\mathrm{e}^{\mathrm{i}2\pi nk/N}\quad 0\leqslant n\leqslant N-1 \tag{4.53}$$

(4.52)式和(4.53)式是单值对应的一对变换，称它们为离散傅里叶变换对。(4.52)式称为离散傅里叶正变换(DFT)，(4.53)式称为离散傅里叶逆变换(IDFT)。

一般情况下，离散傅里叶变换得到的 $X(k)$ 也是复数，我们把它记为

$$X(k)=|X(k)|\,\mathrm{e}^{-\mathrm{i}\theta(k)}$$

其中

$$|X(k)|=\sqrt{\mathrm{Re}^2(X(k))+\mathrm{Im}^2(X(k))} \tag{4.54}$$

为 $x(n)$ 的振幅谱，

$$\theta(k)=\arctan\frac{\mathrm{Im}(X(k))}{\mathrm{Re}(X(k))} \tag{4.55}$$

为 $x(n)$ 的相位谱，$\mathrm{Re}(X(k))$，$\mathrm{Im}(X(k))$ 分别为 $X(k)$ 的实部和虚部。

下面我们再来讨论一下 $x(n)$ 为实序列的情况。当 $x(n)$ 为实序列时，有

$$\begin{aligned}X(N-k)&=\sum_{n=0}^{N-1}x(n)\mathrm{e}^{-\mathrm{i}2\pi n(N-k)/N}\\&=\sum_{n=0}^{N-1}x(n)\mathrm{e}^{\mathrm{i}2\pi nk/N}\mathrm{e}^{-\mathrm{i}2\pi n}\\&=[X(k)]^*\end{aligned} \tag{4.56}$$

(4.56)式表明，$X(N-k)$ 是 $X(k)$ 的共轭复数。利用实序列傅里叶变换的这个特性，只需计算 $\frac{N}{2}+1$ 个频谱值 $X(0)$，$X(1)$ ，…，$X\left(\frac{N}{2}\right)$，其余的值就都可利用上式得到。

傅里叶变换的其他性质也都可以推广到离散傅里叶变换，此处我们就不一一列举了。

4.4.3　DFT 应用中的若干问题

在应用 DFT 解决实际问题时，有几点值得我们注意。

1. 混叠效应

在 4.4.1 节中我们已经讲过，对连续信号的采样有可能产生频谱混叠。如果采样率 f_s (采样间隔的倒数)过低，则将在频域中出现混叠现象，形成频谱失真，因而也不能从这个失真的频谱中恢复出原信号来。因此，对连续信号的采样率需大于奈奎斯特频率，即 f_s 应大于截止频率的 2 倍，即

$$f_s\geqslant 2f_c$$

2. 泄漏效应

实际应用中处理的序列常常是对我们所研究的信号截断而得的有限长序列，而有限长信号的频谱是不同于无限长信号的频谱的。在这一小节中将讨论信号截断对频谱产生的影响，为讨论方便起见，我们还是从连续信号着手。

有限长信号 $x(t)$ 通常可被看作是无限长信号 $y(t)$ 与一个矩形窗口的乘积，即

$$x(t)=y(t)\cdot w(t)$$

这里

$$w(t)=\begin{cases}1 & |t|\leqslant T\\ 0 & |t|>T\end{cases}$$

它被称为数据窗或截断函数。根据频率卷积定理，时域上相乘对应着频域上相卷。因此，有限长信号 $x(t)$ 的频谱 $X(\omega)$ 将是无限长信号 $y(t)$ 的频谱 $Y(\omega)$ 和矩形函数 $w(t)$ 频谱 $W(\omega)$ 的卷积。卷积的结果是以矩形数据窗的频谱 $W(\omega-\lambda)$ 为权对 $Y(\omega)$ 进行了加权平均，即

$$X(\omega)=\frac{1}{2\pi}\int_{-\infty}^{\infty}Y(\lambda)W(\omega-\lambda)\mathrm{d}\lambda=\frac{1}{\pi}\int_{-\infty}^{\infty}Y(\lambda)\ \frac{\sin[(\omega-\lambda)T]}{\omega-\lambda}\mathrm{d}\lambda$$

其中，$W(\omega-\lambda)$ 是以 ω 为中心随 λ 而变化的。下面我们从矩形波频谱（参见图 4.2）特征来进一步说明这个问题。$W(\omega)$ 在频域 $|\omega|\leqslant\frac{\pi}{T}$ 内有一个主峰，通常我们称它为主瓣。在这个范围之外是一系列振幅逐渐衰减的旁瓣，主瓣和旁瓣的宽度和时域窗口的宽度 T 有关，而主瓣和旁瓣幅值之比是固定的，第一旁瓣与主瓣的幅值之比约为 1/5。由于 $W(\omega)$ 的作用，原来在 ω_0 处的谱线变成了以 ω_0 为中心、形状为 $\frac{\sin\omega T}{T}$ 的连续谱线，亦即以 ω_0 为中心向两边延伸的谱线，人们把这种频谱延伸叫做**泄漏**(leakage)，其中主瓣的影响导致了谱线的加宽，而旁瓣带进了虚假的谱线。

下面用一个例子来说明泄漏效应。

例 4.2：讨论信号 $x(t)=\cos\pi at$ 在 $|t|\leqslant T$ 内的频谱。

解：对无限长信号 $y(t)=\cos\pi at$，由(4.31)式可知

$$Y(\omega)=\pi[\delta(\omega-\pi a)+\delta(\omega+\pi a)]$$

而截断信号 $x(t)$ 的频谱

$$\begin{aligned}X(\omega)&=\frac{1}{2\pi}Y(\omega)*W(\omega)\\&=\frac{1}{2}\left[\delta(\omega-\pi a)*\frac{2\sin\omega T}{T}+\delta(\omega+\pi a)*\frac{2\sin\omega T}{T}\right]\\&=\frac{\sin(\omega-\pi a)T}{\omega-\pi a}+\frac{\sin(\omega+\pi a)T}{\omega+\pi a}\end{aligned}$$

$Y(\omega)$ 和 $X(\omega)$ 的波形如图 4.9 所示。图中实线为 $y(t)$ 的频谱，它是位于 $\omega=\pm\pi a$ 处、相距

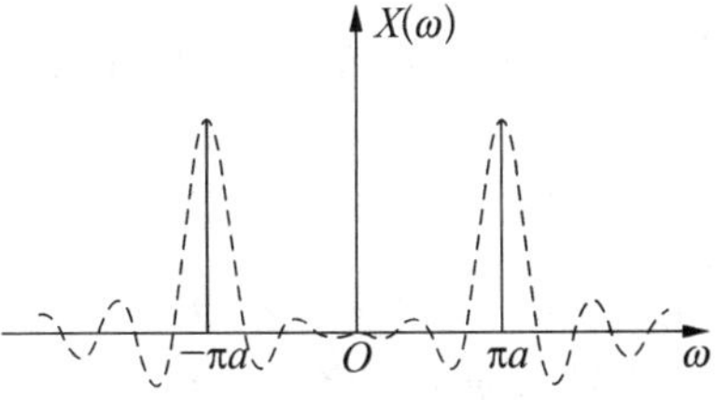

图 4.9　信号的泄漏效应

为 $2\pi a$ 的冲击函数，虚线是截断信号 $x(t)$ 的频谱。显而易见，$y(t)$ 的频谱只在 $\pm\pi a$ 上有非零值，而 $x(t)$ 的频谱几乎在所有频率上都有非零值。我们也清楚地看到，原来很尖锐的单根谱线变成了宽度为 $2\pi/T$ 的带谱。

下面我们着重讨论由谱峰加宽带来的分辨率下降的问题。分辨率是指 $X(\omega)$ 保持原谱 $Y(\omega)$ 中两个靠得很近的谱峰仍然能被分辨出来的能力。由于数据窗的影响，若要使 $X(\omega)$ 中两个谱峰分离，其距离一定要大于 π/T，其中 T 为数据窗长度。在上面的例子中，若 $T>1/2a$，则 $X(\omega)$ 中的两个谱峰虽被加宽了但仍能分辨；但若 $T<1/2a$，两峰将会汇合以致不能分辨；$T=1/2a$ 为临界分辨情况（见图 4.10）。

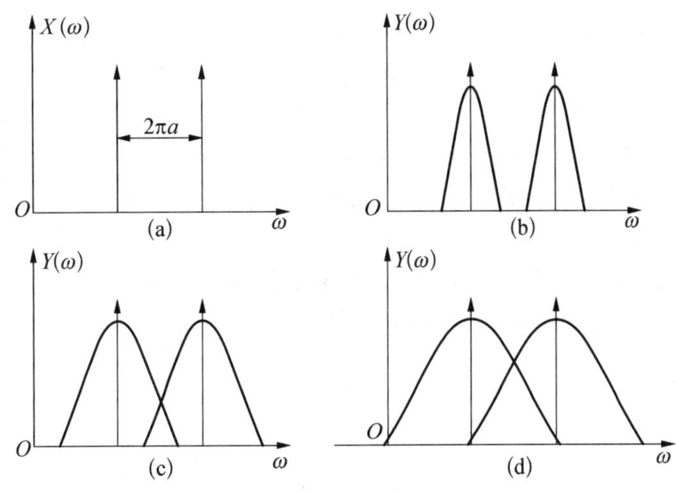

图 4.10　信号的截断效应

若 $y(n)$ 是一个离散信号，根据前一小节的讨论，它的频谱将是连续频谱的周期性重复。因此在 $\omega_0 \pm k\omega_p$ 处还有相同的卷积图形。考虑所有的卷积结果后，截断后的信号的频谱中还会有混叠现象产生。

泄漏现象是对信号的截断带来的，而窗口宽度 T' 和泄漏大小密切相关。加大窗口可使主瓣、旁瓣变窄，泄漏也相应减小；但无限加宽窗口等于对 $y(n)$ 不截断。因此，在离散信号谱分析中，泄漏是不可避免的。在实际应用中，我们可以根据所需的分辨率决定最小记录长度。在不能增加记录长度的情况下，可以采用平滑窗的办法来部分抵消泄漏带来的影响。

平滑窗是为了减小泄漏效应而引进的窗函数，将截断信号的谱函数和平滑窗函数进行卷积可得到平滑的谱函数。

$$\widetilde{X}(\omega)=\int X(\lambda)W(\omega-\lambda)\mathrm{d}\lambda \tag{4.57}$$

上式中 $X(\omega)$ 是截断信号的谱函数，$W(\omega)$ 是选取的平滑窗函数。从卷积的意义可知，(4.57)式表示 $W(\omega)$ 对 $X(\omega)$ 起了加权平滑作用，只要选取适当的 $W(\omega)$ 抑制 $X(\omega)$ 中的旁瓣幅值，就可以减弱泄漏的影响。

设 $w(t)$ 为 $W(\omega)$ 的傅里叶逆变换，由卷积定理，平滑谱函数 $\widetilde{X}(\omega)$ 又可表示为

$$\widetilde{X}(\omega)=\int x(t)w(t)\mathrm{e}^{-\mathrm{i}\omega t}\,\mathrm{d}t$$

此式表明，平滑窗函数也可以在时域内先将输入信号 $x(t)$ 乘上时域窗函数，然后对它们的乘积进行傅里叶变换得到。也就是说抑制泄露可以通过时域，亦可通过频域实现。

最后还必须指出，"平滑窗"和前面提到的"数据窗"是两个不同的概念。无限长信号被截断因为客观上的问题导致一个矩形数据窗存在，从而引起了泄漏问题，而平滑窗则是为了消除泄漏而人为引进的。关于平滑窗的种类及选取我们将在第六章 6.2 节里叙述。

3. 栅栏效应

由于非周期信号 $x(t)$ 的频谱 $X(\omega)$ 是连续的，而对 $x(t)$ 采样进行 DFT 得到的结果只能是连续频谱上的若干点 $X(k)$。这好像是通过 $X(k)$ 这个栅栏去看 $X(\omega)$ 的景象一样，我们称这种效应为**栅栏效应**（fence effect）。被栅栏挡住的部分是看不见的，这意味着频谱丢失。当时域采样满足采样定理时，栅栏效应不会有什么影响。减小栅栏效应可用缩小采样间隔即提高频率分辨率的办法来实现。但这会增加采样点数，使得计算工作量增加。也可以采用在原采样序列后面补零的办法，使序列的长度由 N 增加到 N'，相当于对原来的 $X(k)$ 做内插，使谱外观得到平滑。这就使得原来看不见的频谱线也能被看到，克服了栅栏效应。另外，补零有时也可消除在 N 较小时不易判断谱峰的现象，如图 4.11 所示。

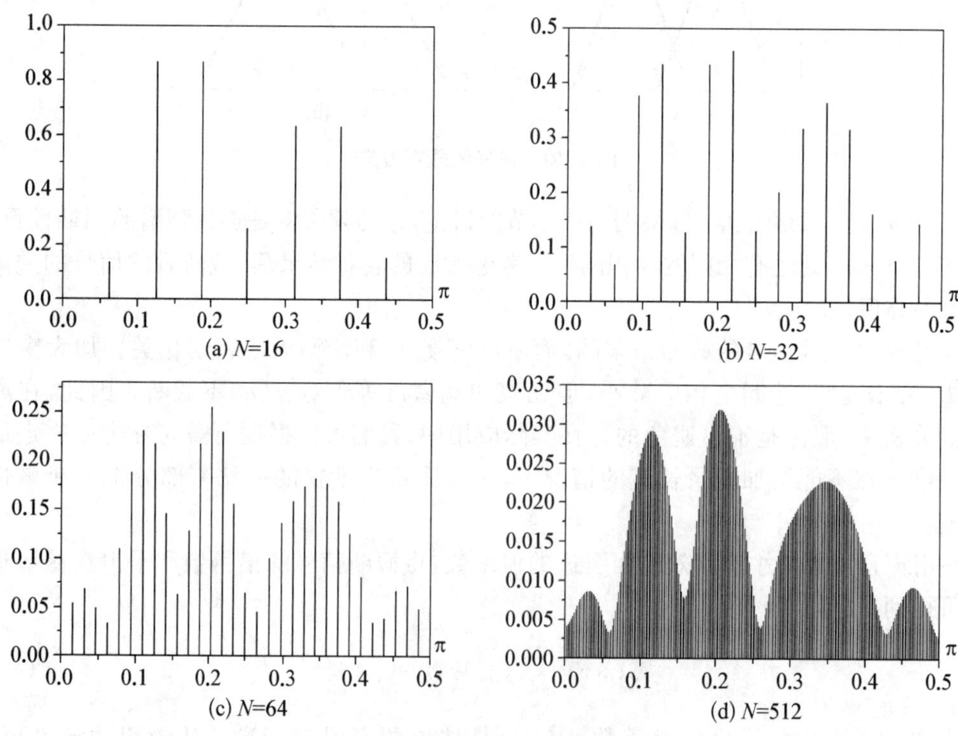

图 4.11　补零对 DFT 的影响

4. DFT 应用中参数的选择

在讨论了 DFT 的上述误差效应以后，我们可以对在 DFT 的应用中一些参数的选取标准作一个小结。

在信号的截止频率 f_c 已知的情况下，为了在 DFT 计算中避免混叠效应，要求采样间隔

$$\Delta \leqslant \frac{1}{2f_c}$$

或者采样率 f_s 大于 $2f_c$。在实际应用中常取 $f_s \simeq (4\sim6)f_c$，当然采样间隔也不能太小。一是实际观测中不易满足；二是采样点数太多，会占有太多的内存，并增加计算量。另外，通常也采取在进行频谱分析前先滤去信号中高频分量的办法来减少混叠。

记录长度 T 的选取在频谱分析中也是很重要的，因为它决定了频率分辨率，即频域中两相邻谱线间的频率间隔为 $1/T$。有时我们也常常根据所要求的频率分辨率来决定应选取的记录长度。

在记录长度和时域采样间隔都给定的情况下，采样点数 N 也就确定了，即 $N=T/\Delta$。但有时由于我们后面要讲的 FFT 的需要，N 应选为 2 的整数次幂，因此我们又可由所定的 N 和采样间隔 Δ 来确定记录长度 $T=N\Delta$。

4.5　序列的卷积和相关

4.5.1　线性卷积和循环卷积

设有任意序列 $x(n)$ 和 $h(n)(-\infty<n<\infty)$，则称

$$\begin{aligned} y(n) &= \sum_{k=-\infty}^{\infty} x(k)h(n-k) \\ &= x(n) * h(n) \end{aligned} \tag{4.58}$$

为 $x(n)$ 与 $h(n)$ 的**线性卷积**(linear convolution)或直接卷积。

如果 $x(n)$ 和 $h(n)$ 都是长度有限的序列，并设它们的长度分别为 N 和 M，则它们的线性卷积是长度为 $N+M-1$ 的序列，即

$$y(n) = \sum_{k=0}^{N-1} x(k)h(n-k) \quad 0 \leqslant n \leqslant N+M-2 \tag{4.59}$$

例 4.3:求序列 $\{x(n)\}=\{1,1,3,2\}$ 和 $\{h(n)\}=\{2,3,4,2,5,1\}$ 的线性卷积。

解:由(4.59)式有

$$y(0)=x(0)h(0)=2$$
$$y(1)=x(0)h(1)+x(1)h(0)=5$$
$$y(2)=x(0)h(2)+x(1)h(1)+x(2)h(0)=13$$
$$y(3)=x(0)h(3)+x(1)h(2)+x(2)h(1)+x(3)h(0)=19$$
$$y(4)=x(0)h(4)+x(1)h(3)+x(2)h(2)+x(3)h(1)=25$$

$$y(5)=x(0)h(5)+x(1)h(4)+x(2)h(3)+x(3)h(2)=20$$
$$y(6)=x(1)h(5)+x(2)h(4)+x(3)h(3)=20$$
$$y(7)=x(2)h(5)+x(3)h(4)=13$$
$$y(8)=x(3)h(5)=2$$

最后得$\{x(n)*h(n)\}=\{2,5,13,19,25,20,20,13,2\}$。

如果$M\to+\infty$,则

$$y(n)=\sum_{k=0}^{N-1}x(k)h(n-k) \quad 0\leqslant n<\infty$$

又如果$x(n)$和$h(n)$都是半无穷序列,即$N\to+\infty$,$M\to+\infty$,则它们的卷积序列亦为半无穷的,即

$$y(n)=\sum_{k=0}^{\infty}x(k)h(n-k) \quad 0\leqslant n<\infty$$

对两个周期均为N的周期序列$\tilde{x}_1(n)$,$\tilde{x}_2(n)$($0\leqslant n\leqslant N-1$),只移动一个周期(求和范围从0到$N-1$)所作的卷积称为**周期卷积**(periodic convolution),即

$$\tilde{y}(n)=\sum_{k=0}^{N-1}\tilde{x}_1(k)\tilde{x}_2(n-k)=\tilde{x}_1(n)*\tilde{x}_2(n)$$

不难看出周期卷积$\tilde{y}(n)$也具有周期性,即$\tilde{y}(n)=\tilde{y}(n\pm N)$。由于$\tilde{x}_1(n)$和$\tilde{x}_2(n)$的周期性,显然有$\tilde{x}_1(-1)=\tilde{x}_1(N-1)$,$\tilde{x}_1(-2)=\tilde{x}_1(N-2)$,…,所以周期卷积和两个具有相同长度的非周期序列的线性卷积有完全不同的结果。

对于两个长度都为N(长度不等可补零)的非周期序列$x_1(n)$和$x_2(n)$,以N为周期进行周期延拓,使它们成为周期序列$x_1((n))_N$和$x_2((n))_N$,再对它们进行周期卷积,最后取主值序列,我们称它为两个非周期序列的**循环卷积**(circular convolution),即

$$\begin{aligned}y^c(n)&=\sum_{k=0}^{N-1}x_1((k))_N\,x_2((n-k))_N\\&=\sum_{k=0}^{N-1}x_1(k)\,x_2((n-k))_N \quad n=0,1,\cdots,N-1\end{aligned} \tag{4.60}$$

将(4.60)式展开,可得

$$y(0)=x_1(0)x_2(0)+x_1(1)x_2(-1)+\cdots+x_1(N-1)x_2(-N+1)$$
$$y(1)=x_1(0)x_2(1)+x_1(1)x_2(0)+\cdots+x_1(N-1)x_2(-N+2)$$
$$\cdots$$
$$y(N-1)=x_1(0)x_2(N-1)+x_1(1)x_2(N-2)+\cdots+x_1(N-1)x_2(0)$$

根据周期延拓特性,有

$$x_2(-1)=x_2(N-1),x_2(-2)=x_2(N-2),\cdots,x_2(1-N)=x_2(1)$$

所以上面的展开式又可以写成循环矩阵的形式

$$\begin{pmatrix} y^c(0) \\ y^c(1) \\ \vdots \\ y^c(N-1) \end{pmatrix} = \begin{pmatrix} x_2(0) & x_2(N-1) & \cdots & x_2(1) \\ x_2(1) & x_2(0) & \cdots & x_2(2) \\ \vdots & \vdots & \ddots & \vdots \\ x_2(N-1) & x_2(N-2) & \cdots & x_2(0) \end{pmatrix} \begin{pmatrix} x_1(0) \\ x_1(1) \\ \vdots \\ x_1(N-1) \end{pmatrix}$$

循环卷积常记作

$$y^c(n) = x_1(n) \textcircled{N} x_2(n)$$

式中符号Ⓝ表示两个 N 点序列的循环卷积，卷积的结果 $y^c(n)$ 仍是一个 N 点的序列。

两个有限长序列的线性卷积和循环卷积公式貌似相同，但卷积的结果完全不同。

例 4.4： 求 $\{x_1(n)\}=\{1,1,1,1\}$ 和 $\{x_2(n)\}=\{1,1,1,1\}$ 的线性卷积与循环卷积。

解：

$$\{x_1(n) * x_2(n)\} = \{1,2,3,4,3,2,1\}$$
$$\{x_1(n) \textcircled{N} x_2(n)\} = \{4,4,4,4\}$$

可见二者截然不同。但可以证明，两个长度为 N 的序列所作的线性卷积的结果与这两个序列补零至 $2N-1$ 点长度后作 $2N-1$ 点的循环卷积得到的结果相同，即

$$x_1(n) * x_2(n) = x_1'(n) \boxed{2N-1} x_2'(n) \tag{4.61}$$

其中 $x_1'(n)$，$x_2'(n)$ 为在序列 $x_1(n)$，$x_2(n)$ 后补 $N-1$ 个 0 后得到的序列。如上例中，在 $x_1(n)$，$x_2(n)$ 后各加 3 个 0，则它们的循环卷积为

$$\begin{pmatrix} y(0) \\ y(1) \\ y(2) \\ y(3) \\ y(4) \\ y(5) \\ y(6) \end{pmatrix} = \begin{pmatrix} 1 & 0 & 0 & 0 & 1 & 1 & 1 \\ 1 & 1 & 0 & 0 & 0 & 1 & 1 \\ 1 & 1 & 1 & 0 & 0 & 0 & 1 \\ 1 & 1 & 1 & 1 & 0 & 0 & 0 \\ 0 & 1 & 1 & 1 & 1 & 0 & 0 \\ 0 & 0 & 1 & 1 & 1 & 1 & 0 \\ 0 & 0 & 0 & 1 & 1 & 1 & 1 \end{pmatrix} \begin{pmatrix} 1 \\ 1 \\ 1 \\ 1 \\ 0 \\ 0 \\ 0 \end{pmatrix} = \begin{pmatrix} 1 \\ 2 \\ 3 \\ 4 \\ 3 \\ 2 \\ 1 \end{pmatrix}$$

这个结果正好和 $x_1(n)$ 与 $x_2(n)$ 的线性卷积相同。

若两个序列的长度分别为 N_1 和 N_2，则将两个序列的长度都补“0”到 N_1+N_2-1 后再作循环卷积，所得结果亦与它们的线性卷积相同。

计算线性卷积在数据处理中是经常遇到的问题，而长序列的线性卷积的计算量是相当大的，因此我们可以利用线性卷积和循环卷积的关系以及循环卷积的快速算法解决这个问题。下面介绍关于循环卷积的两个定理。

时域循环卷积定理

设

$$x(n) \overset{DFT}{\longleftrightarrow} X(k) \quad 0 \leqslant n \leqslant N-1$$
$$h(n) \overset{DFT}{\longleftrightarrow} H(k) \quad 0 \leqslant k \leqslant N-1$$

则

$$x(n) \textcircled{N} h(n) \overset{DFT}{\longleftrightarrow} X(k) \cdot H(k)$$

证明:将 $X(k)$和 $H(k)$作周期延拓分别得 $X((k))_N$ 和 $H((k))_N$。令

$$G(k)=X(k)\cdot H(k)$$

则

$$G((k))_N=X((k))_N\cdot H((k))_N$$

又设

$$g((n))_N\xleftrightarrow{\mathcal{DFS}}G((k))_N$$

于是可得

$$\begin{aligned}g((n))_N&=\frac{1}{N}\sum_{k=0}^{N-1}G((k))_N\mathrm{e}^{\frac{\mathrm{i}2\pi nk}{N}}\\&=\frac{1}{N}\sum_{k=0}^{N-1}\left[\sum_{m=0}^{N-1}x((m))_N\mathrm{e}^{\frac{-\mathrm{i}2\pi mk}{N}}\right]\cdot\left[\sum_{l=0}^{N-1}h((l))_N\mathrm{e}^{\frac{-\mathrm{i}2\pi lk}{N}}\right]\mathrm{e}^{\frac{\mathrm{i}2\pi nk}{N}}\\&=\sum_{m=0}^{N-1}x((m))_N\left\{\sum_{l=0}^{N-1}h((l))_N\left[\frac{1}{N}\sum_{k=0}^{N-1}\mathrm{e}^{\frac{\mathrm{i}2\pi(n-m-l)k}{N}}\right]\right\}\end{aligned}$$

因为

$$\frac{1}{N}\sum_{k=0}^{N-1}\mathrm{e}^{\mathrm{i}2\pi k(n-m-l)/N}=\begin{cases}1 & l=n-m\\0 & l\neq n-m\end{cases}$$

所以上式变成

$$g((n))_N=\sum_{m=0}^{N-1}x((m))_Nh((n-m))_N$$

取主值序列有

$$g(n)=x(n)\ Ⓝ\ h(n)$$

则得

$$x(n)\ Ⓝ\ h(n)\xleftrightarrow{\mathcal{DFT}}X(k)\cdot H(k)$$

频域循环卷积定理

如果

$$x(n)\xleftrightarrow{\mathcal{DFT}}X(k)\quad 0\leqslant n\leqslant N-1$$

$$h(n)\xleftrightarrow{\mathcal{DFT}}H(k)\quad 0\leqslant k\leqslant N-1$$

则

$$x(n)\cdot h(n)\xleftrightarrow{\mathcal{DFT}}\frac{1}{N}X(k)\ Ⓝ\ H(k)$$

这个定理的证明与时域循环卷积定理的证明相似,留待大家自己进行证明。

对序列进行补“0”后计算其循环卷积,可以得到原序列的线性卷积,利用循环卷积的快

速算法会提高线性卷积的计算效率。关于循环卷积的快速算法，我们将在 4.6 节快速傅里叶变换算法的应用中介绍。

4.5.2　信号的相关分析

在天文资料处理中，相关是一个十分重要的概念，因为它不仅本身有着明确的物理意义，而且在谱分析中也起着十分重要的作用。利用相关分析可以了解两个信号之间的相关性，也可以研究同一信号在不同时刻之间的相关性。例如通过对同一时段上的日长变化资料和大气角动量资料的相关分析，可以得到它们在短周期波动上有很强的相关性的结论。

不同类型的信号，其相关性有着不同的描述方式。下面我们将给出各种信号的相关函数的表示式，讨论相关函数的性质，并给出循环相关的定义及有关定理。

在信号处理中，常把

$$E=\int_{-\infty}^{\infty}|x(t)|^2\mathrm{d}t$$

称为信号 $x(t)$ 的总能量。若 $E<\infty$，则称 $x(t)$ 是能量有限信号，也简称为能量信号。当 $x(t)$ 为实信号时，它的能量可表示为

$$E=\int_{-\infty}^{\infty}x^2(t)\mathrm{d}t$$

如果 $x(t)$ 的能量为无穷大，例如 $x(t)$ 为周期信号、阶跃信号、随机信号等等，这时一般不再研究信号的能量，而是研究其平均功率，即

$$P=\lim_{T\to\infty}\frac{1}{2T}\int_{-T}^{T}x^2(t)\mathrm{d}t$$

式中 T 为 $x(t)$ 的时间区间。若 P 是有限值，则称 $x(t)$ 为功率有限信号，简称为功率信号。

对于离散信号 $x(n)$，前面两式的积分改为求和，即

$$E=\sum_{n=-\infty}^{\infty}x^2(n)$$

$$P=\lim_{N\to\infty}\frac{1}{2N+1}\sum_{n=-N}^{N}x^2(n)$$

一般说来，对任意信号，如果其持续时间是有限的，则属于能量信号。但有些非周期信号，虽然其持续时间是无限的，但其总能量却是有限的，因此也属于能量信号，例如指数衰减信号。如果某一信号的持续时间是无限的，且总能量为无穷大，则该信号为功率信号，如周期信号、随机信号。关于随机信号的相关性描述在第一章随机过程中已经介绍，进一步的讨论将在 4.8 节中给出。

对于能量有限信号 $x(n)$ 和 $y(n)$，通常用

$$\rho_{xy}=\frac{\sum\limits_{n=-\infty}^{\infty}x(n)y(n)}{\sqrt{\sum\limits_{n=-\infty}^{\infty}x^2(n)\sum\limits_{n=-\infty}^{\infty}y^2(n)}}$$

来衡量它们的相似性。

由于 $x(n)$，$y(n)$ 的能量有限，因此它们的积也是有限的，则 ρ_{xy} 的大小完全由 $\sum x(n)y(n)$ 决定。记

$$r_{xy}=\sum_{n=-\infty}^{\infty}x(n)y(n)$$

并称它为 $x(n)$ 和 $y(n)$ 的相关系数，而称 ρ_{xy} 为归一化相关系数，其变化范围在 ± 1 之间。

ρ_{xy} 或 r_{xy} 是衡量两个信号之间相似性或线性相关性的一种度量。

在实际信号处理过程中，常常需要研究两个信号在经历了一段时间以后的相似性，为此引进 $x(n)$ 和 $y(n)$ 的互相关函数。

$$r_{xy}(k)=\sum_{n=-\infty}^{\infty}x(n)y(n+k)\quad -\infty<k<\infty$$

k 为 $y(n)$ 的延迟时间，简称时延或滞后。

观察 $r_{xy}(k)$ 的变化，可以了解在延迟了不同时间后 $y(n)$ 与 $x(n)$ 的相关程度。如果 $r_{xy}(k)$ 在 k_0 处达到最大值，说明 $y(n)$ 在延迟时间 k_0 后与 $x(n)$ 最相似，而 k_0 值反映了两个信号之间的时差。

如果 $x(n)$ 和 $y(n)$ 是复信号，则互相关函数定义为

$$r_{xy}(k)=\sum_{n=-\infty}^{\infty}x^{*}(n)y(n+k)\quad -\infty<k<\infty$$

*表示取共轭。

如果 $y(n)=x(n)$，则互相关函数变成自相关函数

$$r_{xx}(k)=\sum_{n=-\infty}^{\infty}x(n)x(n+k)\quad -\infty<k<\infty$$

并简记为 $r_x(k)$ 或 $r(k)$。

自相关函数反映了信号本身在不同时刻之间的相依性。

在第一章 1.10 节中介绍的随机过程的互相关函数和自相关函数的性质，对能量信号的互相关函数、自相关函数也适用，这里不再重述。但除此之外，对能量信号，当 $|k|\to\infty$ 时有

$$\lim_{k\to\infty}r(k)=0$$

它表明，当两个能量信号（或一个能量信号）的延迟量 k 无限增加时，便会失去其相似性。

下面给出相关与卷积的关系。由前面的介绍已知，信号 $x(n)$ 和 $y(n)$ 的卷积为

$$x(k)*y(k)=\sum_{n=-\infty}^{\infty}x(n)y(k-n)$$

而 $x(n)$ 与 $y(n)$ 的互相关函数为

$$\begin{aligned}r_{xy}(k)&=\sum_{n=-\infty}^{\infty}x(n)y(n+k)\\&=\sum_{n=-\infty}^{\infty}x(n-k)y(n)\\&=\sum_{n=-\infty}^{\infty}x[-(k-n)]y(n)\end{aligned}$$

比较上面两个式子可得两个信号 $x(n)$ 和 $y(n)$ 相关与卷积的关系

$$r_{xy}(k)=x(-k)*y(k)$$

同样也可得到一个信号的自相关与自卷积的关系

$$r_{xx}(k)=x(-k)*x(k)$$

4.5.3　线性相关与循环相关

在前一小节中，我们给出了两个无限长离散信号的互相关函数的公式。在这一小节中，我们来讨论更实际的有限长离散信号的相关性公式。

设 $x(n)$ 和 $y(n)$ 均为长度为 N 的实离散信号，则定义它们的互相关序列为

$$r_{xy}(k)=\frac{1}{N}\sum_{n=0}^{N-1}x(n)y(n+k)\quad 0\leqslant n+k\leqslant N-1 \tag{4.62}$$

对于一个有限长离散信号 $x(n)$，其自相关序列为

$$r_{xx}(k)=\frac{1}{N}\sum_{n=0}^{N-1}x(n)x(n+k)\quad 0\leqslant n+k\leqslant N-1 \tag{4.63}$$

(4.62)和(4.63)式通常被称为有限长信号的**线性相关**(linear correlation)或普通相关。对应于 N 点数据，$r_{xy}(k)$ 的长度为 $2N-1$。

和序列的循环卷积一样，下面来定义序列的循环相关函数，可以利用它来快速计算线性相关函数。

将长度为 N 的两个离散信号 $x(n)$ 和 $y(n)$ 以 N 为周期进行周期延拓，即

$$x(n)=x(n\pm N)=x(n\pm 2N)=\cdots$$
$$y(n)=y(n\pm N)=y(n\pm 2N)=\cdots$$

则称

$$r_{xy}^{c}(p)=\frac{1}{N}\sum_{n=0}^{N-1}x(n+p)y(n)\quad 0\leqslant p\leqslant N-1 \tag{4.64}$$

为 $x(n)$ 与 $y(n)$ 的**循环互相关**(circular cross-correlation)函数。

下面我们首先给出一个关于循环相关函数的定理，然后推出循环相关函数和线性相关函数的关系，最后说明利用循环相关函数求线性相关函数的方法。

定理 4.1：设 $x(n)\longleftrightarrow X(k)$，$y(n)\longleftrightarrow Y(k)$ $(0\leqslant n,k\leqslant N-1)$，则 $\frac{1}{N}X(k)Y^{*}(k)$ 的逆 DFT 等于 $r_{xy}^{c}(p)$，即

$$r_{xy}^{c}(p)=\frac{1}{N^{2}}\sum_{k=0}^{N-1}X(k)Y^{*}(k)\mathrm{e}^{\frac{\mathrm{i}2\pi kp}{N}}\quad p=0,\cdots,N-1 \tag{4.65}$$

证明：

$$\begin{aligned}&\frac{1}{N^{2}}\sum_{k=0}^{N-1}X(k)Y^{*}(k)\mathrm{e}^{\frac{\mathrm{i}2\pi kp}{N}}\\&=\frac{1}{N^{2}}\sum_{k=0}^{N-1}\left[\sum_{n=0}^{N-1}x(n)\mathrm{e}^{-\frac{\mathrm{i}2\pi kn}{N}}\right]\left[\sum_{l=0}^{N-1}y(l)\mathrm{e}^{\frac{\mathrm{i}2\pi kl}{N}}\right]\mathrm{e}^{\frac{\mathrm{i}2\pi kp}{N}}\end{aligned}$$

$$=\frac{1}{N}\sum_{n=0}^{N-1}x(n)\sum_{l=0}^{N-1}y(l)\left[\frac{1}{N}\sum_{k=0}^{N-1}\mathrm{e}^{\frac{\mathrm{i}2\pi k(l+p-n)}{N}}\right]$$

其中

$$\frac{1}{N}\sum_{k=0}^{N-1}\mathrm{e}^{\frac{\mathrm{i}2\pi k(l+p-n)}{N}}=\begin{cases}1 & l+p-n=\nu N\\ 0 & 其他\end{cases}$$

因为 l,p,n 的取值范围均是从 0 到 $N-1$，故有 $1-N<l+p-n<2N-2$，因此 ν 只能取 0 或 1。这时(4.65)式右边为

$$\frac{1}{N}\left[\sum_{l=0}^{N-p-1}x(l+p)y(l)+\sum_{l=N-p}^{N-1}x(l+p-N)y(l)\right]$$

利用循环定义有

$$\sum_{l=N-p}^{N-1}x(l+p-N)y(l)=\sum_{l=N-p}^{N-1}x(l+p)y(l)$$

因此有

$$\begin{aligned}\frac{1}{N^2}\sum_{k=0}^{N-1}X(k)Y^*(k)\mathrm{e}^{\frac{\mathrm{i}2\pi kp}{N}}&=\frac{1}{N}\sum_{l=0}^{N-1}x(l+p)y(l)\\&=r_{xy}^c(p)\end{aligned}$$

下面推导循环相关函数和线性相关函数之间的关系。由前面推导的中间结果有

$$r_{xy}^c(p)=\frac{1}{N}\left[\sum_{l=0}^{N-p-1}x(l+p)y(l)+\sum_{l=N-p}^{N-1}x(l+p-N)y(l)\right]$$

令 $l+p-N=k$，则上式右端第二项为

$$\begin{aligned}\sum_{l=N-p}^{N-1}x(l+p-N)y(l)&=\sum_{k=0}^{p-1}x(k)y(k+N-p)\\&=r_{xy}(N-p)\end{aligned}$$

最后得

$$r_{xy}^c(p)=r_{yx}(p)+r_{xy}(N-p) \tag{4.66}$$

(4.66)式表明，循环互相关函数是由两个线性互相关函数叠加而成的。

类似地，循环自相关函数定义为

$$r^c(p)=\frac{1}{N}\sum_{n=0}^{N-1}x(n)x(n+p)\quad 0\leqslant p\leqslant N-1 \tag{4.67}$$

并且也存在相应的定理如下。

定理 4.2：设 $X(k)$ 为有限离散信号 $x(n)$ 的有限离散傅里叶变换，则 $\frac{1}{N}|X(k)|^2$ 的逆傅里叶变换等于 $r^c(p)$，即

$$r^c(p)=\frac{1}{N^2}\sum_{k=0}^{N-1}|X(k)|^2\mathrm{e}^{\frac{\mathrm{i}2\pi kp}{N}} \tag{4.68}$$

而循环自相关函数和线性自相关函数之间的关系为

$$r^c(p) = r(p) + r(N-p) \quad p = 0, \cdots, N-1 \tag{4.69}$$

定理 4.2 及(4.69)式的证明可按定理 4.1 的证明类推,这里不再赘述。

那么如何利用循环相关函数来求线性相关函数呢?最简单的方法是在 $x(n)$ 和 $y(n)$ 后面都加上 N 个"0",然后利用加"0"以后的长度为 $2N$ 的序列 $x'(n)$, $y'(n)$ $(0 \leqslant n \leqslant 2N-1)$,按定理 4.1 或定理 4.2 计算循环互相关函数或循环自相关函数,并由(4.67)式和(4.69)式可知,只要取循环互(自)相关函数的前 N 个值并乘以系数 2 即可得到所求的线性互(自)相关函数。

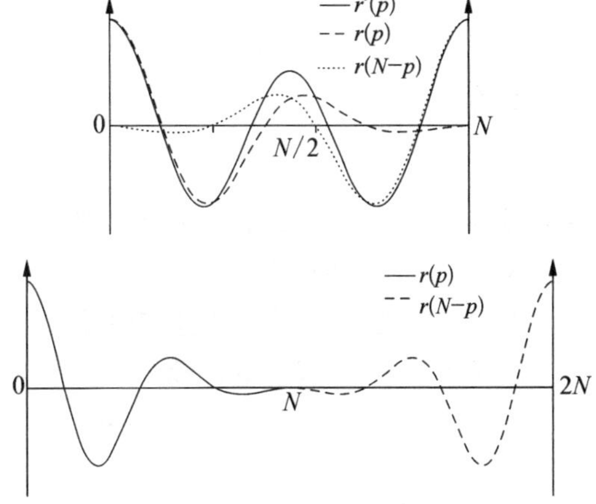

图 4.12 循环相关与线性相关的关系

图 4.12 给出了循环自相关函数和线性自相关函数关系的示意图。从图中不难看出,加零以后的循环自相关函数前后两部分完全分开了,而前半部分正好就是线性自相关函数。

根据定理 4.1 和定理 4.2,循环相关函数的计算是可以利用快速算法的,关于这一点我们将在后面再做介绍。

4.6 快速傅里叶变换(FFT)

离散傅里叶变换是数据处理中常用的变换方法,但是当数据长度 N 很大时,直接利用(4.52)式或(4.53)式计算时,计算量是很大的。在

$$X(k) = \sum_{n=0}^{N-1} x(n) W_N{}^{nk} \tag{4.70}$$

和

$$x(n) = \frac{1}{N} \sum_{k=0}^{N-1} X(k) W_N{}^{-nk} \tag{4.71}$$

中$(W_N = e^{-i2\pi/N})$。如果 $x(n)$ 和 $X(k)$ 均为复数,则计算一组 $X(k)$ $(0 \leqslant k \leqslant N-1)$ 或 $x(n)$ $(0 \leqslant n \leqslant N-1)$ 需要计算 N^2 次复数乘法和 $N(N-1)$ 次复数加法。因此用 DFT 对信号作实时处理的可行性受到了限制。

1965 年库利(J. W. Cooly)和图基(J. W. Tukey)提出了计算 DFT 的快速算法——快速傅里叶变换(简称 FFT),它使 DFT 的计算速度产生了数量级的变化。如对 $N=2^{10}$ 的情况,直接用 DFT 计算,需要进行 $N^2 = 1048576$ 次复乘;但如果使用 FFT,则只需作 $N\log_2 N = 10240$ 次复乘。尤其是,N 越大,运算次数减少得越多,效率就越高。FFT 的出现大大地推动了离散傅里叶变换在各个学科中的应用。另外,FFT 在功率谱、相关函数和卷积的计算中也发挥了很大的作用。

4.6.1 FFT 的基本原理及递推公式

FFT 的算法形式很多,我们介绍的是一种常用的基本方法——时间分解法。这种方法

要求数据量 N 是 2 的整数次幂，即 $N=2^M$（M 是大于 1 的正整数）。

在 FFT 算法中，很重要的一点是利用了(4.70)式中 W_N 的性质：

周期性

$$W_N{}^r = W_N{}^{r+mN} \tag{4.72}$$

对称性

$$W_N{}^r = -W_N{}^{(r\pm N/2)} \tag{4.73}$$

并通过将序列 $x(n)$ 划分成许多短序列，并计算这些短序列的 DFT，然后再把它们巧妙地组合起来得到全序列的 DFT。

下面我们先介绍 FFT 的基本原理，最后给出方便编制程序的 FFT 算法的递推公式。

把原序列 $x(n)$ 按 n 为偶数和奇数分成两个序列，即

$$\begin{aligned} g(l) &= x(2l) \\ h(l) &= x(2l+1) \end{aligned} \qquad l=0,1,2,\cdots,\frac{N}{2}-1$$

这两个子序列的长度为 $N/2$，它们的离散傅里叶变换为

$$\begin{gathered} G(k)=\sum_{l=0}^{\frac{N}{2}-1} g(l) W_{N/2}{}^{lk}=\sum_{l=0}^{\frac{N}{2}-1} x(2l) W_N{}^{2lk} \\ H(k)=\sum_{l=0}^{\frac{N}{2}-1} h(l) W_{N/2}{}^{lk}=\sum_{l=0}^{\frac{N}{2}-1} x(2l+1) W_N{}^{2lk} \\ k=0,1,2,\cdots,\frac{N}{2}-1 \end{gathered} \tag{4.74}$$

显然，$G(k)$和 $H(k)$都是以 $N/2$ 为周期的周期函数，即 $G(k)=G(k+\frac{N}{2})$，$H(k)=H(k+\frac{N}{2})$，下面我们用 $G(k)$，$H(k)$的组合表示原序列的变换 $X(k)$，

$$\begin{aligned} X(k) &= \sum_{n=0}^{N-1} x(n) W_N{}^{nk} \\ &= \sum_{l=0}^{\frac{N}{2}-1} x(2l) W_N{}^{2lk} + \sum_{l=0}^{\frac{N}{2}-1} x(2l+1) W_N{}^{(2l+1)k} \\ &= G(k) + H(k) W_N{}^k \quad k=0,1,2,\cdots,\frac{N}{2}-1 \end{aligned} \tag{4.75}$$

由 $G(k)$和 $H(k)$的周期性以及 $W_N{}^k$ 的对称性可知，当 $k\geqslant\frac{N}{2}$时 $X(k)$的值为

$$\begin{aligned} X\left(k+\frac{N}{2}\right) &= G\left(k+\frac{N}{2}\right) + H\left(k+\frac{N}{2}\right) W_N{}^{k+\frac{N}{2}} \\ &= G(k) - H(k) W_N{}^k \quad k=0,1,2,\cdots,\frac{N}{2}-1 \end{aligned} \tag{4.76}$$

(4.75)式和(4.76)式组成了一对基本的快速运算公式

$$\begin{cases} X(k)=G(k)+H(k)W_N{}^k \\ X\left(k+\dfrac{N}{2}\right)=G(k)-H(k)W_N{}^k \end{cases} \quad k=0,\cdots,\frac{N}{2}-1 \tag{4.77}$$

由上面的分析不难看出，我们把计算 N 点的有限离散傅里叶变换分解为两个只计算 $N/2$ 点的 DFT，它们本身各需 $(N/2)^2$ 次复乘，而将这两个 $N/2$ 点 DFT 组合成 N 点 DFT 时需要 $2\times N/2$ 次复乘。因此，通过第一次分解，计算全部 $X(k)$ 共需 $2(N/2)^2+N$ 次复乘。由此可见，仅仅作了一次分解就使计算量差不多减少了一半。由于所取数据长度 $N=2^M$，所以序列 $g(l)$ 和 $h(l)$ 还可以再分成两组。用类似的方法计算各组的 DFT，然后进行组合，这样的分解可以继续进行下去，直到最后只对两个点进行 DFT。此运算次数将再次减少，总的复乘次数为 $N\log_2 N=NM$，和对原序列直接进行 DFT 所需的复乘次数 N^2 之比为 $(\log_2 N)/N$，且 N 越大这一比值越小，计算的效率也越高。这就是利用“时间分解法”的 FFT 算法节省运算量的原理。

例 4.5：以 $N=8=2^3$ 为例描述上述分解组合过程。

解：设原序列为 $x(n)(n=0,1,\cdots,7)$，用 FFT 计算它的 DFT，$X(k)(k=0,1,\cdots,7)$。具体计算过程可分三步：

第一步　首先将 $x(n)$ 分成偶、奇两组 $g(l)$ 和 $h(l)$，每组各 4 个数据。然后再把 $g(l)$ 和 $h(l)$ 按偶奇分成两组，记为 $e(l)$，$f(l)$，$u(l)$，$v(l)$。我们把它称为子序列，每个子序列有 2 个数据。它们可写成

$$x(n)=\begin{cases} g(l)=\begin{cases} \left.\begin{matrix} g(0)=x(0) \\ g(1)=x(2) \end{matrix}\right\} e(l)=\begin{cases} e(0)=x(0) \\ e(1)=x(4) \end{cases} \\ \left.\begin{matrix} g(2)=x(4) \\ g(3)=x(6) \end{matrix}\right\} f(l)=\begin{cases} f(0)=x(2) \\ f(1)=x(6) \end{cases} \end{cases} \\ h(l)=\begin{cases} \left.\begin{matrix} h(0)=x(1) \\ h(1)=x(3) \end{matrix}\right\} u(l)=\begin{cases} u(0)=x(1) \\ u(1)=x(5) \end{cases} \\ \left.\begin{matrix} h(2)=x(5) \\ h(3)=x(7) \end{matrix}\right\} v(l)=\begin{cases} v(0)=x(3) \\ v(1)=x(7) \end{cases} \end{cases} \end{cases}$$

第二步　计算各个子序列的 DFT，

$$\begin{cases} E(k)=\sum\limits_{l=0}^{1} e(l)W_{N/4}{}^{lk}=\sum\limits_{l=0}^{1} e(l)W_N{}^{4lk} \\ F(k)=\sum\limits_{l=0}^{1} f(l)W_N{}^{4lk} \\ U(k)=\sum\limits_{l=0}^{1} u(l)W_N{}^{4lk} \\ V(k)=\sum\limits_{l=0}^{1} v(l)W_N{}^{4lk} \end{cases} \quad k=0,1$$

$E(k)$，$F(k)$，$U(k)$，$V(k)$ 均以 $N/4$ 为周期。

第三步　利用与(4.77)式类似的公式，将各个子序列的 DFT 进行组合得到原序列的 DFT。

(1) 先由 $E(k)$，$F(k)$，$U(k)$，$V(k)$组合得到 $g(l)$，$h(l)$的变换 $G(k)$，$H(k)$。

$$\begin{aligned} G(k) &= E(k) + F(k)W_N^{2k} \\ H(k) &= U(k) + V(k)W_N^{2k} \end{aligned} \quad k=0,1$$

利用 $E(k)$，$F(k)$，$U(k)$，$V(k)$的周期性及 W_N^k 的对称性可得

$$\begin{aligned} G\left(k+\frac{N}{4}\right) &= E(k) - F(k)W_N^{2k} \\ H\left(k+\frac{N}{4}\right) &= U(k) - V(k)W_N^{2k} \end{aligned} \quad k=0,1$$

整理后得

$$\begin{cases} G(k) = E(k) + F(k)W_N^{2k} \\ G\left(k+\frac{N}{4}\right) = E(k) - F(k)W_N^{2k} \\ H(k) = U(k) + V(k)W_N^{2k} \\ H\left(k+\frac{N}{4}\right) = U(k) - V(k)W_N^{2k} \end{cases} \quad k=0,1$$

(2) 由 $G(k)$，$H(k)$的组合得 $X(k)$。

根据(4.77)式，由已知的 $G(k)$和 $H(k)$组合可得原序列的变换 $X(k)$。

$$\begin{cases} X(k) = G(k) + H(k)W_N^{k} \\ X\left(k+\frac{N}{2}\right) = G(k) - H(k)W_N^{k} \end{cases} \quad k=0,1,2,3 \tag{4.78}$$

上述的分解重组过程可以推广到利用 FFT 计算任意 $N=2^M$ 的序列的 DFT 的情形。

最后我们再来讨论一下当 $N\neq 2^M$ 时，对于这种基于 $N=2^M$ 的 FFT 算法的处理办法。一般可以采用两种方法：一是截断法，即对一个很长的原序列 N'截取其中 $N=2^M$($N'/2<N<N'$)的一部分计算其频谱；二是补 0 法，即将所给数据长度增长到最邻近的一个 $N=2^M$($N'<N<2N'$)，也就是在 N'后补 $2^M-N'$个 0，使之变成长度为 2^M 的数据。补 0 后增加了频谱取样的点数，但不影响频谱 $X(\omega)$的性质。

FFT 算法有很多种，基于 $N=2^M$ 的 FFT 也有两种(时间分解法和频率分解法)，目前一般认为基—2 FFT 比其他算法程序更简单，效率也高。

4.6.2　实序列的 FFT

前面介绍的 FFT 算法是针对复序列而言的。如果给定的需要变换的序列 $x(n)$是实序列，对它进行 FFT 时，可以将虚部充“0”直接套用复序列的 FFT 程序。但也可以采用更有效的办法，下面介绍的两种方法可更节省时间和内存。

1. 一次计算两个实序列的 DFT

设 $x_1(n)$和 $x_2(n)$是两个各有 $N=2^M$ 点的实序列，它们的 DFT 分别为 $X_1(k)$和

$X_2(k)$。首先我们把 $x_1(n)$ 和 $x_2(n)$ 组成一个复序列，即

$$x(n)=x_1(n)+\mathrm{i}x_2(n)\quad n=0,\cdots,N-1 \tag{4.79}$$

设 $x(n)$ 的 DFT 为 $X(k)$，由傅里叶变换的线性定理可得

$$X(k)=X_1(k)+\mathrm{i}X_2(k)\quad k=0,\cdots,N-1 \tag{4.80}$$

在(4.80)式中用 $N-k$ 代替 k，并对等式两边取共轭，再利用实序列傅里叶变换的共轭性可以得到

$$X^*(N-k)=X_1(k)-\mathrm{i}X_2(k) \tag{4.81}$$

由(4.80)式和(4.81)式可以解得

$$\begin{aligned}X_1(k)&=\frac{1}{2}[X(k)+X^*(N-k)]\\&=\frac{1}{2}[X_r(k)+X_r(N-k)]+\mathrm{i}\,\frac{1}{2}[X_i(k)-X_i(N-k)]\end{aligned} \tag{4.82}$$

$$\begin{aligned}X_2(k)&=\frac{1}{2\mathrm{i}}[X(k)-X^*(N-k)]\\&=\frac{1}{2}[X_i(k)+X_i(N-k)]-\mathrm{i}\,\frac{1}{2}[X_r(k)-X_r(N-k)]\end{aligned} \tag{4.83}$$

这样就把 $x(n)$ 的 FFT 运算结果 $X(k)$ 通过(4.82)和(4.83)式转换成为两个实序列的变换结果。这种方法可以使计算效率提高一倍。

2. 利用 N 点的 FFT 计算 $2N$ 点的实序列的 DFT

设 $x(n)$ 是一个长度为 $2N$ 的实序列，我们把它按 n 的奇偶分成两个 N 点的实序列 $x_1(n)$ 和 $x_2(n)$，然后利用它们构成一个 N 点的复序列 $y(n)$，即

$$y(n)=x_1(n)+\mathrm{i}x_2(n)\quad n=0,\cdots,N-1 \tag{4.84}$$

设 $x_1(n)$，$x_2(n)$，$y(n)$ 的 DFT 分别为 $X_1(k)$，$X_2(k)$ 和 $Y(k)$，$Y(k)$ 可由 $y(n)$ 直接用 N 点的 FFT 得到，再利用(4.82)和(4.83)式可得到 $X_1(k)$ 和 $X_2(k)$，即

$$X_1(k)=\frac{1}{2}[Y(k)+Y^*(N-k)]$$

$$X_2(k)=\frac{1}{2\mathrm{i}}[Y(k)-Y^*(N-k)]$$

而原序列 $x(n)$ 的 DFT 为

$$\begin{aligned}X(k)&=\sum_{n=0}^{2N-1}x(n){W_N}^{nk}=\sum_{l=0}^{N-1}x(2l){W_{2N}}^{2lk}+\sum_{l=0}^{N-1}x(2l+1){W_{2N}}^{(2l+1)k}\\&=\sum_{l=0}^{N-1}x(2l){W_N}^{lk}+\sum_{l=0}^{N-1}x(2l+1){W_N}^{lk}\cdot {W_{2N}}^{k}=X_1(k)+X_2(k){W_N}^{k/2}\end{aligned} \tag{4.85}$$

利用实序列 DFT 的共轭性又有

$$X(2N-k)=X^{*}(k) \quad k=0,\cdots,N-1 \tag{4.86}$$

根据(4.85)和(4.86)式便可得到原实序列的 $2N$ 个变换值。

这种方法可总结为：先把一个 $2N$ 点的实序列 $x(n)$ 按 n 的奇偶分开，用它们组成一个 N 点的复序列（偶数序号的实数点作为复序列的实部，奇数序号的实数点作为复序列的虚部）。对此复序列应用 N 点的 FFT 算法得到这个复序列的 DFT，再利用(4.85)和(4.86)式得到原实序列的变换结果。显然，这也是一种节约运算量的方法。

4.6.3 FFT 的应用

FFT 算法是 DFT 的一种快速计算方法，凡是用到傅里叶变换的地方都可以用 FFT 算法来实现。

1. 利用 FFT 算法可以实现频谱计算

根据帕斯卡定理可知，有限离散信号的能谱 $A(\omega)$ 是该信号的傅里叶变换 $X(\omega)$ 的模。因此，可以利用 FFT 算法实现频谱计算。

$$A(k)=|X(k)|=\sqrt{X_r^2(k)+X_i^2(k)}$$

2. 利用 FFT 可以求 IDFT

离散傅里叶逆变换公式

$$\begin{aligned} x(n) &= \frac{1}{N}\sum_{k=0}^{N-1} X(k)W^{-nk} \\ &= \frac{1}{N}\left[\sum_{k=0}^{N-1} X^{*}(k)W^{nk}\right]^{*} \\ &= \frac{1}{N}\{\mathcal{FFT}[X^{*}(k)]\}^{*} \end{aligned}$$

因此，可以得到用 FFT 程序求 IDFT 的方法：

(1) 将 $X(k)$ 取共轭得 $X^{*}(k)$；

(2) 对 $X^{*}(k)$ 进行 FFT 运算；

(3) 对 FFT 的结果取共轭并除以 N 得 $x(n)$。

利用线性卷积和循环卷积、线性相关和循环相关之间的关系，FFT 还可以运用到卷积和相关的计算中，达到快速卷积和快速相关的目的。

3. 利用 FFT 进行快速卷积

若 $x_1(n)$ 和 $x_2(n)$ 是长度分别为 N_1 和 N_2 的两个序列，则在 $x_1(n)$ 的后面补 N_2-1 个零，在 $x_2(n)$ 后面补 N_1-1 个零，使得两个序列的长度都变为 N_1+N_2-1。由(4.61)式可知，$x_1(n)$ 和 $x_2(n)$ 的线性卷积 $y(n)$ 为

$$y(n)=x_1(n)*x_2(n)=x_1'(n)\ \boxed{N_1+N_2-1}\ x_2'(n)$$

如果直接利用线性卷积的公式(4.59)计算 $y(n)$，则需要进行 N_1^2 次乘法，计算量比较大。因此，通常情况下是利用时间卷积定理，并借助于 FFT 求循环卷积，再得线性卷积。为了满足 FFT 的要求，还必须使 $N=2^M \geqslant N_1+N_2-1$。求 $y(n)$的具体步骤如下：

(1) 由 $x_1(n)$利用 FFT 求 $X_1(k)$；

(2) 由 $x_2(n)$利用 FFT 求 $X_2(k)$；

(3) 由时间卷积定理 $Y(k)=X_1(k)\cdot X_2(k)$；

(4) 对 $Y(k)$求逆快速傅里叶变换得 $y(n)$。

利用这种方法所需的总的乘法次数为

$$[(N/2)\log_2 N]\times 2+N+(N/2)\log_2 N=\frac{3}{2}N\log_2 N+N$$

例如当 $N=512$ 时，在时域中直接求 $y(n)$需 262144 次乘法，而用 FFT 在频域中间接求 $y(n)$仅需 7424 次乘法，节约了 35 倍多的时间。如果 $x_1(n)$，$x_2(n)$均为实序列，则可利用通过一次 FFT 同时计算两个实序列的方法，计算量还可以再节省一半。

4. 利用 FFT 求快速相关

利用循环相关函数的定理(4.65)以及循环相关和线性相关的关系(4.66)，也不难得到利用 FFT 求线性相关的方法。

设 $x(n)$和 $y(n)$为长度分别是 N_1 和 N_2 的序列，为了从循环相关序列中分出线性相关序列，需要在 $x(n)$，$y(n)$后面补 0，即在它们后面分别补上 N_2-1 和 N_1-1 个 0。同时由于 FFT 算法的要求，最后的长度 N 必须满足 $N=2^M \geqslant N_1+N_2-1$。

具体步骤为：

(1) 利用 FFT 求 $x(n)$的 DFT 得 $X(k)$，$k=0,\cdots,N-1$；

(2) 利用 FFT 求 $y(n)$的 DFT 得 $Y(k)$，$k=0,\cdots,N-1$；

(3) 对 $Y(k)$取共轭并乘以 $X(k)$，得 $X(k)Y^*(k)$；

(4) 利用 IFFT 求 $X(k)Y^*(k)$的 IDFT(利用(4.65)式)得到循环相关序列 $r_{xy}^c(p)$，$p=0,\cdots,N-1$；

(5) 取 $r_{xy}^c(p)$中的前一半即为 $x(n)$和 $y(n)$的线性相关序列。

当 $y(n)=x(n)$时，通过同样的步骤可得到自相关序列。

4.7 二维的傅立叶变换、卷积与相关

对于一维的信号来说，可以利用傅里叶变换将其从难以理解的时域变换到易于分析的频域中去。而天文中的很多观测结果都会形成二维的图像，例如光学观测中 CCD 底片的成像。这些图像的处理，同样也可以借助傅里叶变换进行。

4.7.1 连续信号的傅立叶变换

对一个依赖于两个变量 x 和 y 的二维无限连续信号 $f(x,y)$，存在一个二维傅里叶变换 $F(u,v)$，它们之间存在如下关系：

$$F(u,v)=\int_{-\infty}^{\infty}\int_{-\infty}^{\infty}f(x,y)\mathrm{e}^{-\mathrm{i}2\pi(ux+vy)}\mathrm{d}x\mathrm{d}y$$

$$f(x,y)=\frac{1}{4\pi^2}\int_{-\infty}^{\infty}\int_{-\infty}^{\infty}F(u,v)\mathrm{e}^{\mathrm{i}2\pi(ux+vy)}\mathrm{d}u\mathrm{d}v$$

这两个式子描述了二维函数 $f(x,y)$按分量 $\exp[\mathrm{i}2\pi(ux+vy)]$ 的分解,$F(u,v)$ 被称为二维信号$f(x,y)$ 的二维频谱。一般情况下,$F(u,v)$是复值函数,可表示成

$$F(u,v)=\mathrm{Re}(u,v)+\mathrm{iIm}(u,v)$$

则$|F(u,v)|=[\mathrm{Re}^2(u,v)+\mathrm{Im}^2(u,v)]^{1/2}$。如果 $f(x,y)=f_1(x)f_2(y)$,则二维傅里叶变换可视为两个一维的傅里叶变换,即

$$F(u,v)=F_1(u)F_2(v)$$

$$F_1(u)=\int_{-\infty}^{\infty}f_1(x)\mathrm{e}^{-\mathrm{i}2\pi ux}\mathrm{d}x$$

$$F_2(v)=\int_{-\infty}^{\infty}f_2(y)\mathrm{e}^{-\mathrm{i}2\pi vy}\mathrm{d}y$$

二维的有限长信号也可被看作是无限长信号与二维矩形窗口 $w(x,y)$的乘积

$$w(x,y)=\begin{cases}1 & |x|\leqslant X \text{ 且} |y|\leqslant Y\\ 0 & \text{其他}\end{cases}$$

其傅里叶变换为

$$\begin{aligned}W(u,v)&=\int_{-X}^{X}\int_{-Y}^{Y}\mathrm{e}^{-\mathrm{i}(ux+vy)}\mathrm{d}x\mathrm{d}y\\&=4\cdot\frac{\sin uX}{u}\frac{\sin vY}{v}\end{aligned}$$

4.7.2 离散傅里叶变换

设 $f(m,n)$是在空间域上等间隔采样得到的 $M\times N$ 的二维离散信号,m 和 n 是离散实变量,l 和 k 为离散频率变量,则二维离散傅里叶变换对一般地定义为

$$F(l,k)=\sum_{m=0}^{M-1}\sum_{n=0}^{N-1}f(m,n)\mathrm{e}^{-\mathrm{i}2\pi\left(\frac{lm}{M}+\frac{kn}{N}\right)}\qquad m=0,\cdots,M-1,\quad n=0,\cdots,N-1$$

$$f(m,n)=\frac{1}{MN}\sum_{l=0}^{M-1}\sum_{k=0}^{N-1}F(l,k)\mathrm{e}^{\mathrm{i}2\pi\left(\frac{lm}{M}+\frac{kn}{N}\right)}\qquad l=0,\cdots,M-1,\quad k=0,\cdots,N-1$$

二维离散傅里叶变换的频谱的模定义为 $f(m,n)$的功率谱,记为

$$A(u,v)=|F(u,v)|=\sqrt{\mathrm{Re}^2(u,v)+\mathrm{Im}^2(u,v)}$$

此外,二维离散傅里叶变换还具有可分离性,其基本思想是将其分离为两次一维 DFT。对于一个 $M\times N$ 的二维离散信号 $f(m,n)$,先对变量 n 做一次长度为 N 的一维离散傅里叶变换,再利用计算结果对变量 m 做一次长度为 M 的傅里叶变换,就可以得到该图像的傅里叶变换结果,即

$$F(m,k)=\sum_{n=0}^{N-1}f(m,n)\mathrm{e}^{-\mathrm{i}2\pi kn/N}$$

$$F(l,k)=\sum_{m=0}^{M-1}F(m,k)\mathrm{e}^{-\mathrm{i}2\pi lm/M}$$

因此可以用通过计算两次一维的 FFT 来得到二维快速傅里叶 FFT 算法。

4.7.3　离散卷积和相关

设有两个二维序列 $x(l,k)(0\leqslant l\leqslant M-1,0\leqslant k\leqslant N-1)$和 $h(l,k)(0\leqslant l\leqslant L-1,0\leqslant k\leqslant K-1)$，则称

$$x(l,k)*h(l,k)=\sum_{m=0}^{M-1}\sum_{n=0}^{N-1}x(m,n)h(l-m,k-n)$$
$$0\leqslant l-m\leqslant L-1\quad 0\leqslant k-n\leqslant K-1$$

为 $x(l,k)$和 $h(l,k)$的线性卷积，可用$(M+L-1)\times(N+K-1)$的矩阵来表示。

和一维卷积相似，在计算二维离散卷积时，也是通过补“0”后计算循环卷积的手段来实现的。同样，也存在着时域卷积定理和频域卷积定理，具体的描述如下：

设有序列$x(m,n)\xleftrightarrow{\mathcal{DFT}}X(l,k)\quad 0\leqslant l\leqslant M-1,\quad 0\leqslant k\leqslant N-1$

$$h(m,n)\xleftrightarrow{\mathcal{DFT}}H(l,k)\quad 0\leqslant m\leqslant M-1,\quad 0\leqslant n\leqslant N-1$$

则存在时域循环卷积定理

$$x(m,n)\boxed{M\times N}h(m,n)\xleftrightarrow{\mathcal{DFT}}X(l,k)H(l,k)$$

和频域循环卷积定理

$$x(m,n)h(m,n)\xleftrightarrow{\mathcal{DFT}}\frac{1}{MN}X(l,k)\boxed{M\times N}H(l,k)$$

式中$\boxed{M\times N}$表示第一维和第二维分别按 M 和 N 做循环卷积。

设 $x(m,n)$和 $y(m,n)$均为长度为 $M\times N$ 的二维离散信号，则定义它们的互相关序列为

$$r_{xy}(p,q)=\frac{1}{MN}\sum_{m=0}^{M-1}\sum_{n=0}^{N-1}x(m,n)y(m+p,n+q)$$
$$0\leqslant m+p\leqslant M-1\quad 0\leqslant n+q\leqslant N-1$$

为了实现二维序列相关的快速计算，同样引入循环互相关的定义，表述如下：

$$r_{xy}^{c}(p,q)=\frac{1}{MN}\sum_{m=0}^{M-1}\sum_{n=0}^{N-1}x(m+p,n+q)y(m,n)$$

二维序列的循环互相关和线性互相关之间也存在着类似(4.66)式的关系。

如果 $x(m,n)\xleftrightarrow{\mathcal{DFT}}X(l,k),y(m,n)\xleftrightarrow{\mathcal{DFT}}Y(l,k)$，则有

$$r_{xy}^{c}(p,q)\xleftrightarrow{\mathcal{DFT}}\frac{1}{MN}X(l,k)\cdot Y(l,k)$$

利用上式以及循环相关和线性相关之间的关系，同样可以实现二维序列相关的快速计算。

4.8 平稳随机信号的功率谱

谱分析是通过在频域上揭示信号隐含的变化规律，从而对信号进行特征分析的一种手段。信号的频谱形式常常要比它的原始信号简单，也更便于解释。谱分析在天文学中，尤其是在天文时间序列的分析中有着普遍的应用。

根据前面描述的傅里叶变换性质可以看出，对于确定性信号，其傅里叶频谱也是确定的，即它们具有确定的幅度特性和相位特性。这是对确定性信号进行谱分析的特点。

随机信号是功率信号，不满足绝对可积的条件。不同的样本在同一时刻的值是不确定的。因此，对于任一个离散随机信号的某个样本的傅里叶变换是无意义的。然而，由于一个各态历经的平稳随机过程可以用时间平均来代替总体平均，也就是说，一个各态历经的平稳随机信号具有确定的均值和自协方差函数，因此可以对自协方差函数进行傅里叶变换，而协方差序列的量纲是功率。这样，就对随机信号引进了功率谱密度函数的概念。

4.8.1 功率谱密度函数

若一个各态历经的、均值为零的平稳随机信号 $x(t)$ 的**自协方差函数**为 $r_x(\tau)$，并满足

$$\int_{-\infty}^{\infty} |r_x(\tau)| \mathrm{d}\tau < \infty$$

则定义 $r_x(\tau)$ 的傅里叶变换 $S_x(w)$ 为 $x(t)$ 的**自功率谱密度函数**(power spectral density)，即

$$S_x(\omega) = \int_{-\infty}^{\infty} r_x(\tau) \mathrm{e}^{-\mathrm{i}\omega\tau} \mathrm{d}\tau \tag{4.87}$$

同时定义其逆傅里叶变换为

$$r_x(\tau) = \frac{1}{2\pi} \int_{-\infty}^{\infty} S_x(\omega) \mathrm{e}^{\mathrm{i}\omega\tau} \mathrm{d}\omega \tag{4.88}$$

由自协方差函数的定义式

$$r_x(\tau) = \lim_{T\to\infty} \frac{1}{2T} \int_{-T}^{T} [x(t) - \mu_x][x(t+\tau) - \mu_x] \mathrm{d}t$$

不难看出，滞后 $\tau=0$ 的自协方差函数即为 $x(t)$ 的平均功率，且有

$$r_x(0) = \frac{1}{2\pi} \int_{-\infty}^{\infty} S_x(\omega) \mathrm{d}\omega$$

所以 $S_x(\omega)$ 代表了功率相对于频率的分布，故而得名为自功率谱密度函数。

因为自协方差函数是偶函数，所以自功率谱密度函数为非负偶函数，故而(4.87)式可写成

$$S_x(\omega) = 2\int_{0}^{\infty} r_x(\tau) \cos \omega\tau \mathrm{d}\tau \tag{4.89}$$

对于平稳各态历经序列 $x(n)$，若它的自协方差序列记为 $r_x(k)$，则定义 $x(n)$ 的功率谱密度为

$$S_x(\omega)=\sum_{k=-\infty}^{\infty} r_x(k)\mathrm{e}^{-\mathrm{i}k\omega} \tag{4.90}$$

而

$$r_x(k)=\frac{1}{2\pi}\int_{-\infty}^{\infty} S_x(\omega)\mathrm{e}^{\mathrm{i}k\omega}d\omega \tag{4.91}$$

4.8.2 几个例子

下面我们给出几种基本类型的平稳随机信号的自协方差函数和自功率谱密度函数作为例子。

1. 正弦随机信号

设有正弦波平稳随机信号 $x(t)=A\sin(\omega_0 t+\theta)$，其中 A,ω_0 为常数，θ 为在$[0,2\pi]$上均匀分布的随机变量，则

$$\begin{aligned} r_x(\tau) &= \frac{1}{2\pi}\int_{-\pi}^{\pi} A\sin(\omega_0 t+\theta)\cdot A\sin(\omega_0 t+\omega_0\tau+\theta)\mathrm{d}t \\ &= \frac{A^2}{2}\cos\omega_0\tau \end{aligned} \tag{4.92}$$

而相应的自功率谱密度函数 $S_x(\omega)$为

$$\begin{aligned} S_x(\omega) &= \int_{-\infty}^{\infty} \frac{A^2}{2}\cos(\omega_0\tau)\mathrm{e}^{-\mathrm{i}\omega\tau}\mathrm{d}\tau \\ &= \frac{A^2}{2}[\delta(\omega-\omega_0)+\delta(\omega+\omega_0)] \end{aligned} \tag{4.93}$$

(4.92)式和(4.93)式表明正弦相位随机信号的自协方差函数(或自相关函数)是与原正弦波具有相同周期的余弦波，而它的自功率谱密度函数在正弦波的频率处出现一个脉冲。这就是我们可以利用功率谱来寻找信号的隐含周期的依据。

2. 带限噪声信号

如果一个信号在较宽的频带内有相同的谱密度，则称它为有限带宽噪声信号或者带限噪声信号。它的自功率谱密度函数可表示为

$$S_x(\omega)=\begin{cases} S_0 & \omega_1\leqslant|\omega|\leqslant\omega_2 \\ 0 & \text{其他} \end{cases} \tag{4.94}$$

利用(4.88)式可以得到它的自协方差函数

$$\begin{aligned} r_x(\tau) &= \frac{1}{2\pi}\int_{-\infty}^{\infty} S_x(\omega)\mathrm{e}^{\mathrm{i}\omega\tau}\mathrm{d}\omega \\ &= \frac{1}{2\pi}\int_{-\omega_2}^{-\omega_1} S_0\mathrm{e}^{\mathrm{i}\omega\tau}\mathrm{d}\omega+\frac{1}{2\pi}\int_{\omega_1}^{\omega_2} S_0\mathrm{e}^{\mathrm{i}\omega\tau}\mathrm{d}\omega \\ &= \frac{S_0}{\pi\tau}(\sin\omega_2\tau-\sin\omega_1\tau) \end{aligned} \tag{4.95}$$

如果 $\omega_1=0,\omega_2=\omega_0$，且当 $|\omega|\leqslant\omega_0$ 时 $S_x(\omega)=S_0$，则

$$r_x(\tau)=\frac{S_0\omega_0}{\pi}\frac{\sin\omega_0\tau}{\omega_0\tau} \tag{4.96}$$

是一个 sinc 函数。

3. 白噪声

一个随机信号 $x(t)$，如果其均值为零，功率谱在全频带范围内为非零常数，即

$$S_x(\omega)=S_0 \quad |\omega|\leqslant\infty \tag{4.97}$$

则称 $x(t)$ 为白噪声，它是带限噪声信号的极限情况。利用(4.96)式或对(4.97)式直接求逆傅里叶变换可得白噪声的自相关函数为

$$\gamma_x(\tau)=\begin{cases}S_0\delta(\tau) & \tau=0\\ 0 & \text{其他}\end{cases}$$

白噪声常作为一种典型的干扰信号被用于实际研究中，它可以由编程的方法在计算机上产生。

白噪声的自协方差函数或自相关函数只在 $\tau=0$ 处有一幅值为常数的脉冲，而确定性信号的自协方差或自相关函数在不同 τ 处都有值，且规律性很强。利用它们的这一差别，可检测出被噪声淹没了的信号。

4.8.3 互功率谱密度函数

如果我们讨论的是两个平稳随机信号 $x(t)$ 和 $y(t)$，则可以定义它们的**互功率谱密度函数**(cross power spectral density) $S_{xy}(\omega)$ 为

$$S_{xy}(\omega)=\int_{-\infty}^{\infty}r_{xy}(\tau)\mathrm{e}^{-\mathrm{i}\omega\tau}\mathrm{d}\tau \tag{4.98}$$

式中 $r_{xy}(\tau)$ 为 $x(t)$ 和 $y(t)$ 的**互协方差函数**(cross-correlation function)。因为 $r_{xy}(\tau)$ 是非奇非偶函数，所以 $S_{xy}(\omega)$ 亦是非奇非偶函数。由于 $r_{xy}(-\tau)=r_{yx}(\tau)$，我们也可以得到

$$S_{xy}(-\omega)=S_{yx}(\omega)$$

并且 $S_{xy}(\omega)$ 是 ω 的复函数，一般可表为

$$\begin{aligned}S_{xy}(\omega)&=\int_{-\infty}^{\infty}r_{xy}(\tau)\mathrm{e}^{-\mathrm{i}\omega\tau}\mathrm{d}\tau\\&=\int_{-\infty}^{\infty}r_{xy}(\tau)\cos\omega\tau\mathrm{d}\tau-\mathrm{i}\int_{-\infty}^{\infty}r_{xy}(\tau)\sin\omega\tau\mathrm{d}\tau\\&=P_{xy}(\omega)-\mathrm{i}Q_{xy}(\omega)\end{aligned}$$

其中实部 $P_{xy}(\omega)$ 被称为共谱密度函数，简称共谱(或余谱)，虚部 $Q_{xy}(\omega)$ 被称为重谱密度函数，简称重谱。

互功率谱密度函数也可以表示为极坐标形式：

$$S_{xy}(\omega)=|S_{xy}(\omega)|\mathrm{e}^{-\mathrm{i}\theta_{xy}(\omega)}$$

其中

$$|S_{xy}(\omega)|=\sqrt{P_{xy}^2(\omega)+Q_{xy}^2(\omega)}$$

$$\theta_{xy}(\omega)=\arctan\left(\frac{Q_{xy}(\omega)}{P_{xy}(\omega)}\right)$$

互功率谱密度函数的模的平方与各自功率谱密度函数 $S_x(\omega)$，$S_y(\omega)$的乘积之比被称为相干函数或凝聚函数，用 $\nu_{xy}^2(\omega)$表示，亦即

$$\nu_{xy}^2(\omega)=\frac{|S_{xy}(\omega)|^2}{S_x(\omega)S_y(\omega)}\leqslant 1$$

$\nu_{xy}^2(\omega)$也可以作为衡量两个信号之间相关性的定量指标。

信号的功率谱描述了信号在频域的行为。它对认识该信号及对它进行进一步处理都有着重要的作用。几乎在涉及信号分析和数据处理的每一个领域都要用到谱分析技术。关于功率谱的计算，我们将在第六章介绍。

习题 4

1. 求下列函数的傅里叶级数展开式。

(1) $E(t)=\begin{cases}E_0\sin t & 2m\pi\leqslant t\leqslant(2m+1)\pi\\ 0 & \text{其他}\end{cases}$，式中 E_0 为常数。

(2) $x(t)=\begin{cases}0 & -T/2<t<-\lambda\\ 1 & -\lambda\leqslant t\leqslant\lambda\\ 0 & \lambda<t<T/2\end{cases}$

并画出其振幅谱图。

2. 画出当 $0\leqslant t\leqslant 4$ 时 $x(t)=\dfrac{\sin\pi t/4}{\pi t/4}$ 的图形。若分别以采样间隔 $\Delta=1$ 和 $\Delta=5$ 进行采样，试说明为何 $\Delta=5$ 是过大的采样间隔。

3. 设连续信号 $x(t)$的频谱如图 4.13 示，取采样间隔 $\Delta=1/400$ s，$X_\Delta(f)$是 $x(t)$对应的周期离散频谱序列，利用叠加原理求 $x(n\Delta)$的频谱，并绘出图形。

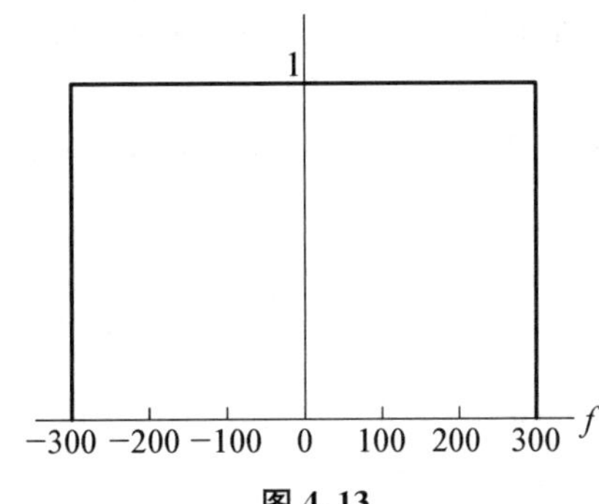

图 4.13

4. 序列$\{x_1(n)\}=\{1,1,1,0\}$，$\{x_2(n)\}=\{0,1,2,3\}$。试计算：

(1) $x_1(n)$与$x_2(n)$的线性相关;

(2) $x_1(n)$与$x_2(n)$的循环相关;

(3) 补“0”后$x_1(n)$与$x_2(n)$的循环相关。

5. 计算序列 $x_1(n)=\begin{cases}1 & 0\leqslant n\leqslant 3\\ 2 & n=4\end{cases}$ $x_2(n)=n(0\leqslant n\leqslant 4)$ 线性卷积、循环卷积及加“0”后的循环卷积。

6. 已知 $x(n)=a^n u(n)$,$0<a<1$,$u(n)=\begin{cases}1 & n>0\\ 0 & \text{其他}\end{cases}$,求$x(n)$与$x(-n)$的卷积和相关。

7. 若$x(n)$为一个N点序列,而$X(k)$为其N点离散傅里叶变换,证明离散傅里叶变换的帕斯维尔关系式

$$\sum_{n=0}^{N-1}|x(n)|^2=\frac{1}{N}\sum_{k=0}^{N-1}|X(k)|^2$$

8. 欲对一模拟数据进行频谱分析,以10 kHz的采样速率进行采样,且计算了1024个离散傅里叶变换值,试求频谱采样间隔。

9. 离散时间序列的值为0.8,0.6,0.4,0.9,1.1,1.2,1.0,0.7,0.4,0.5,0.7,0.9,0.3,0.2,0.1,0.5,试用FFT程序进行谱分析,扣去均值后再进行谱分析,并比较它们的结果。

参考书目

[1] 丁月蓉. 天文数据处理方法[M]. 南京:南京大学出版社,1998.

[2] 潘文杰. 傅里叶分析及其应用[M]. 北京:北京大学出版社,2000.

[3] Stein E M, Shakarchi R. Fourier Analysis: An Introduction (Princeton Lectures in Analysis, Volume 1)[M]. 北京:世界图书出版公司,2006.

[4] James J F, Enzweiler R N, McKay S, et al. A student's guide to Fourier transforms with applications in physics and engineering[J]. Computers in Physics, 1996, 10(1): 47 - 47.

[5] Gesu V, Scarsi L, Crane P, Friedman Jerome, Levialdi S. Data analysis in astronomy: Proceedings of the International Workshop, Erice, Italy, May 28 June 4, 1984 [M]. New York: Springer, 1985.

[6] Marshall H L. Statistical Challenges in Modern Astronomy[M]. E D Feigelson & G J Babu, eds. New York: Springer, 1992, 247.

[7] 胡广书. 数字信号处理:理论,算法与实现(第三版)[M]. 北京:清华大学出版社,2012.

第五章 观测数据的平滑和滤波

实测信号或观测数据的平滑和滤波是观测数据分析中的一项准备工作。任何实测信号或数据都包含有误差或干扰成分。为了消除干扰，提取有用信息，必须对它们进行预处理。预处理的好坏直接影响到研究工作的结果。

平滑和滤波都是用来消除资料中的噪声、分离出有用信号的方法。两者各有侧重，但本质上是相同的，只是提法不同而已。在人们的习惯中，平滑常用来去除观测数据中的噪声或高频信号，实现对粗糙的观测曲线的光滑化处理，侧重于结果；而滤波的概念和方法与信号的频谱分析紧密相连。它的作用不仅仅是资料的预处理，而已从理论到方法上，成为数字信号处理的一个独立分支，广泛应用在数字通讯、自动控制和图像处理等领域，特别是在动态数据处理中发挥了较强的作用。在这一章中，我们主要介绍天文中常用的几种平滑方法。对于滤波，我们只简单给出一些基本概念和原理。

5.1 滤波的一般原理

滤波(filter)是将观测信号中特定波段频率滤除的操作，是提取观测信号中的有用信息，抑制和防止干扰的一种重要手段。同时，滤波也可用来分离信号中的某些分量以达到提取某些成分，消除某些暂时不需要研究的其他成分的目的。借助于计算机完成的滤波，通常被称为数字滤波，它适用于离散数字信号处理。

5.1.1 滤波的一般原理

实测信号 $x(t)$一般都包含两个成分，一个是有效信号 $s(t)$，它是我们所需要的，一个是干扰信号 $n(t)$，它会掩盖研究对象的性质，是我们所不需要的，因此实测信号可表示为

$$x(t)=s(t)+n(t)$$

滤波的目的就是削弱干扰 $n(t)$，保留有用信号。要做到这一点可以设计一个滤波器，当实测信号经滤波器过滤后，就可以得到我们所需要的有用信号。为了达到这个目的，首先要了解信号与干扰的差异。根据对实际资料的分析，有用信号 $s(t)$的频谱 $S(f)$和干扰信号 $n(t)$的频谱 $N(f)$是不同的。在绝大多数的情况下，$S(f)$和 $N(f)$是分离的，即当 $S(f)=0$ 时，$N(f)\neq 0$。在这种情况下，我们可以设计一个频率函数 $H(f)$，使满足

$$H(f)=\begin{cases}1 & S(f)\neq 0\\ 0 & S(f)=0\end{cases}$$

将它与实测信号的频谱相乘，其乘积记为 $Y(f)$，则有

$$Y(f)=X(f)\cdot H(f)=[S(f)+N(f)]\cdot H(f)\approx S(f)$$

设频率函数 $H(f)$所对应的时间函数为 $h(t)$，滤波后的频谱 $Y(f)$所对应的时间函数为

$y(t)$，则利用时间卷积定理可得

$$y(t)=x(t)*h(t)=\int_{-\infty}^{\infty}h(\tau)x(t-\tau)\mathrm{d}\tau$$

从上面的叙述不难看出，滤波可以通过两种方式实现，一是在频率域上将 $H(f)$ 与 $X(f)$ 相乘得到 $Y(f)$，再求 $Y(f)$ 的逆傅里叶变换得到 $y(t)$；二是在时域上将时间函数 $h(t)$ 和实测信号 $x(t)$ 进行卷积得到 $y(t)$。

从滤波角度看，我们称 $x(t)$ 为输入信号，$y(t)$ 为输出信号，$h(t)$ 为滤波器时间函数，或**脉冲响应函数**（impulse response function），而称 $H(f)$ 为滤波器的**频率响应函数**（frequency response function）、**传递函数**（transfer function）或频率特性曲线。

信号通过具有不同频率响应函数或脉冲响应函数的滤波器，也就会产生不同的滤波效果，得到不同的输出，于是人们可以根据各自的需求来设计滤波器，即设定滤波器的频率响应函数或脉冲响应函数。

对于许多实际信号，它的干扰成分与有效成分的频谱并不是完全分离的，但可以近似地看作是分离的。根据干扰谱和信号谱的不同特点，设计不同的频率函数，也可以达到削弱干扰、增强信号的目的。

对于实测的离散数字序列 $x(n)$，输出 $y(n)$ 可表示为

$$y(n)=x(n)*h(n)=\sum_{k=-\infty}^{\infty}h(k)x(n-k)$$

$h(n)$ 也被称为滤波系数或滤波因子。

5.1.2 理想滤波器

在测量资料处理中，低通、高通、带通滤波是最基本的滤波。在这一小节中主要讨论如何在频域和时域设计这种滤波器。

由第四章的知识我们知道，当离散信号的采样间隔 Δ 确定之后，只要在频率范围 $\left[-\frac{1}{2\Delta},\frac{1}{2\Delta}\right]$ 内讨论问题就行，亦即只要给出在 $\left[-\frac{1}{2\Delta},\frac{1}{2\Delta}\right]$ 之内的频谱就够了。所以理想滤波器是在频率范围 $\left[-\frac{1}{2\Delta},\frac{1}{2\Delta}\right]$ 内设计的滤波器。

1. 理想低通滤波器

理想**低通滤波器**（low-pass filter）的频谱 $H_1(f)$ 为

$$H_1(f)=\begin{cases}1 & |f|\leqslant f_1\\ 0 & f_1<|f|\leqslant\dfrac{1}{2\Delta}\end{cases} \tag{5.1}$$

式中 f_1 被称为高通频率，$H_1(f)$ 的图形见图 5.1(a)。$H_1(f)$ 对应的时间函数 $h_1(n)$ 为

$$h_1(n)=\int_{-\frac{1}{2\Delta}}^{\frac{1}{2\Delta}}H_1(f)\mathrm{e}^{\mathrm{i}2\pi\Delta f}\mathrm{d}f=\frac{\sin 2\pi f_1 n\Delta}{\pi n\Delta}\quad -\infty<n<\infty$$

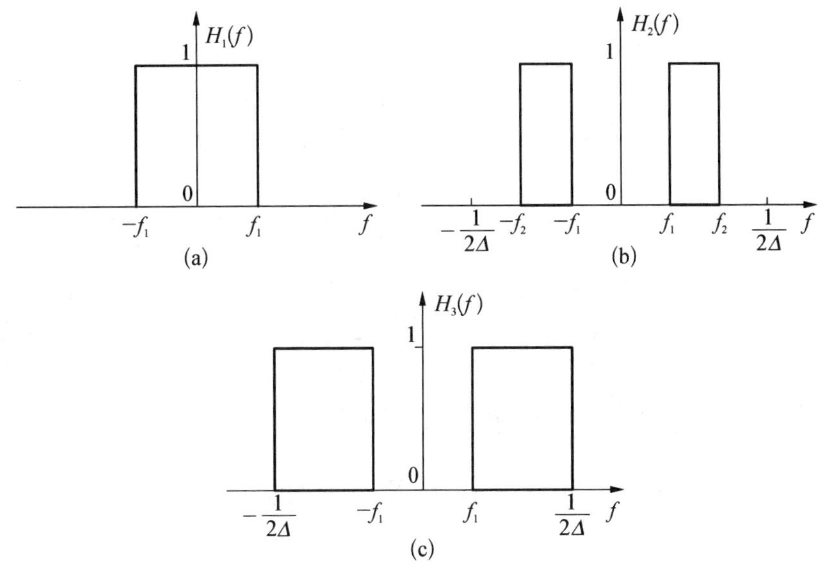

图 5.1　理想滤波器的频谱

2. 理想带通滤波器

理想**带通滤波器**(band-pass filter)的频谱 $H_2(f)$为

$$H_2(f)=\begin{cases}1 & f_1\leqslant |f|\leqslant f_2\\ 0 & \text{其他}\end{cases} \tag{5.2}$$

式中 f_1 为低通频率,f_2 为高通频率。$H_2(f)$的图形见图 5.1(b),对应的时间函数 $h_2(n)$为

$$\begin{aligned} h_2(n) &= \int_{-\frac{1}{2\Delta}}^{\frac{1}{2\Delta}} H_2(f)\mathrm{e}^{\mathrm{i}2\pi\Delta f}\mathrm{d}f \\ &= \frac{2\sin[\pi n\Delta(f_2-f_1)]\cos[\pi n\Delta(f_2+f_1)]}{\pi n\Delta} \quad -\infty<n<\infty \end{aligned}$$

3. 理想高通滤波器

理想**高通滤波器**(high-pass filter)的频谱 $H_3(f)$为

$$H_3(f)=\begin{cases}0 & |f|\leqslant f_1\\ 1 & f_1<|f|\leqslant \dfrac{1}{2\Delta}\end{cases} \tag{5.3}$$

式中 f_1 为高截频率,图 5.1(c)为 $H_3(f)$的图形。

从公式(5.1)和(5.3)以及图 5.1(a)、(c)可知,理想高通滤波器 $H_3(f)$可通过理想低通滤波器 $H_1(f)$得到,即

$$H_3(f)=1-H_1(f) \quad |f|\leqslant \frac{1}{2\Delta}$$

由此可立即得到 $H_3(f)$的时间函数

$$
\begin{aligned}
h_3(n) &= \int_{-\frac{1}{2\Delta}}^{\frac{1}{2\Delta}} H_3(f)\mathrm{e}^{\mathrm{i}2\pi\Delta f}\mathrm{d}f \\
&= \int_{-\frac{1}{2\Delta}}^{\frac{1}{2\Delta}} \mathrm{e}^{\mathrm{i}2\pi\Delta f}\mathrm{d}f - \int_{-\frac{1}{2\Delta}}^{\frac{1}{2\Delta}} H_1(f)\mathrm{e}^{\mathrm{i}2\pi\Delta f}\mathrm{d}f \\
&= \frac{1}{\Delta}\delta(n) - \frac{\sin 2\pi f_1 n\Delta}{\pi n\Delta} \quad -\infty < n < \infty
\end{aligned}
$$

实际上，当信号中的有效信号成分和干扰信号成分的频谱完全分离时，设计上述类型的滤波器，通过滤波可以完全消除干扰，只保留有用信号。但是，这只是一种简单的理想的情况，故称它们为理想滤波器。对很多实测信号，这些理想滤波器不能达到完全消除干扰、保留有用信号的目的，但它们可以起到抑制干扰、突出有用信号的作用。

5.2 最小平方滤波

实测信号经滤波之后得到实际输出。滤波的关键是确定或设计滤波因子，它是为了达到一定的目的而设计的。例如在 5.1 节中，我们根据信号 $x(t)$ 中有用信号与干扰信号频谱的差别，设计出了各种不同的频率滤波因子，希望通过滤波抑制 $x(t)$ 中的干扰成分。现在我们对滤波作如下要求：$x(t)$ 经滤波之后与一个已知信号 $z(t)$ 尽可能接近，即要求 $y(t)=x(t)*h(t)$ 与 $z(t)$ 尽可能接近。如果接近的程度用最小平方标准来衡量，这种滤波器称为**最小平方滤波器**(least mean squares filter)。

设输入的实测资料序列为 x_k，长度为 N，输出序列记为 y_k，希望输出序列为 z_k，则

$$
y_k = x_k * h_k = \sum_{n=0}^{M-1} h_n x_{k-n} \tag{5.4}
$$

输出误差

$$
\varepsilon_k = y_k - z_k
$$

误差能量为

$$
Q = \sum \varepsilon_k{}^2 = \sum_k \left(\sum_n h_n x_{k-n} - z_k\right)^2
$$

最小平方滤波就是要选择一组滤波因子 h_k，使误差能量 Q 达到最小，这组滤波因子被称为最小平方滤波因子。

利用最小平方滤波的数学模型，可以引出最小平方预测滤波。所谓预测滤波，就是指我们希望对已知的一段时间中的观测资料 $x_k(k=0,\cdots,N-1)$ 进行滤波处理后得到的输出 y_k 是第 $k+\tau$ 个真实值 $x_{k+\tau}$ 的估计值，即

$$
y_k = \hat{x}_{k+\tau} = \sum_{n=0}^{M-1} h_n x_{k-n}
$$

根据设计要求，待求的滤波系数 $h_n(n=0,\cdots,M-1)$ 应满足

$$
\begin{aligned}
Q &= \sum_k (x_{k+\tau} - \hat{x}_{k+\tau})^2 \\
&= \sum_k (x_{k+\tau} - \sum_n h_n x_{k-n})^2 = \min
\end{aligned} \tag{5.5}
$$

从而又归结为最小平方滤波问题。这时希望输出的 $z_k=x_{k+\tau}$，τ 为预测步长。

利用极值原理，由(5.5)式可得

$$\frac{\partial Q}{\partial h_s}=-2\sum_k(x_{k+\tau}-\sum_n h_n x_{k-n})x_{k-s}=0 \qquad (5.6)$$

$$s=0,\cdots,M-1$$

则可得到预测滤波器的滤波方程式

$$\sum_n h_n r(n-s)=r(\tau+s) \quad s=0,\cdots,M-1 \qquad (5.7)$$

式中 $r(k)$ 为输入序列的自相关函数。(5.7)式的矩阵形式为

$$\begin{pmatrix} r(0) & r(1) & \cdots & r(M-1) \\ r(1) & r(0) & \cdots & r(M-2) \\ \vdots & \vdots & \ddots & \vdots \\ r(M-1) & r(M-2) & \cdots & r(0) \end{pmatrix}\begin{pmatrix} h_0 \\ h_1 \\ \vdots \\ h_{M-1} \end{pmatrix}=\begin{pmatrix} r(\tau) \\ r(\tau+1) \\ \vdots \\ r(\tau+M-1) \end{pmatrix}$$

根据已知序列 $x_k(k=0,\cdots,N-1)$ 先求出自相关序列 $r(0),r(1),\cdots,r(M-1)$，再由方程组(5.7)求解此脉冲响应 $h_n(n=0,\cdots,M-1)$，便完成了滤波器的设计，其中参数 τ 和 M 根据需要选择。将求得的滤波系数 h_n 和观测序列 x_k 进行(5.4)式的卷积运算，即可得到第 $k+\tau$ 个序列值的预测值。

当预测步长 $\tau=1$ 时，便得到一步预测滤波方程

$$\begin{pmatrix} r(0) & r(1) & \cdots & r(M-1) \\ r(1) & r(0) & \cdots & r(M-2) \\ \vdots & \vdots & \ddots & \vdots \\ r(M-1) & r(M-2) & \cdots & r(0) \end{pmatrix}\begin{pmatrix} h_0 \\ h_1 \\ \vdots \\ h_{M-1} \end{pmatrix}=\begin{pmatrix} r(1) \\ r(2) \\ \vdots \\ r(M) \end{pmatrix}$$

在下一章，我们将介绍在此基础上进行的预测误差滤波。

5.3　最小二乘曲线拟合平滑

最小二乘曲线拟合平滑(least-square curve fitting)是对观测曲线进行修匀，消除观测数据中的干扰影响，使观测曲线光滑化的常用方法，其中多项式拟合平滑最为常用。

5.3.1　多项式拟合平滑

设有一组观测资料 $x(t_i)(i=1,\cdots,N)$，现用一 k 次多项式

$$p(t_i)=a_0+a_1t_i+a_2t_i{}^2\cdots+a_kt_i{}^k \qquad (5.8)$$

对这 N 个观测点进行拟合，则应该使

$$Q=\sum_i[x(t_i)-p(t_i)]^2=\min$$

也就是说所求多项式系数 $a_0,a_1,\cdots,a_k$ 应满足方程组

$$\frac{\partial Q}{\partial a_j}=\frac{\partial}{\partial a_j}\sum_{i=1}^{N}\left[x(t_i)-a_0-\sum_{l=1}^{k}a_l t_i{}^l\right]^2=0 \tag{5.9}$$

对(5.9)式运算并整理可以得到

$$\sum_{i=1}^{N}(a_0+\sum_{l=1}^{k}a_l t_i{}^l)t_i{}^j=\sum_{i=1}^{N}x(t_i)t_i{}^j \tag{5.10}$$

(5.10)式是一个由 $k+1$ 个未知量和 $k+1$ 个方程组成的线性方程组。求解这一线性代数方程,可得 $k+1$ 个多项式系数,将它们代入(5.8)式即可算得每个时刻 t_i 上观测数据 $x(t_i)$ 的拟合值 $p(t_i)(i=1,\cdots,N)$,亦即 $x(t_i)(i=1,\cdots,N)$ 的平滑值。

在数据处理中,也常常利用多项式拟合平滑提取或消去资料中的趋势项,这是对资料进行预处理的重要步骤。所谓趋势项是指一个线性的或缓慢变化的趋势。趋势项并非都是误差,它可能包含资料中的有用信息,但在对资料进行周期分析前应该把它去掉。另外,趋势项的存在也可能使资料成为非平稳的,因此在对数据作平稳化处理时也需要将它提取出去。

最常见的趋势项是线性趋势。下面我们在前面介绍的最小二乘拟合平滑的基础上来讨论消去线性趋势项的方法。

线性趋势项即是(5.10)式中 $k=1$ 的情况,这时 $j=0,1$,未知数为 a_0,a_1。

设观测资料是等间隔 Δ 采样的,$t_i=t_0+i\Delta$,则方程(5.10)变为

$$a_0\sum_{i=1}^{N}t_i{}^j+a_1\sum_{i=1}^{N}t_i{}^{j+1}=\sum_{i=1}^{N}x(t_i)t_i{}^j \quad j=0,1$$

由此可解得

$$\begin{cases} a_0=\dfrac{2(2N+1)\sum\limits_{i=1}^{N}x(t_i)-6\sum\limits_{i=1}^{N}ix(t_i)}{N(N-1)} \\ a_1=\dfrac{12\sum\limits_{i=1}^{N}ix(t_i)-6(N+1)\sum\limits_{i=1}^{N}x(t_i)}{N(N^2-1)} \end{cases}$$

最后得到

$$x'(t_j)=a_0+a_1t_j \quad j=1,\cdots,N$$

从原观测值 $x(t_i)$ 中扣去 $x'(t_i)$,即得到消去线性趋势项的数据。

对于其他阶的多项式趋势可用类似的方法求解。当 k 较大时用这种方法求解较复杂,但一般来说 k 大于 2 或 3 的情况不多见。另外,趋势项也可以用高通滤波器来消除。

5.3.2 滑动平均

上面我们只是介绍了多项式拟合的一般方法。在具体应用中,选取不同的拟合观测点数和多项式次数会产生不同的平滑效果。下面我们介绍几种在多项式拟合平滑基础上的,对观测资料进行分段曲线拟合以实现对整段资料的平滑的方法,我们称它为**滑动平均**(moving average)。

1. 三点滑动平均

设有一组等间隔的观测资料 $x(t_i)(i=1,\cdots,N)$，采样间隔为 Δ，若对任意三个相邻的观测值 $x(t_{j-1})$，$x(t_j)$，$x(t_{j+1})$，用一个线性函数

$$p(t_i)=a_0+a_1t_i \tag{5.11}$$

拟合。由最小二乘准则

$$Q=\sum_{i=j-1}^{j+1}[x(t_i)-(a_0+a_1t_i)]^2=\min$$

可得到求解参数的线性方程组

$$\begin{cases}3a_0+a_1\sum\limits_{i=j-1}^{j+1}t_i=\sum\limits_{i=j-1}^{j+1}x(t_i)\\ a_0\sum\limits_{i=j-1}^{j+1}t_i+a_1\sum\limits_{i=j-1}^{j+1}{t_i}^2=\sum\limits_{i=j-1}^{j+1}x(t_i)t_i\end{cases} \tag{5.12}$$

解此方程组可得

$$\begin{cases}a_0=\dfrac{1}{3}\sum\limits_{i=j-1}^{j+1}x(t_i)-\dfrac{x(t_{j+1})-x(t_{j-1})}{t_{j+1}-t_{j-1}}t_j\\ a_1=\dfrac{x(t_{j+1})-x(t_{j-1})}{t_{j+1}-t_{j-1}}\end{cases} \tag{5.13}$$

将(5.13)式代入(5.11)式，我们即可得到三点简单滑动平均公式

$$x'(t_j)=\frac{1}{3}[x(t_{j-1})+x(t_j)+x(t_{j+1})]\quad j=2,3,\cdots,N-1 \tag{5.14}$$

简单滑动平均是对数据的中心点进行的简单平均。如果对三点中相邻的两点采用简单平均，即

$$x'(t_{j-\frac{1}{2}})=\frac{1}{2}[x(t_{j-1})+x(t_j)]$$

$$x'(t_{j+\frac{1}{2}})=\frac{1}{2}[x(t_j)+x(t_{j+1})]$$

再对平滑后的这两点进行简单平均，则可以得到三点加权滑动平均平滑公式

$$\begin{aligned}x'(t_j)&=\frac{1}{2}[x'(t_{j-\frac{1}{2}})+x(t_{j+\frac{1}{2}})]\\&=\frac{1}{4}[x(t_{j-1})+2x(t_j)+x(t_{j+1})]\end{aligned} \tag{5.15}$$

2. 五点滑动平均

如果对相邻的五个观测值 $x(t_{j-2})$，$x(t_{j-1})$，$x(t_j)$，$x(t_{j+1})$，$x(t_{j+2})$，用线性函数或二次函数去拟合，用同样的方法可以分别得到五点简单滑动平均公式

$$x'(t_j)=\frac{1}{5}[x(t_{j-2})+x(t_{j-1})+x(t_j)+x(t_{j+1})+x(t_{j+2})] \tag{5.16}$$
$$j=3,4,\cdots,N-2$$

和五点加权滑动平均公式

$$x'(t_j)=\frac{1}{35}[-3x(t_{j-2})+12x(t_{j-1})+17x(t_j)+12x(t_{j+1})-3x(t_{j+2})]$$
$$j=3,4,\cdots,N-2 \tag{5.17}$$

依次类推，我们可以得到七点、九点……的滑动平均公式。

上述的滑动平均公式可归为两类：简单平均和加权平均。

简单平均的通式为

$$x'(t)=\frac{1}{2n+1}\sum_{k=-n}^{n}x(t-k) \tag{5.18}$$

也称它为 $2n+1$ 点简单平均。当 $n=1$ 时(5.18)式即为三点简单滑动平均，当 $n=2$ 时(5.18)式即为五点简单滑动平均。

简单滑动平均公式相当于一个滤波公式，滤波因子为

$$\begin{aligned}h(t)&=(h(-n),\cdots,h(0),\cdots,h(n))\\&=\left(\frac{1}{2n+1},\cdots,\frac{1}{2n+1},\cdots,\frac{1}{2n+1}\right)\\&=\frac{1}{2n+1}(1,1,\cdots,1)\end{aligned}$$

用这个滤波因子对 $x(t)$进行滤波得 $x'(t)=h(t)*x(t)$，这就是公式(5.18)。

加权平均的通式为

$$x'(t)=h(t)*x(t)=\sum_{k=-n}^{n}h(k)x(t-k) \tag{5.19}$$

加权平滑因子 $h(k)$应满足 $h(k)\geqslant 0,h(-k)=h(k)$，且

$$\sum_{k=-n}^{n}h(k)=1$$

例如三点加权平均中 $h(t)=(h(-1),h(0),h(n))=(0.25,0.5,0.25)$。

加权平均因子的取法有很多种，应当根据具体问题和实际处理效果来定。

3. 滑动平均的本质

上面我们给出了几种滑动平均公式。我们自然要问，这些方法为什么能起到平滑的作用呢？从前面的讨论中可以看出，曲线平滑就是用平滑因子 $h(t)=(h(-n),\cdots,h(0),\cdots,h(n))$对曲线 $x(t)$进行滤波。滤波的效果取决于平滑因子 $h(t)$ 的频谱 $H(f)=\sum_{k=-n}^{n}h(k)\mathrm{e}^{-\mathrm{i}2\pi k\Delta f}$ 的特性。下面我们以 $2n+1$ 点简单平均平滑因子为例来说明 $H(f)$的特

性。和平滑因子 $h(t)=\frac{1}{2n+1}(1,1,\cdots,1)$ 对应的频谱为

$$H(f)=\frac{1}{2n+1}\sum_{k=-n}^{n}e^{-i2\pi k\Delta f}=\frac{1}{2n+1}\frac{\sin(2n+1)\pi f\Delta}{\sin\pi f\Delta}$$

在 $\left[-\frac{1}{2\Delta},\frac{1}{2\Delta}\right]$ 范围内，$H(f)$ 在 $f=0$ 时达最大值。随着 f 的增大，$H(f)$ 逐渐减小。因此，$2n+1$ 点简单平均相当于低通滤波。其他平滑因子的频谱也具有这种特性。曲线不光滑，表明高频成分比较丰富；经过低通滤波后，高频成分削弱，曲线就变得比较平滑了。一般说来，曲线平滑实质上是对曲线进行低通滤波。

5.4　高斯平滑法

高斯平滑法(Gaussian smoothing)又被称为高斯权函数平滑法，它是在天文观测资料平滑处理中被广泛应用的一种平滑方法。它利用一个高斯分布的权函数对观测资料做卷积运算，以得到观测资料的平滑值。

设有观测资料 $x(t_i)(i=1,\cdots,N)$，则高斯平滑法的基本公式为

$$x'(t_j)=\frac{1}{W_j}\sum_{i=1}^{N}p_i\cdot x(t_i)\exp[-(t_j-t_i)^2/2a^2] \tag{5.20}$$

其中

$$W_j=\sum_{i=1}^{N}p_i\cdot\exp[-(t_j-t_i)^2/2a^2] \tag{5.21}$$

p_i 为观测值 $x(t_i)$ 的权，a 为高斯函数的半带宽，它的量纲与时间因数 t 的量纲相同。

从公式(5.20)中不难看出，高斯平滑法的实质就是以高斯函数为权函数对观测资料所作的加权平均。根据高斯分布的特征，离平滑值 $x'(t_j)$ 的时间因数 t_j 越近的观测数据权越大，而离 t_j 越远的观测数据权越小。同时，半带宽 a 的取值起着控制平滑程度的作用。当 a 取值较大时，会有较多的观测资料在加权平均时起作用，能得到平滑度较强的平滑值；当 a 取值较小时，只有较少的观测资料在加权平均时起作用，而得到的平滑值平滑度也较弱。在应用中，有时用高斯分布曲线的半极大全宽 h 来描述平滑的性质，它和半带宽 a 有如下关系

$$h\approx 2.35a \tag{5.22}$$

从(5.20)式也不难看出，利用高斯权函数平滑法不仅能得到在 $j=1,2,\cdots,N$ 时所有观测数据的平滑值，而且还能从(5.20)式直接计算出任何时刻 t 的平滑内插值。与滑动平均和数字滤波相比，它不会丢失观测资料两端的一些平滑点，而且也不要求观测资料是等间隔的。

高斯权函数平滑的理论频率响应函数

$$H(f)=\exp(-2\pi^2f^2a^2) \tag{5.23}$$

也可以作为低通、高通和带通数字滤波器使用，式中 f 为频率，a 的意义同上。图 5.2 给出了高斯平滑滤波器的频率响应函数曲线，它反映了带宽 a 不同的情况下的滤波特性。图中横坐标为周期 $p(p=1/f)$。

由 5.1 节介绍的理想滤波器设计的一般原理及图 5.2 的频率响应曲线，我们应该不难理解，对于给定的半带宽 a，$H\approx1$ 所对应的横坐标（周期）右边的所有周期信号在滤波（平滑）过程中都被保留了下来。我们称它为通过带；$0<H<1$ 的部分所对应的周期成分则被不同程度地滤掉了，这一区域被称为过渡带；而 $H\approx0$ 所对应的横坐标左边的周期信号在滤波过程中被全部滤去了，它常被称为压制带。

根据这个原理，可利用高斯平滑法来实现对观测资料的数字滤波。

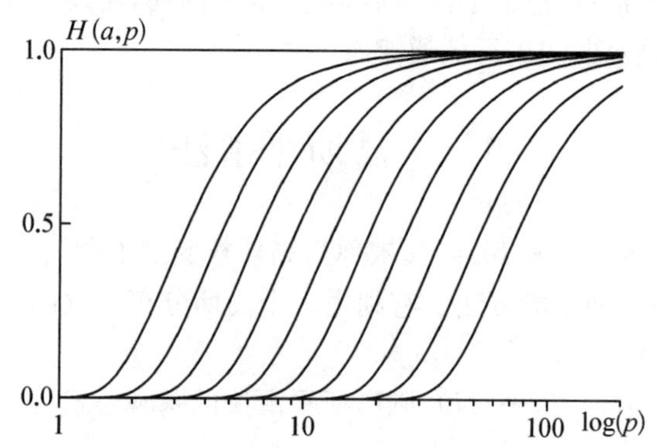

图 5.2　高斯平滑滤波器的频率响应曲线

（1）低通滤波

低通滤波就是要保留观测资料中的低频信号（或长周期成分）并滤掉其他的频率成分。

设 f_c 是要保留的低频区域内较高频率的边界值。由(5.23)式或图 5.2 可以求得频率响应函数 $H(f_c,a)\approx1$ 的边界值所对应的带宽 a 的值，用所求的 a 对观测资料进行高斯平滑，求得的平滑曲线中就仅包含所需的低频信号。

（2）高通滤波

利用高斯平滑法进行高通滤波，只要利用高通滤波和低通滤波的关系即可做到。设 f_c 是要保留的高频信号区域中低端频率边界值，根据(5.23)式或图 5.2 找出频率响应函数 $H(f_c,a)\approx0$ 的边界值所对应的带宽 a，用高斯平滑法对观测资料进行平滑得平滑曲线，将观测数据 $x(t_i)$ 减去平滑值 $x'(t_i)$，所得的差即为需保留的高频信号。

（3）带通滤波

为了利用高斯平滑实现带通滤波，即保留在频带 $[f_1,f_2]$ 内的频率成分，可按低通滤波的步骤分别找到与频率 f_1 和 f_2 对应的带宽 a_1 和 a_2，用高斯平滑法对观测资料做两次平滑计算，求得平滑值 $x'(t_i,a_1)$，$x'(t_i,a_2)(i=1,\cdots,N)$，然后用 $x'(t_i,a_2)$ 减去 $x'(t_i,a_1)$，得到的差即实现了带通滤波。

5.5 Vondrak 平滑法

Vondrak 平滑法(Vondrak smoothing)是捷克 Pecni 天文台的天文学家 J. Vondrak 提出的又一种既适合于等间隔又适合于非等间隔数据的平滑方法，在天文领域得到了广泛的应用。

这种平滑方法能够在对观测资料的变化规律认知不足而无法给出拟合函数形式的情况下，对观测资料进行有效的平滑。

5.5.1 Vondrak 平滑法的基本原理

设有观测资料 $x(t_i)(i=1,\cdots,N)$，Vondrak 平滑的基本准则是

$$Q=F+\lambda^2 S=\min \tag{5.24}$$

其中

$$F=\sum_i p_i[x'(t_i)-x(t_i)]^2 \tag{5.25}$$

$$S=\sum_{i=1}^{N-3}[\Delta^3 x'(t_i)]^2 \tag{5.26}$$

式中 $x'(t_i)$为待求的平滑值。为了书写方便，下面我们把它写为 x'_i，p_i 为对应观测值 x_i 的权，其大小由观测值 x_i 的精度决定。

不难看出，F 就是通常的加权最小二乘法的目标函数，我们称它为 Vondrak 平滑法的**拟合度**(fidelity)。S 是平滑值三次差分的平方和，它反映了待求的平滑曲线总体上的平滑程度，故称它为**平滑度**(smoothness)。如果一条曲线的三阶差分很小，则表明这条曲线十分光滑。λ^2 为待定的常数，它在 0 和∞两个极端边界值之间取值。当$\lambda^2\to 0$ 时，要使(5.24)式取极小值，必须使 $F\to 0$，这时得到的是一条逼近观测数据的曲线；当 $\lambda^2\to\infty$时，要使(5.24)式取极小值，必须使 $S\to 0$，这时对应的平滑曲线是一条十分光滑的抛物线。由此可知，Vondrak 平滑法寻求的就是介于对观测数据的绝对拟合和绝对平滑之间的一条折中的曲线，折中的程度由参数 λ^2 控制，通常定义 $\varepsilon=1/\lambda^2$，并称它为**平滑因子**(smoothing coefficient)。ε 越小，曲线的平滑程度越强；反之，平滑程度越弱。

5.5.2 平滑公式的推导

Vondrak 平滑法的基本准则(5.24)式要求

$$Q=\sum_{i=1}^{N} p_i(x'_i-x_i)^2+\lambda^2\sum_{i=1}^{N-3}(\Delta^3 x'_i)^2=\min \tag{5.27}$$

对函数 F ((5.27)式右边第一个求和项)求平滑值 x'_i 的偏导数是简单的，关键的是(5.27)式右边第二个求和项。下面我们来讨论它。

x'_i 是待求的平滑值，Vondrak 提出平滑的原则为：对任意相邻的四个平滑值用一个三次拉格朗日多项式表示，并规定这个多项式只适用于中间两个点。

设四个相邻的平滑值分别为(t_i,x'_i)，(t_{i+1},x'_{i+1})，(t_{i+2},x'_{i+2})和(t_{i+3},x'_{i+3})，由它们

构成的三次拉格朗日多项式为 $L_i(t)$，则有

$$L_i(t)=\frac{(t-t_{i+1})(t-t_{i+2})(t-t_{i+3})}{(t_i-t_{i+1})(t_i-t_{i+2})(t_i-t_{i+3})}x'_i+\frac{(t-t_i)(t-t_{i+2})(t-t_{i+3})}{(t_{i+1}-t_i)(t_{i+1}-t_{i+2})(t_{i+1}-t_{i+3})}x'_{i+1}+\frac{(t-t_i)(t-t_{i+1})(t-t_{i+3})}{(t_{i+2}-t_i)(t_{i+2}-t_{i+1})(t_{i+2}-t_{i+3})}x'_{i+2}+\frac{(t-t_i)(t-t_{i+1})(t-t_{i+2})}{(t_{i+3}-t_i)(t_{i+3}-t_{i+1})(t_{i+3}-t_{i+2})}x'_{i+3}$$

因为平滑值满足该多项式，所以用此多项式表示 S 应有

$$\begin{aligned}S&=\int_{t_2}^{t_{N-1}}[L'''_i(t)]^2\mathrm{d}t\\&=\sum_{i=1}^{N-3}\int_{t_{i+1}}^{t_{i+2}}[L'''_i(t)]^2\mathrm{d}t\\&=\sum_{i=1}^{N-3}[L'''_i(t)]^2(t_{i+2}-t_{i+1})\\&=\sum_{i=1}^{N-3}\left[L'''_i(t)\sqrt{t_{i+2}-t_{i+1}}\right]^2\end{aligned}$$

而

$$L'''_i(t)=\frac{6}{(t_i-t_{i+1})(t_i-t_{i+2})(t_i-t_{i+3})}x'_i+\frac{6}{(t_{i+1}-t_i)(t_{i+1}-t_{i+2})(t_{i+1}-t_{i+3})}x'_{i+1}+\frac{6}{(t_{i+2}-t_i)(t_{i+2}-t_{i+1})(t_{i+2}-t_{i+3})}x'_{i+2}+\frac{6}{(t_{i+3}-t_i)(t_{i+3}-t_{i+1})(t_{i+3}-t_{i+2})}x'_{i+3}$$

令

$$\begin{cases}a_i=\dfrac{6\sqrt{t_{i+2}-t_{i+1}}}{(t_i-t_{i+1})(t_i-t_{i+2})(t_i-t_{i+3})}\\b_i=\dfrac{6\sqrt{t_{i+2}-t_{i+1}}}{(t_{i+1}-t_i)(t_{i+1}-t_{i+2})(t_{i+1}-t_{i+3})}\\c_i=\dfrac{6\sqrt{t_{i+2}-t_{i+1}}}{(t_{i+2}-t_i)(t_{i+2}-t_{i+1})(t_{i+2}-t_{i+3})}\\d_i=\dfrac{6\sqrt{t_{i+2}-t_{i+1}}}{(t_{i+3}-t_i)(t_{i+3}-t_{i+1})(t_{i+3}-t_{i+2})}\end{cases}\tag{5.28}$$

则有

$$S=\sum_{i=1}^{N-3}(a_ix'_i+b_ix'_{i+1}+c_ix'_{i+2}+d_ix'_{i+3})^2\tag{5.29}$$

要使 Q 达到极小，必须满足

$$\frac{\partial Q}{\partial x'_i}=\frac{\partial F}{\partial x'_i}+\frac{1}{\varepsilon}\frac{\partial S}{\partial x'_i}=0\quad i=1,\cdots,N\tag{5.30}$$

由(5.25)式,有

$$\frac{\partial F}{\partial x'_i}=2p_i(x'_i-x_i) \tag{5.31}$$

由(5.29)式,得

$$\begin{aligned}\frac{\partial S}{\partial x'_i}=&2a_i(a_ix'_i+b_ix'_{i+1}+c_ix'_{i+2}+d_ix'_{i+3})+\\&2b_{i-1}(a_{i-1}x'_{i-1}+b_{i-1}x'_i+c_{i-1}x'_{i+1}+d_{i-1}x'_{i+2})+\\&2c_{i-2}(a_{i-2}x'_{i-2}+b_{i-2}x'_{i-1}+c_{i-2}x'_i+d_{i-2}x'_{i+1})+\\&2d_{i-3}(a_{i-3}x'_{i-3}+b_{i-3}x'_{i-2}+c_{i-3}x'_{i-1}+d_{i-3}x'_i)\\&i=1,\cdots,N-3\end{aligned} \tag{5.32}$$

若设 $a_i=b_i=c_i=d_i=0(i\leqslant 0$ 或 $i\geqslant N-2)$,则前后各三项都可用通式(5.32)表示。

将(5.31)式和(5.32)式代入(5.30)式,并按 x'_i 的下标自小到大排列可得

$$\begin{aligned}&a_{i-3}d_{i-3}x'_{i-3}+(a_{i-2}c_{i-2}+b_{i-3}d_{i-3})x'_{i-2}+(a_{i-1}b_{i-1}+\\&b_{i-2}c_{i-2}+c_{i-3}d_{i-3})x'_{i-1}+(a_i{}^2+b_{i-1}^2+c_{i-2}^2+d_{i-3}^2+\varepsilon p_i)x'_i+\\&(a_ib_i+b_{i-1}c_{i-1}+c_{i-2}d_{i-2})x'_{i+1}+(a_ic_i+b_{i-1}d_{i-1})x'_{i+2}+\\&a_id_ix'_{i+3}=\varepsilon p_ix_i \qquad\qquad i=1,\cdots,N\end{aligned} \tag{5.33}$$

方程组(5.33)中除前后各三个方程外均含有 7 个未知数。我们设

$$A_{ij}=0 \quad i+j\leqslant 0 \text{ 或 } i+j\geqslant N+1$$

则方程组(5.33)可写为

$$\sum_{j=-3}^{3}A_{ij}x'_{i+j}=B_ix_i \quad i=1,2,\cdots,N \tag{5.34}$$

式中 $B_i=\varepsilon p_i$,下标 i 表示行序号,j 为列序号,对角线上的 j 取为零,向左为负,向右为正。由这一特点可以看出,方程组的系数矩阵是以主对角线为对称轴的七对角线带型矩阵。系数的计算公式如下:

$$\begin{cases}A_{i,-3}=a_{i-3}d_{i-3}\\A_{i,-2}=a_{i-2}c_{i-2}+b_{i-3}d_{i-3}\\A_{i,-1}=a_{i-1}b_{i-1}+b_{i-2}c_{i-2}+c_{i-3}d_{i-3}\\A_{i,0}=a_i{}^2+b_{i-1}^2+c_{i-2}^2+d_{i-3}^2+\varepsilon p_i\\A_{i,1}=a_ib_i+b_{i-1}c_{i-1}+c_{i-2}d_{i-2}\\A_{i,2}=a_ic_i+b_{i-1}d_{i-1}\\A_{i,3}=a_id_i\end{cases} \tag{5.35}$$

求解方程组(5.34)即得到观测资料的平滑值 $x'_1,x'_2,\cdots,x'_N$。

由于方程组(5.34)的系数矩阵是关于主对角线对称的七对角带型矩阵,通常采用追赶法来求解。

在求解方程组(5.34)时,当系数 A_{ij} 的矩阵行列式的值较小时,会使方程组的求解产生不稳定性,影响解的精度。Vondark 采用下述办法限制其影响。

先用二次抛物线函数拟合观测资料 $x_i(i=1,\cdots,N)$，则待求的平滑值 x'_i 可表示为

$$x'_i=\hat{x}_i+\delta_i \tag{5.36}$$

式中 $\hat{x}_i$ 是用二次抛物线拟合解得的拟合值，δ_i 为平滑值的剩余小量。将(5.36)式代入(5.34)式，则求解平滑值 x'_i 的方程组(5.34)就改变为求解 δ_i 的方程组

$$\sum_{i=-3}^{3}A_{ij}\delta_{i+j}=B_i(x_i-\hat{x}_i)\quad i=1,2,\cdots,N \tag{5.37}$$

且当 $i+j\leqslant 0$ 或 $i+j\geqslant N+1$ 时，$A_{ij}=0$。

对(5.37)式仍可用追赶法求解，将解出的 δ_i 加上拟合值 $\hat{x}_i$ 即为所求的平滑值 $x'_i(i=1,\cdots,N)$。

5.5.3　Vondrak 平滑法原理的改进

在 Vondrak 平滑法的实际应用中，平滑因子 ε（或 $1/\lambda^2$）的选取是非常重要的。它的大小决定了平滑程度的强弱，ε 值越小，对资料的平滑越强；ε 值越大，对资料的平滑越弱。

在 Vondrak 平滑法的实际应用过程中我们发现，对于具有相同精度的一批观测资料，如果对具有不同采样间隔和不同长度的各种数据，使用同一平滑因子进行平滑，得到的平滑曲线也具有不同的平滑程度，而为了得到具有同样平滑程度的曲线必须选用不同的平滑因子。这是由 Vondrak 平滑法的基本准则(5.27)式决定的，这给这一方法的实际使用带来很多不便。为此，Vondrak 对其基本准则进行了改进，即把基本准则改为

$$\begin{aligned}Q&=(N-3)^{-1}F+(t_{N-1}-t_2)^{-1}\lambda^2S\\&=(N-3)^{-1}\sum_i p_i(x'_i-x_i)^2+(t_{N-1}-t_2)^{-1}\lambda^2\sum_{i=1}^{N-3}(\Delta^3x'_i)^2\\&=\min\end{aligned} \tag{5.38}$$

由根据改进的平滑准则得到的平滑方法，对于具有相同精度的观测资料，不管取样间隔和资料长度如何，选用同一平滑因子都可得到具有同样平滑程度的结果。

在使用新的平滑准则实现 Vondrak 平滑时，实际上只要将(5.28)式计算的系数 a_i，b_i，c_i，d_i 分别乘以 $(t_{N-1}-t_2)^{-1/2}$，同时将平滑因子 ε 乘以 $(N-3)^{-1}$，然后仍按(5.35)式和方程组(5.34)解算，即可得到满足(5.38)式的平滑结果。

另外，在使用 Vondrak 平滑法的过程中，若观测资料时间因数 t 的量纲发生变化时，亦应修改原来的平滑因子。根据(5.28)式及(5.38)式中的 $(t_{N-1}-t_2)^{-1}\lambda^2\sum\limits_{i=1}^{N-3}(\Delta^3x'_i)^2$ 项可知，若原来的平滑因子为 ε_0，则量纲变换 k 倍后，新的平滑因子 ε 应取为 ε_0k^{-6}，这样才能得到与采用原量纲时具有同样平滑程度的平滑曲线。

5.5.4　Vondrak 平滑法的应用

和高斯权函数平滑法一样，Vondrak 平滑法是消除或削弱观测资料中随机误差的一种手段。同时，它也具有单边频率滤波器的功能，因此，在数据处理中亦可作为数字滤波

器使用。

Vondrak 给出了 Vondrak 滤波器的频率响应函数的计算公式

$$H(\varepsilon, f) = \sum_{i=1}^{N} x_i x_i' \Big/ \sum_{i=1}^{N} x_i{}^2 \tag{5.39}$$

式中 f 为观测资料中包含的周期成分的频率，其他量的意义同前。对于给定的 f，由不同的平滑因子 ε，用 Vondrak 平滑法求得相应的平滑值，再由(5.39)式可以直接算得频率响应函数曲线。但从(5.39)式不难看出，频率响应函数 H 是隐含 f 和 ε 的，应用起来是很不方便的。

黄坤仪等在 Vondrak 给出的频率响应函数计算公式的基础上，从理论上推出了 Vondrak 滤波器的频率响应函数的解析表达式

$$H(\varepsilon, f) = [1 + \varepsilon^{-1}(2\pi f)^6]^{-1} \tag{5.40}$$

式中 f 为频率。由此，可直接由 f 和 ε 计算出频率响应函数。图 5.3 给出了 Vondrak 滤波器频率响应函数曲线，它反映了不同的平滑因子 ε 的频率响应函数 $H(\varepsilon, p)$ 随周期 p 的变化。

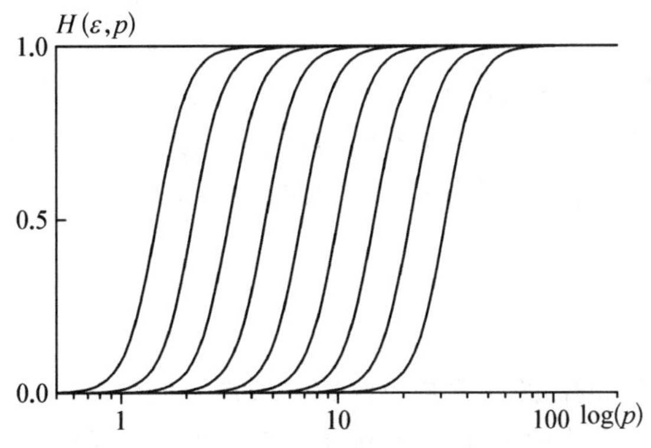

图 5.3　Vondrak 滤波器频率响应曲线

从(5.40)式可以看出，$0 < H(\varepsilon, p) < 1$。对不同的平滑因子，频率响应曲线在 $H \approx 0$ 的部分所对应的周期信号在滤波过程中被全部滤掉了；而在 $H \approx 1$ 的部分所对应的周期信号在滤波中被保留了下来。

利用频率响应曲线的上述特征，也可以利用 Vondrak 平滑法实现低通、高通和带通滤波，具体方法和利用高斯平滑法实现低通、高通、带通滤波完全类似，这里不再重述。

任何一种数字滤波器性能的优劣通常都取决于频率响应函数过渡带($0 < H < 1$ 的部分)的宽窄。显然，频率响应函数的坡度越陡，过渡带越窄，滤波器性能就越好。反之，若频率响应函数坡度较平坦，即过渡带较宽，则滤波器性能也较差。

从高斯平滑法和 Vondrak 平滑法的频率响应曲线(参看图 5.2 和 5.3)可以看出，Vondrak 滤波器比高斯平滑滤波器具有更优良的性质，但它们都有较宽的过渡带。因此，用它们实现数字滤波并不能得到理想的效果。

5.5.5 平滑因子的选取

利用 Vondrak 平滑法对观测资料进行修匀以及消除或削弱资料中的噪声等工作时，取得较好效果的关键在于平滑因子的合理选取。目前常用的选取方法有以下两种。

1. *观测误差法*

若观测资料的观测误差已知，设 σ_m 为观测精度，则观测误差法就是根据 σ_m 来选取平滑因子。

首先，用不同的平滑因子对观测资料进行 Vondrak 平滑，得到对应的平滑值 x_i'，由下式可以计算出平滑值的均方误差

$$\sigma(\varepsilon)=\sqrt{\frac{\sum_{i=1}^{N} p_i(x_i'-x_i)^2}{N-3}} \tag{5.41}$$

对一系列的 $\sigma(\varepsilon)$，选取使 $\sigma(\varepsilon)\approx\sigma_m$ 的平滑因子作为最后确定的平滑因子。

实践证明，这种方法是比较有效的，但在观测资料的精度未知的情况下无法使用。不过我们可以根据平滑值的均方误差的变化规律来选取平滑因子，即仍按(5.41)式计算出对应不同平滑因子的平滑值的均方误差 $\sigma(\varepsilon)$，以 ε 为横坐标、$\sigma(\varepsilon)$ 为纵坐标绘出曲线图，观察 $\sigma(\varepsilon)$ 曲线的变化规律，选取 $\sigma(\varepsilon)$ 的最小值所对应的 ε 作为最后确定的平滑因子。这样确定的平滑因子不依赖于观测精度。但当 $\sigma(\varepsilon)$ 的曲线没有明显的极小或同时有几个极小时，ε 的选取就比较困难了。

2. *频率响应法*

频率响应法是根据滤波器的频率响应函数的特性及滤波的要求选取平滑因子。例如，要求利用 Vondrak 平滑方法滤去 $p\leqslant10$ 天的短周期信息，则根据图 5.3 可知，应取 $\varepsilon=10^{-3}$，或者由(5.40)式，对 $f=1/10$，$H\approx0$，亦可算得 $\varepsilon\approx10^{-3}$。

采用这种方法选取平滑因子直观简单，因而此方法已被广泛应用。高斯权函数滤波器中半带宽 a 的选取亦可采用同样的方法。当然，由于它们的频率响应函数存在过渡带较宽的缺点，当高频信号与随机噪声难以识别时，使用这些方法滤去随机噪声的同时还会滤去一部分高频信息。

习题 5

1. 某信号由两个正弦波组成，一个周期为 1 s，另一个周期为 8 s，即

$$x(t)=u(t)+v(t),\quad u(t)=\sin 2\pi t,\quad v(t)=\sin\frac{2\pi t}{8}$$

若希望用五点滑动平均方法滤去 1s 周期的波，保留 8s 周期的波，则应该如何选取采样间隔和记录长度？

2. 讨论一个单位取样响应为 $h(n)$ 的时域离散线性非时变系统，如果输入 $x(n)$ 是周期

为 N 的周期序列，请证明输出 $y(n)$ 亦是周期 N 的周期序列。

3. 研究一个线性非时变系统，其脉冲响应 $h(n)$ 和输入为

$$h(n)=\begin{cases}a^n & n\geqslant 0\\ 0 & n<0\end{cases}$$

$$x(n)=\begin{cases}1 & 0\leqslant n\leqslant N-1\\ 0 & \text{其他}\end{cases}$$

(1) 直接计算 $h(n)$ 和 $x(n)$ 的离散卷积，并求输出 $y(n)$。

(2) 把输入和单位脉冲响应的 Z 变换相乘，计算乘积的 Z 逆变换，并求输出 $y(n)$。

参考书目

[1] 丁月蓉. 天文数据处理方法[M]. 南京：南京大学出版社，1998.

[2] Oppenheim A V, Willsky A S, Nawab S H. 信号与系统[M]. 刘树棠，译. 北京：电子工业出版社，2001.

[3] Feissel M, Lewandowski W. A comparative analysis of Vondrak and Gaussian smoothing techniques[J]. Bulletin géodésique, 1984, 58(4): 464 - 474.

[4] Vondrak J. A contribution to the problem of smoothing observational data[J]. Bulletin of the Astronomical Institutes of Czechoslovakia, 1969, 20: 349.

[5] Vondrák J. Problem of smoothing observational data II[J]. Bulletin of the Astronomical Institutes of Czechoslovakia, 1977, 28: 84.

[6] 黄坤仪，周雄. Whittaker-Vondrak 法滤波本质的探讨和数值滤波的方差与相关性估计[J]. 天文学报，1981，2.

第六章 随机信号的功率谱估计

6.1 前言

对随机序列的协方差和功率谱进行估计是天文数字信号处理工作的一个重要方面。在4.8节中，我们曾经给出平稳随机信号的功率谱定义，即

$$S(\omega)=\sum_{k=-\infty}^{\infty} r_x(k)\mathrm{e}^{-\mathrm{i}k\omega} \tag{6.1}$$

式中 $r_x(k)$ 为随机序列 $x(n)$ 的真实自协方差函数，$S(\omega)$ 是 $x(n)$ 的真实功率谱。

不难看出，要得到真实的功率谱，需要无限长的自协方差序列，因而需要无限长的资料序列，但实际得到的序列都是有限长的。因此，自协方差函数只能由有限长的资料序列估计得到，它只是真实自协方差函数 $r_x(k)$ 的一个近似，通常记为 $\hat{r}_x(k)$。将 $\hat{r}_x(k)$ 代入(6.1)式，所得到的功率谱就被称为**功率谱估计**(power spectral estimation)，它是真实功率谱的近似。

由于功率谱在数字信号处理中具有重要的作用(如进行最佳线性滤波器的设计、测量噪声频谱、检测噪声中的信号等等)，因此对功率谱估计这一课题的研究一直受到人们的极大关注。近几十年来，人们提出了各种不同的谱估计方法，并较为深入地研究了它们的性能。目前，被广泛应用的功率谱估计方法可分为两大类：**非参数谱估计法**(non-parametric methods)和**参数谱估计法**(parametric methods)。非参数谱估计又被称为经典谱估计或传统谱估计，包括相关功率谱估计和周期图以及由这两种方法派生出来的各种改进方法。它们都不需要事先给出关于谱的任何函数形式，故也称它们为非参数谱估计。参数谱估计法的功率谱依赖于所采用的模型参数，它包括自回归谱估计(又称最大熵谱估计)、滑动平均谱估计以及自回归滑动平均谱估计和极大似然谱估计。其中的自回归谱估计自20世纪60年代被提出以来，就得到了广泛的应用。

在实际的天文观测中，由于受天体运行状况、望远镜观测时间、观测季节、仪器状态以及人为操作错误等客观因素的影响，很难获取均匀采样的时间序列。针对这种非等间隔采样以及存在较大间隙的时间序列，天文学家和统计学家提出了多种谱估计方法：有基于频域的分析方法，如Lomb-Scargle周期图法、时间补偿离散傅里叶变换(Date-compensated Discrete Fourier Transform, DCDFT)算法、CLEAN算法及改进的CLEANest算法、归一化Lomb-Scargle (Generalised Lomb-Scargle, GLS)算法；也有基于时域的分析方法，如最小相位弥散法(Phase Dispersion Minimization, PDM)、结构函数法(Structure function, SF)、离散相关函数法(Discrete Correlation Function, DCF)、Z变换离散相关函数法(Z-transformed Discrete Correlation Function, ZDCF)；还有基于时-频域分析的加权小波Z变换法(Weighted Wavelet Z-transform, WWZ)。安涛等人将以上方法应用到对NGC 5408

X－1 的 X 射线光变周期的研究中，分析和比较了各种方法的性能，并指出了它们的优缺点。

在这一章中，我们将主要介绍非参数谱估计法和参数谱估计法两类方法。关于参数谱估计方法，我们只着重介绍最基本的、应用最广泛的自回归谱估计法，而关于其他的模型参数功率谱估计方法，我们仅给出它们的谱估计式而不作详细介绍。

目前通用的功率谱估计方法在很大程度上还要依赖经验因素，并且要在各种不同的方法间作出权衡，一般来说没有一个统一的最佳方法。

6.2 相关功率谱估计

相关功率谱估计又被称为布莱克曼-杜开(Blackman-Tukey)法(简记为 BT 法)，它是发展较早的一种功率谱估计方法。在这一节里，我们将分别给出自相关功率谱和互相关功率谱估计方法，并讨论这种方法的性能。最后给出在实际应用中计算加窗相关功率谱估计的具体步骤。

6.2.1 相关功率谱估计式

设有均值为零的序列 $x(n)(n=0,\cdots,N-1)$，由定义(6.1)式可得 $x(n)$ 的自相关功率谱

$$S(\omega)=\sum_{k=-\infty}^{\infty} r_x(k)\mathrm{e}^{-\mathrm{i}k\omega}$$

由于 $x(n)$ 是有限长的，因此只能得到自协方差 $r(k)$ 的估计值，即

$$\hat{r}(k)=\frac{1}{N}\sum_{n=0}^{N-1} x(n)x(n+k) \tag{6.2}$$

对应于 N 点数据，$\hat{r}(k)$ 的最大长度为 $2N-1$。对 $\hat{r}(k)$ 求离散傅里叶变换，便得到 $x(n)$ 的自相关功率谱估计式，记为 $\hat{S}_{BT}(\omega)$，即

$$\hat{S}_{BT}(\omega)=\sum_{k=-m}^{m}\hat{r}(k)\mathrm{e}^{-\mathrm{i}k\omega}\quad |m|\leqslant N-1 \tag{6.3}$$

m 为最大延迟数。

因为自相关功率谱估计是通过自协方差函数间接得到的，所以又称它为求功率谱估计的间接法。

由于自协方差函数是偶函数，自相关功率谱估计式(6.3)又可写为

$$\hat{S}_{BT}(\omega)=\sum_{k=-m}^{m}\hat{r}(k)\cos k\omega=\hat{r}(0)+2\sum_{k=1}^{m}\hat{r}(k)\cos k\omega \tag{6.4}$$

利用两个序列 $x(n)$ 和 $y(n)$ 的互功率谱密度函数的定义式(4.98)，可以得到互相关功率谱估计式

$$\hat{S}_{xy}(\omega)=\sum_{k=-m}^{m}\hat{r}_{xy}(k)\mathrm{e}^{-\mathrm{i}k\omega}\quad |m|\leqslant N-1 \tag{6.5}$$

式中 $\hat{r}_{xy}(k)$ 为 $x(n)$ 和 $y(n)$ 的互协方差估计。由于 $\hat{r}_{xy}(k)$ 为非奇非偶函数，所以 $\hat{S}_{xy}(\omega)$

为复值函数，利用互协方差函数的性质 $r_{xy}(-k)=r_{yx}(k)$，可以得到

$$\hat{S}_{xy}(\omega)=P_{xy}(\omega)-\mathrm{i}Q_{xy}(\omega) \tag{6.6}$$

其中

$$\begin{cases}P_{xy}(\omega)=\sum_{k=0}^{m}[\hat{r}_{xy}(k)+\hat{r}_{yx}(k)]\cos k\omega \\ Q_{xy}(\omega)=\sum_{k=0}^{m}[\hat{r}_{xy}(k)-\hat{r}_{yx}(k)]\sin k\omega\end{cases} \tag{6.7}$$

6.2.2　相关功率谱估计的统计性质

相关功率谱估计的统计性质直接由协方差估计的优劣决定。因此，在讨论相关功率谱估计的统计性质前，让我们先来讨论一下协方差估计的性质。

由自协方差函数的估计式(6.2)可以得到

$$\begin{aligned}E[\hat{r}(k)]&=\frac{1}{N}\sum_{n=0}^{N-1}E[x(n)x(n+k)]\\&=\frac{1}{N}\sum_{n=0}^{N-1-|k|}r(k)\\&=\frac{N-|k|}{N}\cdot r(k)\end{aligned} \tag{6.8}$$

(6.8)式表明 $\hat{r}(k)$ 是 $r(k)$ 的有偏估计。对于一个固定的延迟 $|k|$，当 $N\to\infty$ 时 $\hat{r}(k)\to r(k)$，即 $\hat{r}(k)$ 是 $r(k)$ 的渐近无偏估计。而对于一个固定的 N，当 $|k|$ 越接近 N 时，估计的偏差越大。只有当 $|k|\ll N$ 时，$\hat{r}(k)$ 的均值才接近于真值。从(6.8)式还可以看出，$\hat{r}(k)$ 的均值是真值 $r(k)$ 和一个三角窗函数 $w(k)$ 的乘积，而

$$w(k)=\begin{cases}1-\dfrac{|k|}{N} & |k|\leqslant N-1\\ 0 & |k|>N\end{cases}$$

这个窗函数实际上是由于对数据的截断而产生的。因为 $x_N(n)$ 可以看作 $x(n)$ 和一个矩形窗函数 $w_0(n)$ 相乘的结果，即

$$x_N(n)=x(n)\cdot w_0(n)$$

因此(6.2)式可写成

$$\begin{aligned}\hat{r}(k)&=\frac{1}{N}\sum_{n=0}^{N-1}x(n)w_0(n)x(n+k)w_0(n+k)\\&=\frac{1}{N}\sum_{n=0}^{N-1}x(n)x(n+k)w_0(n)w_0(n+k)\end{aligned}$$

而

$$E[\hat{r}(k)]=\frac{1}{N}\sum_{n=0}^{N-1}w_0(n)w_0(n+k)E[x(n)x(n+k)]$$

$$=r(k)\frac{1}{N}\sum_{n=0}^{N-1}w_0(n)w_0(n+k)$$

$$=r(k)\cdot w(k)$$

其中

$$w(k)=\frac{1}{N}\sum_{n=0}^{N-1}w_0(n)w_0(n+k) \tag{6.9}$$

从(6.9)式可以看出,三角窗 $w(k)$ 即为矩形数据窗的自相关结果。

上面的讨论告诉我们,当对一个信号进行截断时,就不可避免地对该信号施加了一个矩形窗口,而由此数据窗口就会产生加在自协方差函数上的三角窗口,该三角窗口影响了 $\hat{r}(k)$ 对 $r(k)$ 的估计质量。一般称加在自协方差函数上的窗为延迟窗。显然这些窗函数也将影响谱估计的质量。

下面我们来看一下自协方差估计的方差性质,

$$\text{var}[\hat{r}(k)]=E[\hat{r}^2(k)]-E[\hat{r}(k)]^2$$

$$=\frac{1}{N^2}\sum_{n=0}^{N-1-|k|}\sum_{m=0}^{N-1-|k|}[r^2(n-m)+r(n-m-k)\cdot r(m-n-k)]$$

显然,当 $N\to\infty$ 时, $\text{var}[\hat{r}(k)]\to 0$。 而 $\lim\limits_{N\to\infty}[\hat{r}(k)]\to r(k)$, 所以对固定的 $|k|$, $\hat{r}(k)$ 是 $r(k)$ 的一致估计。

下面我们来讨论用偏差和方差来衡量的功率谱估计的性质。

1) 偏差: $B=E[\hat{S}_{BT}(\omega)]-S(\omega)$

因为

$$E[\hat{S}_{BT}(\omega)]=E\left[\sum_{k=-(N-1)}^{N-1}\hat{r}(k)\mathrm{e}^{-\mathrm{i}k\omega}\right]$$

$$=\sum_{k=-(N-1)}^{N-1}r(k)\left(1-\frac{|k|}{N}\right)\mathrm{e}^{-\mathrm{i}k\omega}$$

$$=\sum_{k=-(N-1)}^{N-1}r(k)w(k)\mathrm{e}^{-\mathrm{i}k\omega} \tag{6.10}$$

令 $W_\Delta(\omega)$ 为三角窗 $w(k)$ 的傅里叶变换,则由卷积定理,上式可表示为

$$E[\hat{S}_{BT}(\omega)]=\frac{1}{2\pi}S(\omega)*W_\Delta(\omega)$$

$$=\frac{1}{2\pi}\int S(\lambda)W_\Delta(\omega-\lambda)\mathrm{d}\lambda \tag{6.11}$$

式中 $r(k)$ 和 $S(\omega)$ 分别是随机信号 $x(n)$ 的真实自协方差函数和功率谱,(6.11)式表明,真谱 $S(\omega)$ 被三角窗 $\left(1-\frac{|k|}{N}\right)$ 的频谱 $W_\Delta(\omega)$ 平滑了一次,其中

$$W_{\Delta}(\omega)=\frac{1}{N}\left[\frac{\sin(N\omega/2)}{\sin(\omega/2)}\right]^2$$

当 $N\to\infty$ 时，三角窗谱函数趋近于 δ 函数，这时

$$\lim_{N\to\infty}E[\hat{S}_{BT}(\omega)]=S(\omega)$$

而对于固定的数据长度 N，相关功率谱是有偏估计量，其偏差 B 为

$$B=E[\hat{S}_{BT}(\omega)]-S(\omega)$$

所以相关功率谱是渐近无偏估计量。

2) 方差

经过比较复杂的推导可以证明，相关功率谱估计的方差（对于一白噪声序列）为

$$\text{var}[\hat{S}_{BT}(\omega)]=\sigma^4\left[\frac{\sin^2(N\omega)}{N^2\sin^2\omega}+1\right]$$

不难看出，当 $N\to\infty$ 时，$\text{var}[\hat{S}_{BT}(\omega)]=\sigma^4=S^2(\omega)\neq 0$，这表明功率谱估计不是一致估计，不管 N 取多大，估计值的方差总是真谱的平方量级。

6.2.3　加窗相关功率谱估计

从前面介绍的相关功率谱估计方法可知，有限长的观测数据以及有限长的自协方差估计相当于在相关功率谱估计中加上了三角形的延迟窗，致使得到的功率谱估计(6.3)式是真实功率谱 $S(\omega)$ 和三角谱窗 $W_{\Delta}(\omega)$ 的卷积。窗函数主瓣的作用使得真实功率谱得到了平滑，而窗函数旁瓣的作用又在谱中产生了泄漏，这使得自相关功率谱的原始估计和真谱之间出现了偏差。为了得到偏差较小的功率谱，需要设法抑制泄漏效应，因此我们引进了平滑窗并得到了加窗相关功率谱估计。

加窗相关功率谱估计可以在频域上实现，即将选用的平滑窗谱函数直接和相关功率谱原始估计进行卷积运算得到；也可以在时域上实现，也就是说，将自协方差序列直接乘上平滑窗的时间函数，然后进行离散傅里叶变换，就可得到加窗相关功率谱估计，这里所用的平滑窗时间函数常被称为滞后窗(lag window)。

设滞后窗的宽度为 u，这相当于将自协方差函数在 $\tau=u$ 处截断，对于 $0\leqslant\tau\leqslant u$ 范围内的自协方差均乘上相应的时间函数，而在 $\tau>u$ 处则不存在。

下面，我们将给出几种常用的平滑窗函数，并以时域、频域两种形式给出，再从实用需要出发，给出它们的离散形式。

1) 矩形窗(rectangular window)

(1)时窗

$$w(n)=1\quad n=0,\cdots,N-1$$

(2) 频谱

$$W(\omega)=\frac{\sin(N\omega/2)}{\sin(\omega/2)}\mathrm{e}^{-\mathrm{i}\left(\frac{N-1}{2}\right)\omega}$$

2）三角窗(triangular window)

(1) 时窗

$$w(n)=\begin{cases}\dfrac{n}{N/2} & n=0,\cdots,\dfrac{N}{2}\\ w(N-n) & n=\dfrac{N}{2},\cdots,N-1\end{cases}$$

(2) 频谱

$$W(\omega)=\frac{2}{N}\left[\frac{\sin(N\omega/4)}{\sin(\omega/2)}\right]^2 \mathrm{e}^{-\mathrm{i}\left(\frac{N-1}{2}\right)\omega}$$

3）汉宁窗(Hanning window)

(1) 时窗

$$w(n)=\sin^2\left(\frac{n\pi}{N}\right)=0.5-0.5\cos\left(\frac{2n\pi}{N}\right) \quad n=0,\cdots,N-1$$

(2) 频谱

$$W(\omega)=0.5W_0(\omega)+0.25\left[W_0\left(\omega-\frac{2\pi}{N}\right)+W_0\left(\omega+\frac{2\pi}{N}\right)\right]$$

其中

$$W_0(\omega)=\frac{\sin(N\omega/2)}{\sin(\omega/2)}\mathrm{e}^{\mathrm{i}\frac{\omega}{2}}$$

而

$$W_0(\omega)\longleftrightarrow w_0(n)=1 \quad n=-\frac{N}{2},\cdots,\frac{N}{2}-1$$

4）哈明窗(Hamming window)

(1) 时窗

$$w(n)=0.54-0.46\cos\left(\frac{2n\pi}{N}\right) \quad n=0,\cdots,N-1$$

或

$$w(n)=0.54+0.46\cos\left(\frac{2n\pi}{N}\right) \quad n=-\frac{N}{2},\cdots,\frac{N}{2}$$

(2) 频谱

$$W(\omega)=0.54W_0(\omega)+0.23\left[W_0\left(\omega-\frac{2\pi}{N}\right)+W_0\left(\omega+\frac{2\pi}{N}\right)\right]$$

5）布莱克曼窗(Blackman window)

(1) 时窗

$$w(n)=0.42-0.5\cos\left(\frac{2\pi}{N}n\right)+0.08\cos\left(\frac{2\pi}{N}2n\right) \quad n=0,\cdots,N-1$$

（2）频谱

$$W(\omega)=0.42W_0(\omega)-0.25\left[W_0\left(\omega-\frac{2\pi}{N}\right)+W_0\left(\omega+\frac{2\pi}{N}\right)\right]+$$

$$0.04\left[W_0\left(\omega-\frac{4\pi}{N}\right)+W_0\left(\omega+\frac{4\pi}{N}\right)\right]$$

下面我们给出使用汉宁平滑窗时的加窗自相关功率谱估计公式。

对于自相关功率谱的原始估计式(6.4)，通常在下述频率上计算功率谱估计值，即

$$\omega_j=j\pi/m\Delta t \quad j=0,\cdots,m$$

则与这些频率对应的自相关功率谱估计为

$$\begin{aligned}\hat{S}(j)&=\hat{S}_{BT}(\omega_j)\\&=\hat{r}(0)+2\sum_{k=1}^{m-1}\hat{r}(k)\cos\frac{\pi kj}{m}+(-1)^j\hat{r}(m)\end{aligned}\tag{6.12}$$

若使用汉宁平滑窗，即

$$d(k)=\frac{1}{2}\left(1+\cos\frac{\pi k}{m}\right)\quad k=0,\cdots,m\tag{6.13}$$

则加窗自相关功率谱估计为

$$\begin{aligned}\widetilde{S}(j)&=\hat{r}(0)d(0)+2\sum_{k=1}^{m-1}\hat{r}(k)d(k)\cos\frac{\pi kj}{m}+(-1)^j\hat{r}(m)d(m)\\&=\hat{r}(0)+2\sum_{k=1}^{m-1}\hat{r}(k)d(k)\cos\frac{\pi kj}{m}\end{aligned}\tag{6.14}$$

将 $d(k)$ 的表达式(6.13)代入(6.14)式并和(6.12)式比较，可以得到加窗谱估计 $\widetilde{S}(j)$ 和原始谱估计 $\hat{S}(j)$ 之间的关系：

当 $j=0$ 时，有

$$\begin{aligned}\widetilde{S}(0)&=\hat{r}(0)+\sum_{k=1}^{m-1}\left(1+\cos\frac{\pi k}{m}\right)\hat{r}(k)\\&=0.5\hat{S}(0)+0.5\hat{S}(1)\end{aligned}\tag{6.15}$$

当 $j=m$ 时，有

$$\begin{aligned}\widetilde{S}(m)&=\hat{r}(0)+\sum_{k=1}^{m-1}\left(1+\cos\frac{\pi k}{m}\right)\cos k\pi\cdot\hat{r}(k)\\&=\hat{r}(0)+\sum_{k=1}^{m-1}\left[\cos\frac{\pi k(m-1)}{m}+\cos k\pi\right]\hat{r}(k)\\&=0.5\hat{S}(m-1)+0.5\hat{S}(m)\end{aligned}\tag{6.16}$$

当 $j=1,\cdots,m-1$ 时，有

$$\begin{aligned}\widetilde{S}(j) &= \hat{r}(0) + \sum_{k=1}^{m-1}\hat{r}(k)\left(1+\cos\frac{\pi k}{m}\right)\cos\frac{\pi kj}{m} \\ &= \hat{r}(0) + \sum_{k=1}^{m-1}\hat{r}(k)\left[\frac{1}{2}\cos\frac{\pi k(j-1)}{m} + \cos\frac{\pi kj}{m} + \frac{1}{2}\cos\frac{\pi k(j+1)}{m}\right] \\ &= 0.25\hat{S}(j-1) + 0.5\hat{S}(j) + 0.25\hat{S}(j+1)\end{aligned} \tag{6.17}$$

如果选用哈明窗作为滞后窗，加窗自相关功率谱估计变为

$$\widetilde{S}(0) = 0.46\hat{S}(0) + 0.46\hat{S}(1)$$

$$\widetilde{S}(j) = 0.23\hat{S}(j-1) + 0.46\hat{S}(j) + 0.23\hat{S}(j+1)$$

$$\widetilde{S}(m) = 0.46\hat{S}(m-1) + 0.46\hat{S}(m)$$

综上所述，样本序列 $x_N(n)$ 的自相关功率谱估计的计算可分为以下几步：

第一步　由下式

$$\hat{r}(k) = \frac{1}{N}\sum_{n=0}^{N-1}x_N(n)x_N(n+k)$$

计算 $x_N(n)$ 的自协方差估计 $\hat{r}(k)(k=0,\cdots,m)$。

第二步　对每个频率 $\omega_j = j\pi/m\Delta t$，利用(6.12)式计算自相关功率谱的原始估计 $\hat{S}(j)(j=0,\cdots,m)$。

第三步　利用关系式(6.14)由原始估计 $\hat{S}(j)$ 计算相应的加窗(平滑)谱估计 $\widetilde{S}(j)(j=0,\cdots,m)$。

相关功率谱估计是 20 世纪 50 年代以来常用的谱估计方法，在滞后数 m 相对于数据长度很小时有良好的估计精度。

图 6.1 是分别根据只包含短周期项的地球自转速率变化的 Yoder 公式得到的 1967 年到 1981 年 ΔUT1 的理论值和由 1967 年到 1981 年 BIH 的 UT1-IAT 的观测值得到的相关功率谱图。采样间隔均为 5 天，最大滞后数 $m=137$，并用哈明窗进行了平滑。图上清楚地显示出两个周期分别为 27.6 天和 13.7 天的带谐潮波 (M_m, M_f) 的波峰。理论值和观测值得到的结果吻合得很好。

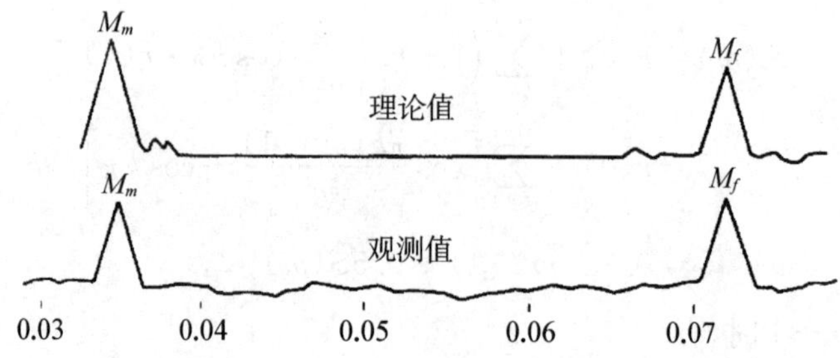

图 6.1　1967 年到 1981 年的 UT1-IAT 的理论值和观测值的自相关功率谱

对于互相关功率谱的加窗谱估计，只要将互协方差函数的估计值 $\hat{r}_{xy}(k)$，$\hat{r}_{yx}(k)$ 代入(6.7)式并取频率 ω 的离散值，便可得到它们的原始估计

$$\hat{P}_{xy}(j)=\hat{r}_{xy}(0)+\sum_{k=1}^{m-1}[\hat{r}_{xy}(k)+\hat{r}_{yx}(k)]\cos\frac{\pi jk}{m}+[\hat{r}_{xy}(m)+\hat{r}_{yx}(m)]\cos\pi j$$

$$\hat{Q}_{xy}(j)=\sum_{k=1}^{m-1}[\hat{r}_{xy}(k)-\hat{r}_{yx}(k)]\sin\frac{\pi jk}{m}$$

和自相关功率谱估计一样，如果采用汉宁平滑窗，则可得共谱和重谱的加窗估计

$$\widetilde{P}_{xy}(j)=0.25\hat{P}_{xy}(j-1)+0.5\hat{P}_{xy}(j)+0.25\hat{P}_{xy}(j+1)$$

$$\widetilde{P}_{xy}(0)=0.5\hat{P}_{xy}(0)+0.5\hat{P}_{xy}(1)$$

$$\widetilde{P}_{xy}(m)=0.5\hat{P}_{xy}(m-1)+0.5\hat{P}_{xy}(m)$$

$$\widetilde{Q}_{xy}(j)=0.25\hat{Q}_{xy}(j-1)+0.5\hat{Q}_{xy}(j)+0.25\hat{Q}_{xy}(j+1)$$

$$\widetilde{Q}_{xy}(0)=0.5\hat{Q}_{xy}(0)+0.5\hat{Q}_{xy}(1)$$

$$\widetilde{Q}_{xy}(m)=0.5\hat{Q}_{xy}(m-1)+0.5\hat{Q}_{xy}(m)$$

则和 $m+1$ 个离散频率值 $\omega_j=j\pi/m\Delta t$ 对应的互相关功率谱加窗估计为

$$\begin{aligned}\widetilde{S}_{xy}(j)&=\widetilde{P}_{xy}(j)-\mathrm{i}\widetilde{Q}_{xy}(j)\\&=|\widetilde{S}_{xy}(j)|\exp[-\mathrm{i}\theta_{xy}(j)]\end{aligned}$$

其中

$$|\widetilde{S}_{xy}(j)|=\sqrt{\widetilde{P}_{xy}^2(j)+\widetilde{Q}_{xy}^2(j)}$$

$$\theta_{xy}(j)=\arctan\left[\frac{\widetilde{Q}_{xy}(j)}{\widetilde{P}_{xy}(j)}\right]$$

6.3　周期图

6.3.1　周期图估计式

功率谱密度函数的另一种估计方法是直接从数字序列的离散傅里叶变换出发，利用公式

$$\hat{S}_{\mathrm{per}}(j)=\frac{1}{N}|X_N(j)|^2 \tag{6.18}$$

得到。下面我们首先来证明(6.18)式。

前面已经说过，对于一个无限长的序列 $x(n)$，它的功率谱密度函数由(6.1)式定义；但对于一个有限长的序列 $x_N(n)$，只能得到有限个自协方差估计，故总假定

$$x(n)=\begin{cases}x_N(n) & n=0,\cdots,N-1\\ 0 & \text{其他}\end{cases}$$

这时有

$$\hat{r}(k)=\frac{1}{N}\sum_{n=-\infty}^{\infty}x(n)x(n+k)$$

代入(6.1)式有

$$\begin{aligned}\hat{S}(\omega_j)&=\frac{1}{N}\sum_{k=-\infty}^{\infty}\sum_{n=-\infty}^{\infty}x(n)x(n+k)\mathrm{e}^{-\mathrm{i}k\omega_j}\\&=\frac{1}{N}\sum_{n=-\infty}^{\infty}x(n)e^{\mathrm{i}n\omega_j}\sum_{k=-\infty}^{\infty}x(n+k)\mathrm{e}^{-\mathrm{i}(n+k)\omega_j}\\&=\frac{1}{N}[X'(\omega_j)]^*[X'(\omega_j)]\\&=\frac{1}{N}|X'(\omega_j)|^2\end{aligned}$$

其中

$$\begin{aligned}X'(\omega_j)&=\sum_{n=-\infty}^{\infty}x(n)e^{-\mathrm{i}n\omega_j}\\&=\sum_{n=0}^{N-1}x_N(n)\mathrm{e}^{-\mathrm{i}n\omega_j}\\&=X_N(\omega_j)=X_N(j)\end{aligned}$$

我们把由(6.18)式定义的功率谱称为**周期图**(periodgram)，并记为 $\hat{S}_{\mathrm{per}}(j)$。

周期图这一概念是由 Schuster 于 1899 年在利用傅里叶级数分析信号的隐含周期特征时首次提出的。从(6.18)式的证明过程可以看出，它是把随机信号的 N 点观测数据 $x_N(n)$ 视为一能量有限信号，直接求 $x_N(n)$ 的离散傅里叶变换，然后取幅值的平方再除以 N，作为对信号功率谱的估计，因此又称它为功率谱估计的直接法。

由于 $X_N(j)$ 可以用 FFT 进行快速计算，所以 $\hat{S}_{\mathrm{per}}(j)$ 也可以很方便地求出，其中序号 j 对应频率 $\omega_j=j\pi/N\Delta t$，Δt 为采样间隔。

周期图是常用的功率谱估计法，但从(6.18)式不难看出，$\hat{S}_{\mathrm{per}}(j)$ 只与 $x_N(n)$ 的离散傅里叶变换的振幅 $|X(j)|$ 有关，不反映其位相信息。另外，尽管 $x_N(n)$ 是非周期性的，但由于 $X(\omega_j)$ 是连续信号频谱的周期延拓，所以由 $x_N(\omega_j)$ 求得的功率谱 $\hat{S}_{\mathrm{per}}(j)$ 也具有周期性。

利用周期图定义式(6.18)的推导过程，同样可以证明，周期图的原始估计的数学期望为

$$E[\hat{S}_{\mathrm{per}}(\omega)]=\sum_{k=-N+1}^{N-1}\left(\frac{N-|k|}{N}\right)r(k)\mathrm{e}^{-\mathrm{i}k\omega}\tag{6.19}$$

它的方差为

$$\mathrm{var}[\hat{S}_{\mathrm{per}}(\omega)]=\sigma^4\left[1+\frac{\sin^2(N\omega)}{N^2\sin^2\omega}\right] \tag{6.20}$$

这同样表明,周期图估计也不是一致估计。

6.3.2　改进的周期图

为了改进周期图的性能,常采用两种补救办法:平均和平滑。通过这两种方法可以分别得到平均周期图和平滑周期图,以及以它们为基础的加权交叠平均法和四步结合算法。

1. 平均周期图

由概率论可知,对 L 个具有相同均值 μ 和方差 σ^2 的独立随机变量 $X_1,X_2,\cdots,X_L$ 取平均,则新的随机变量的均值 $\overline{X}=\sum\limits_i X_i/L$ 亦为 μ,但方差为 σ^2/L,减小了 L 倍。由此可见,我们可以对周期图采用类似的方法来改善周期图方差的性能。

把原采样序列 $x(n)(n=0,\cdots,N-1)$ 分成 L 段,每段长为 M,即 $N=ML$,这时第 m 段子序列可表示为

$$x^m(n)=x(n+mM-M)\quad n=0,\cdots,M-1\quad m=1,\cdots,L$$

第 m 段序列的周期图为

$$\hat{S}_M^m(\omega)=\frac{1}{M}\left|\sum_{n=0}^{M-1}x^m(n)\mathrm{e}^{-\mathrm{i}\omega n}\right|^2\quad m=1,\cdots,L \tag{6.21}$$

假设各段的周期图是相互独立的,将 L 个独立的周期图取平均得平均周期图

$$\begin{aligned}\overline{S}_{\mathrm{per}}(\omega)&=\frac{1}{L}\sum_{m=1}^{L}\hat{S}_M^m(\omega)\\&=\frac{1}{ML}\sum_{m=1}^{L}\left|\sum_{n=0}^{M-1}x^m(n)\mathrm{e}^{-\mathrm{i}\omega n}\right|^2\end{aligned} \tag{6.22}$$

如果 $x(n)$ 为一白噪声序列,由(6.20)式和(6.22)式,可得平均周期图的方差

$$\mathrm{var}[\overline{S}_{\mathrm{per}}(\omega)]=\frac{\sigma^4}{L}\left[\frac{\sin^2(N\omega/L)}{\sin^2\omega\cdot N^2/L^2}+1\right] \tag{6.23}$$

从(6.23)式不难看出,分的段数 L 越多,方差越小;若 $L\to\infty$,则 $\overline{S}_{\mathrm{per}}(\omega)$ 是 $S(\omega)$ 的一致估计。但同时由于分段愈多,每段的数据长度 M 越短,分辨率愈差。因此,方差性能的改善是以牺牲分辨率为代价的。

每段数据长度 M 的选择主要取决于所需的分辨率。因为分段周期图的数据窗的主瓣宽度是 $\frac{4\pi}{M}$,若 $S(\omega)$ 中有两个相距为 $B\omega$ 的谱峰,为了要分辨它们,需要 $\frac{4\pi}{M}<B\omega$ 即 $M>\frac{4\pi}{B\omega}$。如果数据长度已经确定,根据所需的 M,段数 L 也就被确定了。如果 N 可以改变,则可根据方差要求确定 L,然后再确定数据长度。

另外,(6.23)式是在假定 $\hat{S}_{\text{per}}^{m}(\omega)(m=0,\cdots,L)$ 完全独立的情况下得出的,但实际上各段数据 $x^{m}(n)$ 是互相有关的,因而 $\hat{S}_{\text{per}}^{m}(\omega)$ 不一定相互独立。因此,方差的减小效果会受到一定的限制。

2. 平滑周期图

平滑周期图是另一种减小周期图原始估计方差的方法,它是根据全部样本计算出一个周期图,然后对它进行平滑运算得到的。

最简单的平滑周期图是取某一频率附近的几个相邻的原始周期图估计的平均作为这一频率上的周期图估计。

如用公式表示则有

$$\widetilde{S}_{\text{per}}(\omega_j)=\frac{1}{2L+1}\sum_{m=j-L}^{j+L}S_{\text{per}}(\omega_m) \tag{6.24}$$

即,频率 ω_j 上的平滑周期图估计,是频率 ω_j 附近 $2L+1$ 个原始周期图的平均。例如,若 $L=1$, $j=10$, 则频率 ω_{10} 上的平滑周期图估计是 3 个原始周期图估计值 $S_{\text{per}}(\omega_9)$, $S_{\text{per}}(\omega_{10})$, $S_{\text{per}}(\omega_{11})$ 的平均值。因为对一般的过程来说,在不同的频率 ω_j 上的周期图估计渐近互不相关,因此,和平均周期图一样,平滑周期图估计的方差比原始估计的方差减小了$(2L+1)$倍,而且被平均的点数越多,方差就减小的越多。但由于这种方法把不是 ω_j 上的周期图估计值也取来进行平均,于是增大了估计量的偏差。所以,从减小方差的角度来说,用来平均的周期图估计越多越好,而从减小平滑周期图的偏差来说,又不能取得太多,故只能在两者之间折中。

下面我们从理论上来阐明平滑周期图估计的实质。

我们把平滑周期图估计 $\widetilde{S}_{\text{per}}(\omega_j)$ 看作是连续平滑周期图 $\widetilde{S}_{\text{per}}(\omega)$ 的近似,则按照平滑周期图的定义, $\widetilde{S}_{\text{per}}(\omega)$ 可表示为

$$\widetilde{S}_{\text{per}}(\omega)=\frac{1}{2\lambda}\int_{\omega-\lambda}^{\omega+\lambda}S_{\text{per}}(\omega)\mathrm{d}\omega$$

我们亦可把它改写为周期图原始估计与矩形频谱函数 $W(\omega)$ 的卷积表示式,即

$$\widetilde{S}_{\text{per}}(\omega)=\int S_{\text{per}}(\nu)W(\omega-\nu)\mathrm{d}\nu$$

其中

$$W(\omega-\nu)=\begin{cases}\dfrac{1}{2\lambda} & |\omega-\nu|<\lambda\\ 0 & \text{其他}\end{cases}$$

起了一个加权作用。实际上,它就是我们前面提到过的谱窗函数,而平滑周期图就是按前式把 $S_{\text{per}}(\omega)$ 在 ω 的某个领域内加权平均的结果。其效果一方面是减小了一些随机尖峰,即方差变小了, $W(\omega)$ 取平均的范围越大,方差减小越多;另一方面,由于把非 ω 上的周期图估计值也用来取平均,增加了估计量的偏差。

平均周期图还可以通过选择不同的谱窗函数得到，但对所有的窗都不能得到方差和偏差都满意的结果。

平滑周期图也可以通过时域的方式来实现，即用时窗乘原数字序列再求周期图估计。

3. 加权交叠平均法

加权交叠平均法又被称为 Welch 法，是对平均周期图进行改进得到的方法。使用加权交叠平均法时，在对 $x(n)$ 分段时可允许每一段的数据有部分的交叠。设每段的长度仍为 M，若相邻的两段数据重叠一半，这时的段数 L 为

$$L=\frac{N-M/2}{M/2}$$

此外，对每一段数据使用矩形窗以外的数据窗，记之为 $d(n)$，这么做的目的是改善由数据截断产生的谱线泄漏。最后按平均周期图法求每一段的周期图，即

$$\hat{S}_{\text{per}}^{m}(\omega)=\frac{1}{MU}\left|\sum_{n=0}^{M-1}x^{m}(n)d(n)\mathrm{e}^{-\mathrm{i}\omega n}\right|^{2} \tag{6.25}$$

式中 U 为窗函数 $d(n)$ 的平均能量，即

$$U=\frac{1}{M}\sum_{n=0}^{M-1}d^{2}(n)$$

使用它是为了保证计算得到的谱是渐近无偏的。对于矩形窗，$U=1$；而对于矩形窗以外的窗口，$U<1$。

平均后的周期图为

$$\begin{aligned}\widetilde{S}_{\text{per}}(\omega)&=\frac{1}{L}\sum_{m=1}^{L}\hat{S}_{\text{per}}^{m}(\omega)\\&=\frac{1}{MUL}\sum_{m=1}^{L}\left|\sum_{n=0}^{M-1}x^{m}(n)d(n)\mathrm{e}^{-\mathrm{i}\omega n}\right|^{2}\end{aligned} \tag{6.26}$$

周期图 $\widetilde{S}_{\text{per}}(\omega)$ 的数学期望为

$$E[\widetilde{S}_{\text{per}}(\omega)]=\frac{1}{L}\sum_{m=1}^{L}E[\hat{S}_{\text{per}}^{m}(\omega)]=E[\hat{S}_{\text{per}}^{m}(\omega)] \tag{6.27}$$

设 $D(\omega)$ 是 $d(n)$ 的傅里叶变换，即

$$D(\omega)=\frac{1}{L}\sum_{n=0}^{M-1}d(n)\mathrm{e}^{-\mathrm{i}n\omega} \tag{6.28}$$

则可以证明

$$\begin{aligned}E[\widetilde{S}_{\text{per}}(\omega)]&=S(\omega)*\frac{1}{MU}|D(\omega)|^{2}\\&=S(\omega)*W(\omega)\end{aligned} \tag{6.29}$$

式中

$$W(\omega)=\frac{1}{MU}|D(\omega)|^{2}$$

下面来证明(6.29)式。

$$\begin{aligned}E[\widetilde{S}_{\text{per}}(\omega)]&=E[\hat{S}_{\text{per}}^{m}(\omega)]\\&=E\left\{\frac{1}{MU}\left|\sum_{n=0}^{M-1}x^{m}(n)d(n)\mathrm{e}^{-\mathrm{i}\omega n}\right|^{2}\right\}\\&=\frac{1}{MU}\sum_{n=0}^{M-1}\sum_{l=0}^{M-1}E[x^{m}(n)x^{m}(l)]d(n)d(l)\mathrm{e}^{-\mathrm{i}\omega n}\mathrm{e}^{+\mathrm{i}\omega l}\\&=\frac{1}{MU}\sum_{n=0}^{M-1}\sum_{l=0}^{M-1}r(n-l)d(n)d(l)\mathrm{e}^{-\mathrm{i}\omega(n-l)}\\&=\frac{1}{MU}\sum_{n=0}^{M-1}\sum_{l=0}^{M-1}\frac{1}{2\pi}\int_{-\pi}^{\pi}S(\lambda)\mathrm{e}^{\mathrm{i}\lambda(n-l)}\mathrm{d}\lambda\cdot d(n)d(l)\mathrm{e}^{-\mathrm{i}\omega(n-l)}\\&=\frac{1}{2\pi MU}\int_{-\pi}^{\pi}S(\lambda)\left[\sum_{n=0}^{M-1}d(n)\mathrm{e}^{-\mathrm{i}n(\omega-\lambda)}\right]\left[\sum_{l=0}^{M-1}d(l)\mathrm{e}^{\mathrm{i}l(\omega-\lambda)}\right]\mathrm{d}\lambda\\&=\frac{1}{2\pi MU}\int_{-\pi}^{\pi}S(\lambda)|D(\omega-\lambda)|^{2}\mathrm{d}\lambda\\&=\frac{1}{2\pi}\int_{-\pi}^{\pi}S(\lambda)W(\omega-\lambda)\mathrm{d}\lambda\\&=S(\omega)*W(\omega)\end{aligned}$$

一般情况下,随着 N 的增大,平滑窗的主瓣变窄。当 $N\rightarrow\infty$ 时

$$E[\widetilde{S}_{\text{per}}(\omega)]\approx S(\omega)$$

所以 $\widetilde{S}_{\text{per}}(\omega)$ 也是渐近无偏的。

估计值(6.22)的方差仍近似地由(6.23)式给出。由于各段允许交叠,因而段数 L 可以增加,这样方差可得到更大的改善。但是,数据的交叠又减小了每一段之间的不相关性。因此,方差的减小不可能达到理论计算的程度。

6.3.3 经典谱估计小结

对于经典谱估计,不论是采用直接法还是间接法,都可借助 FFT 快速计算,而且物理概念明确,因此仍是目前较常用的谱估计方法。但它们又有一些严重的缺点:

(1) 它们都基于有限序列的离散傅里叶变换,产生了不可避免的数据窗的影响,使得真谱在数据谱窗的主瓣内受到了平滑、降低了分辨率。而数据谱窗的旁瓣产生的假峰(泄漏)也有可能掩盖真谱中较弱的部分。尤其是在数据较短时,这些影响尤为突出。

(2) 方差性能不好,它们都不是真谱的一致估计,且 N 增大时谱曲线起伏加剧。

(3) 对它们使用平滑窗(包括平均周期图)主要是用来改善它们的方差性能,但往往又减小了分辨率并增大了偏差。因此,平滑窗的引进不是克服经典谱估计缺点的根本办法。

由于经典谱估计存在种种缺点,人们一直在寻求其他的谱估计方法,其中以参数模型为基础形成的一套新的谱估计理论,构成了现代谱估计的主要内容。

现代谱估计的内容十分丰富,除了参数模型法外,还有极大似然谱估计等其他方法。但它们的理论还在发展之中,限于篇幅,本书只介绍参数模型法。

6.4　时间序列的数学模型

功率谱估计的参数模型法是指选择一个好的模型，根据已观测到的数据求出模型的参数，进而利用求出的模型参数估计该信号的功率谱。

在介绍参数模型法之前，我们先介绍一下描述测量信号系统及其数学模型的基本概念。

6.4.1　时间系统的数学描述

1. 测量信号系统的描述

1）系统的定义

所谓系统，是由相互联系和相互制约的元素组成的、具有特定功能的整体。在信号与系统理论中，一般把能产生、存储、传输和处理信号的实体称为系统，例如滤波器、射电信号的接收器、电子放大器等等。更具体地说，一个系统的功能是把一组输入信号转换为相应的输出信号。

按处理的信号的不同类型，系统可分为连续系统和离散系统。如果系统的输入输出为连续信号，则称其为连续系统；如果系统的输入、输出都是离散信号，则称其为离散系统。

系统的输入信号与输出信号之间的关系（以连续信号为例）如图 6.2 所示，而数学上常用如下关系式表示：

$$y(t)=T[x(t)] \tag{6.30}$$

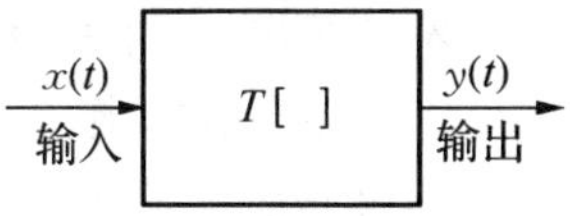

图 6.2　系统示意图

式中 $T[\quad]$ 是将 $x(t)$ 映射成 $y(t)$ 的函数。

一个系统，如果在输入为 $x_1(t)$ 和 $x_2(t)$ 时的输出分别为 $y_1(t)$ 和 $y_2(t)$，而在输入为 $a_1x_1(t)+a_2x_2(t)$ 时的输出为 $a_1y_1(t)+a_2y_2(t)$，则称此系统为线性系统。线性系统的性质可表示为

$$T[a_1x_1(t)+a_2x_2(t)]=a_1T[x_1(t)]+a_2T[x_2(t)] \tag{6.31}$$

不难证明，(6.31)式可推广至无限多个项的情况，且对离散系统也成立。

若一个系统的参数和特性不随时间变化，则称此系统为非时变系统，且可用下式表示：

$$T[x(t\pm t_0)]=y(t\pm t_0) \tag{6.32}$$

式中 t_0 为任意常数。

若一个系统对于任意有界输入，其输出也是有界的，则称此系统具有稳定性。

如果一个系统在任意时刻的输出仅与该时刻的输入有关，而与过去的输入无关，则称之为记忆系统或静态系统。而如果系统的输出不仅与该时刻的输入有关，还与此时刻之前的输入输出有关，则称之为动态系统，即动态系统能记忆和存储过去的输出。

当输入在 $t<t_1$ 时为零，而输出在 $t<t_1$ 时亦为零，则称此系统为因果系统。也就是说，对于因果系统，输出不能先于输入。

以上有关系统的定义同时适用于连续系统和离散系统。

2）系统的特性

同一信号通过不同的系统会得到不同的输出。因此，输出信号除和输入信号有关外，

还和系统的特性有关。下面给出两个描述系统特性的函数:脉冲响应函数和频率响应函数。

(1) 脉冲响应函数

对于一个线性系统,如果输入是一个脉冲函数 $\delta(t)$,则称相应的输出为脉冲响应函数或脉冲响应,并记之为

$$h(t)=T[\delta(t)]$$

根据系统的线性和时间不变性,可以用脉冲响应 $h(t)$ 表示出任意函数 $x(t)$ 的输出。因为 $x(t)$ 可以表示成一系列脉冲之和,即

$$x(t)=\int_{-\infty}^{\infty}x(\tau)\delta(t-\tau)\mathrm{d}\tau$$

根据线性和时间不变性以及 $\delta(t)$ 的性质,输出 $y(t)$ 为

$$\begin{aligned} y(t)&=T[x(t)]\\ &=\int_{-\infty}^{\infty}x(\tau)T[\delta(t-\tau)]\mathrm{d}\tau\\ &=\int_{-\infty}^{\infty}x(\tau)h(t-\tau)\mathrm{d}\tau \end{aligned}\tag{6.33}$$

(6.33)式表明,一个线性系统的输出是输入和脉冲响应的卷积。

(2) 频率响应函数

脉冲响应函数的傅里叶变换被称为频率响应函数或系统函数,我们用 $H(f)$ 来表示。若输入信号 $x(t)$ 和输出信号 $y(t)$ 的傅里叶变换分别为 $X(f)$ 和 $Y(f)$,则根据卷积定理有

$$Y(f)=X(f)\cdot H(f)\tag{6.34}$$

脉冲响应函数和频率响应函数是分别在时域上和频域上对系统特性的全面描述。

3) 系统与信号的求解

如果系统的特性已知,则可以求出任何输入信号的输出,而在有的问题中需要利用输入与输出来研究系统的特性即脉冲响应或频率响应。例如,根据要求(需要的输出)设计滤波器。在另一类问题中,则需要根据测量到的信号及系统特性反求原信号。例如,为了对地震震源进行研究,需要获得震源处的地震波 $x(t)$,但它是不能通过直接测量得到的,因此只能利用地表的地震仪记录 $y(t)$ 来反求 $x(t)$,这时地球被看作一个线性系统,它包括地幔中的介质吸收和几何扩散、地壳的分层构造的影响及地表的反射、折射以及仪器的频率特性等。又如对光学天文望远镜而言,观测到的天体图像是原天体图像和望远镜光学传递函数的卷积,而原天体图像又是天体信号和大气传递函数的卷积。我们的目标则是由观测到的天体图像和已知的望远镜的光学传递函数和大气传递函数求得天体信号。

前述问题可归结为系统的求解(已知系统的输入、输出求系统的脉冲响应或频率响应)和信号的复原(已知系统特性和输出求系统的输入)。

对于系统求解问题,只要选择已知或可测的信号 $x_1(t)$,当已知(或测出)对应的 $y_1(t)$ 时,则可求得系统的脉冲响应为

$$h(t)=y_1(t)*^{-1}x_1(t)$$

其中 $*^{-1}$ 为反卷积符。

另外，从(6.34)式不难得到

$$H(f)=Y_1(f)/X_1(f)$$

其中 $Y_1(f)$ 和 $X_1(f)$ 分别为 $y_1(t)$ 和 $x_1(t)$ 的傅里叶变换。对 $H(f)$ 求逆傅里叶变换也可得到 $h(t)$。但需要说明的是，当可测信号 $x_1(t)$ 和 $y_1(t)$ 有噪声影响时，按上述过程不能得到准确的 $h(t)$ 或 $H(f)$。这时如用

$$H(f)=S_{x_1y_1}(f)/S_{x_1}(f)$$

可得到具有最小方差的 $H(f)$，这里 $S_{x_1y_1}(f)$ 和 $S_{x_1}(f)$ 分别为 $x_1(t)$ 和 $y_1(t)$ 的互谱密度和 $x_1(t)$ 的自谱密度。

当已知系统的脉冲响应或频率响应，且输出 $y(t)$ 或 $Y(f)$ 可测得时，则原信号 $x(t)$ 可由

$$\begin{aligned}x(t)&=\mathcal{IFT}[X(f)]\\&=\mathcal{IFT}[Y(f)/H(f)]\end{aligned}$$

或

$$x(t)=y(t)*^{-1}h(t)$$

得到。

4) Z 变换

由于信号数字处理是建立在频谱分析基础之上的，因此可以引入 Z 变换来简化表示离散信号的频谱。

设离散信号 $x(n)$ 的频谱为 $X(f)$，即

$$X(f)=\sum_{n=-\infty}^{\infty}x(n)\mathrm{e}^{-\mathrm{i}2\pi n\Delta f}$$

若令

$$Z=\mathrm{e}^{\mathrm{i}2\pi\Delta f}$$

则 $x(n)$ 的频谱可表为

$$X(f)=\sum_{n=-\infty}^{\infty}x(n)Z^{-n}$$

并记

$$X(Z)=\sum_{n=-\infty}^{\infty}x(n)Z^{-n}$$

则称 $X(Z)$ 为 $x(n)$ 的 Z 变换。

从上面的介绍中不难看出，频谱与 Z 变换之间的差别只是一种符号的代换。从数学的角度来说它们是同一类概念，频谱的物理意义比较明显，Z 变换则没有明确的物理意义。但是 Z 变换在数学处理上较方便。

对于一个脉冲响应为 $h(n)$ 的线性系统，可以证明，系统输入的 Z 变换 $X(Z)$ 和系统输出的 Z 变换 $Y(Z)$ 满足关系式

$$Y(Z)=X(Z)\cdot H(Z) \tag{6.35}$$

式中 $H(Z)$ 为脉冲响应的 Z 变换，并称之为系统的传递函数或转移函数。

由于频谱与 Z 变换的差别只是一种符号的代换，而其实质并未改变，因此，由频谱的性质可得到 Z 变换的相应性质。例如两个序列卷积的 Z 变换等于两个序列的 Z 变换的乘积。另外傅里叶变换的所有性质对 Z 变换也适用，这里不一一列举。

2. 随机信号通过线性系统

设有一线性非时变系统，它的脉冲响应为 $h(t)$。若输入一平稳随机信号，则其输出仍为一平稳随机信号，且其输出功率谱和输入功率谱之间有如下关系：

$$S_y(f)=|H(f)|^2S_x(f) \tag{6.36}$$

为了证明(6.36)式，我们先来证明下面两个公式：

$$r_{xy}(\tau)=r_x(\tau)*h(\tau) \tag{6.37}$$

$$r_y(\tau)=r_{yx}(\tau)*h(\tau) \tag{6.38}$$

根据互协方差函数的定义，有

$$\begin{aligned}
r_{xy}(\tau)&=E[x(t)y(t+\tau)]\\
&=E\left[x(t)\int_{-\infty}^{\infty}x(t+\tau-\lambda)h(\lambda)\mathrm{d}\lambda\right]\\
&=\int_{-\infty}^{\infty}E[x(t)x(t+\tau-\lambda)]h(\lambda)\mathrm{d}\lambda\\
&=\int_{-\infty}^{\infty}r_x(\tau-\lambda)h(\lambda)\mathrm{d}\lambda\\
&=r_x(\tau)*h(\tau)
\end{aligned}$$

$$\begin{aligned}
r_y(\tau)&=E[y(t)y(t+\tau)]\\
&=E\left[y(t)\int_{-\infty}^{\infty}x(t+\tau-\lambda)h(\lambda)\mathrm{d}\lambda\right]\\
&=\int_{-\infty}^{\infty}E[y(t)x(t+\tau-\lambda)]h(\lambda)\mathrm{d}\lambda\\
&=\int_{-\infty}^{\infty}r_{yx}(\tau-\lambda)h(\lambda)\mathrm{d}\lambda\\
&=r_{yx}(\tau)*h(\tau)
\end{aligned}$$

对(6.37)、(6.38)两式利用卷积定理可分别得到

$$S_{xy}(f)=S_x(f)\cdot H(f) \tag{6.39}$$

$$S_y(f)=S_{yx}(f)\cdot H(f) \tag{6.40}$$

利用自谱、互谱密度函数的性质最后可得

$$\begin{aligned}S_y(f) &= S_{yx}(f)\cdot H(f)\\ &= S_{xy}(-f)\cdot H(f)\\ &= S_x(-f)\cdot H(-f)\cdot H(f)\\ &= S_x(f)|H(f)|^2\end{aligned}$$

若输入 $x(t)$ 为白噪声，则 $S_x(f)=\delta_x^2$。这时，输出功率谱等于白噪声方差 δ_x^2 乘以频率响应的平方，即

$$S_y(f)=\delta_x^2|H(f)|^2$$

对于离散线性非时变系统，可以给出相应的公式。

设离散线性非时变系统的脉冲响应为 $h(n)$，当输入为实平稳随机信号 $x(n)$ 时，线性系统的输出为

$$y(n)=\sum_{k=-\infty}^{\infty}h(n-k)x(k)=\sum_{k=-\infty}^{\infty}h(k)x(n-k) \tag{6.41}$$

其均值与自协方差函数为

$$\mu_y=E[y(n)]=\sum_{k=-\infty}^{\infty}h(k)E[x(n-k)]=\mu_x\sum_{k=-\infty}^{\infty}h(k) \tag{6.42}$$

$$\begin{aligned}r_y(m) &= E[y(n)y(n+m)]\\ &= \sum_{k=-\infty}^{\infty}h(k)\sum_{l=-\infty}^{\infty}h(l)E[x(n-k)x(n+m-l)]\\ &= \sum_{k=-\infty}^{\infty}h(k)\sum_{l=-\infty}^{\infty}h(l)r_x(m+k-l)\end{aligned} \tag{6.43}$$

由此可见，输出均值是常数，输出自协方差仅与时延 m 有关。因此，当输入信号是平稳随机信号时，线性系统的输出也是平稳的。

令 $i=l-k$，代入到(6.43)式中，得

$$\begin{aligned}r_y(m) &= E[y(n)y(n+m)]\\ &= \sum_{k=-\infty}^{\infty}h(k)\sum_{l=-\infty}^{\infty}h(l)E[x(n-k)x(n+m-l)]\\ &= \sum_{i=-\infty}^{\infty}r_x(m-i)\sum_{k=-\infty}^{\infty}h(k)h(i+k)\\ &= \sum_{i=-\infty}^{\infty}r_x(m-i)r_h(i)\end{aligned} \tag{6.44}$$

其中 $r_h(i)$ 为 $h(n)$ 的自协方差序列。不难证明，它是 $h(n)$ 与 $h(-n)$ 的离散卷积。(6.44)式表明，线性系统输出的自协方差是输入的自协方差函数与线性系统脉冲响应的自协方差函数的卷积。

对(6.44)式两边进行傅里叶变换，得到用功率谱表示的输入输出关系

$$S_y(\omega)=|H(\omega)|^2S_x(\omega) \tag{6.45}$$

类似地，我们还可以得到和(6.37)式对应的系统输入与输出间的互协方差：

$$
\begin{aligned}
r_{xy}(m) &= E[x(n)y(n+m)] \\
&= E\left[x(n)\sum_{k=-\infty}^{\infty} h(k)x(n+m-k)\right] \\
&= \sum_{k=-\infty}^{\infty} h(k)r_x(m-k)
\end{aligned}
$$

在频域可表示为

$$
S_{xy}(\omega) = H(\omega)S_x(\omega) \tag{6.46}
$$

6.4.2 时间序列信号模型

1. 离散时间系统数学模型的一般描述

在测量信号的处理过程中，常常把一个具体问题抽象为数学模型，这样更便于分析和计算。

一个离散时间系统的输入、输出之间的关系可用如下的差分方程描述，即

$$
y(n) = -\sum_{k=1}^{p} a_k y(n-k) + \sum_{l=0}^{M} b_l x(n-l) \tag{6.47}
$$

式中 p 为过去输出信号 $y(n)$ 的长度，M 为差分方程的阶数，a_k，b_l 为系统模型的参数。

差分方程实时地反映了在离散时间 $n\Delta t$ 系统的输入、输出的运动状态，所以又称它为状态方程。由(6.47)式不难看出，这个差分方程也描述了系统的输出与系统的输入及过去的输出之间的递推关系。因此，只要已知输入及初始值，就可以按照递推公式唯一地确定系统在不同时刻的输出值。

对(6.47)式两边进行 Z 变换，并利用 Z 变换的线性性和位移公式可以得到

$$
\sum_{k=0}^{p} a_k Z^{-k} Y(Z) = \sum_{l=0}^{M} b_l Z^{-l} X(Z) \tag{6.48}
$$

则系统的传递函数为

$$
\begin{aligned}
H(Z) = \frac{Y(Z)}{X(Z)} &= \frac{\sum_{l=0}^{M} b_l Z^{-l}}{\sum_{k=0}^{p} a_k Z^{-k}} \\
&= \frac{1+\sum_{l=1}^{M} b_l Z^{-l}}{1+\sum_{k=1}^{p} a_k Z^{-k}}
\end{aligned} \tag{6.49}
$$

式中 $a_0 \equiv 1$，$b_0 \equiv 1$。

如果系统输入是方差为 σ^2 的白噪声，则由(6.45)式可知，输出的功率谱应为

$$
S(\omega) = \sigma^2 \left| H(\mathrm{e}^{\mathrm{i}\omega}) \right|^2 \tag{6.50}
$$

2. 时间序列信号模型

数学工作者们从时间序列分析的角度，提出了一种研究平稳离散随机信号的方法，称其为时间序列信号模型法。利用时间序列信号模型法，可以进行时间序列的预测、滤波及功率谱分析。

许多平稳离散随机过程都可以看成是由典型的噪声源激励一个线性系统所产生的，这种噪声源通常是白噪声序列，其一般表示式为

$$\begin{aligned} &x(n)-a_1x(n-1)-\cdots-a_px(n-p)\\ &=w(n)-b_1w(n-1)-\cdots-b_qw(n-q) \end{aligned} \tag{6.51}$$

式中 $w(n)$ 为具有零均值、方差为 $\sigma_w{}^2$ 的白噪声。通常称这种信号模型为自回归滑动平均(Autoregressive Moving-Average)模型，常用 ARMA(p,q)表示。当系数 $b_1,b_2,\cdots,b_q$ 均为零时，有

$$x(n)-a_1x(n-1)-\cdots-a_px(n-p)=w(n) \tag{6.52}$$

并称它为 p 阶自回归模型，用 AR(p)表示。若模型系数(自回归系数 a_k ($k=1,\cdots,p$))多项式

$$A(z)=1+a_1z^{-1}+a_2z^{-2}+\cdots+a_pz^{-p}=0 \tag{6.53}$$

的根全在单位圆内，即其根的模都小于 1，则称 AR(p)模型是平稳的。当(6.53)式中系数 $a_1,a_2,\cdots,a_p$ 均为零时，得

$$x(n)=w(n)-b_1w(n-1)-\cdots-b_qw(n-q) \tag{6.54}$$

称它为 q 阶滑动平均模型，用 MA(q)表示。

比较(6.51)式和(6.47)式不难看出，用于描述离散平稳随机信号的时间序列信号模型和反映时间系统输入输出关系的数学模型是相似的。如果系统的输入为白噪声，则它们之间仅相差系数的符号。

利用(6.50)式，我们可以得到三个时间序列信号模型的功率谱。

ARMA(p,q)模型功率谱

$$S_{\mathrm{ARMA}}(\omega)=\sigma_\omega^2\left|\frac{1-\sum_{l=1}^{q}b_l\mathrm{e}^{-\mathrm{i}l\omega}}{1-\sum_{k=1}^{p}a_k\mathrm{e}^{-\mathrm{i}k\omega}}\right|^2 \tag{6.55}$$

对 AR(p)模型，传递函数为

$$H(Z)=1\Big/\left(1-\sum_{k=1}^{p}a_kZ^{-k}\right)$$

所以有

$$S_{\mathrm{AR}}(\omega)=\sigma_\omega{}^2\Big/\left|\left(1-\sum_{k=1}^{p}a_k\mathrm{e}^{-\mathrm{i}k\omega}\right)\right|^2 \tag{6.56}$$

对 MA(q)模型，有

$$H(Z)=1-\sum_{l=1}^{q}b_lZ^{-l} \tag{6.57}$$

故有

$$S_{\mathrm{MA}}(\mathrm{e}^{\mathrm{i}\omega})=\sigma_{\omega}{}^2\left|1-\sum_{l=1}^{q}b_l\mathrm{e}^{-\mathrm{i}l\omega}\right|^2 \tag{6.58}$$

从理论上可以证明，AR 模型的参数估计只需要解一个线性方程组，而 MA 模型、ARMA 模型参数的确定需要求解非线性方程组。而且，任何有限方差的 MA 或 ARMA 模型都可以用一个阶次 p 无限大的 AR 模型来近似。因此，AR 模型是被研究得最多并应用得最广的模型，我们的讨论也只限于 AR 模型以及相应的功率谱估计，即自回归谱估计。

AR 模型的应用已有相当长的历史。早在 20 世纪 20 年代，尤利-沃克(Yule -Walker)就利用 AR 模型来预测太阳黑子活动的周期。1968 年，派逊(E. Parzen)正式提出了 AR 谱估计问题。1971 年，凡登包士(Van Den Bos)论证了时间序列的 AR 模型谱估计和最大熵谱估计是等价的。另外，AR 模型又和线性预测有密切关系。这样，我们就可以从三个不同的方面：线性预测、AR 模型及最大熵谱分析来讨论随机信号的功率谱了。

6.5 功率谱估计的参数模型法

6.5.1 线性预测和 AR 模型

为了更好地理解 AR 模型的一些性质，我们先介绍一下线性预测的基本概念。

设已知 p 个数据 $x(n-p),\cdots,x(n-2),x(n-1)$，我们利用这 p 个数据的加权和作为下一个数据 $x(n)$ 的预测值 $\hat{x}(n)$，即

$$\hat{x}(n)=-\sum_{k=1}^{p}h_kx(n-k) \tag{6.59}$$

$h_k(k=1,\cdots,p)$ 为已知常数。由于(6.59)式为线性方程，故称它为线性预测。若预测误差记为 $e(n)$，则

$$\begin{aligned}e(n)&=x(n)-\hat{x}(n)\\&=x(n)+\sum_{k=1}^{p}h_kx(n-k)\end{aligned} \tag{6.60}$$

可看作输入为 $x(n)$ 的预测误差滤波器的输出。而 p 阶预测误差滤波器的传递函数为

$$H(Z)=1+\sum_{k=1}^{p}h_kZ^{-k} \tag{6.61}$$

由上一小节关于系统的概念我们知道，在(6.60)式中，如果 $x(n)$ 是随机序列，$e(n)$ 也是随机序列，则线性预测误差功率为

$$
\begin{aligned}
E_p &= E[e^2(n)] = E\left\{\left[x(n) + \sum_{k=1}^{p} h_k x(n-k)\right]^2\right\} \\
&= E\left[x^2(n) + 2\sum_{k=1}^{p} h_k x(n)x(n-k) + \sum_{k=1}^{p} h_k \sum_{l=1}^{p} h_l x(n-l)x(n-k)\right] \\
&= r(0) + 2\sum_{k=1}^{p} h_k r(k) + \sum_{k=1}^{p} h_k \sum_{l=1}^{p} h_l r(l-k)
\end{aligned} \tag{6.62}
$$

选择 $h_k(k=1,\cdots,p)$，使 E_p 最小，可得到关于 h_k 的方程组，进而求得预测误差滤波器的系数 h_k。由(6.62)式，令 $\dfrac{\partial E_p}{\partial h_m}=0(m=1,\cdots,p)$ 得

$$
r(m) = -\sum_{k=1}^{p} h_k r(m-k) \quad m=1,\cdots,p \tag{6.63}
$$

由此可得这个 p 阶预测器对 $x(n)$ 预测的最小误差功率或最小均方误差 E_p

$$
E_p = r(0) + \sum_{k=1}^{p} h_k r(k) \tag{6.64}
$$

把方程(6.63)写成矩阵形式，并和方程(6.64)合并，则得

$$
\begin{pmatrix}
r(0) & r(1) & \cdots & r(p-1) \\
r(1) & r(0) & \cdots & r(p-2) \\
\vdots & \vdots & \ddots & \vdots \\
r(p-1) & r(p-2) & \cdots & r(0)
\end{pmatrix}
\begin{pmatrix} 1 \\ h_1 \\ \vdots \\ h_p \end{pmatrix}
=
\begin{pmatrix} E_p \\ 0 \\ \vdots \\ 0 \end{pmatrix} \tag{6.65}
$$

通常称方程(6.65)为预测误差滤波方程，从下面的讨论中我们将会看到，这个方程等价于AR模型的相应的方程。

对于随机序列 $x(n)$ 的AR模型，由(6.63)式

$$
x(n) = \sum_{k=1}^{p} a_k x(n-k) + w(n) \tag{6.66}
$$

两边同时乘上 $x(n+m)$ 并求期望，可得

$$
E[x(n)x(n+m)] = \sum_{k=1}^{p} a_k E[x(n-k)x(n+m)] + E[w(n)x(n+m)] \tag{6.67}
$$

根据自协方差函数的定义及 $E[w(n)x(n+m)]=0$，可得

$$
r(m) = \sum_{k=1}^{p} a_k r(m-k) \tag{6.68}
$$

对 $m=1,\cdots,p$，由(6.66)式可以得到自回归系数 $a_k(k=1,\cdots,p)$ 所满足的线性方程组

$$
\begin{pmatrix} r(1) \\ r(2) \\ \vdots \\ r(p) \end{pmatrix}
=
\begin{pmatrix}
r(0) & r(1) & \cdots & r(p-1) \\
r(1) & r(0) & \cdots & r(p-2) \\
\vdots & \vdots & \ddots & \vdots \\
r(p-1) & r(p-2) & \cdots & r(0)
\end{pmatrix}
\begin{pmatrix} a_1 \\ a_2 \\ \vdots \\ a_p \end{pmatrix} \tag{6.69}
$$

通常称它为尤利-沃克(Yule-Walker)方程。

AR(p)模型的另一参数 ${\sigma_w}^2$ 可从下式推出

$$\begin{aligned}{\sigma_w}^2 &= E[w^2(n)] = E\left[x(n) - \sum_{k=1}^{p} a_k x(n-k)\right]^2 \\ &= r(0) - 2\sum_{k=1}^{p} a_k r(k) + \sum_{l,k=1}^{p} a_k a_l r(l-k) \\ &= r(0) - \sum_{k=1}^{p} a_k r(k) \end{aligned} \tag{6.70}$$

将方程(6.68)和方程组(6.69)合并,然后进行适当整理,尤利-沃克方程可改写为

$$\begin{pmatrix} r(0) & r(1) & \cdots & r(p-1) \\ r(1) & r(0) & \cdots & r(p-2) \\ \vdots & \vdots & \ddots & \vdots \\ r(p-1) & r(p-2) & \cdots & r(0) \end{pmatrix} \begin{pmatrix} 1 \\ -a_1 \\ \vdots \\ -a_p \end{pmatrix} = \begin{pmatrix} {\sigma_w}^2 \\ 0 \\ \vdots \\ 0 \end{pmatrix} \tag{6.71}$$

因为对于同一随机信号 $x(n)$,其自协方差函数是相同的,比较方程组(6.65)和(6.71)可知

$$h_k = -a_k \quad k = 1, \cdots, p \tag{6.72}$$

$$E_p = {\sigma_w}^2 \tag{6.73}$$

这表明,一个 p 阶线性预测误差滤波器和 p 阶自回归模型是等价的,滤波系数 $-a_k(k = 1,\cdots,p)$ 可由尤利-沃克方程求得,同样的自回归参数 a_k 可由滤波方程(6.65)求得。

将求得的参数 $a_k(k=1,\cdots,p)$ 和 ${\sigma_w}^2$ 代入(6.56)式便可得到自回归功率谱估计。因此,求自回归功率谱估计的关键在于求解自回归参数或预测误差滤波系数。

6.5.2 AR 模型参数的 Levinson-Durbin 递推算法

从上一小节我们看到,AR 模型参数 $a_k(k=1,\cdots,p)$ 的求得可归结为解 Yule-Walker 方程(6.71)或滤波方程(6.65)。如果直接求解,需要求自协方差阵的逆矩阵。当 p 很大时,运算量很大,并且每当模型增加一阶,矩阵就增大一维,又需全部重新计算。为了提高运算效率,通常采用 Levinson-Durbin 递推算法,即利用已知的 AR 模型序列的自协方差函数 $r(0), r(1), \cdots, r(p)$,从低阶向高阶逐次递推。也就是由 $\{-a_{11}, {\sigma_1}^2\} \rightarrow \{-a_{21}, -a_{22}, {\sigma_2}^2\} \rightarrow \cdots \rightarrow \{-a_{p1}, -a_{p2}, \cdots, -a_{pp}, {\sigma_p}^2\}$,这里参数 a 的第 1 个下标为这一步的阶次,第 2 个下标代表在该阶次时系数的序号。下面给出递推步骤。

(1) 当 $p=1$ 时,由一阶 AR 模型的矩阵方程

$$\begin{pmatrix} r(0) & r(1) \\ r(1) & r(0) \end{pmatrix} \begin{pmatrix} 1 \\ -a_{11} \end{pmatrix} = \begin{pmatrix} {\sigma_1}^2 \\ 0 \end{pmatrix}$$

可以解得

$$a_{11} = r(0)/r(1) \tag{6.74}$$

$${\sigma_1}^2 = r(0)(1 - |a_{11}|^2) \tag{6.75}$$

(2) 当 $p=2$ 时,由二阶 AR 模型的矩阵方程

$$\begin{pmatrix} r(0) & r(1) & r(2) \\ r(1) & r(0) & r(1) \\ r(2) & r(1) & r(0) \end{pmatrix} \begin{pmatrix} 1 \\ -a_{21} \\ -a_{22} \end{pmatrix} = \begin{pmatrix} \sigma_2^{\ 2} \\ 0 \\ 0 \end{pmatrix}$$

解得

$$\begin{aligned} a_{22} &= [r(0)r(2) - r^2(1)]/[r^2(0) - r^2(1)] \\ &= [r(2) - a_{11}r(1)]/\sigma_1^{\ 2} \end{aligned} \tag{6.76}$$

$$\begin{aligned} a_{21} &= [r(0)r(1) - r(1)r(2)]/[r^2(0) - r^2(1)] \\ &= a_{11} - a_{22}a_{11} \end{aligned} \tag{6.77}$$

$$\sigma_2^{\ 2} = \sigma_1^{\ 2}(1 - |a_{22}|^2) \tag{6.78}$$

(3) 当 $k=3,4,\cdots,p$ 时,可得由 $k-1$ 阶递推到第 k 阶的递推关系的通式:

$$a_{kk} = [r(k) + \sum_{l=1}^{k-1} a_{k-1,1} r(k-l)]/\sigma_{k-1}^{\ 2} \tag{6.79}$$

$$a_{ki} = a_{k-1,i} + a_{kk}a_{k-1,k-i} \quad i=1,2,\cdots,k-1 \tag{6.80}$$

$$\sigma_k^{\ 2} = (1 - |a_{kk}|^2)\sigma_{k-1}^{\ 2} \quad \sigma_0^{\ 2} = r(0) \tag{6.81}$$

在上述递推过程中,总是由上一阶的参数先求出本阶的参数 a_{kk},然后求出 $a_{ki}(i=1,\cdots,k-1)$ 和 $\sigma_k^{\ 2}$。

其中参数 $a_{11},a_{22},\cdots,a_{pp}$ 又称为反射系数,而递推式(6.80)被称为李文逊(Le-Vinson)递推式。

如果协方差函数未知,可直接由数据 $x(n)$ 利用最小平方原理计算 AR 模型的参数。这类算法包括伯格(Burg)算法、马波(Marple)算法等,我们将在 6.7 节介绍它们。

6.6　最大熵谱分析

对于自协方差序列未知的情况,由有限长的资料算得的自协方差序列也是有限的。为此要设法把有限时宽的自协方差序列进行外推,即由原来的 $r(0),r(1),\cdots,r(N-1)$ 先外推出 $r(N)$,再外推出 $r(N+1)$,那么应按什么原则进行外推呢?理论已经证明:如能使得外推出来的 $r(N)$ 与原来的 $r(0),r(1),\cdots,r(N-1)$ 一起具有最大熵,$r(N+1)$ 与 $r(0),r(1),\cdots,r(N)$ 一起具有最大熵……,就能外推出最合理的自协方差序列。

6.6.1　信息量与最大熵

信息量(information value)是信息论中度量信息多少的一个测度,也可用来衡量随机过程中一个序列的随机性强弱。信息量一般用

$$\ln(1/P(x_i)) = -\ln P(x_i) \tag{6.82}$$

来表示,其中 $P(x_i)$ 为代表随机性(不确定性)的概率。$P(x_i)$ 越小,说明系统越无序,它所带来的信息量就越多,必然事件($P(x_i)=1$)的信息量则为零。可以看出,信息量不能为负。

信息熵(information entropy)则是信息量的期望,即

$$H=E\left[\ln\frac{1}{P(x_i)}\right]=\sum_{i=1}^{M}\left[\ln\frac{1}{P(x_i)}\right]\cdot P(x_i)$$
$$=-\sum_{i=1}^{M}P(x_i)\ln P(x_i) \tag{6.83}$$

权函数就是所带信息量的概率 $P(x_i)$。因此，信息量越大，熵也越大，而按最大熵原则外推得到的自协方差所带来的信息量最多。

设 $x(n)$ 为一维零均值高斯分布的随机过程，它的概率密度函数为

$$P(x)=\frac{1}{\sqrt{2\pi}\sigma}e^{-x^2/2\sigma^2}$$

且有

$$\int_{-\infty}^{\infty}P(x)\mathrm{d}x=1 \quad \sigma^2=\int_{-\infty}^{\infty}x^2P(x)\mathrm{d}x$$

则该随机过程的熵为

$$\begin{aligned}H&=-\int P(x)\ln P(x)\mathrm{d}x\\&=-\int P(x)\left(-\ln\sqrt{2\pi\sigma^2}-\frac{x^2}{2\sigma^2}\right)\mathrm{d}x\\&=\ln\sqrt{2\pi\sigma^2}\int P(x)\mathrm{d}x+\frac{1}{2\sigma^2}\int x^2P(x)\mathrm{d}x\\&=\ln\sqrt{2\pi\sigma^2}+\frac{1}{2}=\ln\sqrt{2\pi\sigma^2}+\ln\sqrt{e}\\&=\ln[(2\pi e)^{1/2}\cdot(\sigma^2)^{1/2}]\end{aligned}$$

或

$$H=\ln\left[(2\pi e)^{\frac{1}{2}}\cdot\sqrt{r(0)}\right]=\ln\left\{(2\pi e)^{\frac{1}{2}}\cdot\det[\boldsymbol{R}_x(0)]^{\frac{1}{2}}\right\} \tag{6.84}$$

式中 $\det[\boldsymbol{R}_x(0)]$ 为矩阵 $\boldsymbol{R}_x(0)$ 的行列式。

同理可求得 N 维零均值高斯分布随机过程的熵

$$H=\ln\left\{(2\pi e)^{\frac{N}{2}}\cdot\det[\boldsymbol{R}_x(N-1)]^{\frac{1}{2}}\right\} \tag{6.85}$$

6.6.2 自协方差函数的最大熵外推

因为自协方差函数 $r(k)$ 是 k 的偶函数，且有 $r(0)>r(1)>r(2)>\cdots>r(N-1)$，所以对由它们组成的矩阵

$$\boldsymbol{R}(N-1)=\begin{bmatrix}r(0)&r(1)&\cdots&r(N-1)\\r(1)&r(0)&\cdots&r(N-2)\\\vdots&\vdots&\ddots&\vdots\\r(N-1)&r(N-2)&\cdots&r(0)\end{bmatrix} \tag{6.86}$$

有 $\det[\boldsymbol{R}(0)]\geqslant 0$，$\det[\boldsymbol{R}(1)]\geqslant 0$，…，$\det[\boldsymbol{R}(N-1)]\geqslant 0$，则 $\boldsymbol{R}(N-1)$ 为非负定的。若

设 $r(N)$ 已被外推出来，那么它与 $r(0), r(1), \cdots, r(N-1)$ 组成的矩阵 $\boldsymbol{R}(N)$ 也是非负定的。利用矩阵行列式的拉普拉斯展开有

$$\det[\boldsymbol{R}(N)] = \begin{vmatrix} r(0) & r(1) & \cdots & r(N) \\ r(1) & r(0) & \cdots & r(N-1) \\ \vdots & \vdots & \ddots & \vdots \\ r(N) & r(N-1) & \cdots & r(0) \end{vmatrix} \tag{6.87}$$

$$= r^2(0)\det[\boldsymbol{R}(N-2)] - r^2(N)\det[\boldsymbol{R}(N-2)]$$

是 $r(N)$ 的二次函数，对 $r(N)$ 微分两次得

$$\frac{\mathrm{d}\{\det[\boldsymbol{R}(N)]\}}{\mathrm{d}r(N)} = -2r(N)\det[\boldsymbol{R}(N-2)]$$

$$\frac{\mathrm{d}^2\{\det[\boldsymbol{R}(N)]\}}{\mathrm{d}r(N)^2} = -2\det[\boldsymbol{R}(N-2)]$$

它表明 $\det[\boldsymbol{R}(N)]$ 随 $r(N)$ 变化的图形是向上凸的，只有一个极大值。因此，只要找到 $\det[\boldsymbol{R}(N)]$ 随 $r(N)$ 变化的极大值，也就找到了在最大熵条件下外推出来的 $r(N)$。为此，令

$$\frac{\mathrm{d}\{\det[\boldsymbol{R}(N)]\}}{\mathrm{d}r(N)} = 0 \tag{6.88}$$

解此方程可求得 $r(N)$。

如 $N=2$ 时，

$$\det[\boldsymbol{R}(2)] = \begin{vmatrix} r(0) & r(1) & r(2) \\ r(1) & r(0) & r(1) \\ r(2) & r(1) & r(0) \end{vmatrix}$$

$$\frac{\mathrm{d}\{\det[\boldsymbol{R}(N)]\}}{\mathrm{d}r(N)} = 2\begin{vmatrix} r(1) & r(2) \\ r(0) & r(1) \end{vmatrix} = 0$$

所以有

$$r(2) = \frac{r^2(1)}{r(0)}$$

这样，由 $r(0), r(1)$ 外推出来的 $r(2)$ 和 $r(0), r(1)$ 一起组成的自协方差序列具有最大熵。

对一般情况，有

$$\begin{vmatrix} r(1) & r(0) & r(1) & \cdots & r(N-2) \\ r(2) & r(1) & r(0) & \cdots & r(N-3) \\ \vdots & \vdots & \vdots & \ddots & \vdots \\ r(N) & r(N-1) & r(N-2) & \cdots & r(1) \end{vmatrix} = 0 \tag{6.89}$$

由它可求得外推出的 $r(N)$，然后把 $r(N)$ 代入 $\boldsymbol{R}(N+1)$ 的矩阵

$$\boldsymbol{R}(N+1)=\begin{bmatrix} r(0) & r(1) & \cdots & r(N) & r(N+1) \\ r(1) & r(0) & \cdots & r(N-1) & r(N) \\ \vdots & \vdots & \ddots & \vdots & \vdots \\ r(N+1) & r(N) & \cdots & r(1) & r(0) \end{bmatrix} \tag{6.90}$$

中，再由

$$\frac{\mathrm{d}\{\det[\boldsymbol{R}(N+1)]\}}{\mathrm{d}r(N+1)}=0$$

可推得

$$\begin{vmatrix} r(1) & r(0) & r(1) & \cdots & r(N-1) \\ r(2) & r(1) & r(0) & \cdots & r(N-2) \\ \vdots & \vdots & \vdots & \ddots & \vdots \\ r(N+1) & r(N) & r(N-1) & \cdots & r(1) \end{vmatrix}=0 \tag{6.91}$$

由此可求得外推出的 $r(N+1)$。以此类推，可得 $r(N+2)$ 以及后续自协方差序列中的项。

6.6.3 最大熵外推与自回归分析法等价

由自回归模型的定义式(6.52)，我们把 N 阶自回归模型 AR(N)写为

$$x(n)=a_1x(n-1)+a_2x(n-2)+\cdots+a_Nx(n-N)+w(n)$$

其中 $w(n)$ 为具有零均值和单位方差的白噪声，由(6.68)式，$x(n)$ 的自协方差函数可表为

$$r(k)=a_1r(k-1)+a_2r(k-2)+\cdots+a_Nr(k-N) \quad k>0 \tag{6.92}$$

令 $k=1,2,\cdots,N$，并写成矩阵形式，可得和方程组(6.69)对应的 Yule-Walker 方程，

$$\begin{pmatrix} r(0) & r(1) & \cdots & r(N-1) \\ r(1) & r(0) & \cdots & r(N-2) \\ \vdots & \vdots & \ddots & \vdots \\ r(N-1) & r(N-2) & \cdots & r(0) \end{pmatrix}\begin{pmatrix} a_1 \\ a_2 \\ \vdots \\ a_N \end{pmatrix}=\begin{pmatrix} r(1) \\ r(2) \\ \vdots \\ r(N) \end{pmatrix}$$

解此方程可得系数如下：

$$a_1=\frac{1}{D}\begin{vmatrix} r(1) & r(1) & \cdots & r(N-1) \\ r(2) & r(0) & \cdots & r(N-2) \\ \vdots & \vdots & \ddots & \vdots \\ r(N) & r(N-1) & \cdots & r(0) \end{vmatrix}$$

$$a_2=\frac{1}{D}\begin{vmatrix} r(0) & r(1) & \cdots & r(N-1) \\ r(1) & r(2) & \cdots & r(N-2) \\ \vdots & \vdots & \ddots & \vdots \\ r(N-1) & r(N) & \cdots & r(0) \end{vmatrix}$$

$$=\frac{-1}{D}\begin{vmatrix} r(1) & r(0) & \cdots & r(N-1) \\ r(2) & r(1) & \cdots & r(N-2) \\ \vdots & \vdots & \ddots & \vdots \\ r(N) & r(N-1) & \cdots & r(0) \end{vmatrix}$$

$$\cdots$$

$$a_N=\frac{1}{D}\begin{vmatrix} r(0) & r(1) & \cdots & r(N-2) & r(1) \\ r(1) & r(2) & \cdots & r(N-3) & r(2) \\ \vdots & \vdots & \ddots & \vdots & \vdots \\ r(N-1) & r(N) & \cdots & r(1) & r(N) \end{vmatrix}$$

$$=\frac{(-1)^{N-1}}{D}\begin{vmatrix} r(1) & r(0) & \cdots & r(N-2) \\ r(2) & r(1) & \cdots & r(N-3) \\ \vdots & \vdots & \ddots & \vdots \\ r(N) & r(N-1) & \cdots & r(1) \end{vmatrix}$$

其中

$$D=\begin{vmatrix} r(0) & r(1) & \cdots & r(N-1) \\ r(1) & r(0) & \cdots & r(N-2) \\ \vdots & \vdots & \ddots & \vdots \\ r(N-1) & r(N-2) & \cdots & r(0) \end{vmatrix}$$

令(6.92)式中的 $k=N+1$，得

$$r(N+1)-a_1r(N)-a_2r(N-1)-\cdots-a_Nr(1)=0 \tag{6.93}$$

将上述计算所得的自回归系数 $a_k(k=1,\cdots,N)$ 代入式(6.93)中，可以求得 $r(N+1)$，其结果与由下面的 $N+1$ 阶行列式

$$\begin{vmatrix} r(1) & r(0) & r(1) & \cdots & r(N-1) \\ r(2) & r(1) & r(0) & \cdots & r(N-2) \\ \vdots & \vdots & \vdots & \ddots & \vdots \\ r(N) & r(N-1) & r(N-2) & \cdots & r(0) \\ r(N+1) & r(N) & r(N-1) & \cdots & r(1) \end{vmatrix}=0 \tag{6.94}$$

按最后一行元素 $r(N+1),r(N),\cdots,r(1)$ 展开得到的 $N+1$ 个 N 阶行列式之和相同。

(6.94)式与前面由最大熵外推自协方差函数所得的公式(6.91)相同。由此看出，最大熵外推自协方差与自回归分析是等价的，即外推自协方差函数等价于已知前 $N+1$ 个自协方差函数值匹配一个 N 阶自回归模型的系数。

6.7　AR 模型参数的递推算法

6.7.1　伯格(Burg)递推算法

AR 模型参数的 Levinson-Durbin 算法需要已知自协方差函数 $r(k)(k=1,\cdots,p)$。一般来说，$r(k)$ 是直接由观测数据 $x(n)$ 进行估计得到的，当 $x(n)$ 很短时，估计出来的 $\hat{r}(k)$ 误差很大，由此解出的 AR 模型的参数$(-a_1,-a_2,\cdots,-a_p,\sigma_w{}^2)$也是不准确的，它同样不能避免经典谱估计中存在的谱线分裂和谱峰漂移现象。

伯格提出了一种直接由 AR 序列 $x(n)$，通过使它的前向预测误差功率和后向预测误差功率的平均达到最小，进而求得 AR 模型的各参数值 $a_{kk}(k=1,\cdots,p)$ 及 $\sigma_w{}^2$(或 E_p)的

方法。

定义 $x(n)$ 的前向预测误差为

$$e_k^f(n)=x(n)-\hat{x}(n)=x(n)+\sum_{i=1}^{k}a_{ki}x(n-i) \quad e_0^f(n)=x(n) \tag{6.95}$$

即预测值 $\hat{x}(n)$ 是由 $x(n)$ 以前的 k 个值 $x(n-1)$，$x(n-2)$，…，$x(n-k)$ 通过加权求和得到的。

定义 $x(n)$ 的后向预测误差为

$$\begin{aligned}e_k^b(n)&=x(n-k)-\hat{x}(n-k)\\&=x(n-k)+\sum_{i=1}^{k}a_{ki}x(n-k+i)\end{aligned} \tag{6.96}$$

且

$$e_0^b(n)=e_0^f(n)=x(n) \tag{6.97}$$

即 $\hat{x}(n-k)$ 是由 $x(n-k)$ 以后的 k 个值 $x(n-k+1)$，$x(n-k+2)$，…，$x(n)$ 通过加权求和得到的。

(6.95)，(6.96)式中 e 的上标 f 表示前向预测，上标 b 表示后向预测，下标 k 表示预测误差滤波器(或 AR 模型)的阶数，a_{ki} 表示 k 阶滤波器的第 i 个系数。

伯格定义的平均预测误差功率为

$$E_k=\frac{1}{2}\left[\frac{1}{N-k}\sum_{n=k}^{N-1}\left(\left|e_k^f(n)\right|^2+\left|e_k^b(n)\right|^2\right)\right] \tag{6.98}$$

将系数的递推关系式(6.80)代入(6.95)，(6.96)式有

$$e_k^f(n)=e_{k-1}^f(n)+a_{kk}e_k^b(n-1)$$

和

$$e_k^b(n)=e_{k-1}^b(n)+a_{kk}e_k^f(n-1)$$

将它们一起代入(6.98)式，按照伯格的思想，所求 a_{kk} 应满足

$$\begin{aligned}\frac{\partial E_k}{\partial a_{kk}}&=\frac{\partial}{\partial a_{kk}}\left\{\frac{1}{N-k}\sum_{n=k}^{N-1}\left[\left|e_{k-1}^f(n)+a_{kk}e_k^b(n-1)\right|^2+\left|e_{k-1}^b(n)+a_{kk}e_k^f(n-1)\right|^2\right]\right\}\\&=0\end{aligned}$$

由此可解得

$$a_{kk}=\frac{-2\sum_{n=k}^{N-1}e_{k-1}^f(n)e_{k-1}^b(n-1)}{\sum_{n=k}^{N-1}\left(\left|e_{k-1}^f(n)\right|^2+\left|e_{k-1}^b(n-1)\right|^2\right)} \tag{6.99}$$

这就是用伯格方法得到的 k 阶 AR 模型第 k 个反射系数的估计式。对于其他 $k-1$ 个系数 $a_{ki}(i=1,\cdots,k-1)$，可由递推式(6.80)得到，即

$$a_{ki}=a_{k-1,i}+a_{kk}a_{k-1,k-i} \quad i=1,2,\cdots,k-1 \tag{6.100}$$

并利用(6.81)式得到第 k 阶次的预测误差功率 $\sigma_k{}^2$，即

$$\sigma_k{}^2 = (1 - |a_{kk}|^2)\sigma_{k-1}{}^2 \tag{6.101}$$

且

$$\sigma_0{}^2 = \hat{r}(0) = \frac{1}{N}\sum_{n=0}^{N-1}|x(n)|^2 \tag{6.102}$$

上面的递推过程可归纳为：利用给定的有限长数字序列 $x(n)$ $(n=1,\cdots,N)$，由(6.102)式计算零延迟自协方差函数估计 $\hat{r}(0)$ 作为递推初值，再由(6.96)式计算预测误差的起始值 $e_0^b(n)=e_0^f(n)=x(n)$ $(n=1,\cdots,N)$，将它们代入反射系数计算公式(6.99)式并取 $k=1$，即得一阶预测误差滤波器的反射系数 a_{11}，然后从 $k=2$ 开始逐次增加阶数。对应每一阶次，都分别应用(6.95)(6.96)(6.99)(6.100)和(6.101)式进行递推，例如对 p 阶 AR 模型，递推可对 $k=1,2,\cdots,p$ 进行。递推结束后即可得到相应的预测误差、滤波器的全部滤波系数和输出误差功率，把它们代入(6.56)式，最终得到伯格递推的 AR 谱估计。

6.7.2　马波(Marple)递推算法

由于 AR 模型参数的伯格算法采用了前向、后向的双向预测，并使其平均预测误差功率极小化，因此使相应的功率谱估计具有短时性和高分辨的特点，亦即只需要较短的数据序列就可以达到和长序列相当的分辨率。但是在实际应用中，人们也发现了伯格算法谱估计的一些缺陷，即谱峰漂移和谱线分裂。谱峰漂移是指谱峰的频率对谱峰真值的偏离。Swingler 指出，有时漂移量可达到一个分辨单元($1/N\Delta t$)的 16%。谱线分裂是指在本应只有一个谱峰的位置上，出现了两个或更多的相距很近的峰。浮杰尔(Fougere)等指出，在资料的信噪比不高以及阶数较高的情况下，伯格算法容易产生谱线分裂。

从理论上人们也指出，伯格算法采用的是有约束的最小二乘估计。它只对预测误差滤波器的最后一个滤波系数求偏导数，其余的滤波系数则利用李文逊递推公式(6.100)得到，这就不能保证每个滤波系数都满足最小二乘条件。随后，一些作者提出了对预测误差滤波系数作无约束的最小二乘估计的精确的最小二乘法(又称 LS 算法)，即对所有的滤波系数都求导并令其为零，有

$$\begin{aligned}\frac{\partial E_k}{\partial a_{ki}} &= \frac{\partial}{\partial a_{ki}}\left\{\frac{1}{2(N-k)}\sum_{n=k}^{N-1}\left[\left|e_k^f(n)\right|^2 + \left|e_k^b(n)\right|^2\right]\right\} \\ &= \frac{\partial}{\partial a_{ki}}\left\{\frac{1}{2(N-k)}\sum_{n=k}^{N-1}\left\{\left[x(n)+\sum_{i=1}^{k}a_{ki}x(n-i)\right]^2 + \right.\right. \\ &\qquad \left.\left.\left[x(n-k)+\sum_{i=1}^{k}a_{ki}x(n-k+i)\right]^2\right\}\right\} \\ &= 0 \qquad i=1,\cdots,k\end{aligned} \tag{6.103}$$

令

$$\begin{aligned}r_k(i,j) = \frac{1}{N-k}\sum_{n=k}^{N-1}\Big[&x(n-j)x(n-i) + x(n-k+j)\cdot \\ &x(n-k+i)\Big] \qquad i,j=0,\cdots,k\end{aligned} \tag{6.104}$$

则(6.103)式可写成

$$\sum_{j=0}^{k} a_{kj} r_k(i,j) = 0 \quad i=1,\cdots,k \quad a_{k0}=1 \tag{6.105}$$

利用(6.104)和(6.105)式，E_k 可表示为

$$E_k = \sum_{j=0}^{k} a_{kj} r_k(0,j) \tag{6.106}$$

对于 p 阶 AR 模型，$k=p$，将方程组(6.105)和(6.106)联立，可得到一个求解 p 阶 AR 模型参数 $a_{p1}, a_{p2}, \cdots, a_{pp}$ 和 E_p 的方程组，它的矩阵形式为

$$\begin{pmatrix} r_p(0,0) & r_p(0,1) & \cdots & r_p(0,p) \\ r_p(1,0) & r_p(1,1) & \cdots & r_p(1,p) \\ \vdots & \vdots & \ddots & \vdots \\ r_p(p,0) & r_p(p,1) & \cdots & r_p(p,p) \end{pmatrix} \begin{pmatrix} 1 \\ a_{p1} \\ \vdots \\ a_{pp} \end{pmatrix} = \begin{pmatrix} E_p \\ 0 \\ \vdots \\ 0 \end{pmatrix} \tag{6.107}$$

有很多方法可以直接求解方程组(6.107)，但运算量均为 p 的三次方量级。马波利用方程组(6.107)的系数矩阵的特殊结构将它进行分解，在此基础上实现了对参数的递推运算。

方程组(6.107)的系数矩阵

$$\boldsymbol{R}_p = \begin{pmatrix} r_p(0,0) & r_p(0,1) & \cdots & r_p(0,p) \\ r_p(1,0) & r_p(1,1) & \cdots & r_p(1,p) \\ \vdots & \vdots & \ddots & \vdots \\ r_p(p,0) & r_p(p,1) & \cdots & r_p(p,p) \end{pmatrix} \tag{6.108}$$

具有埃尔米特(Hermitian)对称性

$$r_p(i,j) = r_p^*(j,i)$$

和埃尔米特广义对称性

$$r_p(i,j) = r_p^*(p-i,p-j)$$

因此可将 $\boldsymbol{R}_p$ 分解成两个托布里兹(Toeplitz)矩阵乘积之和，即

$$\boldsymbol{R}_p = (\boldsymbol{T}_p)^{\mathrm{H}} \boldsymbol{T}_p + (\boldsymbol{T}_p^{\nu})^{\mathrm{H}} \boldsymbol{T}_p^{\nu}$$

其中 $\boldsymbol{T}_p$ 是 $(N-p)\times(p+1)$ 阶托布里兹矩阵

$$\boldsymbol{T}_p = \begin{pmatrix} x(p) & x(p-1) & \cdots & x(0) \\ x(p+1) & x(p) & \cdots & x(1) \\ \vdots & \vdots & \ddots & \vdots \\ x(N-1) & x(N-2) & \cdots & x(N-p-1) \end{pmatrix}$$

$\boldsymbol{T}_p^{\nu}$ 是 $\boldsymbol{T}_p$ 的翻转共轭阵

$$\boldsymbol{T}_p^{\nu} = \begin{pmatrix} x^*(0) & x^*(1) & \cdots & x^*(p) \\ x^*(1) & x^*(0) & \cdots & x^*(p+1) \\ \vdots & \vdots & \ddots & \vdots \\ x^*(N-p-1) & x^*(N-p-2) & \cdots & x^*(N-1) \end{pmatrix}$$

H 是复共轭转置符。马波利用 $\boldsymbol{R}_p$ 的这种结构使 LS 算法的运算量减为 p^2 量级。

6.7.3　AR 模型阶次的选取

模型阶次 p 是 AR 模型的一个重要参数,不管采用哪一种方法确定模型的参数,都需要事先知道模型的阶次,否则就不知道要递推到哪一步为止。

阶次定得准确与否会直接影响到谱估计的质量,小于真正阶的阶次将产生平滑谱估计值,这如同用一个低阶多项式去拟合一个高次多项式曲线而产生平滑效应一样。反之,过大的阶又会产生伪峰和一般的统计不稳定性。因此,为了提高谱估计的分辨率,必须选取最佳的阶。

由前面介绍的几种模型参数的递推方法可知,它们都基于对预测误差功率的估计,而预测误差功率都是随模型阶次的增加而减小或保持不变的。根据这个基本原理,1971 年日本统计学家赤池弘次提出了两种确定模型阶数的定阶准则:最终预测误差(Final Prediction Error, FPE)准则和信息论(Akaike Information Criterion, AIC)准则。

1. FPE 准则

FPE 准则即最终预测误差准则,是用来确定 AR 模型阶数 p 的一个准则。它的基本思想是:利用已知的样本拟合一个模型,并要求利用这个模型进行预测得到的预测误差最小。从这个思想出发得到的最终预测误差为

$$\mathrm{FPE}(k)=\frac{N+k}{N-k}\hat{\sigma}_k^{\,2} \tag{6.109}$$

式中 N 为样本个数,k 为要识别的阶数,$\hat{\sigma}_k^{\,2}$ 为 k 阶 AR 模型的白噪声方差(或预测误差功率)。$(N+k)/(N-k)$ 是 k 的单调递增函数,而 $\hat{\sigma}_k^{\,2}$ 随着 k 的增加而减小,并且其减小的速率比 $(N+k)/(N-k)$ 增加的速率要快,因此 FPE(k)是随着 k 的增加而减小的。但当 k 超过某个 k_0 时 $\hat{\sigma}_k^{\,2}$ 将不再减小,$(N+k)/(N-k)$ 将起主要作用,这时 FPE(k) 又随 k 的增加而增加,所以 FPE(k_0) 是它的最小值。这样,我们就可以对 $k=1,2,\cdots,M$ (M 一般不超过$N/10$)计算(6.109)式,得到一组 FPE(k) 值,对应 FPE(k) 最小值的 $k=k_0$ 即为最后选定的阶。

2. AIC 准则

AIC 准则即最小信息量准则。这是 Akaike 于 1973 年提出的确定 ARMA(p,q)的阶数 p,q 的一种最优准则,它是建立在参数的极大似然估计基础上的。因为关于准则函数的公式推导需要用到较多的信息论知识,所以这里从略,仅给出定阶公式

$$\mathrm{AIC}(k)=\ln\hat{\sigma}_k^{\,2}+2k/N \tag{6.110}$$

式中 N 为样本数,k 为模型独立参数的个数,$\hat{\sigma}_k^{\,2}$ 为白噪声方差。

在一般情况下,$\hat{\sigma}_k^{\,2}$ 是随 k 的增加而单调下降的,所以 $\ln\hat{\sigma}_k^{\,2}$ 亦是如此,而 $2k/N$ 是随 k 的增加而增加的。因此,AIC(k)随着 k 的增加先降后升,即 AIC(k)存在极小值。AIC(k) 极小值 AIC(k_0)对应的 k_0 即为相应的参数个数。对于 AR 模型,参数个数为 $p+1$,因此由

所得 k_0 便可确定 AR 模型的阶。

在实际应用时发现,上面两种准则给出的结果基本上是一致的。另外,我们也发现,用这些准则确定的阶用于谱估计时一般都偏低。

Ulrych T. J. 等人给出的选择阶数 p 的经验规则是 $N/3 \leqslant p \leqslant N/2$($N$ 为资料点数),J. G. Bersyman 则认为选择 $p=2N/\ln(2N)$ 较适合。1983 年 A. Rorelli 和 A. Vulpiani 从序列的特征相关时间出发给出了确定预测误差滤波器长度的准则,被称为 CCT 准则。利用这个准则可以直接给出阶数 p 的定量表达式:

$$p=\frac{\pi}{2}\sum_{k}\frac{|r(k)|}{|r(0)|}$$

其中

$$r(k)=\frac{1}{N}\sum_{n=1}^{N-1}x(n)x(n+k)$$

他们通过对太阳黑子相对数的周期分析、长周期的地震噪声分析、潮汐水流速度分析等实例验证了 CCT 准则定阶的可靠性。

在马波的递推算法中,他采用了如下的一组不等式作为定阶的判别准则

$$E_k/E_0 < \mathrm{TOL1} \tag{6.111}$$

$$\frac{E_{k-1}-E_k}{E_{k-1}} < \mathrm{TOL2} \tag{6.112}$$

式中 E_0 为资料的初始总能,E_k 为每次递推运算中产生的 k 阶预测误差滤波器的预测误差功率,E_{k-1} 为 $k-1$ 阶滤波器的预测误差功率。在正常情况下有 $E_k < E_{k-1}$,$E_k \ll E_0$。当不等式(6.111)或(6.112)被满足时,或两个不等式同时被满足时,k 总是稳定在一个值上,这个值就是最后确定的阶。TOL1,TOL2 为给定的控制参数,它们的值越小,相应的阶也越高。控制参数一般取 $10^{-2}\sim10^{-4}$。

我们的试验表明,由马波的定阶判别准则得到的阶也和资料长度及资料的噪声水平有关,因此也不能用来确定最佳的阶。由于马波算法本身的特点,过高的阶会使矩阵 $\boldsymbol{R}_k$ 出现病态或奇异,需在马波的递推程序中设计如遇到这种情况则计算立即中止的命令,以防止过高的阶带来的谱峰不稳定现象的出现。

我们的经验表明,在记录长度不十分短的情况,估计模型阶次的各种方法都会产生令人满意的结果。而对于受噪声污染的数据,模型阶次的确定对于分辨谱的细节通常是不充分的。也就是说,到目前为止,还没有一种对各种数据(如不同的记录长度和采样间隔,不同的噪声水平等)都有效的定阶准则。因此在实际应用中,阶次究竟取多少为好,还要根据实践中所得到的结果作多次比较后予以确定。

6.8 功率谱估计分辨性能的检验

在前面几节中我们介绍了几种功率谱估计方法。在这一节里,我们先通过几个例子比较各种方法的优劣,然后对各种谱估计方法的分辨率进行一些定性的描述和比较,这种定性比较仅作为在实际应用中选择某种具体方法的参考。

例 6.1:对一个人造三年纬度序列

$$\Delta\varphi_j = 0.048\sin\left(\frac{2\pi}{182.6}j\Delta t\right) + 0.08\sin\left(\frac{2\pi}{365.2}j\Delta t\right) + 0.12\sin\left(\frac{2\pi}{435.7}j\Delta t\right) + \varepsilon_j \quad j = 1,\cdots,219$$

$\Delta t = 5$ 天为采样间隔,ε_j 是均值为零、方差为 0.04 的白噪声序列。图 6.3(a) 是这个纬度序列的周期图谱,图 6.3(b)(c) 是不同阶数的 AR 谱。图中结果表明,仅用三年的纬度序列利用周期图方法不能分离周年项(周期为 365.2 天)和强德勒项(周期为 435.7 天),而在阶数 $p = 130$ 的 AR 谱中,这两个周期分量明显地被分离了。图中(d) 是噪声方差为 0.16 的三年纬度序列的 AR(150)谱。虽然资料噪声加强了,但由于阶也增加了,所以两个周期分量仍能被分离。

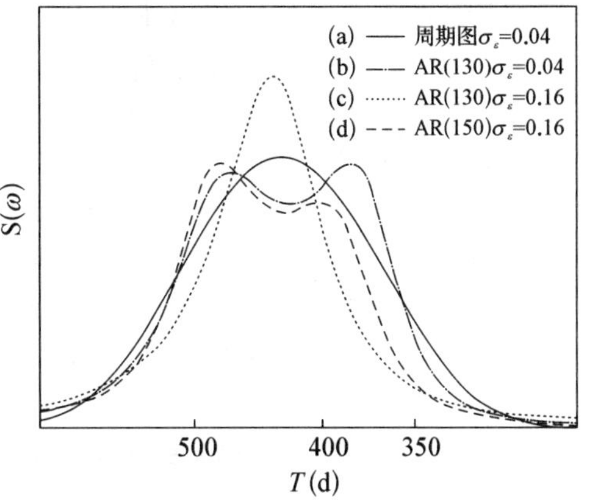

图 6.3　三年纬度序列的谱图

例 6.2:利用下列 AR(5)信号模型:

$$y(n) = -1.203y(n-1) + 1.686y(n-2) - 1.510y(n-3) + 0.816y(n-4) - 0.588y(n-5) + \varepsilon(n)$$

$$\sigma_\varepsilon{}^2 = 1$$

得到 512 个观测序列值,进行功率谱估计。

图 6.4(a) 为周期图谱,由图可见,其离散性比较大;(b) 中的点线是对原始周期图进行邻近点平均得到的平滑周期图,虚线是用伯格递推法得到的 AR(5)功率谱,理论功率谱则用实线来表示。从图 6.4 中不难看出,两种谱估计和理论谱都比较接近,但 AR 谱比周期图更锐一些。

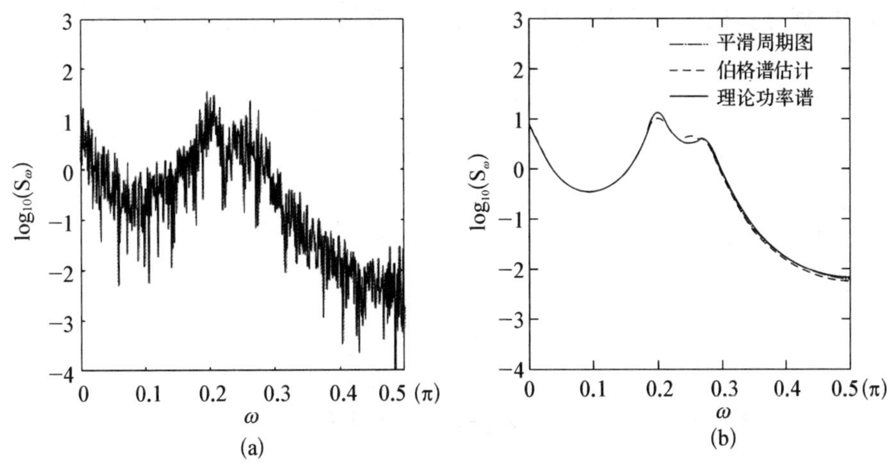

图 6.4　AR(5)模拟序列的功率谱估计

例 6.3:图 6.5 是对一个 $f = 7.25$ Hz,初相位为 45°,白噪声方差为 0.01 的正弦模型序列(采样点数为 101,采样间隔 $\Delta t = 0.01$ 秒)进行 AR 谱估计的结果。图中(a) 是伯格算法的谱估计结果，(b) 是马波递推算法的结果。它们的结果表明，阶为 25 的伯格算法得到的谱出现了明显的谱峰分裂现象，并对频率 $f=7.25$ Hz 有漂移。而马波算法的谱只在 $f=7.25$ Hz 处出现了单个的峰。

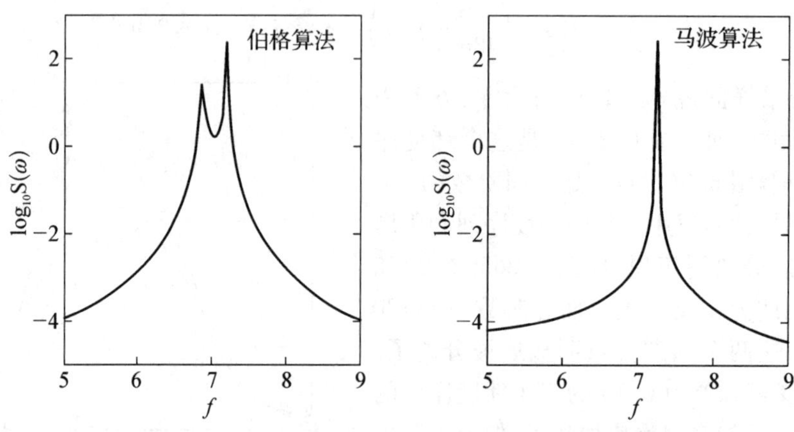

图 6.5 伯格算法谱估计和马波算法谱估计的比较

从以上几个例子可以看出，对于相同的记录长度，AR 谱估计要比周期图有更高的分辨率。周期图不能观察到带宽小于 $1/T$ 的谱特征，但对于足够长的记录长度，周期图还是有效的。它除了要求数据是广义平稳的之外，不需要对数据作任何附加的假设。对于短记录长度的资料，现代谱估计具有"高分辨"的优越性，而且马波算法的谱又明显优于伯格算法的谱。但如果所选校型不准确或模型阶次不正确，谱估计可能会导致严重的偏差和较大的奇异性。过低的阶会产生平坦的功率谱，过高的阶则会出现谱线分裂现象。

关于功率谱估计分辨率的性能，很多学者进行了理论上的研究，但它们并不实用。马波与弗罗斯特(Frost)给出了功率谱估计分辨率较为实用的表达式。

谱估计分辨率是指能够区分两个靠近的频率分量的能力，常用 Δf（或 $\Delta\omega$）表示。马波和弗罗斯特根据计算机模拟研究得到了三种功率谱估计方法的谱估计分辨率 Δf 的近似结果：

(1) 周期图

$$\Delta f \approx \frac{0.86}{N} f_s$$

式中 N 为数据点个数，f_s 为采样频率（$f_s=1/\Delta t$）。

(2) BT 功率谱

$$\Delta f \approx \frac{0.67}{N} f_s \quad N > 20$$

对上面这两种经典谱估计方法，分辨率表达式适用于所有信噪比。

(3) AR 模型谱估计

$$\Delta f \approx \frac{1.03}{N[(N+1)\mathrm{SNR}]^{0.31}} f_s \quad N \cdot \mathrm{SNR} > 10 \tag{6.113}$$

式中 SNR 表示信噪比。

由(6.113)式可知，AR 谱估计的分辨率近似地和 N^2 成反比。因此对同样长的资料长度，AR 谱估计的分辨率要比经典谱估计的高得多；但随着信噪比的减小，其分辨性能会愈来愈差。

综上所述，兼有各种不同方法的最好性能的、绝对好的谱估计方法只能是理想的，当使用某一种谱估计方法时，必须时时注意其潜在的缺陷，这将有助于我们对结果进行正确的判断。

参考书目

[1] 丁月蓉. 天文数据处理方法[M]. 南京：南京大学出版社，1998.

[2] Scargle J D. Studies in astronomical time series analysis. I-Modeling random processes in the time domain[J]. The Astrophysical Journal Supplement Series，1981，45：1－71.

[3] Ferraz-Mello S. Estimation of periods from unequally spaced observations[J]. The Astronomical Journal，1981，86：619.

[4] Roberts D H，Lehár J，Dreher J W. Time series analysis with clean-part one-derivation of a spectrum[J]. The Astronomical Journal，1987，93：968.

[5] Foster G. The cleanest Fourier spectrum[J]. The Astronomical Journal，1995，109：1889－1902.

[6] Zechmeister M，Kürster M，Endl M. The M dwarf planet search programme at the ESO VLT＋UVES－A search for terrestrial planets in the habitable zone of M dwarfs[J]. Astronomy & Astrophysics，2009，505(2)：859－871.

[7] Jurkevich I. A method of computing periods of cyclic phenomena[J]. Astrophysics and Space Science，1971，13(1)：154－167.

[8] Stellingwerf R F. Period determination using phase dispersion minimization[J]. The Astrophysical Journal，1978，224：953－960.

[9] Simonetti J H，Cordes J M，Heeschen D S. Flicker of extragalactic radio sources at two frequencies[J]. The Astrophysical Journal，1985，296：46－59.

[10] Edelson R A，Krolik J H. The discrete correlation function-A new method for analyzing unevenly sampled variability data[J]. The Astrophysical Journal，1988，333：646－659.

[11] Alexander T. Is AGN Variability Correlated with other AGN Properties? —ZDCF Analysis of Small Samples of Sparse Light Curves[M]//Astronomical Time Series. Dordrecht：Springer，1997：163－166.

[12] 安涛，王俊义，陆相龙，等. 天文光变周期提取算法综述[J]. 天文学进展，2016，34(1)：74－93.

[13] Swingler D N. A comparison between Burg's maximum entropy method and a nonrecursive technique for the spectral analysis of deterministic signals[J]. Journal of Geophysical Research：Solid Earth，1979，84(B2)：679－685.

[14] 胡广书. 数字信号处理：理论，算法与实现(第三版)[M]. 北京：清华大学出版社，2012.

[15] Stoica P，Moses R L. Spectral analysis of signals[M]. Upper Saddle River，NJ：Pearson Prentice Hall，2005.

[16]S. M. 凯依. 现代谱估计：原理与应用[M]. 黄建国，武延祥，杨世兴，译. 北京：科学出版社，1994.

第七章 多变量数据分析

7.1 引言

多变量数据分析又被称为多元统计分析，是从单变量统计分析延伸出来的，指可以用于处理更为复杂的多变量（因素、指标）问题的统计分析理论和方法。它包括对多变量的降维处理，以揭示变量间的本质关系为目的的因子分析、主成分分析；以及对样品或变量进行判别、分类的判别分析和聚类分析，它们是应用性极强的统计分析方法。在天文学，尤其是天体物理学的许多领域，如恒星、星系、X 射线天文学、γ射线天文学和宇宙学中有着广泛的应用。特别是在分类问题上，更显示了它们独到的优点。

分类，是指根据研究对象的相似程度，把它们归入不同的类群。几乎每一个科学领域都会涉及对研究对象进行分类的问题。科学的发展离不开分类，而正确的分类又会推动理论的发展，不断加深人们对事物的认识。

在天文学中，自 1867 年 A. Secchi 发现了第一个分类方案，并发表了第一个恒星光谱分类表以来，出现了各种各样对天体和天文现象分类的方案和图表。其中最成功的分类图莫过于恒星的赫罗图了。赫罗图的发现对恒星演化理论的形成产生了极其深远的影响。在近代天文学中，对星系、类星体等活动天体的结构和演化的研究更离不开对它们的分类研究。

如果分类的准则仅仅取决于研究对象的某个特征或者一个变量，处理手段则会是非常简单的。如果涉及两个变量，也可以像赫罗图那样在二维平面中进行分类，这样的分类方法被称为定量分类。当研究对象的指标增多之后，这种定量分类法会很难实现，这时的分类工作只能依靠多元统计分析这种数值分类方法来实现。涉及分类问题的统计方法有判别分析和成团分析（又称聚类分析）。1976 年，Heck 就通过回归分析、判别分析和主成分分析方法对 Lindemann 和 Hauck 星表的恒星进行了分类研究。利用自动聚类算法，严太生、张彦霞和赵永恒对 SDSS DR6 中的测光数据也进行了分类。目前，这些分类方法在天文学中的应用已相当广泛。

多变量数据分析以多个变量的多组观测值建立的资料阵为依据，根据不同的目的采用不同的方法进行各种分析。在这一章里，我们将分别介绍天文学中最常用的几种多变量数据分析方法：判别分析、聚类分析和主成分分析。

7.2 判别分析

判别分析（Discriminant Analysis）是统计分类方法中应用性较强的一种方法。这种方法适用于分类已知的情况，需要根据每个类别中已掌握的若干样本，总结出分类的规律性（判别公式），再利用判别式对一个新样品作出所属类别的判别。星系团成员星系及星团成员星的确定就属于这种情况，变星与非变星的判别也属于这种情况。

判别分析除了解决这类问题以外，还可以用来检验由其他分类方法得到的分类系统的分类效果，并纠正错分的个体。另外，利用逐步判别分析可以确定样品各个参量的判别能力。

判别分析是建立在多元正态分布、参数估计和假设检验等基本理论的基础上的。在已知总体（或母体）类别（两个以上）的基础上，按照一定的判别准则，构造一个判别函数，用以对未知总体的样品进行归类。

按判别的总体数来区分，判别分析可分为两个总体判别分析和多总体判别分析；按区分不同总体所用的数学模型来分，可分为线性判别和非线性判别；按判别时所用的处理变量的方法不同，可以分为逐步判别和序贯判别等。判别分析可以从不同角度提出问题，因此存在不同的判别准则，如马氏距离最小准则、贝叶斯准则、费舍尔准则、平均损失最小准则、最小平方准则、最大似然准则、最大概率准则等等，按判别准则的不同又可分出多种判别方法。在这一节里，我们分别介绍线性判别、贝叶斯判别和费舍尔判别，以及逐步判别分析方法。

7.2.1 线性判别

线性判别（Linear Discriminant）也被称为距离判别，是根据样品到各个总体距离的远近来判别样品属于哪一个总体的直观判别法。在介绍距离判别法之前，我们先介绍**马氏距离**的概念。

1. 马氏距离

在多维欧几里得空间中，两点间距离平方通常定义为两点坐标差的平方和。例如，X 点坐标为 $\boldsymbol{X}=(x_1,x_2,\cdots,x_n)$，$Y$ 点的坐标为 $\boldsymbol{Y}=(y_1,y_2,\cdots,y_n)$，则两点间距离的平方可表示为

$$\begin{aligned}D^2(\boldsymbol{X},\boldsymbol{Y})&=(x_1-y_1)^2+(x_2-y_2)^2+\cdots+(x_n-y_n)^2\\&=(\boldsymbol{X}-\boldsymbol{Y})^{\mathrm{T}}(\boldsymbol{X}-\boldsymbol{Y})\end{aligned}$$

通常称这种距离为**欧几里得距离**。

在多变量分析中，多采用马氏距离：设 X,Y 是从均值为 $\boldsymbol{\mu}$ 协方差阵为 $\boldsymbol{V}$ 的总体 G 中抽取的样品，则定义 X,Y 两点之间的距离的平方为

$$D^2(\boldsymbol{X},\boldsymbol{Y})=(\boldsymbol{X}-\boldsymbol{Y})^{\mathrm{T}}\boldsymbol{V}^{-1}(\boldsymbol{X}-\boldsymbol{Y}) \tag{7.1}$$

定义 X 与总体 G 的距离为

$$D^2(\boldsymbol{X},G)=(\boldsymbol{X}-\boldsymbol{\mu})^{\mathrm{T}}\boldsymbol{V}^{-1}(\boldsymbol{X}-\boldsymbol{\mu}) \tag{7.2}$$

它们均为马氏距离。可以证明，马氏距离也是满足距离的三条基本公理的，即

(1) $D(\boldsymbol{X},\boldsymbol{Y})\geqslant 0$；$D(\boldsymbol{X},\boldsymbol{Y})=0\Leftrightarrow \boldsymbol{X}=\boldsymbol{Y}$，即任意两点间距离非负，两点间距离为零的充要条件是两点重合。

(2) $D(\boldsymbol{X},\boldsymbol{Y})=D(\boldsymbol{Y},\boldsymbol{X})$，即 $\boldsymbol{X}$ 到 $\boldsymbol{Y}$ 的距离与 $\boldsymbol{Y}$ 到 $\boldsymbol{X}$ 的距离相等。

(3) $D(\boldsymbol{X},\boldsymbol{Z})\leqslant D(\boldsymbol{X},\boldsymbol{Y})+D(\boldsymbol{Y},\boldsymbol{Z})$，马氏距离也满足三角不等式。

马氏距离不受样本量纲的影响，能刻画变量指标间的相关程度，故在判别分析中很常用。表 7.1 给出一些常见的样本间距离的定义。

表 7.1　常见的距离定义

距离名称	距离的定义
欧几里得距离 Euclidean distance	$D^2(\boldsymbol{X},\boldsymbol{Y})=\sum_{i=1}^{n}(x_i-y_i)^2$
马氏距离 Mahalanobis distance	$D^2(\boldsymbol{X},\boldsymbol{Y})=(\boldsymbol{X}-\boldsymbol{Y})^{\mathrm{T}}\boldsymbol{V}^{-1}(\boldsymbol{X}-\boldsymbol{Y})$
明可夫斯基距离 Minkowski distance	$D^p(\boldsymbol{X},\boldsymbol{Y})=\sum_{i=1}^{n}\lvert x_i-y_i\rvert^p$
曼哈顿距离 Manhattan distance	$D(\boldsymbol{X},\boldsymbol{Y})=\sum_{i=1}^{n}\lvert x_i-y_i\rvert$
切比雪夫距离 Chebyshev distance	$D(\boldsymbol{X},\boldsymbol{Y})=\max\limits_{1\leqslant i\leqslant n}\lvert x_i-y_i\rvert$

2. 两总体的距离判别

设有两个总体 G_1 和 G_2，其均值向量及协方差分别为 $\boldsymbol{\mu}_i,\boldsymbol{V}_i(i=1,2)$，对一给定的样品 $\boldsymbol{X}$，要判别它来自哪一个总体，一个最直观的想法是分别计算 $\boldsymbol{X}$ 到两个总体的距离平方 $D^2(\boldsymbol{X},G_1)$，$D^2(\boldsymbol{X},G_2)$，并按下面的距离判别准则进行判断，即

$$\begin{cases}\boldsymbol{X}\in G_1 & \text{当 } D^2(\boldsymbol{X},G_1)\leqslant D^2(\boldsymbol{X},G_2)\\ \boldsymbol{X}\in G_2 & \text{当 } D^2(\boldsymbol{X},G_1)> D^2(\boldsymbol{X},G_2)\end{cases}$$

当两个总体的协方差相同时，可采用与此等价的准则，即考虑样品到两总体距离之差：

$$\begin{aligned}&D^2(\boldsymbol{X},G_1)-D^2(\boldsymbol{X},G_2)\\
&=(\boldsymbol{X}-\boldsymbol{\mu}_1)^{\mathrm{T}}\boldsymbol{V}^{-1}(\boldsymbol{X}-\boldsymbol{\mu}_1)-(\boldsymbol{X}-\boldsymbol{\mu}_2)^{\mathrm{T}}\boldsymbol{V}^{-1}(\boldsymbol{X}-\boldsymbol{\mu}_2)\\
&=\boldsymbol{X}^{\mathrm{T}}\boldsymbol{V}^{-1}\boldsymbol{X}-2\boldsymbol{X}^{\mathrm{T}}\boldsymbol{V}^{-1}\boldsymbol{\mu}_1+\boldsymbol{\mu}_1^{\mathrm{T}}\boldsymbol{V}^{-1}\boldsymbol{\mu}_1-(\boldsymbol{X}^{\mathrm{T}}\boldsymbol{V}^{-1}\boldsymbol{X}-2\boldsymbol{X}^{\mathrm{T}}\boldsymbol{V}^{-1}\boldsymbol{\mu}_2+\boldsymbol{\mu}_2^{\mathrm{T}}\boldsymbol{V}^{-1}\boldsymbol{\mu}_2)\\
&=2\boldsymbol{X}^{\mathrm{T}}\boldsymbol{V}^{-1}(\boldsymbol{\mu}_2-\boldsymbol{\mu}_1)+\boldsymbol{\mu}_1^{\mathrm{T}}\boldsymbol{V}^{-1}\boldsymbol{\mu}_1-\boldsymbol{\mu}_2^{\mathrm{T}}\boldsymbol{V}^{-1}\boldsymbol{\mu}_2\\
&=2\boldsymbol{X}^{\mathrm{T}}\boldsymbol{V}^{-1}(\boldsymbol{\mu}_2-\boldsymbol{\mu}_1)+(\boldsymbol{\mu}_1+\boldsymbol{\mu}_2)^{\mathrm{T}}\boldsymbol{V}^{-1}(\boldsymbol{\mu}_1-\boldsymbol{\mu}_2)\\
&=-2\left(\boldsymbol{X}-\frac{\boldsymbol{\mu}_1+\boldsymbol{\mu}_2}{2}\right)^{\mathrm{T}}\boldsymbol{V}^{-1}(\boldsymbol{\mu}_1-\boldsymbol{\mu}_2)\end{aligned}$$

令 $\bar{\boldsymbol{\mu}}=\dfrac{\boldsymbol{\mu}_1+\boldsymbol{\mu}_2}{2}$，并记

$$W(\boldsymbol{X})=(\boldsymbol{X}-\bar{\boldsymbol{\mu}})^{\mathrm{T}}\boldsymbol{V}^{-1}(\boldsymbol{\mu}_1-\boldsymbol{\mu}_2)$$

则判别准则可写成

$$\begin{cases}\boldsymbol{X}\in G_1 & \text{当 } W(\boldsymbol{X})>0\\ \boldsymbol{X}\in G_2 & \text{当 } W(\boldsymbol{X})<0\\ \text{待判} & W(\boldsymbol{X})=0\end{cases}\tag{7.3}$$

常称 $W(\boldsymbol{X})$ 为 X 的**判别函数**(discriminant function)，因为 $W(\boldsymbol{X})$ 又可表示为 $\mathbf{a}^{\mathrm{T}}(\boldsymbol{X}-$

$\bar{\boldsymbol{\mu}}$)($\boldsymbol{a}=\boldsymbol{V}^{-1}(\boldsymbol{\mu}_1-\boldsymbol{\mu}_2)$)，故也称 $W(\boldsymbol{X})$ 为**线性判别函数**(linear discriminant functions)，$\boldsymbol{a}$ 被称为**判别系数**(discriminant function coefficient)。

上面的距离判别准则只需总体的二阶矩存在即可应用，而不涉及分布的具体类型。

如果 $\boldsymbol{\mu}_1,\boldsymbol{\mu}_2,\boldsymbol{V}$ 未知，则可通过样本来估计，即从两个总体中各抽取样本容量为 n_1,n_2 的样本 $\boldsymbol{X}_{11},\boldsymbol{X}_{12},\cdots,\boldsymbol{X}_{1n_1}$ 和 $\boldsymbol{X}_{21},\boldsymbol{X}_{22},\cdots,\boldsymbol{X}_{2n_2}$，由它们可得到均值和协方差阵的估计

$$\hat{\boldsymbol{\mu}}_1=\frac{1}{n_1}\sum_{i=1}^{n_1}\boldsymbol{X}_{1i}=\overline{\boldsymbol{X}}_1$$

$$\hat{\boldsymbol{\mu}}_2=\frac{1}{n_2}\sum_{i=1}^{n_2}\boldsymbol{X}_{2i}=\overline{\boldsymbol{X}}_2$$

$$\hat{\boldsymbol{V}}=\frac{1}{n_1+n_2-2}(\boldsymbol{S}_1+\boldsymbol{S}_2)$$

其中

$$\boldsymbol{S}_1=\sum_{i=1}^{n_1}(\boldsymbol{X}_{1i}-\overline{\boldsymbol{X}}_1)(\boldsymbol{X}_{1i}-\overline{\boldsymbol{X}}_1)'$$

$$\boldsymbol{S}_2=\sum_{i=1}^{n_2}(\boldsymbol{X}_{2i}-\overline{\boldsymbol{X}}_2)(\boldsymbol{X}_{2i}-\overline{\boldsymbol{X}}_2)'$$

则线性判别函数为

$$W(\boldsymbol{X})=\left[\boldsymbol{X}-\frac{1}{2}(\hat{\boldsymbol{\mu}}_1+\hat{\boldsymbol{\mu}}_2)\right]^{\mathrm{T}}\hat{\boldsymbol{V}}^{-1}(\hat{\boldsymbol{\mu}}_1-\hat{\boldsymbol{\mu}}_2) \tag{7.4}$$

当两个总体的协方差 $\boldsymbol{V}_1,\boldsymbol{V}_2$ 不相等时，判别函数

$$W(\boldsymbol{X})=\frac{1}{2}[(\boldsymbol{X}-\boldsymbol{\mu}_2)^{\mathrm{T}}\boldsymbol{V}_2^{-1}(\boldsymbol{X}-\boldsymbol{\mu}_2)-(\boldsymbol{X}-\boldsymbol{\mu}_1)^{\mathrm{T}}\boldsymbol{V}_1^{-1}(\boldsymbol{X}-\boldsymbol{\mu}_1)]$$

为 $\boldsymbol{X}$ 的二次函数，此时距离判别准则(7.3)仍成立，只是计算较为复杂。

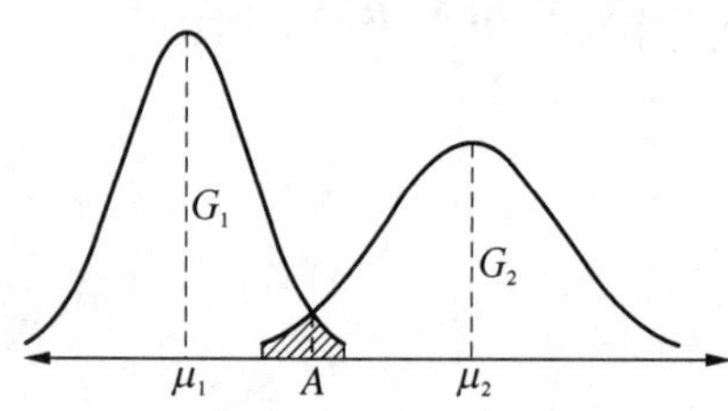

图 7.1　两个一维分布的总体

利用距离判别准则进行判别，既直观也较为合理，但有时也会出现误判。例如，当总体为一维分布时，两总体呈图 7.1 的状态，这时 $W(\boldsymbol{X})$ 的符号取决于 $\boldsymbol{X}>A$ 还是 $\boldsymbol{X}<A$。如 $\boldsymbol{X}$ 来自 G_1，但它落在 A 的右边，按规则我们判它为来自 G_2。误判的概率为图中阴影部分的面积。特别是当两总体十分靠近时，无论用何种方法，误判的概率都很大。这时，作判别分析的意义就不大。因此，在进行判别分析之前，应检验两总体的均值差异是否显著。

3. 多总体的距离判别

两个总体的距离判别准则可推广到多个总体的情形。设有 K 个总体 $G_1,G_2,\cdots,G_K$，它们的均值向量和协方差阵分别为 $\boldsymbol{\mu}_k,\boldsymbol{V}_k(k=1,\cdots,K)$。假定 $\boldsymbol{V}_1=\boldsymbol{V}_2=\cdots=\boldsymbol{V}_K=\boldsymbol{V}$，当 $\boldsymbol{\mu}_k(k=1,\cdots,K)$，$\boldsymbol{V}$ 均已知时，要利用距离判别决定给定样品 $\boldsymbol{X}$ 属于哪个总体时，具体过程

也是先计算它到 K 个总体的马氏距离

$$D^2(\boldsymbol{X},G_k)=(\boldsymbol{X}-\boldsymbol{\mu}_k)^{\mathrm{T}}\boldsymbol{V}^{-1}(\boldsymbol{X}-\boldsymbol{\mu}_k)\quad k=1,\cdots,K$$

再比较 K 个距离值的大小，判别准则为

$$\boldsymbol{X}\in G_i\quad 当\ D^2(\boldsymbol{X},G_i)=\min\{D^2(\boldsymbol{X},G_k)\}\quad k=1,\cdots,K$$

或

$$\boldsymbol{X}\in G_i\quad 当\ W_{ik}(\boldsymbol{X})>0\quad k=1,\cdots,K,且\ k\neq i$$

其中，线性判别函数 $W_{ik}(\boldsymbol{X})$ 为

$$\begin{aligned}W_{ik}(\boldsymbol{X})&=\frac{1}{2}[D^2(\boldsymbol{X},G_k)-D^2(\boldsymbol{X},G_i)]\\&=\left[\boldsymbol{X}-\frac{1}{2}(\boldsymbol{\mu}_i+\boldsymbol{\mu}_k)\right]^{\mathrm{T}}\boldsymbol{V}^{-1}(\boldsymbol{\mu}_i-\boldsymbol{\mu}_k)\end{aligned}$$

当各总体的均值向量和协方差阵未知时，可用它们的估值 $\hat{\boldsymbol{\mu}}_k$，$\hat{\boldsymbol{V}}_k$ 作为代替。

$$\hat{\boldsymbol{\mu}}_k=\frac{1}{n_k}\sum_{j=1}^{n_k}\boldsymbol{X}_{kj}\quad k=1,\cdots,K$$

$$\hat{\boldsymbol{V}}=\frac{1}{N-K}\sum_{k=1}^{K}\boldsymbol{A}_k\quad N=\sum_{k=1}^{K}n_k$$

$$\boldsymbol{A}_k=\sum_{j=1}^{n_k}(\boldsymbol{X}_{kj}-\overline{\boldsymbol{X}}_k)(\boldsymbol{X}_{kj}-\overline{\boldsymbol{X}}_k)^{\mathrm{T}}$$

这时，马氏距离为

$$D^2(\boldsymbol{X},G_i)=(\boldsymbol{X}-\hat{\boldsymbol{\mu}}_k)^{\mathrm{T}}\hat{\boldsymbol{V}}_k^{-1}(\boldsymbol{X}-\hat{\boldsymbol{\mu}}_k)\quad k=1,\cdots,K$$

上式可利用矩阵分解定理，按下列步骤进行计算：

(1) 对正定阵 $\hat{\boldsymbol{V}}_k$ 作三角分解：$\hat{\boldsymbol{V}}_k=\boldsymbol{C}_k^{\mathrm{T}}\boldsymbol{C}_k$；

(2) 对下三角阵 $\boldsymbol{C}_k$ 用回代法求逆矩阵 $\boldsymbol{C}_k^{-1}$；

(3) 计算 $\boldsymbol{h}_k=\boldsymbol{C}_k^{-1}(\boldsymbol{X}-\hat{\boldsymbol{\mu}}_k)$；

(4) 计算 $D^2(\boldsymbol{X},G_k)=(\boldsymbol{X}-\hat{\boldsymbol{\mu}}_k)^{\mathrm{T}}(\boldsymbol{C}_k^{-1})^{\mathrm{T}}\boldsymbol{C}_k^{-1}(\boldsymbol{X}-\hat{\boldsymbol{\mu}}_k)$。

7.2.2　贝叶斯判别

距离判别方法计算简单，结论明确，是很实用的判别方法。但它也有缺点，一是与各总体出现的概率大小无关；二是与错判之后所造成的损失无关。**贝叶斯判别**(Bayesian Discriminant)正是为了弥补这两个缺点而提出的一种判别方法。

1. 贝叶斯判别准则

设有 K 个总体，它们的分布密度为 $f_k(\boldsymbol{X})(k=1,\cdots,K)$。假定这 K 个总体各自出现的概率为 $P_k\ (k=1,\cdots,K)$，我们称它为先验概率，它可以由经验给出，也可以估出，甚至可

以是假定的。显然，$P_k \geqslant 0, \sum_{k=1}^{K} P_k = 1$。

我们可以把待判别的样品 $\boldsymbol{X}$ 看作为 m 维空间 R 中的一点，若以某种方式将 R 划分为互不相交的子空间 $R_1, R_2, \cdots, R_K$，则判别准则可选为

$$\boldsymbol{X} \in G_i \quad \text{当 } \boldsymbol{X} \text{ 落在空间 } R_i \text{ 中时}$$

假定将本应属于 G_i 的样品错分到总体 G_k 中，造成的损失（错判损失）记为 $C(k|i)$，且有 $C(k|i) \geqslant 0$。对 $i=1,\cdots,K$，$C(i|i)=0$。相应的错判概率为

$$P(k|i) = \int_{R_k} f_i(\boldsymbol{X})\mathrm{d}\boldsymbol{X} \quad i,k=1,\cdots,K; k \neq i$$

而这种划分 R 对于总体 G_i 而言，由于错分造成的损失即

$$r(i,R) = \sum_{k=1}^{K} C(k|i)P(k|i)$$

由于 K 个总体 $G_1, G_2, \cdots, G_K$ 出现的先验概率分别为 $P_1, P_2, \cdots, P_K$，则用规则 R 来进行判别所造成的总平均损失 $E(R)$ 为

$$E(R) = \sum_{i=1}^{K} P_i r(i,R) = \sum_{i=1}^{K} P_i \sum_{k=1}^{K} C(k|i)P(k|i)$$

所谓贝叶斯判别准则，就是要选择 $R_1, R_2, \cdots, R_K$，使总平均损失 $E(R)$ 达到极小，则贝叶斯解为

$$\boldsymbol{X} \in G_i \quad \text{当 } E_i(\boldsymbol{X}) = \min_{1 \leqslant k \leqslant K} \{E_k(\boldsymbol{X})\} \tag{7.5}$$

其中

$$E_k(\boldsymbol{X}) = \sum_{j=1}^{K} P_j C(k|j) f_j(\boldsymbol{X}) \tag{7.6}$$

这是因为

$$\begin{aligned}
E(R) &= \sum_{j=1}^{K} P_i \sum_{k=1}^{K} C(k|j)P(k|j,R) \\
&= \sum_{j=1}^{K} P_j \sum_{k=1}^{K} C(k|j) \int_{R_k} f_j(\boldsymbol{X})\mathrm{d}\boldsymbol{X} \\
&= \sum_{k=1}^{K} \int_{R_k} \left[\sum_{j=1}^{K} P_j C(k|j) f_j(\boldsymbol{X})\right]\mathrm{d}\boldsymbol{X} \\
&= \sum_{k=1}^{K} \int_{R_k} E_k(\boldsymbol{X})\mathrm{d}\boldsymbol{X}
\end{aligned}$$

要使 $E(R)$ 达到极小，等价于要使在 R_i 上 $E_i(\boldsymbol{X})$ 为所有 $E_k(\boldsymbol{X})$ 中的最小者，故得证。

由(7.5)式和(7.6)式，不难得到实际可行的具体判别方法：对一个未知总体的样品 $\boldsymbol{X}$（m 维向量），要判断它属于哪个总体，只要按(7.6)式先计算出 K 个误判平均损失 $E_k(\boldsymbol{X})$（$k=1,\cdots,K$），再比较它们的大小，选取其中最小的，则可以判定样品 $\boldsymbol{X}$ 来自该总体。

通常情况下，总是假定判错损失相同，即 $C(k|i)=1$（当 $i\neq k$），则(7.6)式简化为

$$
\begin{aligned}
E_k(\boldsymbol{X}) &= \sum_{\substack{i=1\\ j\neq k}}^{K} P_j f_j(\boldsymbol{X}) \\
&= \sum_{j=1}^{K} P_j f_j(\boldsymbol{X}) - P_k f_k(\boldsymbol{X}) \\
&= P(\boldsymbol{X}) - P_k f_k(\boldsymbol{X})
\end{aligned}
$$

这里 $P(\boldsymbol{X})$ 是与 k 无关的常量。因此，(7.5)式中的条件：$E_i(\boldsymbol{X})$ 达到 $E_k(\boldsymbol{X})(k=1,\cdots,K)$ 中的极小值，便等价于 $P_i f_i(\boldsymbol{X})$ 在 $P_k f_k(\boldsymbol{X})(k=1,\cdots,K)$ 中达到极大值，这时，划分 R_1，$R_2,\cdots,R_K$ 的贝叶斯解可表示为

$$
\boldsymbol{X}\in G_i \quad 当\ P_i f_i(\boldsymbol{X}) = \max_{1\leqslant k\leqslant K}\{P_k f_k(\boldsymbol{X})\}
$$

常称 $P_k f_k(\boldsymbol{X})$ $(k=1,\cdots,K)$ 为判别函数。

2. 正态总体的贝叶斯判别

在前面的讨论中，$f_k(\boldsymbol{X})$ 为任意分布密度，而在实际应用中正态总体的情形比较多见。这时，只需利用参数估计即可建立贝叶斯判别准则。

设总体 $G_k\sim N(\boldsymbol{\mu}_k,\boldsymbol{V})$ $(k=1,\cdots,K)$，维数为 m，参数 $\boldsymbol{\mu}_k$，$\boldsymbol{V}$ 分别是正态总体的期望向量和协方差矩阵。当它们未知时，可利用样本给出它们的估计值。

从 K 个总体中分别取出 n_k 个子样

$$
\boldsymbol{X}_{k1},\boldsymbol{X}_{k2},\cdots,\boldsymbol{X}_{kn_k} \quad k=1,\cdots,K
$$

则 $\boldsymbol{\mu}_k$，$\boldsymbol{V}$ 的相应估计为

$$
\hat{\boldsymbol{\mu}}_k = \frac{1}{n_k}\sum_{j=1}^{n_k}\boldsymbol{X}_{kj} = \overline{\boldsymbol{X}}_k \quad k=1,\cdots,K
$$

$$
\hat{\boldsymbol{V}} = \frac{1}{N-K}\sum_{k=1}^{K}\sum_{j=1}^{n_k}(\boldsymbol{X}_{kj}-\hat{\boldsymbol{\mu}}_k)(\boldsymbol{X}_{kj}-\hat{\boldsymbol{\mu}}_k)^{\mathrm{T}} \triangleq S
$$

式中 $N=\sum_{k=1}^{K} n_k$。

进行判别时，只需求出使判别函数 $P_k f_k(\boldsymbol{X})$ 达最大的 k。为了计算的方便，常取其对数形式，即使得

$$
\begin{aligned}
\ln[P_k f_k(\boldsymbol{X})] &= \ln P_k - \ln[(2\pi)^{m/2}|\boldsymbol{S}|^{1/2}] - \frac{1}{2}(\boldsymbol{X}-\overline{\boldsymbol{X}}_k)^{\mathrm{T}}\boldsymbol{S}^{-1}(\boldsymbol{X}-\overline{\boldsymbol{X}}_k) \\
&= \ln P_k - \ln[(2\pi)^{m/2}|\boldsymbol{S}|^{1/2}] - \frac{1}{2}\boldsymbol{X}^{\mathrm{T}}\boldsymbol{S}^{-1}\boldsymbol{X} + \\
&\quad \boldsymbol{X}^{\mathrm{T}}\boldsymbol{S}^{-1}\overline{\boldsymbol{X}}_k - \frac{1}{2}\overline{\boldsymbol{X}}_k{}^{\mathrm{T}}\boldsymbol{S}^{-1}\overline{\boldsymbol{X}}_k
\end{aligned}
$$

为最大，略去上式右边与 k 无关的项，并记

$$
\boldsymbol{C}_k = \boldsymbol{S}^{-1}\overline{\boldsymbol{X}}_k = (C_{1k},C_{2k},\cdots,C_{mk})^{\mathrm{T}} \tag{7.7}
$$

$$C_{0k}=-\frac{1}{2}\overline{\boldsymbol{X}}_k^{\mathrm{T}}\boldsymbol{S}^{-1}\overline{\boldsymbol{X}}_k \tag{7.8}$$

最后可得线性判别函数

$$\begin{aligned}y_k(\boldsymbol{X})&=\ln P_k-\frac{1}{2}\overline{\boldsymbol{X}}_k^{\mathrm{T}}\boldsymbol{V}^{-1}\overline{\boldsymbol{X}}_k+\boldsymbol{X}^{\mathrm{T}}\boldsymbol{V}^{-1}\overline{\boldsymbol{X}}_k\\&=\ln P_k+C_{0k}+\boldsymbol{C}_k^{\mathrm{T}}\boldsymbol{X}\end{aligned} \tag{7.9}$$

其中 C_{0k}，$\boldsymbol{C}_k$ 被称为判别系数。为了进行分类，把待判样品 $\boldsymbol{X}$ 的值代入判别函数中，算出 $y_k(\boldsymbol{X})(k=1,\cdots,K)$。若

$$y_i(\boldsymbol{X})=\max_{1\leqslant k\leqslant K}y_k(\boldsymbol{X})$$

则把 $\boldsymbol{X}$ 划归于第 i 个总体。

3. 几点说明

1）关于先验概率的计算

在前面的讨论中，先验概率被认为是已知的，但在实际计算中它往往是未知的。通常采用的办法是把样本频率作为先验概率的估计，即令

$$P_k=n_k/n\quad k=1,\cdots,K$$

有时干脆不考虑先验概率的影响，认为样品落入各个总体的概率是一致的，故取 $P_k=1/K(k=1,\cdots,K)$。这时判别函数可化简为

$$y_k(\boldsymbol{X})=C_{0k}+\boldsymbol{C}_k^{\mathrm{T}}\boldsymbol{X}\quad k=1,\cdots,K$$

2）关于后验概率的计算

对一个给定样品 $\boldsymbol{X}$，它来自总体 G_j 的条件概率(后验概率)定义为

$$P(j|\boldsymbol{X})=P_j f_j(\boldsymbol{X})\Big/\sum_{k=1}^{K}P_k f_k(\boldsymbol{X})$$

由前面的叙述我们知道，判别准则也会使得后验概率达到最大，在线性判别函数 $y_k(\boldsymbol{X})$ 已经被计算出来之后，其后验概率可以使用下式计算

$$P(j|\boldsymbol{X})=\exp[y_j(\boldsymbol{X})]\Big/\sum_{k=1}^{K}[y_k(\boldsymbol{X})] \tag{7.10}$$

而为了防止在计算机上使用(7.10)式时因为 $y_k(\boldsymbol{X})$ 的值过大或过小而产生上溢或下溢，通常又用

$$Y_j(\boldsymbol{X})=y_j(\boldsymbol{X})-\max_{1\leqslant k\leqslant K}[y_k(\boldsymbol{X})]$$

代替(7.10)式中的 $y_k(\boldsymbol{X})$。

3）各正态总体协方差阵不相等的情况

在各正态总体协方差阵不相等的情况下，判别函数变为

$$\begin{aligned}y_k(\boldsymbol{X})&=\ln P_k-\frac{1}{2}\ln|S_k|-\frac{1}{2}\boldsymbol{X}^{\mathrm{T}}\boldsymbol{S}_k^{-1}\boldsymbol{X}+\boldsymbol{X}^{\mathrm{T}}\boldsymbol{S}_k^{-1}\overline{\boldsymbol{X}}_k-\frac{1}{2}\overline{\boldsymbol{X}}_k^{\mathrm{T}}\boldsymbol{S}_k^{-1}\overline{\boldsymbol{X}}_k\\&=\ln P_k-\frac{1}{2}\ln|\boldsymbol{S}_k|-\frac{1}{2}(\boldsymbol{X}-\overline{\boldsymbol{X}}_k)^{\mathrm{T}}\boldsymbol{S}_k^{-1}(\boldsymbol{X}-\overline{\boldsymbol{X}}_k)\end{aligned}$$

其中 S_k 是第 k 个总体的协方差矩阵的估计值。当各总体的协方差矩阵具有明显差异时，使用这里的判别函数有可能提高判别效果。但是式中出现了 X 的二次项 $X^{T}S_k^{-1}X$，并且需要计算和贮存 K 个 m 阶矩阵 S_k 及其逆矩阵，运算过程远比等协方差阵的情形复杂。

7.2.3　费舍尔判别

费舍尔判别(Fisher Discriminant)由 Fisher 在 1936 年提出，它是根据方差分析的思想建立起来的一种能较好区分各个总体的线性判别法。该判别方法对总体的分布不做任何要求。

1. 基本思想

统计上的费舍尔准则，是要求类间均值差异最大而类内的离差平方和最小。基于这一点，费舍尔判别能够通过将多维数据投影到某个方向上，使得总体与总体之间尽可能地分开，然后在选择合适的判别规则后，对新的样品进行分类判别。

设从 k 个总体中抽取具有 p 个指标的样品观测数据 $X=(X_1,X_2,\cdots,X_p)$，借助方差分析的思想构造一个线性判别函数

$$U(X)=u_1X_1+u_2X_2+\cdots+u_pX_p=u^{T}X$$

确定上式中系数 $u=(u_1,u_2,\cdots,u_p)$ 的原则是使得总体之间区别最大，而使每个总体内部的方差最小。有了线性判别系数 u 后，对于一个新的样品，将它的 p 个指标值代入线性判别函数式中求出 $U(X)$ 值，然后根据一定的判别准则，就可以判别新的样品属于哪个总体。

2. 两个总体的费舍尔判别

设有两个总体 G_1 和 G_2，其均值分别为 μ_1 和 μ_2，协方差阵分别为 V_1 和 V_2。若样本 $X\in G_i$，则线性判别函数 $u^{T}X$ 的均值和方差为

$$E(u^{T}X)=E(u^{T}X|G_i)=u^{T}E(X|G_i)=u^{T}\mu_i=\bar{\mu}_i \quad i=1,2$$
$$D(u^{T}X)=D(u^{T}X|G_i)=u^{T}D(X|G_i)u=u^{T}V_iu=\sigma_i{}^2 \quad i=1,2$$

式中的判别系数 u 为待求量。它既要满足总体之间的差异为最大，也就是 $u^{T}\mu_1-u^{T}\mu_2$ 要达到最大；又要求总体内的离差平方和为最小，即 $u^{T}V_1u+u^{T}V_2u$ 取极小值。结合这两个要求，可以建立一个目标函数

$$\Phi(u)=\frac{(u^{T}\mu_1-u^{T}\mu_2)^2}{u^{T}V_1u+u^{T}V_2u}=\frac{(\bar{\mu}_1-\bar{\mu}_2)^2}{\sigma_1{}^2+\sigma_2{}^2} \tag{7.11}$$

并使其达到最大。因此，费舍尔判别准则可表示为

$$\begin{cases} X\in G_1 & \text{当} \ |u^{T}X-u^{T}\mu_1|\leqslant|u^{T}X-u^{T}\mu_2| \\ X\in G_2 & \text{当} \ |u^{T}X-u^{T}\mu_1|>|u^{T}X-u^{T}\mu_2| \end{cases}$$

3. 多个总体的费舍尔判别

如果存在 k 个总体 $G_1,G_2,\cdots,G_k$，其均值和协方差矩阵分别为 μ_i 和 Σ_i（$i=1,2,\cdots,k$）。如果样本 $X\in G_i$，在考虑线性判别函数 $u^{T}X$ 的均值和方差之后，应有

$$E(\boldsymbol{u}^{\mathrm{T}}\boldsymbol{X})=E(\boldsymbol{u}^{\mathrm{T}}\boldsymbol{X}|G_i)=\boldsymbol{u}^{\mathrm{T}}E(\boldsymbol{X}|G_i)=\boldsymbol{u}^{\mathrm{T}}\boldsymbol{\mu}_i \quad i=1,2,\cdots,k$$

$$D(\boldsymbol{u}^{\mathrm{T}}\boldsymbol{X})=D(\boldsymbol{u}^{\mathrm{T}}\boldsymbol{X}|G_i)=\boldsymbol{u}^{\mathrm{T}}D(\boldsymbol{X}|G_i)\boldsymbol{u}=\boldsymbol{u}^{\mathrm{T}}\boldsymbol{V}_i\boldsymbol{u} \quad i=1,2,\cdots,k$$

与两个总体的情况相似，同样可以构造一个目标函数

$$\Phi(\boldsymbol{u})=\frac{\sum_{i=1}^{k}(\boldsymbol{u}^{\mathrm{T}}\boldsymbol{\mu}_i-\boldsymbol{u}^{\mathrm{T}}\bar{\boldsymbol{\mu}})^2}{\boldsymbol{u}^{\mathrm{T}}\boldsymbol{E}\boldsymbol{u}} \tag{7.12}$$

其中 $\bar{\boldsymbol{\mu}}=\frac{1}{k}\sum_{i=1}^{k}\boldsymbol{\mu}_i$，$\boldsymbol{E}=\sum_{i=1}^{k}\boldsymbol{V}_i$。当(7.12)式达到最大时，类间均值的差异为最大而类内的方差平方和则为最小。这时，费舍尔判别准则为

$$若\ |\boldsymbol{u}^{\mathrm{T}}\boldsymbol{X}-\boldsymbol{u}^{\mathrm{T}}\boldsymbol{\mu}_j|=\min_{1\leqslant i\leqslant k}|\boldsymbol{u}^{\mathrm{T}}\boldsymbol{X}-\boldsymbol{u}^{\mathrm{T}}\boldsymbol{\mu}_i|，则\ \boldsymbol{X}\in G_j$$

4. 线性判别系数的求解

为了使(7.11)和(7.12)式达到最大，需要对其中的线性判别系数 $\boldsymbol{u}$ 进行求解。而(7.11)式可以通过简单的变换，转换为与(7.12)式相同的形式。因此，我们只考虑求解(7.12)式中的 $\boldsymbol{u}$。

令 $b=\sum_{i=1}^{k}(\boldsymbol{u}^{\mathrm{T}}\boldsymbol{\mu}_i-\boldsymbol{u}^{\mathrm{T}}\bar{\boldsymbol{\mu}})^2$，$e=\sum_{i=1}^{k}\boldsymbol{u}^{\mathrm{T}}\boldsymbol{\Sigma}_i\boldsymbol{u}=\boldsymbol{u}^{\mathrm{T}}(\sum_{i=1}^{k}\boldsymbol{V}_i)\boldsymbol{u}=\boldsymbol{u}^{\mathrm{T}}\boldsymbol{E}\boldsymbol{u}$，则有

$$\Phi(\boldsymbol{u})=\frac{b}{e}$$

若记

$$\boldsymbol{M}=\begin{pmatrix}\mu_{11} & \mu_{21} & \cdots & \mu_{p1}\\ \mu_{12} & \mu_{22} & \cdots & \mu_{p1}\\ \vdots & \vdots & \ddots & \vdots\\ \mu_{1k} & \mu_{1k} & \cdots & \mu_{pk}\end{pmatrix}=\begin{pmatrix}\boldsymbol{\mu}_1^{\mathrm{T}}\\ \boldsymbol{\mu}_2^{\mathrm{T}}\\ \vdots\\ \boldsymbol{\mu}_k^{\mathrm{T}}\end{pmatrix},\quad \mathbf{1}=\begin{pmatrix}1\\1\\ \vdots\\1\end{pmatrix}$$

可得 $\boldsymbol{M}^{\mathrm{T}}\boldsymbol{M}=\sum_{i=1}^{k}\boldsymbol{\mu}_i\boldsymbol{\mu}_i^{\mathrm{T}}$，以及 $\bar{\boldsymbol{\mu}}=\frac{1}{k}\boldsymbol{M}^{\mathrm{T}}\mathbf{1}$。这时

$$\begin{aligned}b&=\sum_{i=1}^{k}(\boldsymbol{u}^{\mathrm{T}}\boldsymbol{\mu}_i-\boldsymbol{u}^{\mathrm{T}}\bar{\boldsymbol{\mu}})^2\\&=\boldsymbol{u}^{\mathrm{T}}\sum_{i=1}^{k}(\boldsymbol{\mu}_i-\bar{\boldsymbol{\mu}})(\boldsymbol{\mu}_i-\bar{\boldsymbol{\mu}})^{\mathrm{T}}\boldsymbol{u}\\&=\boldsymbol{u}^{\mathrm{T}}(\sum_{i=1}^{k}\boldsymbol{\mu}_i\boldsymbol{\mu}_i^{\mathrm{T}}-k\bar{\boldsymbol{\mu}}\bar{\boldsymbol{\mu}}^{\mathrm{T}})\boldsymbol{u}\\&=\boldsymbol{u}^{\mathrm{T}}(\boldsymbol{M}^{\mathrm{T}}\boldsymbol{M}-\frac{1}{k}\boldsymbol{M}^{\mathrm{T}}\mathbf{1}\mathbf{1}^{\mathrm{T}}\boldsymbol{M})\boldsymbol{u}\\&=\boldsymbol{u}^{\mathrm{T}}\boldsymbol{M}^{\mathrm{T}}\left(\boldsymbol{I}-\frac{1}{k}\boldsymbol{J}\right)\boldsymbol{M}\boldsymbol{u}\\&=\boldsymbol{u}^{\mathrm{T}}\boldsymbol{B}\boldsymbol{u}\end{aligned}$$

其中 $J=\begin{pmatrix}1 & \cdots & 1\\ \vdots & \ddots & \vdots\\ 1 & \cdots & 1\end{pmatrix}$，$\boldsymbol{B}=\boldsymbol{M}^{\mathrm{T}}\left(\boldsymbol{I}-\frac{1}{k}\boldsymbol{J}\right)\boldsymbol{M}$。这样可将(7.12)式改写为

$$\Phi(\boldsymbol{u})=\frac{\boldsymbol{u}^{\mathrm{T}}\boldsymbol{B}\boldsymbol{u}}{\boldsymbol{u}^{\mathrm{T}}\boldsymbol{E}\boldsymbol{u}} \tag{7.13}$$

要使得(7.13)式达到最大，$\boldsymbol{u}$ 的解并不是唯一的，因为它的任意非零倍均能保持 $\Phi(\boldsymbol{u})$ 的值不变。为了确保解的唯一性，不妨设 $\boldsymbol{u}^{\mathrm{T}}\boldsymbol{E}\boldsymbol{u}=1$。这样问题就转化为：在 $\boldsymbol{u}^{\mathrm{T}}\boldsymbol{E}\boldsymbol{u}=1$ 的条件下，求 $\boldsymbol{u}$ 使得 $\boldsymbol{u}^{\mathrm{T}}\boldsymbol{B}\boldsymbol{u}$ 达到极大。

这时通常会考虑目标函数 $\varphi(\boldsymbol{u})=\boldsymbol{u}^{\mathrm{T}}\boldsymbol{B}\boldsymbol{u}-\lambda(\boldsymbol{u}^{\mathrm{T}}\boldsymbol{E}\boldsymbol{u}-1)$，其中参数 $\boldsymbol{u}$ 和 λ 满足

$$\frac{\partial\varphi}{\partial\boldsymbol{u}}=2(\boldsymbol{B}-\lambda\boldsymbol{E})\boldsymbol{u}=0 \tag{7.14}$$

$$\frac{\partial\varphi}{\partial\lambda}=\boldsymbol{u}^{\mathrm{T}}\boldsymbol{E}\boldsymbol{u}-1=0 \tag{7.15}$$

用 $\boldsymbol{u}^{\mathrm{T}}$ 乘以(7.14)式，可以得到

$$\boldsymbol{u}^{\mathrm{T}}\boldsymbol{B}\boldsymbol{u}=\lambda\boldsymbol{u}^{\mathrm{T}}\boldsymbol{E}\boldsymbol{u}=\lambda \tag{7.16}$$

若以 $\boldsymbol{E}^{-1}$ 乘以(7.14)式，又可得

$$(\boldsymbol{E}^{-1}\boldsymbol{B}-\lambda\boldsymbol{I})\boldsymbol{u}=0 \tag{7.17}$$

从上式可以看出，λ 为 $\boldsymbol{E}^{-1}\boldsymbol{B}$ 的特征值，$\boldsymbol{u}$ 为 $\boldsymbol{E}^{-1}\boldsymbol{B}$ 的特征向量；再结合(7.16)式，最大特征值 λ 所对应的特征向量 $\boldsymbol{u}$ 即为我们所求结果。在求解线性判别系数 $\boldsymbol{u}$ 时，若类别 G_i 的均值 $\boldsymbol{\mu}_i$ 和协方差矩阵 $\boldsymbol{\Sigma}_i$ 未知，可利用样本给出它们的估值。

7.2.4　判别效果的检验及各变量判别能力的检验

上面介绍的判别方法一般都是先利用各总体的样本观测值建立判别函数，再利用判别准则来进行样品的分类判别的。而判别函数及准则的有效性与样本是否来自不同的总体有关，当各总体间无显著差异时，难以区别不同的总体。这时，无论用哪种判别方法，判错概率都会较大，由此进行的判别分类已无实际意义。因此，必须对建立的判别函数和准则进行判别效果的检验，即检验各总体间差异的显著性。同时还要检验构成判别函数的各变量的判别能力，使所建立的判别函数只包含判别能力显著的变量。

下面介绍利用基于马氏距离的 Hotelling 统计量 T^2 和维尔克斯(Wilks)统计量 U 建立的各总体间的分类判别效果及各变量判别能力的检验。

设 x_{mki} 为来自 M 维、K 个正态总体的样本观测值，即

$$\begin{aligned}x_{mki},\ m&=1\sim M(M\text{ 为维数或变量个数})\\ k&=1\sim K(K\text{ 为总体个数或分类数})\\ i&=1\sim n_k(n_k\text{ 为第 }k\text{ 类观测样本数})\end{aligned}$$

则

$$\bar{x}_{mk}=\frac{1}{n_k}\sum_{i=1}^{n_k}x_{mki}$$

$$S_{mk}=\sum_{i=1}^{n_k}(x_{mki}-\bar{x}_{mk})(x_{mki}-\bar{x}_{mk})\qquad m=1,\cdots,M;k=1,\cdots,K$$

分别为来自第 k 个总体的样本均值(或类平均)和样本离差阵。

1. 检验两个总体之间的判别效果

在两正态总体的协方差阵相等的情况下,要检验分类判别效果是否显著,可检验它们的期望向量是否相等,即检验 $H_0:\boldsymbol{\mu}_1=\boldsymbol{\mu}_2$ 是否成立。

在 H_0 成立时,Hotelling 的 T^2 统计量

$$T^2=\frac{n_1n_2}{n_1+n_2}D^2=\frac{n_1n_2}{n_1+n_2}(\overline{\boldsymbol{X}}_1-\overline{\boldsymbol{X}}_2)^{\mathrm{T}}\boldsymbol{S}_{12}^{-1}(\overline{\boldsymbol{X}}_1-\overline{\boldsymbol{X}}_2)$$

服从 $T^2(n_1+n_2-2)$ 分布,其中 D^2 为样本间的马氏距离,

$$\overline{\boldsymbol{X}}_k=(\bar{x}_{1k},\bar{x}_{2k},\cdots,\bar{x}_{mk})\quad k=1,2$$

$$\begin{aligned}S_{12,mn}&=\frac{1}{n_1+n_2-2}(S_1+S_2)\\&=\frac{1}{n_1+n_2-2}\sum_{k=1}^{2}\sum_{i=1}^{n_k}(x_{mki}-\bar{x}_{mk})(x_{nki}-\bar{x}_{nk})\end{aligned}$$

$\boldsymbol{S}_{12}=(\mathrm{S}_{12,\mathrm{mn}})_{\mathrm{M\times M}}$ 为两总体合并样本协方差阵。

当 H_0 成立时,可以证明,

$$F=\frac{n_1+n_2-M-1}{(n_1+n_2-2)M}T^2\sim F(M,n_1+n_2-M-1)$$

因此可利用 F 分布来代替 T^2 作检验,即对给定显著水平 α,当 $F>F_\alpha(M,n_1+n_2-M-1)$ 时,拒绝 H_0,认为判别效果显著;否则,接受 H_0,认为两总体无显著差异,这时,判别分类无实际意义。

2. 多个总体间判别效果的检验

对多个总体的情况,可以利用维尔克斯统计量 U 来检验分类判别效果,即检验假设

$$H_0:\boldsymbol{\mu}_1=\boldsymbol{\mu}_2=\cdots=\boldsymbol{\mu}_K$$

是否成立。

定义组内离差矩阵 $\boldsymbol{W}=(w_{ij})_{M\times M}$,组间离差矩阵 $\boldsymbol{B}=(b_{ij})_{M\times M}$ 和总离差矩阵 $\boldsymbol{T}=\boldsymbol{W}+\boldsymbol{B}=(t_{ij})_{M\times M}$,其中

$$w_{ij}=\sum_{k=1}^{K}\sum_{l=1}^{n_k}(x_{ikl}-\bar{x}_{ik})(x_{jkl}-\bar{x}_{jk})\tag{7.18}$$

$$b_{ij}=\sum_{k=1}^{K}n_k(\bar{x}_{ik}-\bar{x}_i)(\bar{x}_{jk}-\bar{x}_j)\tag{7.19}$$

$$t_{ij}=w_{ij}+b_{ij} \tag{7.20}$$

而 $\bar{x}_{mk}=\frac{1}{n_k}\sum_{l=1}^{n_k}x_{mkl}(m=1,\cdots,M;k=1,\cdots,K)$ 和 $\bar{x}_m=\frac{1}{N}\sum_{k=1}^{K}\sum_{l=1}^{n_k}x_{mkl}(m=1,\cdots,M)$ 分别被称为类均值和总均值，$N=\sum_{k=1}^{K}n_k$ 为观测样本总数，用于检验的 Wilks 统计量则定义为

$$U=\frac{|\boldsymbol{W}|}{|\boldsymbol{T}|}=\frac{|\boldsymbol{W}|}{|\boldsymbol{W}+\boldsymbol{B}|}$$

U 是两个行列式之比。显然，U 值越小越有利于 K 个总体的分类，在单个变量的情况下，U 就是组内离差与总离差之比。由于 U 的精确分布较复杂，实际应用时常利用其他两个分布函数近似代替：

1) Bartlett 近似公式

在大样本情况下，有

$$U'=-[N-1-(K+M)/2]\ln U\sim\chi^2(K(M-1)) \tag{7.21}$$

2) Rao 近似式

$$F=\frac{1-U^{1/a}}{U^{1/a}}\frac{P}{M(K-1)}\sim F(M(K-1),P) \tag{7.22}$$

其中

$$a=\begin{cases}\sqrt{\dfrac{M^2(K-1)^2-4}{M^2+(K-1)^2-5}} & 当\ M^2+(K-1)^2-5\neq 0\\ 1 & 当\ M^2+(K-1)^2-5=0\end{cases}$$

$$P=la-M(K-1)/2+1$$

$$l=N-1-(M+K)/2$$

χ^2 分布的近似式形式简单，但要求 N 足够大。F 分布的近似式较为复杂，但精度更高，特别当 $M=1,2$(K 任意)或 $K=2,3$(M 任意)时，(7.22)式会变成精确式子。例如，当 $M=1$ 时，$a=1$，$P=N-K$，(7.22)式变为

$$F=\frac{1-U}{U}\frac{N-K}{K-1}\sim F(K-1,N-K)$$

这就是一元方差分析中的 F 统计量。

(7.21)式和(7.22)式分别利用 χ^2 检验和 F 检验的方法检验了 K 个总体分类判别效果的显著性。如果 U' 或 F 检验显著，则说明 K 个总体间分类判别显著，但此时并不能排除其中某些总体间差异不显著的情况。因此，一般还应检验多个总体两两之间的判别效果。这需要将总体两两配对，逐对检验其总体差异的显著性，即检验

$$H_0:\boldsymbol{\mu}_e=\boldsymbol{\mu}_f \quad (e\neq f;e,f=1,\cdots,K)$$

只要利用马氏距离

$$D_{ef}^2=(\overline{\boldsymbol{X}}_e-\overline{\boldsymbol{X}}_f)^{\mathrm{T}}\boldsymbol{S}^{-1}(\overline{\boldsymbol{X}}_e-\overline{\boldsymbol{X}}_f)$$

其中

$$\boldsymbol{S}=(S_{ij})_{M\times M}$$

$$S_{ij}=\frac{1}{N-K}\sum_{k=1}^{K}\sum_{l=1}^{n_k}(x_{ikl}-\bar{x}_{ik})(x_{jkl}-\bar{x}_{jk}) \tag{7.23}$$

由此构成检验统计量

$$F_{ef}=\frac{(N-K-M+1)n_e n_f}{M(N-K)(n_e+n_f)}D_{ef}^2$$

F_{ef} 服从 $F(M,N-K-M+1)$，当 F_{ef} 的值大于 F_α 时，拒绝 H_0，则认为总体 G_e 和 G_f 间差别显著。实际使用这一方法时，可以利用判别系数来进行计算：

$$D_{ef}^2=\sum_{m=1}^{M}(C_{me}-C_{mf})(\bar{x}_{me}-\bar{x}_{mf})$$

3. 各变量判别能力的检验

前面讨论的是用 K 个变量建立的判别函数判别各总体间差异的显著性。但这 K 个变量中，可能有的判别能力很强，有的区分各总体的能力则很小。实际应用表明，将那些判别能力很小的变量引入判别函数，不仅增加了计算量，还可能引起协方差阵的病态或退化，导致由此建立的判别函数不稳定，从而影响判别效果。为了提高判别效果，应对各变量的判别能力进行检验。维尔克斯统计量 U 也可以用来检验各个变量的判别能力是否显著。

我们可以用消去法计算行列式 $|\boldsymbol{W}|$，$|\boldsymbol{T}|$ 的值。为叙述方便，消去变换是顺序进行的，则有

$$|\boldsymbol{W}|=w_{11}w_{22}^{(1)}\cdots w_{MM}^{(M-1)}$$
$$|\boldsymbol{T}|=t_{11}t_{22}^{(1)}\cdots t_{MM}^{(M-1)}$$

其中

$$\begin{cases}w_{ii}^{(i-1)}=w_{ii}^{(i-2)}-w_{i,i-1}^{(i-2)}w_{i-1,i}^{(i-2)}/w_{i-1,i-1}^{(i-2)} & i=2,\cdots,M\\ w_{ij}^{(0)}=w_{ij} & i,j=1,\cdots,M\end{cases}$$

$t_{ii}^{(i-1)}$ 亦类同，可得

$$U_{12\cdots M}=\frac{|\boldsymbol{W}|}{|\boldsymbol{T}|}=\frac{w_{11}}{t_{11}}\frac{w_{22}^{(1)}}{t_{22}^{(1)}}\cdots\frac{w_{MM}^{(M-1)}}{t_{MM}^{(M-1)}} \tag{7.24}$$

U 的下标表示它由变量 $x_1,x_2,\cdots,x_M$ 组成。

令

$$U_{r|12\cdots l}=\frac{w_{ll}^{(l-1)}}{t_{ll}^{(l-1)}}\quad r>l \tag{7.25}$$

则

$$U_{12\cdots lr}=U_{12\cdots l}U_{r|12\cdots l} \tag{7.26}$$

为一递推式。而 $U_{r|12\cdots l}$ 为在 $x_1,x_2,\cdots,x_l$ 给定时，添加一个新的变量 x_r 所引起的 U 的变

化量,可以看作是对 x_r 的判别能力的度量。可以证明,它是一个 Wilks 量,可用于检验假设

$$H_0: \boldsymbol{\mu}_{l+1|12\cdots l} = \boldsymbol{\mu}_{l+2|12\cdots l} = \cdots = \boldsymbol{\mu}_{k|12\cdots l}$$

其中 $\boldsymbol{\mu}_{k|12\cdots l}$ 是第 k 个总体在 $x_1, x_2, \cdots, x_l$ 给定时条件分布的期望向量。实际检验时,为避开 U 分布函数计算,建立了与 $U_{r|12\cdots l}$ 等价的 F 检验式

$$F_r = \frac{1 - U_{r|12\cdots l}}{U_{r|12\cdots l}} \frac{N-K-l}{K-1} = \frac{t_{rr}^{(l)} - w_{rr}^{(l)}}{w_{rr}^{(l)}} \frac{N-K-l}{K-1} \sim F(K-1, N-K-l) \tag{7.27}$$

当 $F_r > F_\alpha(K-1, N-K-l)$ 时,则认为 x_r 的判别能力显著;否则 x_r 的判别能力不显著,应从判别函数中予以剔除。

7.2.5　逐步判别分析

和回归分析一样,变量选择得是否恰当是判别成败的关键。如果在某个判别函数中将其中主要的变量忽略了,其判别效果一定不好。另外,由于变量之间的不独立性,还可能导致计算协方差阵逆矩阵 $\boldsymbol{S}^{-1}$ 时精度下降或出现困难(如病态,甚至退化),致使最后建立的判别函数不稳定,影响判别效果。因此,在可供判别分类的自变量中选出重要变量是非常重要的,逐步判别分析正是解决这一问题的好方法。

逐步判别法与逐步回归分析的基本思想相似,开始时判别模型不含变量,接下来的每一步里都从模型外引入判别能力最强并且显著的变量,同时剔除模型中判别能力因新变量的引入而变得不再显著的变量,直至模型中所有变量的判别能力都显著为止。

1. 逐步判别挑选变量

根据前一小节的讨论,若 $\boldsymbol{W} = (w_{ij})$, $\boldsymbol{T} = (t_{ij})$ 分别是由 M 个可供挑选的变量组成的组内离差阵和总离差阵,则两行列式之比(Wilks 统计量)

$$U = \frac{|\boldsymbol{W}|}{|\boldsymbol{T}|}$$

可以表示这些变量的判别能力,并且 U 越小,判别能力越强。据此可得挑选变量过程:

第 1 步　在所有变量中选出具有最小 U 值的一个,这时 U 按下式计算

$$U_r = w_{rr}/t_{rr} \quad r = 1, 2, \cdots, M$$

为方便起见,假设有

$$U_1 = \min_{1 \leqslant r \leqslant M} \{U_r\}$$

这时选中的 x_1 将比其他变量具有更好的判别效果。

第 2 步　在未选中的变量中选出这样一个量,它与已选量 x_1 组成的 U 值最小,这时 U 按下式计算

$$U_{1r} = \begin{vmatrix} w_{11} & w_{1r} \\ w_{1r} & w_{rr} \end{vmatrix} \Big/ \begin{vmatrix} t_{11} & t_{1r} \\ t_{1r} & t_{rr} \end{vmatrix} \quad r = 2, 3, \cdots, M$$

假设仍有

$$U_{12}=\min_{2\leqslant r\leqslant M}\{U_{1r}\}$$

这时，选中的 x_2 与 x_1 的组合将比其他变量与 x_1 的组合有更好的判别效果。如果对 $\boldsymbol{W}_{M\times M}$ 与 $\boldsymbol{T}_{M\times M}$ 两矩阵采用消去法计算，则利用(7.24)～(7.26)式，有

$$U_{1r}=U_1U_{r|1}=\frac{w_{11}}{t_{11}}\frac{w_{rr}^{(1)}}{t_{rr}^{(1)}}\quad r=2,\cdots,M$$

即仅需作 $M-1$ 个除法便可选出最小的 $U_{r|1}$ 或 U_{1r}。依此类推，可选出 $x_3,x_4,\cdots,x_l$。

第 $l+1$ 步　在未选中的变量中选出与已选量 $x_1,x_2,\cdots,x_l$ 组成的 U 值最小的变量，这时 U 按下式计算

$$\begin{aligned}U_{12\cdots lr}&=\begin{vmatrix}w_{11}&w_{12}&\cdots&w_{1l}&w_{1r}\\w_{21}&w_{22}&\cdots&w_{2l}&w_{2r}\\\vdots&\vdots&\ddots&\vdots&\vdots\\w_{l1}&w_{l2}&\cdots&w_{ll}&w_{lr}\\w_{r1}&w_{r2}&\cdots&w_{rl}&w_{rr}\end{vmatrix}\Bigg/\begin{vmatrix}t_{11}&t_{12}&\cdots&t_{1l}&t_{1r}\\t_{21}&t_{22}&\cdots&t_{2l}&t_{2r}\\\vdots&\vdots&\ddots&\vdots&\vdots\\t_{l1}&t_{l2}&\cdots&t_{ll}&t_{lr}\\t_{r1}&t_{r2}&\cdots&t_{rl}&t_{rr}\end{vmatrix}\\&=U_{12\cdots l}U_{r|12\cdots l}\\&=U_{12\cdots l}\frac{w_{rr}^{(l)}}{t_{rr}^{(l)}}\quad r=l+1,\cdots,M\end{aligned}$$

假设仍有

$$U_{12\cdots ll+1}=\min_{l+1\leqslant r\leqslant M}\{U_{12\cdots lr}\}$$

即选中的 x_{l+1} 与 $x_1,x_2,\cdots,x_l$ 的组合将比其他量与 $x_1,x_2,\cdots,x_l$ 的组合有更好的判别效果。

为保证每步选入的变量是真正重要的，应该对该步即将选入的变量的判别能力作显著性检验，相应的统计量为((7.27)式)

$$F=\frac{1-U_{r|12\cdots l}}{U_{r|12\cdots l}}\frac{N-M-l}{M-1}=\frac{t_{rr}^{(l)}-w_{rr}^{(l)}}{w_{rr}^{(l)}}\frac{N-M-l}{M-1}$$

与逐步回归一样，较早被选进判别函数的变量，其重要性将随着其后一些变量的选进而发生变化。当它已失去原有的重要性时，应考虑将它从判别函数中剔除出去，这样才能在最终的判别函数中仅保留重要变量。

假如我们在第 $l+1$ 步考虑剔除已入选变量 x_r，由于这时的 $\boldsymbol{W}$，$\boldsymbol{T}$ 只与入选变量有关，与这些变量的入选次序无关，故不妨设 x_r 是在第 l 步引入的，即前 $l-1$ 步引入了不含 x_r 的 $L-1$ 个变量。设引入 x_r 前的 w_{ij} 为 $w_{ij}^{(l-1)}$，则引入 x_r 后，$\boldsymbol{W}$ 中元素为

$$w_{ij}^{(l)}=\begin{cases}w_{rj}^{(l-1)}/w_{rr}^{(l-1)} & i=r,j\neq r\\w_{ij}^{(l-1)}-w_{ir}^{(l-1)}w_{rj}^{(l-1)}/w_{rr}^{(l-1)} & i\neq r,j\neq r\\1/w_{rr}^{(l-1)} & i=r,j=r\\-w_{ir}^{(l-1)}/w_{rr}^{(l-1)} & i\neq r,j=r\end{cases}\tag{7.28}$$

对 $\boldsymbol{T}$ 中元素亦有类似公式。

在第 $l+1$ 步剔除 x_r 的判别能力 U_r' 等价于第 l 步引入 x_r 的判别能力，则由(7.25)式有

$$U_{r|L-1}=\frac{w_{rr}^{(l-1)}}{t_{rr}^{(l-1)}}$$

由(7.28)式，上式可改写为

$$U_{r|L-1}=\frac{1/w_{rr}^{(l)}}{1/t_{rr}^{(l)}}=\frac{t_{rr}^{(l)}}{w_{rr}^{(l)}}$$

等价的 F 检验是

$$F=\frac{1-U_{r|L-1}}{U_{r|L-1}}\frac{N-M-(L-1)}{M-1}=\frac{w_{rr}^{(l)}-t_{rr}^{(l)}}{t_{rr}^{(l)}}\frac{N-M-(L-1)}{M-1}$$

从已选量中，找出具有最大 $U_{r|L-1}$（即最小 F）的一个进行检验。若 $F<F_\alpha$，则认为 x_r 判别能力不显著，可以将其从判别函数中剔除出去。

假设变量筛选过程经过 l 步后停止，则由相应的 l 次变换可以得到 $\boldsymbol{W}^{-1}=\boldsymbol{W}^{(l)}=(w_{ij}^{(l)})_{M\times M}$，由(7.18)式和(7.23)式可知

$$S_{ij}=\frac{1}{N-M}w_{ij}$$

故有

$$\boldsymbol{S}^{-1}=(N-M)\boldsymbol{W}^{-1}=(N-M)(w_{ij}^{(l)})_{M\times M} \tag{7.29}$$

即 $\boldsymbol{S}^{-1}$ 不必单独计算，而可以直接采用(7.29)式。由此利用(7.7)～(7.9)式得到判别函数。

2. 逐步判别的计算步骤

在这一小节，我们将给出逐步判别方法的具体计算步骤。

设样本观测值为

x_{mki}，　$m=1,\cdots,M$（M 为变量个数）；
$k=1,\cdots,K$（K 为总体个数或分类数）；
$i=1,\cdots,n_k$（n_k 为第 k 类观测样本数）；
$\sum_{k=1}^{K}n_k=N$（N 为观测样本总数）。

1) 数据准备

(1) 计算分类均值和总均值

$$\bar{x}_{mk}=\frac{1}{n_k}\sum_{i=1}^{n_k}x_{mki}\quad m=1,\cdots,M;k=1,\cdots,K \tag{7.30}$$

$$\bar{x}_m=\frac{1}{N}\sum_{k=1}^{K}\sum_{i=1}^{n_k}x_{mki}\quad m=1,\cdots,M \tag{7.31}$$

(2) 计算组内离差矩阵 $\boldsymbol{W}$ 和总离差矩阵 $\boldsymbol{T}$

$$\boldsymbol{W}=(w_{ij})_{M\times M}\quad w_{ij}=\sum_{k=1}^{K}\sum_{l=1}^{n_k}(x_{ikl}-\bar{x}_{ik})(x_{jkl}-\bar{x}_{jk}) \tag{7.32}$$

$$\boldsymbol{T}=(t_{ij})_{M\times M}\quad t_{ij}=\sum_{k=1}^{K}\sum_{l=1}^{n_k}(x_{ikl}-\bar{x}_{i})(x_{jkl}-\bar{x}_{j}) \tag{7.33}$$

2）逐步筛选变量

假设已计算了 l 步（$l\geqslant 0$），判别函数中已引入了 L 个变量，这时的 $\boldsymbol{W}$，$\boldsymbol{T}$ 经过相应的消去变换记为 $\boldsymbol{W}^{(l)}=(w_{ij}^{(l)})$，$\boldsymbol{T}^{(l)}=(t_{ij}^{(l)})$，则第 $l+1$ 步的计算内容如下：

（1）计算各变量的判别能力，若 x_i 是未选量，则

$$U_{i|L}=\frac{w_{ii}^{(l)}}{t_{ii}^{(l)}}$$

若 x_i 是已选量，则

$$U_{i|L-1}=\frac{t_{ii}^{(l)}}{w_{ii}^{(l)}}$$

（2）在已选变量中剔除最不显著的变量，即从已选变量中寻找 $U_{i|L-1}$ 中最大者，设

$$U_{r|L-1}=\max_{1\leqslant i\leqslant K}\left\{U_{i|L-1}\right\}$$

作 F 检验

$$F=\frac{1-U_{r|L-1}}{U_{r|L-1}}\frac{N-K-(L-1)}{K-1}\sim F(K-1,N-K-(L-1))$$

若 $F\leqslant F_\alpha$，则把 x_r 从判别函数中剔除出去，其后的计算见 3)；若 $F>F_\alpha$，则不剔除变量，而考虑继续挑选变量。这时，从未选变量中寻找最小的 $U_{i|L}$，假设

$$U_{r|L}=\min_{L\leqslant i\leqslant M}\left\{U_{i|L}\right\}$$

作 F 检验

$$F=\frac{1-U_{r|L}}{U_{r|L}}\frac{N-K-L}{K-1}\sim F(K-1,N-K-L)$$

若 $F>F_\alpha$，则把 x_r 引进判别函数，接下来的计算见 3)。

（3）不论 x_r 是选入还是剔除，均要先计算 Wilks 统计量

$$U_{L\pm1}=U_L\frac{w_{rr}^{(l)}}{t_{rr}^{(l)}}$$

该统计量将用于后面判别效果的检验。当选入或剔除 x_r 时，只需对 $\boldsymbol{W}^{(l)}$，$\boldsymbol{T}^{(l)}$ 作消去 x_r 的变换

$$w_{ij}^{(l+1)}=\begin{cases}w_{rj}^{(l)}/w_{rr}^{(l)} & i=r,j\neq r\\ w_{ij}^{(l)}-w_{ir}^{(l)}w_{rj}^{(l)}/w_{rr}^{(l)} & i\neq r,j\neq r\\ 1/w_{rr}^{(l)} & i=r,j=r\\ -w_{ir}^{(l)}/w_{rr}^{(l)} & i\neq r,j=r\end{cases} \tag{7.34}$$

$$t_{ij}^{(l+1)}=\begin{cases}t_{rj}^{(l)}/t_{rr}^{(l)} & i=r,j\neq r\\ t_{ij}^{(l)}-t_{ir}^{(l)}t_{rj}^{(l)}/t_{rr}^{(l)} & i\neq r,j\neq r\\ 1/t_{rr}^{(l)} & i=r,j=r\\ -t_{ir}^{(l)}/t_{rr}^{(l)} & i\neq r,j=r\end{cases} \tag{7.35}$$

至此,第 $l+1$ 步的计算结束。然后重复(1)～(3)进行下一步计算,直至既不需要剔除,又没有变量引入时,筛选变量过程结束。

在实际计算中,一般开头几步都是引入变量,而其后几步也可能相继地剔除几个变量而不引入任何变量,先引入的变量其后又被剔除的情况并不多见,而剔除后又被重新选入的情况,在理论上存在,但实际上也不多见。

3) 判别分类

当变量的逐步筛选结束时,假设已引入了 L 个变量,并得到 $w_{ij}^{(l)}$,则可用相应的判别法来建立包括这 L 个变量的判别函数及判别准则。下面还是应用正态总体的贝叶斯参数判别准则来进行判别分类:

(1) 计算判别系数与判别函数

判别系数:

$$\begin{aligned}C_{mk}&=(N-K)\sum_{l=1}^{L}w_{ml}^{(l)}\bar{x}_{mk} \quad m=1,\cdots,L;k=1,\cdots,K\\ C_{0k}&=-\frac{1}{2}\sum_{i=1}^{L}C_{ik}\bar{x}_{ik} \qquad k=1,\cdots,K\end{aligned} \tag{7.36}$$

判别函数:

$$y_k(x)=\ln P_k+C_{0k}+\sum_{i=1}^{L}C_{ik}x_i \tag{7.37}$$

其中 $P_k(k=1,\cdots,K)$ 为先验概率,通常可取为

$$P_k=n_k/N \text{ 或 } P_k=1/K$$

(2) L 个变量判别效果的检验

要检验这 L 个变量对 K 个总体分类的判别效果,可利用 Wilks 统计量,即

$$-[N-1-(L+K)/2]\ln U_L \sim \chi^2(L(K-1))$$

对任意两个总体 G_e 和 $G_f(e\neq f;e,f=1,\cdots,K)$ 间的判别效果,可用

$$D_{ef}^2=\sum_{m=1}^{L}(C_{me}-C_{mf})(\bar{x}_{me}-\bar{x}_{mf}) \tag{7.38}$$

$$F_{ef}=\frac{N-K-L+1}{L(N-K)(n_1+n_2)}D_{ef}^2 \quad f<e=2,\cdots,K \tag{7.39}$$

表示。如果 $F_{ef}>F_\alpha$,则认为总体 G_e 和 G_f 差异显著。

(3) 判别分类

对个体 $\boldsymbol{X}$(它可以是原来用于分析的 N 个样本中的一个,也可以是另给的新样本),计

算对应于各总体的判别函数 $y_1(\boldsymbol{X})$，$y_2(\boldsymbol{X})$，…，$y_K(\boldsymbol{X})$，若 $y_r(\boldsymbol{X})=\max\limits_{1\leqslant k\leqslant K} y_k(\boldsymbol{X})$，则将 $\boldsymbol{X}$ 判归于第 r 个总体 G_r。

(4) 计算后验概率

样本 $\boldsymbol{X}$ 属于第 k 个总体的后验概率为

$$P(k|\boldsymbol{X})=\exp[Y_k(\boldsymbol{X})]\Big/\sum_{l=1}^{K}\exp[Y_l(\boldsymbol{X})]$$

其中

$$Y_k(\boldsymbol{X})=y_k(\boldsymbol{X})-y_r(\boldsymbol{X})$$

和逐步回归分析一样，在实际计算时，引入变量和剔除变量的 F 检验临界值一般都是事先规定的。

7.3 聚类分析

聚类分析(Cluster Analysis)也被称为成团分析，是研究“物以类聚”的多元统计分类方法。但它与判别分析不同，它不必事先知道分类对象的分类结构，而是在没有关于类别的先验知识或知之甚少的前提下，对样品或变量进行分类的方法。

为了将样品进行分类，就需要研究样品之间的关系。一种方法是用相似系数，性质越接近的样品，它们的相似系数越大(极值为 ±1)；越是彼此无关的样品，它们的相似系数就越接近于 0。比较相似的样品归为一类，不怎么相似的样品属于不同的类。另一种方法是将每个样品看作 m 维空间的一个点，并在空间定义距离，距离较近的点归为一类，距离较远的点属于不同的类。

确定了相似系数和距离后就要进行分类，一类方法是在样品距离的基础上定义类与类之间的距离，先将 n 个样品分成 n 类，每个样品自成一类，然后按照类间距离的不同定义进行并类，此并类过程可用聚类图表示，由聚类图可方便地进行分类，这种分类方法叫做系统聚类法。另一种方法是先初步分类，然后逐步修正，直至类分得比较合理为止。

在这一节里，我们将首先介绍与样品(或变量)之间的关系有关的度量测度，然后介绍常用的成团分析方法——系统聚类法。

7.3.1 相似程度的度量

设对 m 个变量(如恒星的几个指标)进行了 n 次观测，得到一组样本矩阵 $\boldsymbol{X}$

$$\boldsymbol{X}=\begin{pmatrix} x_{11} & x_{12} & \cdots & x_{1m} \\ x_{21} & x_{22} & \cdots & x_{2m} \\ \vdots & \vdots & \ddots & \vdots \\ x_{n1} & x_{n2} & \cdots & x_{nm} \end{pmatrix}$$

我们称矩阵 $\boldsymbol{X}$ 中的每一行为一个样品，$\boldsymbol{X}$ 中的每一列称为一个指标。

为了对样品(或变量)进行成团分析，首先要定义它们之间的相似程度，而样品间的相似程度常用距离和相似系数来描述。

在成团分析中，常用的距离有：

(1) 欧几里得距离

$$d_{ij}(O)=\sqrt{\sum_{k=1}^{m}(x_{ik}-x_{jk})^2} \tag{7.40}$$

欧几里得距离是成团分析中应用最广的距离。

(2) 绝对值距离

$$d_{ij}=\sum_{k=1}^{m}|x_{ik}-x_{jk}|$$

(3) 马氏距离

$$d_{ij}(M)=(\boldsymbol{X}_i-\boldsymbol{X}_j)^{\mathrm{T}}\boldsymbol{V}^{-1}(\boldsymbol{X}_i-\boldsymbol{X}_j)$$

其中 $\boldsymbol{V}^{-1}$ 为子样协方差阵的逆矩阵。

当各变量的量纲有差异时，常需要对样品观测数据进行标准化变换，然后用标准化后的数据计算距离。

令 $\bar{x}_k, R_k, S_k$ 分别表示第 k 个变量的样本均值、样本极差和样本标准差，即

$$\bar{x}_k=\frac{1}{n}\sum_{i=1}^{n}x_{ik}$$

$$R_k=\max_{1\leqslant i\leqslant n}x_{ik}-\min_{1\leqslant i\leqslant n}x_{ik}\quad k=1,\cdots,m$$

$$S_k=\left[\frac{1}{n-1}\sum_{i=1}^{n}(x_{ik}-\bar{x}_k)^2\right]^{1/2}$$

则标准化变换数据为

$$x'_{ik}=(x_{ik}-\bar{x}_k)/S_k\quad i=1,\cdots,n;k=1,\cdots,m$$

除了上述距离外，我们还可以用相似系数 C_{ij} 来表示两个样品之间的相似程度。最常用的相似系数是**夹角余弦**(cosine similarity)和**相关系数**(Pearson correlation coefficient)：

(1) 夹角余弦

$$C_{ij}(1)=\frac{\sum_{k=1}^{m}x_{ik}x_{jk}}{\left(\sum_{k=1}^{m}x_{ik}^2\sum_{k=1}^{m}x_{jk}^2\right)^{1/2}}$$

(2) 相关系数

$$C_{ij}(2)=\frac{\sum_{k=1}^{m}(x_{ik}-\bar{x}_i)(x_{jk}-\bar{x}_j)}{\left[\sum_{k=1}^{m}(x_{ik}-\bar{x}_i)^2\sum_{k=1}^{m}(x_{jk}-\bar{x}_j)^2\right]^{1/2}}$$

其中

$$\bar{x}_i=\frac{1}{m}\sum_{k=1}^{m}x_{ik}$$

确定了距离或相似系数以后就可以进行分类。分类方法有很多,如:系统成团法、动态成团法及其他样品成团法。下面我们将分别介绍应用较广的系统成团法和动态成团法。

7.3.2 系统聚类法

系统聚类法(Hierarchical clustering method)也称系统树法,是目前成团分析中使用最广泛的一种方法。它的基本思想是,先将 n 个样品各自看成一类;规定样品之间的距离和类与类之间的距离,选择距离最小的一对并成一个新类;计算新类和其他类的距离,再将距离最近的类合并成一个新类;如此下去,一直到所有样品都被归为一类为止。

因样品之间和类与类之间的距离有多种定义法。例如,可以定义类与类之间的距离为属于两类的样品间的最近距离,也可以定义为两类的样品之间的最长距离,或者定义为两类重心之间的距离等等。不同的类间距离,就产生了不同的系统成团法。

现用 d_{ij} 表示样品 i 和 j 之间的距离,D_{pq} 表示类 G_p 和 G_q 之间的距离,类 G_r 表示由类 G_p 和 G_q 合并成的新类,表示为 $G_r=\{G_p,G_q\}$,则由不同类间距离定义得到的系统成团法有:

1. 最短距离法(Single Linkage Method 或 Nearest Neighbor Method)

类间距离定义为两类中最近样品之间的距离

$$D_{pq}=\min_{i\in G_p,j\in G_q}\{d_{ij}\}$$

计算新类 $G_r=\{G_p,G_q\}$ 与其他类距离的递推公式为

$$D_{rk}=\min\{D_{pk},D_{qk}\} \tag{7.41}$$

下面给出一个最短距离法分类的示意性例子。

例 7.1:对同量纲指标 x_1 和 x_2 进行八次观测,得各样品数据如表 7.2:

表 7.2 样品数据

i	1	2	3	4	5	6	7	8
x_1	2	2	4	4	−4	−2	−3	−1
x_2	5	3	4	3	3	2	2	−3

试用最短距离法对其分类。

解:因为 x_1 和 x_2 是同量纲指标,计算距离时不需进行标准化,直接采用欧几里得距离(7.40)式

$$d_{ij}=\sqrt{\sum_{k=1}^{2}(x_{ik}-x_{jk})^2}$$

算得距离矩阵 $\boldsymbol{D}(0)$——样品间距离的对称表(表 7.3),因为开始时每个样品自成一类,这时 $D_{pq}=d_{pq}$。

表 7.3 **D**(0)

	G_1	G_2	G_3	G_4	G_5	G_6	G_7
G_2	2.0						
G_3	2.2	2.2					
G_4	2.8	2.0	1.0				
G_5	6.3	6.0	8.1	8.0			
G_6	5.0	4.1	6.3	6.1	2.2		
G_7	5.8	5.1	7.3	7.1	1.4	1.0	
G_8	8.0	6.7	8.6	7.8	6.7	5.1	5.4

后面的步骤如下：

(1) 选择 $\boldsymbol{D}(0)$中的最小元素 $D_{pq}=1.0$，它们是 D_{34} 和 D_{67}，故先将 G_3 和 G_4 合并成新类 $G_9=\{G_3,G_4\}$，再将 G_6 和 G_7 合并，即 $G_{10}=\{G_6,G_7\}$；

(2) 利用(7.41)式计算新类与其他各类的距离，如

$$D_{19}=\min\{D_{13},D_{14}\}=D_{13}=2.2$$
$$D_{1,10}=\min\{D_{16},D_{17}\}=D_{16}=5.0$$
$$D_{9,10}=\min\{D_{36},D_{37},D_{46},D_{47}\}=D_{46}=6.1$$

将 $\boldsymbol{D}(0)$中的 p,q 或 p_1,q_1,p_2,q_2 行及相应的列(例中第 3,4,6,7 行和列)删去，再加上第 r 行(例中第 9、10 行)和第 r 列便得到距离矩阵 $\boldsymbol{D}(1)$(表 7.4)。

表 7.4 **D**(1)

	G_1	G_2	G_5	G_8	G_9
G_2	2.0				
G_5	6.3	6.0			
G_8	8.5	6.7	6.7		
G_9	2.2	2.0	8.0	7.8	
G_{10}	5.0	4.1	1.4	5.1	6.1

(3) 重复(1)～(2)步。在 $\boldsymbol{D}(1)$中，$D_{5,10}=1.4$ 是最小元素，将 G_5 和 G_{10} 并成一类 G_{11}，计算 $\boldsymbol{D}(2)$(如表 7.5)。

表 7.5 **D**(2)

	G_1	G_2	G_8	G_9
G_2	2.0			
G_8	8.5	6.7		
G_9	2.2	2.0	7.8	
G_{11}	5.0	4.1	5.1	6.1

在$\boldsymbol{D}(2)$中$D_{12}=D_{29}=2.0$是最小元素，将G_1,G_2,G_9合并成新类G_{12}，计算$\boldsymbol{D}(3)$（表7.6），这时新类与各类的距离

$$D_{8,12}=\min\{D_{18},D_{28},D_{89}\}=6.7$$
$$D_{11,12}=\min\{D_{1,11},D_{2,11},D_{9,11}\}=4.1$$

表7.6 $\boldsymbol{D}(3)$

	G_8	G_{11}
G_{11}	5.1	
G_{12}	6.7	4.1

在$\boldsymbol{D}(3)$中，$D_{11,12}$为最小，将G_{11}和G_{12}并成一类G_{13}，则有

$$D_{8,13}=5.1$$

最后将G_{13}和G_8并成一类G_{14}，这样所有的样品到此已并成一类，聚类过程结束。

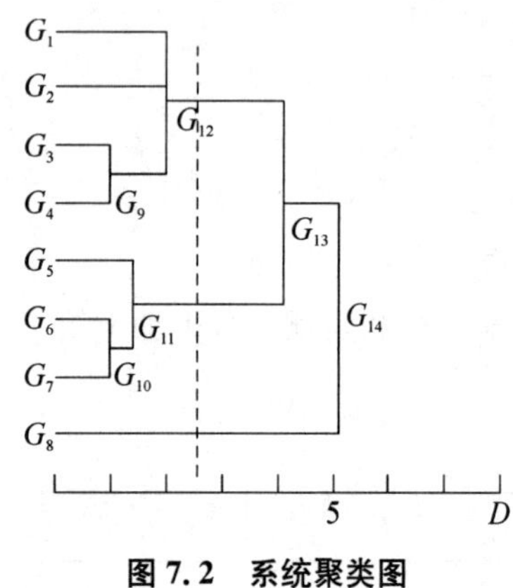

图7.2 系统聚类图

上述聚类过程可用聚类图（又称树状图）表示，如图7.2，图中横坐标表示距离。由图可见，G_1,G_2,G_3,G_4合并成一类，G_5,G_6,G_7合并成一类，G_8自成一类，全部样品分三类为宜。

在实际分类时，为了达到客观分类的目的，并不需要将聚类过程进行到全部样品并成一类为止，而是给定一个临界值T。当所有的$D_{ij}>T$时，即认为类与类之间不能再合并了。

最短距离法也可用于变量的分类，分类时也可不用距离，而用相似系数，这时，要找相似系数最大的两类进行合并。

2. *最长距离法*（Complete Linkage Method 或 Farthest Neighbor Method）

若类间距离用属于两类的样品之间的最长距离来定义，即

$$D_{pq}=\max_{i\in G_p,j\in G_q}\{d_{ij}\}$$

则称之为最长距离法。除了类与类之间距离的定义不一样外，最长距离法与最短距离法完全一样。开始各样品自成一类，然后将距离最小的两类合并成一类。设某一步将G_p与G_q合并成G_r，则新类G_r与其他类G_k的距离为

$$D_{rk}=\max\{D_{pk},D_{qk}\} \tag{7.42}$$

重复上述过程，直到所有样品并为一类为止。由上可见，它与最短距离法的主要差别是计算新类与其他类的距离时所用的递推公式不同。

3. *重心法*（Centroid Method）

从物理观点来看，一个类的位置用它的重心来代表较为合理，类与类之间的距离可以用类的重心之间的距离表示。这样定义的类间距离的系统成团法叫做重心法。

设 G_p 和 G_q 的重心分别为 $\overline{\boldsymbol{X}}_p$ 和 $\overline{\boldsymbol{X}}_q$，它们是表示重心位置的向量

$$\overline{\boldsymbol{X}}_p=\begin{pmatrix}\bar{x}_{p1}\\ \bar{x}_{p2}\\ \vdots\\ \bar{x}_{pm}\end{pmatrix}\quad \overline{\boldsymbol{X}}_q=\begin{pmatrix}\bar{x}_{q1}\\ \bar{x}_{q2}\\ \vdots\\ \bar{x}_{qm}\end{pmatrix}$$

式中

$$\bar{x}_{pk}=\frac{1}{n_p}\sum_{i\in G_p}x_{ik}$$

$$\bar{x}_{qk}=\frac{1}{n_q}\sum_{i\in G_q}x_{ik}$$

n_p 为 G_p 包含的样品数，n_q 为 G_q 包含的样品数。在重心法中，定义类与类之间的距离

$$D_{pq}=d_{\overline{\boldsymbol{X}}_p\overline{\boldsymbol{X}}_q}$$

设某一步将 G_p 和 G_q 合并成一类 G_r，则 G_r 的重心向量 $\overline{\boldsymbol{X}}_r$ 可从 $\overline{\boldsymbol{X}}_p$ 和 $\overline{\boldsymbol{X}}_q$ 中求得：

$$\overline{\boldsymbol{X}}_r=\frac{1}{n_r}(n_p\overline{\boldsymbol{X}}_p+n_q\overline{\boldsymbol{X}}_q)$$

式中 $n_r=n_p+n_q$ 为 G_r 中的样品数。G_r 与其他各类 G_k 之间的距离 D_{rk} 由下式计算

$$\begin{aligned}D_{rk}^2&=d_{\overline{\boldsymbol{X}}_r\overline{\boldsymbol{X}}_k}^2=(\overline{\boldsymbol{X}}_r-\overline{\boldsymbol{X}}_k)^{\mathrm{T}}(\overline{\boldsymbol{X}}_r-\overline{\boldsymbol{X}}_k)\\&=\frac{n_p}{n_r}D_{kp}^2+\frac{n_q}{n_r}D_{kq}^2-\frac{n_pn_q}{n_r^2}D_{pq}^2\end{aligned}\tag{7.43}$$

这就是重心法的距离递推公式。不难看出，重心法距离矩阵中的元素常采用距离的平方值。

下面我们用重心法对上例中的八个样品进行聚类。

先令各样品自成一类，写出距离矩阵 $\boldsymbol{D}^2(0)$（见表 7.7），其中各距离为欧几里得距离的平方值。

在 $\boldsymbol{D}^2(0)$ 中，G_3 和 G_4 的距离，G_6 和 G_7 的距离最小，故将 G_3 和 G_4 合并成 G_9，将 G_6 和 G_7 合并成 G_{10}，然后按(7.43)式计算 G_9，G_{10} 与各类的距离，这时 $n_p=n_q=1$，$n_r=2$。

表 7.7　$\boldsymbol{D}^2(0)$

	G_1	G_2	G_3	G_4	G_5	G_6	G_7
G_2	4						
G_3	5	5					
G_4	8	4	1				
G_5	40	36	65	64			
G_6	25	17	40	37	5		

续表

	G_1	G_2	G_3	G_4	G_5	G_6	G_7
G_7	34	26	53	50	2	1	
G_8	64	45	74	61	45	26	29

而

$$D_{19}^2=\frac{1}{2}D_{13}^2+\frac{1}{2}D_{14}^2-\frac{1}{4}D_{34}^2=\frac{5}{2}+\frac{8}{2}-\frac{1}{4}=6.25$$

$$D_{29}^2=\frac{1}{2}D_{23}^2+\frac{1}{2}D_{24}^2-\frac{1}{4}D_{34}^2=\frac{5}{2}+\frac{4}{2}-\frac{1}{4}=4.25$$

$$D_{59}^2=\frac{1}{2}D_{35}^2+\frac{1}{2}D_{45}^2-\frac{1}{4}D_{34}^2=\frac{65}{2}+\frac{64}{2}-\frac{1}{4}=64.25$$

$$D_{1,10}^2=\frac{1}{2}D_{16}^2+\frac{1}{2}D_{17}^2-\frac{1}{4}D_{67}^2=\frac{25}{2}+\frac{34}{2}-\frac{1}{4}=29.25$$

依次类推，由此可得 $\boldsymbol{D}^2(1)$（见表 7.8）。在 $\boldsymbol{D}^2(1)$ 中，$D_{5,10}^2=3.25$ 是最小的元素，将 G_5 和 G_{10} 并成 G_{11}，并用(7.43)式计算 G_{11} 与各类距离。这时，$p=5, q=10, n_p=1, n_q=2, n_r=3$，$D_{1,11}^2=\frac{1}{3}D_{15}^2+\frac{2}{3}D_{1,10}^2-\frac{2}{9}D_{5,10}^2=32.17$，…。所得结果 $\boldsymbol{D}^2(2)$ 列于表 7.9。

表 7.8　$\boldsymbol{D}^2(1)$

	G_1	G_2	G_5	G_8	G_9
G_2	4.00				
G_5	40.00	36.00			
G_8	73.00	45.00	45.00		
G_9	6.25	4.25	64.25	67.25	
G_{10}	29.25	21.25	3.25	27.25	44.50

表 7.9　$\boldsymbol{D}^2(2)$

	G_1	G_2	G_8	G_9
G_2	4.00			
G_8	73.00	45.00		
G_9	6.25	4.25	67.25	
G_{11}	32.17	25.45	17.61	50.36

在 $\boldsymbol{D}^2(2)$ 中，$D_{1,2}^2=4$ 是最小元素，将 G_1, G_2 合并成一类 G_{12}，计算 G_{12} 和各类(G_8, G_9, G_{11})的距离得 $\boldsymbol{D}^2(3)$（表 7.10）。

表 7.10　$D^2(3)$

	G_8	G_9	G_{11}
G_9	67.25		
G_{11}	17.61	50.36	
G_{12}	58.00	4.25	27.81

如此继续下去直到得到 $\boldsymbol{D}^2(4)$(表 7.11),其中 $D^2_{8,11}=17.61$ 最小,将 G_8 和 G_{11} 合并成 G_{14},最后 G_{13} 和 G_{14} 并成一类,聚类结束。聚类图由图 7.3 给出。

表 7.11　$D^2(4)$

	G_8	G_{11}
G_{11}	17.61	
G_{12}	36.57	21.65

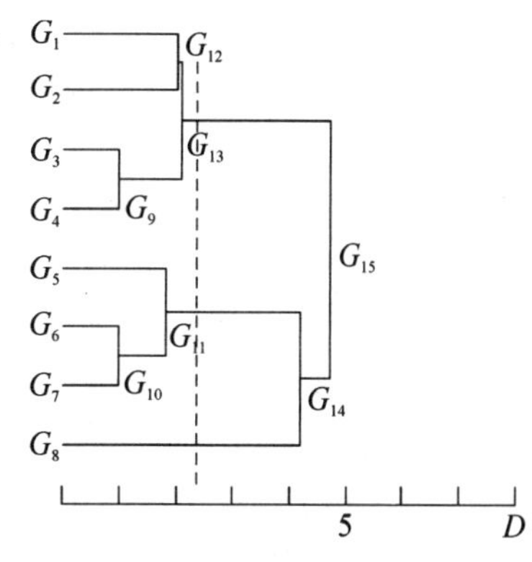

图 7.3　重心法聚类图

4. *类平均法*(Group Average Method)

类平均法的类间距离为两类元素中两两之间距离平方的均值

$$D^2_{pq}=\frac{1}{n_p n_q}\sum_{i\in G_p}\sum_{j\in G_q}d^2_{ij}$$

其新类 $G_r=\{G_p,G_q\}$ 的距离递推公式为

$$D^2_{rk}=(n_p D^2_{pk}+n_q D^2_{qk})/n_r$$

类平均法是系统成团法中,使用较广泛、效果较好的一种方法。

5. *离差平方和法*(Ward Method)

离差平方和法中类间距离采用两类间距离平方和

$$D^2_{pq}=\frac{n_p n_q}{n_p+n_q}(\overline{\boldsymbol{X}}_p-\overline{\boldsymbol{X}}_q)^{\mathrm{T}}(\overline{\boldsymbol{X}}_p-\overline{\boldsymbol{X}}_q)$$

其新类 $G_r=\{G_p,G_q\}$ 的距离递推公式为

$$D^2_{rk}=\frac{n_p+n_k}{n_r+n_k}D^2_{pk}+\frac{n_q+n_k}{n_r+n_k}D^2_{qk}-\frac{n_k}{n_r+n_k}D^2_{pq}$$

6. *系统成团法的统一*

上述五种系统成团法,虽然类间距离的定义和递推公式不同,但并类的原则和步骤基本一致。Lance 和 Williams 于 1967 年给出了系统成团法各递推公式的统一形式:

$$D^2_{rk}=\alpha_p D^2_{pk}+\alpha_q D^2_{qk}+\beta D^2_{pq}+\gamma\left|D^2_{pk}-D^2_{qk}\right|$$

其中 $\alpha_p,\alpha_q,\beta,\gamma$ 为参数,对于不同的系统成团法,它们的取值不同。各类方法对应的参数取

值情况见表 7.12。表中除了上述五种方法之外，还列出了另外三种系统成团法。由于它们用得较少，这里没有详述。

统一的递推公式有利于编制系统成团法的计算机程序。只要将数据输入，便可将八种系统成团法得到的结果全部算出，并画出聚类图。

对同一批样品，用不同的系统成团法，结果不会完全相同。因此，系统成团法的各种方法之间的比较是一个值得研究的课题。

表 7.12　系统成团法参数表

方法	α_p	α_q	β	γ	注
最短距离法	$1/2$	$1/2$	0	$-1/2$	
最长距离法	$1/2$	$1/2$	0	$1/2$	
重心法	n_p/n_r	n_q/n_r	$-n_p n_q/n_r$	0	欧几里得距离
类平均法	n_p/n_r	n_q/n_r	0	0	
离差平方和法	$\frac{n_p+n_k}{n_r+n_k}$	$\frac{n_q+n_k}{n_r+n_k}$	$-\frac{n_k}{n_r+n_k}$	0	欧几里得距离
中间距离法	$1/2$	$1/2$	$-1/4$	0	
可变法	$\frac{1-\beta}{2}$	$\frac{1-\beta}{2}$	$\beta(<1)$	0	常取 $\beta=-1/4$
可变类平均法	$\frac{(1-\beta)n_p}{n_r}$	$\frac{(1-\beta)n_q}{n_r}$	$\beta\ (<1)$	0	常取 $\beta=-1/4$

另外，如何由聚类图来确定合适的分类数和分类结果，至今尚未有明确的标准。Bemirmen 于 1972 年提出了以下几点准则，由此可以根据聚类图及实际问题的意义来确定适当的分类结果，供读者参考：

(1) 分类数与实际问题的意义相一致；

(2) 各类重心之间的距离应很大；

(3) 各类中所含元素不应太多；

(4) 若采用不同的聚类法，则在各自聚类图中应有大致相同的分类结果。

系统聚类法可以很好地应用到小行星、恒星、星系和类星体等天体的分类研究上。在根据小行星的三个本征轨道根数定义出样本距离之后，Zappalà 等人在 1990 年就采用最短距离法将 4100 个小行星分为 21 族。随着小行星观测数量的快速增加以及对小行星物理特性研究的深入，这项工作还在持续进行。2014 年，Milani 等人对超过 330000 颗小行星进行了分族，其中 87095 颗可以分为 128 族。当小行星的星表出现变更时，新的成员可以自动被添加到不同的星族中，但不能改变星族的分类。

7.3.3　动态聚类法

系统聚类法是在样品间距离矩阵的基础上进行的，故当样品数 n 很大时，系统聚类法的计算量是非常大的，会占据大量的计算机内存空间，计算时间也较长。因此，当 n 很大时，我们自然需要一种比系统聚类法计算量少得多的方法。**动态聚类法**(dynamical clustering method)正是基于这种考虑而产生的一种方法。

K-均值(k-means)法是一种常见的动态聚类法,其基本步骤可描述为:

(1) 选择 k 个样品作为初始凝聚点,或者人为选择 k 个初始类,将其重心作为初始凝聚点;

(2) 根据距离的定义,计算每个样品到凝聚点的距离,并将样本向最近的凝聚点归类,形成临时分类;

(3) 重新计算各类的重心,以这些重心作为新的凝聚点;

(4) 重复步骤(2)、(3),直到分类的结果不再改变为止。

最终的聚类结果在一定程度上依赖于初始凝聚点的选择。经验表明,聚类过程中的大多数变化均发生在第一次分类修改中。因此凝聚点的选取有一定的经验性和人为因素,常用的方法有以下几种:

(1) 人为选择

当人们对所欲分类的问题有一定了解时,根据经验,可以预先确定分类个数和初始分类,并从每一类中选择一个有代表性的样品作为凝聚点。

(2) 重心法

将数据人为地分类,计算每一类的重心,将重心作为凝聚点。

(3) 密度法

以每个样品为球心,正数 d 为半径,落在球内的样品数(不包括球心样品)称为样品的密度。计算所有样品点的密度后,首先选择密度最大的样品为第一凝聚点。然后选出密度次大的样品点,若它与第一个凝聚点的距离大于 $2d$,则将其作为第二个凝聚点;否则舍去这个点。按样品点的密度由大到小依次考查,直至全部样品考查完毕为止。

与系统聚类法相比,动态聚类法的计算量明显少多了,并且可以根据经验,先作出主观分类;但是,它也容易受到凝聚点选择好坏的影响,从而导致分类结果不稳定。

在很长一段时间内,天文学家习惯将伽马射线暴按照其爆发时间的长短分为长暴和短暴两类。而在运用了 K-均值法之后,Chattopadhyay 等人将伽马暴分成三类,其中按照流量的强弱,长暴被进一步分为低流量和高流量的两组。这样的三种分类反映了伽马暴可能来自三个不同的起源:中子星系统的合并,白矮星与中子星之间的合并以及大质量恒星的崩溃。

7.4　主成分分析

主成分分析(Principal Component Analysis,PCA)是利用样本资料阵,从原来 m 个参量(指标)中寻找少数几个既能综合反映原来 m 个指标的信息,且彼此间独立的综合性指标的方法。其作用在于降低参量空间的维数,提供多维参量的方便表示,也为其他多元分析方法提供较少参量的样本,而又不损失信息。

7.4.1　主成分分析方法

设所研究的多变量样本 $\boldsymbol{X}$ 为 m 维随机向量:

$$\boldsymbol{X}=(x_1,x_2,\cdots,x_m)^{\mathrm{T}}$$

我们的目的是寻找 m 个变量的综合指标，记为 Y。它与 $\boldsymbol{X}$ 的关系为

$$Y=\boldsymbol{\alpha}^{\mathrm{T}}\boldsymbol{X}=\alpha_1x_1+\alpha_2x_2+\cdots+\alpha_mx_m$$

其中 $\boldsymbol{\alpha}=(\alpha_1,\alpha_2,\cdots,\alpha_m)^{\mathrm{T}}$ 为待求的 m 维常向量，并满足

$$\alpha_1{}^2+\alpha_2^2+\cdots+\alpha_m^2=1$$

当 $\boldsymbol{\alpha}$ 给定后，对每一组变量值就可求出一个 Y 值，N 个样本点就有 N 个综合值。Y 应尽可能多地反映原变量具有的信息，且彼此互不相关，而随机变量的信息可由其方差大小表示。不同的系数 $\boldsymbol{\alpha}$，可以有不同的方差。主成分分析就是寻求使 Y 的方差 $D(Y)$ 达最大的一组参数 $\boldsymbol{\alpha}$。当然一个综合指标往往还不足以充分说明样本所具有的所有信息，所以还要找第 2 个、第 3 个综合指标。而后来找到的综合指标应与之前找出的综合指标互不相关（正交）。我们将上述综合指标分别称为第一主成分，第二主成分，……并用 y_i 表示。由上所述，y_i 作为 $\boldsymbol{X}$ 的主成分应满足：

（1）主成分 y_i 与 $y_j(i\neq j)$ 互不相关，即

$$\mathrm{cov}(y_i,y_j)=\boldsymbol{\alpha}_i^{\mathrm{T}}\boldsymbol{V}\boldsymbol{\alpha}_j=0$$

（2）y_i 的方差 $D(y_i)=\boldsymbol{\alpha}_i^{\mathrm{T}}\boldsymbol{V}\boldsymbol{\alpha}_i$ 应达到最大；

（3）$y_i=\boldsymbol{\alpha}_i^{\mathrm{T}}\boldsymbol{X}$ 的系数应满足 $\boldsymbol{\alpha}_i^{\mathrm{T}}\boldsymbol{\alpha}_i=1(i=1,\cdots,m)$ 其中

$$y_i=\boldsymbol{\alpha}_i^{\mathrm{T}}\boldsymbol{X}=\alpha_{i1}x_1+\alpha_{i2}x_2+\cdots+\alpha_{im}x_m \tag{7.44}$$

求解满足上述条件的主成分 y_i 也就是在约束条件

$$\boldsymbol{\alpha}_i^{\mathrm{T}}\boldsymbol{\alpha}_i=1\quad \boldsymbol{\alpha}_i^{\mathrm{T}}\boldsymbol{V}\boldsymbol{\alpha}_j=0$$

下寻求使方差 $D(y_i)$ 达最大的 $\boldsymbol{\alpha}$。而

$$D(y_i)=D(\boldsymbol{\alpha}_i^{\mathrm{T}}\boldsymbol{X})=\boldsymbol{\alpha}_i^{\mathrm{T}}D(\boldsymbol{X})\boldsymbol{\alpha}_i=\boldsymbol{\alpha}_i^{\mathrm{T}}\boldsymbol{V}\boldsymbol{\alpha}_i$$

其中 $\boldsymbol{V}$ 为原变量的协方差阵

$$\boldsymbol{V}=\begin{pmatrix}\sigma_{11} & \sigma_{12} & \cdots & \sigma_{1m}\\ \sigma_{21} & \sigma_{22} & \cdots & \sigma_{2m}\\ \vdots & \vdots & \ddots & \vdots\\ \sigma_{m1} & \sigma_{m2} & \cdots & \sigma_{mm}\end{pmatrix}$$

利用拉格朗日乘子法，在 $\boldsymbol{\alpha}_i^{\mathrm{T}}\boldsymbol{\alpha}_i=1$ 的条件下求 $\boldsymbol{\alpha}_i^{\mathrm{T}}\boldsymbol{V}\boldsymbol{\alpha}_i$ 的极大，即极大化

$$Q=\boldsymbol{\alpha}_i^{\mathrm{T}}\boldsymbol{V}\boldsymbol{\alpha}_i-\lambda(\boldsymbol{\alpha}_i^{\mathrm{T}}\boldsymbol{\alpha}_i-1)$$

其中 λ 为拉格朗日乘数。利用向量微分规则

$$\partial Q/\partial\boldsymbol{\alpha}_1=2\boldsymbol{V}\boldsymbol{\alpha}_1-2\lambda\boldsymbol{\alpha}_1=0$$

即得 $\boldsymbol{\alpha}_1$ 应满足的齐次线性方程组

$$(\boldsymbol{V}-\lambda\boldsymbol{I})\boldsymbol{\alpha}_1=0$$

使此方程组有不全为 0 的解的充要条件是 λ 为特征方程 $\boldsymbol{V}-\lambda\boldsymbol{I}=0$ 的根。

因为 $\boldsymbol{V}$ 为非负定的对称方阵，有 m 个特征根。使 $D(y_1)$ 达到最大的特征向量 $\boldsymbol{\alpha}_1$ 对应的特征根应为最大的特征根 λ_1。由特征根和特征向量的关系

$$D(y_1)=\boldsymbol{\alpha}_1^{\mathrm{T}}\boldsymbol{V}\boldsymbol{\alpha}_1=\lambda\boldsymbol{\alpha}_1^{\mathrm{T}}\boldsymbol{\alpha}_1=\lambda$$

对应于最大 $D(y_1)$ 的特征根为 λ_1，$\boldsymbol{\alpha}_1$ 就为对应于 λ_1 的单位特征向量，则得第一主成分

$$y_1=\boldsymbol{\alpha}_1^{\mathrm{T}}\boldsymbol{X}=\alpha_{11}x_1+\alpha_{12}x_2+\cdots+\alpha_{1m}x_m$$

将 $\boldsymbol{V}$ 的特征根 λ_i 按大小排列 $\lambda_1>\lambda_2>\cdots>\lambda_m\geqslant 0$，这些特征根对应的特征向量为 $\boldsymbol{\alpha}_1$，$\boldsymbol{\alpha}_2,\cdots,\boldsymbol{\alpha}_m$，分量形式为

$$\boldsymbol{\alpha}_i=(\alpha_{i1},\alpha_{i2},\cdots,\alpha_{im})^{\mathrm{T}}$$

则 $\boldsymbol{\alpha}_1^{\mathrm{T}}\boldsymbol{X},\boldsymbol{\alpha}_2^{\mathrm{T}}\boldsymbol{X},\cdots,\boldsymbol{\alpha}_k^{\mathrm{T}}\boldsymbol{X}$ 分别为第一、第二、……、第 k 个主成分。

7.4.2　主成分的作用及个数

由前面的介绍可知，求 $\boldsymbol{X}$ 的主成分的过程就是求协方差阵 $\boldsymbol{V}$ 的特征单位向量的过程。同时，可以证明，主成分 $y_i(i=1,2,\cdots,m)$ 具有如下性质：

(1) $\sum_{i=1}^{m}\lambda_i=\sum_{i=1}^{m}\sigma_{ii}$ （即 $\sum_{i=1}^{m}D(y_i)=\sum_{i=1}^{m}D(x_i)$）；

(2) 主成分 y_k 与原变量 x_i 的相关系数 $\rho(y_k,x_i)$ 被称为因子负荷量，并且有

$$\rho(y_k,x_i)=\frac{\sqrt{\lambda_k}\alpha_{ik}}{\sqrt{\sigma_{ii}}}$$

$$\sum_{i=1}^{m}\sigma_{ii}\rho^2(y_k,x_i)=\lambda_k \qquad \sum_{k=1}^{m}\rho^2(y_k,x_i)=1$$

(3) $\sigma_{ii}=\sum_{j=1}^{m}\alpha_{ij}^2\lambda_j,i=1,\cdots,m$。

在主成分分析中，常称 $\lambda_k\Big/\sum_{i=1}^{m}\lambda_i$ 为主成分 y_k 的贡献率或相对贡献率，而称 $\sum_{j=1}^{k}\lambda_j\Big/\sum_{i=1}^{m}\lambda_i$ 为主成分 $y_1,y_2,\cdots,y_k(k\leqslant m)$ 的累积贡献率。

由于主成分分析的目的是用尽可能少的主成分来代替原变量，并要充分反映原变量的信息，因此主成分个数 k 的选择应按下列准则之一进行：

(1) 选取 k，使累积贡献率达 80%以上；

(2) 选取对应于 $\lambda\geqslant\overline{\lambda}$（或 1）的主成分，其中 $\overline{\lambda}$ 为 $\boldsymbol{V}$ 的特征数均值。

7.4.3　主成分分析的计算步骤

在实际问题中，不同变量往往有不同的量纲，而方差 σ_{ii} 大的变量一般对主成分的结果影响较大。为了消除量纲差异可能带来的不合理影响，通常要先对变量进行标准化，即从标准化变量

$$x_i^*=(x_i-\bar{x}_i)/\sqrt{D(x_i)} \quad i=1,\cdots,m$$

的协方差阵，也就是原变量的相关阵 $\boldsymbol{P}$ 出发求其主成分，且有

$$\boldsymbol{P}=(\rho_{ij})_{m\times m},\quad \rho_{ij}=\sigma_{ij}\Big/\sqrt{\sigma_{ii}\sigma_{jj}}\quad i,j=1,\cdots,m$$

这时求得的主成分与直接由协方差阵求得的主成分是有差异的。

对 $\boldsymbol{X}$ 的样本值，则通常用样本协方差阵 $\boldsymbol{S}$ 和样本相关阵 $\boldsymbol{R}$ 及作为 $\boldsymbol{V}$ 和 $\boldsymbol{P}$ 的估计，即

$$\boldsymbol{S}=(S_{ij})_{m\times m}$$

$$S_{ij}=\frac{1}{N}\sum_{k=1}^{N}(x_{ki}-\bar{x}_i)(x_{kj}-\bar{x}_j)\tag{7.45}$$

$$\bar{x}_i=\frac{1}{N}\sum_{k=1}^{N}x_{ki}$$

$$\boldsymbol{R}=(r_{ij})_{m\times m}$$

$$r_{ij}=\frac{S_{ij}}{\sqrt{S_{ii}S_{jj}}}\tag{7.46}$$

由此，我们可以给出实现样本主成分分析的主要步骤：

(1) 按(7.45)式和(7.46)式计算样本相关阵 $\boldsymbol{R}$；

(2) 求出相关阵 $\boldsymbol{R}$ 的特征根：$\lambda_1,\lambda_2,\cdots,\lambda_k(k\leqslant m)$ 和相应的特征向量 $\boldsymbol{\alpha}_1,\boldsymbol{\alpha}_2,\cdots,\boldsymbol{\alpha}_k$，并令小于 0 的 λ_i 为 0；

(3) 由(7.44)式得到相应的主成分 $y_i=\boldsymbol{\alpha}_i^{\mathrm{T}}\boldsymbol{X}^*(i=1,\cdots,k)$；

(4) 求出 y_i 的贡献率及累积贡献率，并根据累积贡献率的要求(或 $\lambda\geqslant 1$)选取主成分的个数 k。

主成分分析在星系、恒星视差、恒星光谱处理及统计方面有着广泛的应用。20 世纪 80 年代，Heck 等人为了对恒星进行分类，从国际紫外探测器(International Ultraviolet Explorer, IUE)观测的紫外谱中选取了代表低色散的 264 颗恒星光谱，分别对它们的连续谱和线谱做主成分分析。对连续谱的主成分分析结果得到三个主成分，它们的累积贡献率达 94%。第一主成分，与温度有明显的线性关系，第二、第三主成分表现出某些光度效应。对线谱的主成分分析则得到七个主成分，它们的累积贡献率为 88%。第一主成分 y_{l_1} 与 L_α(莱曼 α)线(恒星吸收线)强相关，其次是不对称系数，再其次是作为谱型指针的其他线。因此，第一主成分本质上是一个有效温度判别器。第二主成分与一条在 Atlas 形态分类中还没有包含的线最相关，因为它和其他重要的线很靠近。接下来的三条线主要判别有效温度，第五条线在 Atlas 表中也没被选入，第三、第四主成分本质上是冷星的温度判别器，而第五主成分判别热星光度。

主成分分析也可以用来研究变量之间的相关性。通过对低红移 SDSS 类星体光谱做主成分分析，马斌等人发现了七个主成分。其中，第一主成分表征了发射线[O Ⅲ]与 Fe Ⅱ 的特征宽度之间的反相关关系。接下来的六个主要成分还显示出线强度和各种特征的速度宽度之间的清晰(反)相关性。

参考书目

[1] Murtagh F, Heck A. Multivariate data analysis (Astrophysics and Space Science Library)[M]. Dordrecht: Astrophysics and Space Science Library, D. Reidel Publishing Company, 1987.

[2] Feigelson E D, Babu G J. Modern statistical methods for astronomy: with R applications[M]. Cambridge, University Printing House Shaftesbury Road, United Kingdom: Cambridge University Press, 2012.

[3] Hart P E, Stork D G, Duda R O. Pattern classification[M]. New York: John Wiley & Sons, 2001.

[4] 朱建平. 应用多元统计分析[J]. 北京：科学出版社，2006.

[5] 何晓群. 多元统计分析[M]. 北京：中国人民大学出版社，2008.

[6] Applied multivariate analysis[M]. New York, NY: Springer New York, 2002.

[7] 于秀林，任雪松. 多元统计分析[M]. 北京：中国统计出版社，2006.

[8] 张尧庭，方开泰. 多元统计分析引论[M]. 武汉：武汉大学出版社，2013.

[9] 严太生，张彦霞，赵永恒，等. 基于自动聚类算法(AutoClass)的恒星/星系分类[J]. Science in China Series G-Physics, Mechanics & Astronomy (in Chinese), 2009, 39(12): 1794 - 1799.

[10] Zappala V, Cellino A, Farinella P, et al. Asteroid families. I — Identification by hierarchical clustering and reliability assessment[J]. The Astronomical Journal, 1990, 100: 2030 - 2046.

[11] Milani A, Cellino A, KnezevicZ, et al. Asteroid families classification: Exploiting very large datasets[J]. Icarus, 2014, 239: 46 - 73.

[12] Chattopadhyay T, Misra R, Chattopadhyay A K, et al. Statistical evidence for three classes of gamma—ray bursts[J]. The Astrophysical Journal, 2007, 667(2): 1017.

[13] Murtagh F, Heck A. An annotated bibliographical catalogue of multivariate statistical methods and of their astronomical applications (magnetic tape)[J]. Astronomy and Astrophysics Supplement Series, 1987, 68: 113 - 115.

[14] Murtagh F, Heck A. Multivariate Data Analysis[J]. Astrophysics and Space Science Library, 1987, 131: 236.

[15] Heck A, Egret D, Nobelis P, et al. Statistical classification of IUE stellar spectra by the variable procrustean bed(VPB) approach[C]//Fourth European IUE Conference. 1984, 218: 257 - 261.